中国书刊发行协会年度全行业优秀畅销品种

PLC编程及应用

第5版

廖常初　主编

机 械 工 业 出 版 社

本书全面介绍了 S7-200 的硬件结构、指令系统和编程软件的使用方法；通过大量的实例，介绍了功能指令的使用方法；介绍了设计数字量控制梯形图的顺序控制设计法，这种方法易学易用，可以节约大量的设计时间；介绍了 S7-200 的通信网络、通信功能和通信程序的设计方法，以及 PLC 之间、PLC 和变频器之间的通信的编程和实现的方法；还介绍了 PID 控制和 PID 参数的整定方法、提高系统可靠性的措施、数据记录、触摸屏的组态和应用、组态软件在系统监控和被控对象仿真中的应用。各章均配有习题，附录中有 36 个实验的实验指导书。

读者可以扫描本书封底的二维码，获取下载链接，下载本书配套的 S7-200 编程软件、指令库、触摸屏组态软件、PLC 串口通信调试软件、用户手册和产品样本、30 多个免费视频教程和 50 多个例程。

本书可以作为大专院校的电类和机电一体化专业的教材，也可以供工程技术人员自学。

本书有配套的电子课件，需要的教师可登录 www.cmpedu.com 免费注册、审核通过后下载，或联系编辑索取（QQ：1239258369，电话 010-88379739）。

图书在版编目（CIP）数据

PLC 编程及应用 / 廖常初主编．—5 版．—北京：机械工业出版社，2019.7（2024.8 重印）

ISBN 978-7-111-62675-6

Ⅰ．①P…　Ⅱ．①廖…　Ⅲ．①PLC 技术－程序设计　Ⅳ．①TM571.61

中国版本图书馆 CIP 数据核字（2019）第 086005 号

机械工业出版社（北京市百万庄大街 22 号　邮政编码 100037）

策划编辑：时　静　责任编辑：时　静

责任校对：张艳霞　责任印制：郜　敏

三河市宏达印刷有限公司印刷

2024 年 8 月第 5 版・第 10 次印刷

184mm×260mm・17.25 印张・426 千字

标准书号：ISBN 978-7-111-62675-6

定价：59.00 元

电话服务

客服电话：010-88361066

010-88379833

010-68326294

网络服务

机　工　官　网：www.cmpbook.com

机　工　官　博：weibo.com/cmp1952

金　　书　　网：www.golden-book.com

机工教育服务网：www.cmpedu.com

前　　言

本书被中国书刊发行业协会评为“2006 年度全行业优秀畅销品种”，本书介绍的 S7-200 已于 2017 年退市，S7-200 SMART 是 S7-200 的升级换代产品，二者的指令、程序结构和监控方法相同。熟悉 S7-200 的用户几乎不需要任何培训，就可以使用 S7-200 SMART。此外大量的 S7-200 将会长期运行，因此学习 S7-200 还是很有意义的。

由于 S7-200 SMART 的出现，S7-200 的某些功能和模块已经很少使用了。例如 S7-200 SMART 集成了 60 个 I/O 点的 CPU 的通信功能比 S7-200 的以太网模块强大得多，但是价格比后者便宜。为了减轻读者的负担，这次修订删除或精简了 S7-200 用得很少的某些功能的内容，减少了约 30 页的篇幅。第 8 章和第 9 章根据当前使用的组态软件改写。为了帮助用户了解 S7-200 SMART，本书增加了对它的简要介绍。S7-200 SMART 的详细情况见参考文献中作者主编的有关教材。

本书的第 1 章介绍了 S7-200 的硬件和 PLC 的工作原理。第 2 章通过实例详细介绍了编程软件的使用方法。第 3 章介绍了 S7-200 的编程语言和程序结构、位逻辑指令、定时器指令和计数器指令。第 4 章用大量的实例全面介绍了功能指令的使用方法。第 5 章通过编程实例，深入浅出地介绍了设计数字量控制系统梯形图的顺序控制设计法。这种设计方法易学易用，可以节约大量的设计时间。第 6 章介绍了 S7-200 的通信功能，以及使用各种通信指令、通信协议和通信网络，实现 PLC 之间、PLC 和变频器之间的通信的编程、组态和实验的方法。第 7 章介绍了 PID 闭环控制的编程和参数整定的规则；介绍了用作者编写的模拟被控对象的子程序和例程做 PID 闭环实验，手动和自动整定 PID 参数的方法。第 8 章介绍了系统的可靠性措施，触摸屏的画面组态和应用，以及实现数据记录的方法。第 9 章通过实例介绍了组态软件在系统监控和被控对象仿真中的应用。附录中有 36 个实验的实验指导书。

S7-200 的编程软件为 PLC 的高级应用提供了大量的编程向导，只需输入一些参数，就可以自动生成用户程序。本书详细地介绍了常用编程向导的使用方法。

本书各章均配有习题，读者可通过扫描本书封底的二维码，获取下载链接，下载本书配套的编程软件、指令库、触摸屏组态软件、PLC 串口通信调试软件、S7-200 和相关产品的用户手册和产品样本、30 多个视频教程和 50 多个例程。

本书由廖常初主编，廖亮、文家学、孙明渝参加了编写工作。

因作者水平有限，书中难免有错漏之处，恳请读者批评指正。

重庆大学电气工程学院　廖常初

目　　录

第1章　PLC的硬件与工作原理

1.1　概述

现代社会要求制造业对市场需求做出迅速的反应，生产出小批量、多品种、多规格、低成本和高质量的产品，为了满足这一要求，生产设备和自动生产线的控制系统必须具有极高的可靠性和灵活性，可编程序控制器（Programmable Logic Controller，PLC）正是顺应这一要求出现的，它是以微处理器为基础的通用工业控制装置。

PLC 的应用面广、功能强大、使用方便，已经广泛地应用在各种机械设备和生产过程的自动控制系统中。PLC 在其他领域（例如民用和家庭自动化的应用）也得到了迅速的发展。PLC 仍然处于不断的发展之中，其功能不断增强，更为开放，它不但是单机自动化中应用最广的控制设备，在大型工业网络控制系统中也占有不可动摇的地位。PLC 应用面之广、普及程度之高，是其他计算机控制设备不可比拟的。

本书以西门子公司的 S7-200 系列小型 PLC 为主要讲授对象。S7-200 具有极高的可靠性、丰富的指令集和内置的集成功能、强大的通信能力和品种丰富的扩展模块。它可以单机运行，用于代替继电器控制系统，也可以用于复杂的自动化控制系统。由于它有极强的通信功能，在网络控制系统中也能充分发挥其作用。S7-200 以其极高的性能价格比，在国内占有很大的市场份额。

S7-200 主要由 CPU 模块、输入模块和输出模块组成（见图 1-1）。

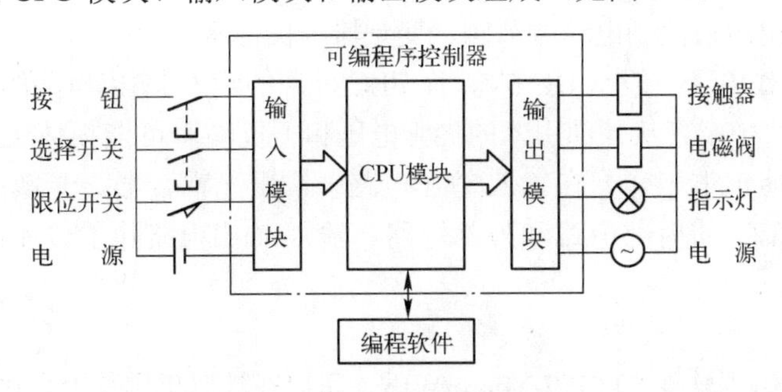

图 1-1　PLC 控制系统示意图

1．CPU 模块

CPU 模块简称为 CPU，主要由微处理器、电源和集成的输入电路、输出电路组成。在 PLC 控制系统中，微处理器相当于人的大脑和心脏，它不断地采集输入信号，执行用户程序，刷新系统的输出；存储器用来储存程序和数据。

PLC 的程序分为操作系统和用户程序。操作系统使 PLC 具有基本的智能，能够完成 PLC 设计者规定的各种工作。操作系统由 PLC 生产厂家设计并固化在 ROM（只读存储器）

中，用户不能直接读取。用户程序由用户设计，它使 PLC 能完成用户要求的特定功能。用户程序存储器的容量以字节（Byte，B）为单位。

PLC 使用以下几种物理存储器：

（1）随机存取存储器（RAM）

用户程序和编程软件可以读出 RAM 中的内容，也可以改写 RAM 中的数据。RAM 是易失性的存储器，RAM 芯片电源中断后，储存的信息将会丢失。

RAM 的工作速度高、价格便宜、改写方便。在关断 PLC 的外部电源后，可以用锂电池保存 RAM 中的用户程序和某些数据。锂电池可以用 1～3 年，需要更换锂电池时，由 PLC 发出信号，通知用户。S7-200 不使用锂电池。

（2）只读存储器（ROM）

ROM 的内容只能读出，不能写入。它是非易失性的，它的电源消失后，仍能保存储存的信息。ROM 用来存放 PLC 的操作系统。

（3）可以电擦除可编程的只读存储器（EEPROM）

EEPROM 是非易失性的存储器，掉电后它保存的数据不会丢失。PLC 可以读写它，它兼有 ROM 的非易失性和 RAM 的随机存取的优点，但是写入数据所需的时间比 RAM 长得多，改写的次数有限制。S7-200 用 EEPROM 来存储用户程序和需要长期保存的重要数据。

2．I/O 模块

输入（Input）模块和输出（Output）模块简称为 I/O 模块，I/O 模块和 CPU 的输入电路、输出电路是系统的眼、耳、手、脚，是联系外部现场设备和 CPU 模块的桥梁。

输入模块和 CPU 的输入电路用来接收和采集输入信号，开关量输入用来接收从按钮、选择开关、数字拨码开关、限位开关、接近开关、光电开关、压力继电器等提供的开关量输入信号；模拟量输入用来接收电位器、测速发电机和各种变送器提供的连续变化的模拟量信号。开关量输出用来控制接触器、电磁阀、电磁铁、指示灯、数字显示装置和报警装置等输出设备，模拟量输出用来控制电动调节阀、变频器等执行器。

CPU 模块的工作电压一般是 DC 5V，而 PLC 外部的输入/输出电路的电源电压较高，例如 DC 24V 和 AC 220V。从外部引入的尖峰电压和干扰噪声可能损坏 CPU 模块中的元器件，或使 PLC 不能正常工作。在输入/输出电路中，用光耦合器、光敏晶闸管和小型继电器等器件来隔离 PLC 的内部电路和外部电路，输入/输出电路除了传递信号外，还有电平转换与隔离的作用。

3．编程软件

使用 S7-200 的编程软件 STEP 7-Micro/WIN，可以在计算机屏幕上直接生成和编辑梯形图或指令表程序，程序被编译后下载到 PLC。可以将 PLC 中的程序上传到计算机，还可以用编程软件监控 PLC。一般用 USB/PPI 编程电缆来实现编程计算机与 PLC 的通信。

本书的配套资源提供了包含升级包 SP9 的编程软件 STEP 7-Micro/WIN V4.0。

4．电源

S7-200 使用 AC 220V 电源或 DC 24V 电源。CPU 可以为输入电路和外部的电子传感器（例如接近开关）提供 DC 24V 传感器电源，驱动 PLC 负载的直流电源一般由用户提供。

1.2　S7-200 系列 PLC

西门子公司具有品种非常丰富的 PLC 产品。S7-200、S7-1200 和 S7-200 SMART 是微型 PLC。S7-300、S7-400 和 S7-1500 是模块式大中型 PLC。WinAC 是在 PC（个人计算机）上实现 PLC 功能的“软 PLC”。

1.2.1　S7-200 的特点

1．功能强

1）S7-200 有 6 种 CPU 模块，最多可以扩展 7 个扩展模块，扩展到 256 点数字量 I/O 或 45 路模拟量 I/O，最多有 24KB 程序存储空间和 10KB 用户数据存储空间。

2）集成了 6 个有 13 种工作模式的高速计数器，以及两点高速脉冲发生器/脉冲宽度调制器。CPU 224XP 的高速计数器的最高计数频率为 200kHz，高速输出的最高频率为 100kHz。

3）直接读、写模拟量 I/O 模块，不需要复杂的编程。CPU 224XP 集成有 2 路模拟量输入，1 路模拟量输出。

4）使用 PID 调节控制面板，可以实现 PID 参数自整定。

5）S7-200 的 CPU 模块集成了很强的位置控制功能，此外还有位置控制模块 EM 253。使用位置控制向导可以方便地实现位置控制的编程。

6）有配方和数据记录功能，以及相应的编程向导，配方数据和数据记录用存储卡保存。

7）普通 PLC 的温度适用范围为 0～55℃，宽温型 S7-200 SIPLUS 的温度适用范围为 −25～+70℃。

2．先进的程序结构

S7-200 的程序结构简单清晰，在编程软件中，主程序、子程序和中断程序分页存放。使用各程序块中的局部变量，易于将程序块移植到别的项目。子程序用输入、输出参数作软件接口，便于实现结构化编程。S7-200 的指令功能强，易于掌握。

3．灵活方便的存储器结构

S7-200 的输入（I）、输出（Q）、位存储器（M）、顺序控制继电器（S）、变量存储器（V）和局部变量（L）均可以按位（bit）、字节（B）、字（W）和双字（DW）读写。

4．功能强大、使用方便的编程软件

编程软件 STEP 7-Micro/WIN 可以使用包括中文在内的多种语言。有梯形图、语句表和功能块图编程语言，以及 SIMATIC、IEC 61131-3 两种编程模式。

STEP 7-Micro/WIN 的监控功能形象直观、使用方便。可以用 3 种编程语言监控程序的执行情况，用状态表监视、修改和强制变量，用趋势图监视变量的波形。用系统块设置参数方便直观。STEP 7-Micro/WIN 具有强大的中文帮助功能，在线帮助、右键快捷菜单、指令和子程序的拖放功能使编程软件的使用非常方便。

S7-200 有 4 种加密级别，此外还可以对单独的程序块和项目文件加密。

S7-200 保留一份包含时间标记的主要 CPU 事件的历史归档，归档的内容包括何时上电、CPU 何时进入运行模式，以及何时出现致命错误。

5．简化复杂编程任务的向导功能

PID 控制、网络通信、高速输入、高速输出、位置控制、数据记录、配方和文本显示器等编程和应用是 PLC 程序设计中的难点，用普通的方法对它们编程既烦琐又容易出错。STEP 7-Micro/WIN 为此提供了大量的编程向导，只需要在向导的对话框中输入一些参数，就可以自动生成包括中断程序在内的用户程序。

6．强大的通信功能

S7-200 的 CPU 模块有 1 个或 2 个标准的 RS-485 端口，可用于编程或通信，不需增加硬件就可以与别的 S7 PLC、变频器和计算机通信。S7-200 可以使用 S7、PPI、MPI、Modbus RTU 和 USS 等通信协议，以及自由端口通信模式。

通过不同的通信模块，S7-200 可以连接到以太网、互联网和现场总线 PROFIBUS-DP、AS-i。通过 Modem 模块 EM 241，可以用模拟电话线实现与远程设备的通信。STEP 7-Micro/WIN 提供多种与通信有关的向导。

PC Access V1.0 是专门为 S7-200 设计的 OPC 服务器，支持所有的 S7-200 数据形式和所有的 S7-200 协议，支持多 PLC 连接和标准的 OPC 客户机，并具有内置的客户机测试功能。

7．S7-200 配套的人机界面

S7-200 主要与精彩系列触摸屏 Smart 700 IE 和 Smart 1000 IE 配合使用。

8．完善的网上技术支持

在西门子公司的网站可以下载 S7-200 的软件和手册，S7-200 有专门的子网站。可以在技术论坛与网友切磋技艺、交流经验，在网上向西门子的工程师提交问题或咨询硬件方案。在“找答案”网页可以提出问题，或回答别人的问题。

1.2.2　CPU 模块

S7-200 有 6 种 CPU 模块（见图 1-2），各 CPU 模块的技术指标见表 1-1。

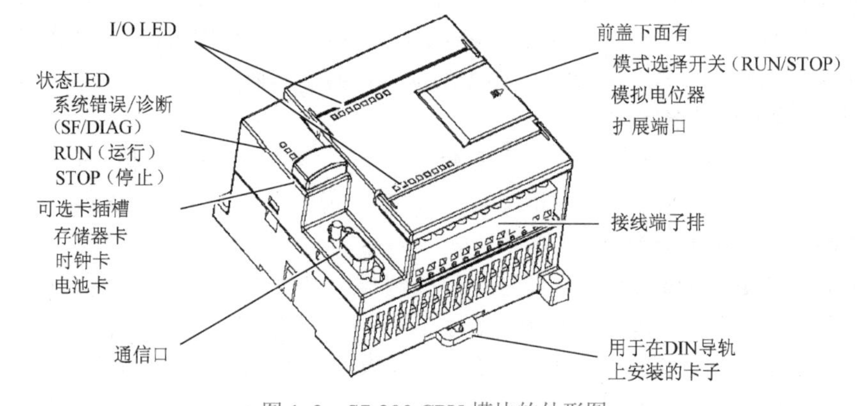

图 1-2　S7-200 CPU 模块的外形图

CPU 的用户存储器使用 EEPROM，后备电池（选件）可使用 200 天，布尔量运算指令执行时间为 0.22μs/指令，位存储器（M）、顺序控制继电器各有 256 点，计数器和定时器各有 256 个；有两点定时中断，最大时间间隔为 255ms；有 4 点外部硬件输入中断。

CPU 221 无扩展功能，适合作小点数的微型控制器。CPU 222 有扩展功能，CPU 224 是具有较强控制功能的控制器。

表 1-1　S7-200 CN CPU 技术规范

特　　性	CPU 221	CPU 222	CPU 224	CPU 224XP/CPU 224XPsi	CPU 226
本机数字量 I/O 本机模拟量 I/O	6DI/4DO —	8DI/6DO —	14DI/10DO —	14DI/10DO 2AI/1AO	24DI/16DO
扩展模块数量	—	2	7	7	7
最大数字量点数	6DI/4DO	48DI/46DO	114DI/110DO	114DI/110DO	128DI/128DO
AI/AO/最大模拟量点数	—	16/8/16	32/28/44	32/29/45，集成 2AI/1AO	32/28/44
掉电保持时间（电容）/h	50	50	100	100	100
用户程序存储器/KB	4	4	12	16	24
用户数据存储器/KB	2	2	8	10	10
单相高速计数器 A/B 相高速计数器	4 路 30kHz 其中 2 路 20kHz		6 路 30kHz 其中 4 路 20kHz	4 路 30kHz, 2 路 200kHz 其中 3 路 20kHz, 1 路 100kHz	6 路 30kHz 其中 4 路 20kHz
高速脉冲输出	2 路 20kHz		2 路 20kHz	2 路 100kHz	2 路 20kHz
模拟量调节电位器	一个，8 位分辨率		2 个，8 位分辨率		
RS-485 通信口/个	1	1	1	2	2
实时时钟	有（时钟卡）	有（时钟卡）	有	有	有
可选卡件	存储卡、电池卡和实时时钟卡		存储卡和电池卡		
脉冲捕捉输入/个	6	8	14		24
外形尺寸/mm	90×80×62	90×80×62	120.5×80×62	140×80×62	196×80×62
DC 24V 传感器电流/mA	180	180	280	280	400

CPU 224XP 集成有 2 路模拟量输入（10 位 DC±10V），1 路模拟量输出（10 位，DC 0～10V 或 0～20mA），有两个 RS-485 通信端口，高速脉冲输出频率提高到 100kHz，高速计数器频率提高到 200kHz。

CPU 226 适合于复杂的中小型控制系统，可扩展到 256 点数字量和 44 路模拟量，有两个 RS-485 通信端口。

S7-200 采用主程序、最多 8 级子程序和中断程序的程序结构。监控定时器（看门狗）的定时时间为 500ms，最多可使用 8 个 PID 控制器。

数字量输入中有 4 点用作硬件中断，6 点用于高速计数功能。除了 CPU 224XP 外，32 位高速加/减计数器的最高计数频率为 30kHz，可以对增量式编码器的两个互差 90°的脉冲列计数，计数值等于设定值或计数方向改变时产生中断，在中断程序中可以及时地对输出进行操作。DC 输出型的两个高速输出可以输出频率和宽度可调的脉冲列。

RS-485 串行通信端口的外部信号与逻辑电路之间没有隔离，支持 PPI、自由端口模式和点对点 PPI 主站模式，可以作 MPI 从站。

通信端口可以用于与运行 STEP 7-Micro/WIN 的计算机通信，与文本显示器和操作员界面的通信，以及 S7-200 CPU 之间的通信；通过自由端口模式、Modbus RTU 和 USS 协议，可以与其他设备进行串行通信。通过 AS-i 通信接口模块，可以接入 496 个远程数字量输入/输出点。

可选的存储卡可以永久保存用户程序、数据记录、配方和文档记录，或用来传输程序。可选的电池卡保存数据的时间的典型值为 200 天。用于断电保存数据的超级电容器充电 20min，可以充 60%的电量。

1.2.3 数字量输入与数字量输出

各数字量 I/O 点的通/断状态用发光二极管（LED）显示，PLC 与外部接线的连接采用接线端子。大多数 CPU 和扩展模块有可拆卸的端子排，不需断开端子排上的外部连线，就可以迅速地更换模块。

1．数字量输入电路

图 1-3 是 S7-200 CPU 的数字量输入点的内部电路和外部接线图，图中只画出了一路输入电路，输入电流为数毫安（见表 1-2）。1M 是同一组输入点各内部输入电路的公共点。S7-200 可以用 CPU 模块内部的 DC 24V 传感器电源作输入回路的电源（见图 1-9），它还可以为接近开关、光电开关之类的传感器提供电流。

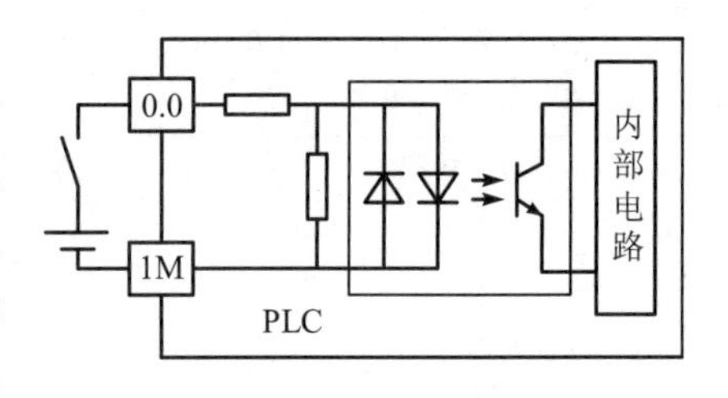

图 1-3 输入电路

当图 1-3 中的外部触点接通时，光耦合器中两个反并联的发光二极管中的一个亮，光敏晶体管饱和导通；外部触点断开时，光耦合器中的发光二极管熄灭，光敏晶体管截止，信号经内部电路传送给 CPU 模块。显然，可以改变图 1-3 中输入回路的电源极性。

表 1-2 S7-200 CPU 的数字量输入点技术指标

项 目	DC 24V 输入（CPU 224XP 和 CPU 224XPsi）	DC 24V 输入（其他 CPU）
输入类型	漏型/源型（IEC 类型 1，I0.3～I0.5 除外）	漏型/源型（IEC 类型 1）
输入电压额定值	DC 24V，典型值 4mA	
输入电压浪涌值	35V/0.5s	
逻辑 1 信号（最小）	I0.3～I0.5 为 DC 4V，8mA；其余为 DC 15V，2.5mA	DC 15V，2.5mA
逻辑 0 信号（最大）	I0.3～I0.5 为 DC 1V，1mA；其余为 DC 5V，1mA	DC 5V，1mA
输入延迟	0.2～12.8ms 可选	
连接 2 线式接近开关的允许漏电流	最大 1mA	
光电隔离	AC 500V，1min	
高速计数器输入逻辑 1 电平	DC 15～30V：单相 20kHz，两相 10kHz；DC 15～26V：单相 30kHz，两相 20kHz	
CPU 224XP 的 HSC4 和 HSC5 的输入	逻辑 1 电平>DC 4V 时，单相 200kHz，两相 100kHz	
电缆长度	非屏蔽电缆 300m，屏蔽电缆 500m，高速计数器 50m	

S7-200 的数字量输入滤波器用来过滤输入接线上可能对输入状态造成不良影响的噪声。可以用 STEP 7-Micro/WIN 的系统块来设置输入滤波器的延迟时间。

S7-200 有 AC 120V/230V 数字量输入模块。交流输入方式适合在有油雾、粉尘的恶劣环境下使用。直流输入模块可以直接与接近开关、光电开关等电子输入装置连接。

2．数字量输出电路

S7-200 的 CPU 模块的数字量输出电路的功率器件有驱动直流负载的场效应晶体管和小型继电器，后者既可以驱动交流负载，也可以驱动直流负载，负载电源由外部提供。

输出电流的额定值与负载的性质有关，例如 S7-200 的继电器输出电路可以驱动 2A 的电阻性负载，但是只能驱动 200W 的白炽灯。输出电路一般分为若干组，对每一组的总电流也有限制。图 1-4 是继电器输出电路，继电器同时起隔离和功率放大作用，每一路只给用户提供一对常开触点。

图 1-5 是使用场效应晶体管（MOSFET）的输出电路，其接通和断开的最大延时时间见

表 1-3。输出信号送给内部电路中的输出锁存器，再经光耦合器送给场效应晶体管，后者的饱和导通状态和截止状态相当于触点的接通和断开。图中的稳压管用来抑制关断过电压和外部的浪涌电压，以保护场效应晶体管。

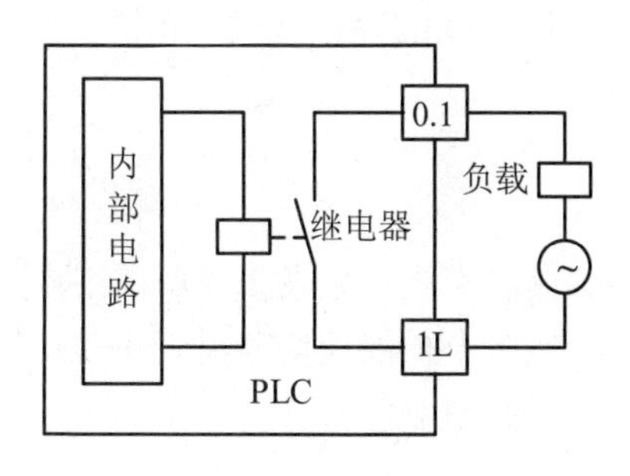

图 1-4 继电器输出电路

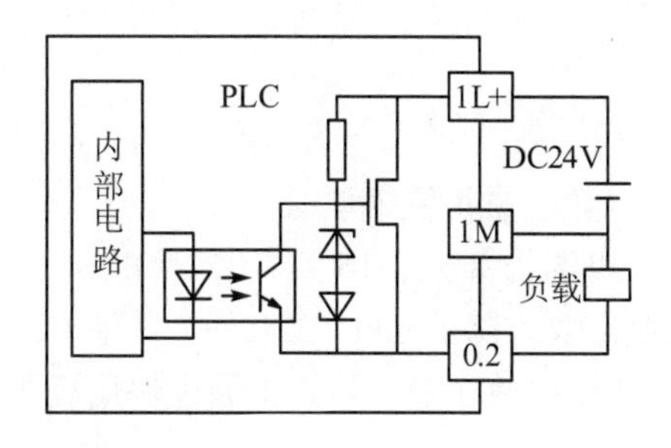

图 1-5 场效应晶体管输出电路

S7-200 的数字量扩展模块中还有一种用双向晶闸管作为输出元件的 AC 230V 的输出模块。每点的额定输出电流为 0.5A，灯负载为 60W。最大漏电流 1.8mA，由接通到断开的最大时间为 0.2ms 与工频半周期之和。

表 1-3 S7-200 CPU 的数字量输出点技术指标

输出类型	DC 24V 输出（CPU 221、CPU 222、CPU 224 和 CPU 226）	DC 24V 输出（CPU 224XP/CPU 224XPsi）	继电器型输出
输出电压额定值	DC 24V	DC 24V	DC 24V 或 AC 250V
输出电压范围	DC 20.4～28.8V	DC 5～28.8V（Q0.0～Q0.4） DC 20.4～28.8V（Q0.5～Q1.1）	DC 5～30V，AC 5～250V
浪涌电流	最大 8A，100ms		5A，4s，占空比 0.1
逻辑 1 最小输出电压 逻辑 0 最大输出电压	DC 20V，最大电流时 DC 0.1V，10kΩ负载	见表后正文中的说明	—
逻辑 1 最大输出电流 逻辑 0 最大漏电流 灯负载 接通状态电阻 每个公共端的额定电流	0.75A（电阻负载） 10μA 5W 0.3Ω，最大 0.6Ω 6A	0.75A（电阻负载） 10μA 5W 0.3Ω，最大 0.6Ω 3.75A/7.5A	2A（电阻负载） — DC 30W/AC 200W 新的时候最大 0.2Ω 10A
感性箝位电压	L+减 DC 48V，1W 功耗	L+减 DC 48V，1W 功耗/ 1M +DC 48V，1W 功耗	—
从关断到接通最大延时 从接通到关断最大延时 切换最大延时	Q0.0 和 Q0.1 为 2μs，其他 15μs Q0.0 和 Q0.1 为 10μs，其他 130μs —	Q0.0 和 Q0.1 为 0.5μs，其他 15μs Q0.0 和 Q0.1 为 1.5μs，其他 130μs —	— — 10ms
最高脉冲频率	20kHz（Q0.0 和 Q0.1）	100kHz（Q0.0 和 Q0.1）	1Hz

继电器输出电路可用的电压范围广，导通压降小，承受瞬时过电压和过电流的能力较强，但是动作速度较慢，寿命（动作次数）有一定的限制。如果系统输出量的变化不是很频繁，建议优先选用继电器型的输出模块。

场效应晶体管输出电路用于直流负载，它的反应速度快、寿命长，过载能力稍差。

CPU 224XPsi 具有 MOSFET 漏型输出（电流从输出端子流入），可以驱动具有源型输入的设备。S7-200 所有其他场效应晶体管型输出的 CPU 都是 MOSFET 源型输出的（电流从输出端子流出）。

DC 输出的 CPU 224XP 逻辑 1 最小输出电压为 L+减 0.4V（最大电流时），逻辑 0 最大输出电压为 DC 0.1V（10kΩ负载）。

DC 输出的 CPU 224XPsi 逻辑 1 最小输出电压为外部电压减 0.4V（外部接 10kΩ上拉电阻），逻辑 0 最大输出电压为 1M + 0.4V（最大负载时）。

继电器输出的开关延时最大 10ms，无负载时触点的机械寿命 10000000 次，额定负载时触点寿命 100000 次。非屏蔽电缆最大长度 150m，屏蔽电缆 500m。

1.2.4 扩展模块

1．数字量扩展模块

可以选用 8 点、16 点、32 点和 64 点的数字量输入/输出模块（见表 1-4），来满足不同的控制需要。除了 CPU 221 外，其他 CPU 模块均可以配接多个扩展模块（见表 1-1），连接时 CPU 模块放在最左边，扩展模块用扁平电缆与它左边的模块相连。

表 1-4 数字量扩展模块

型 号	型 号
EM221，8 数字量输入 DC 24V	EM223，DC 24V 数字量组合 4 输入/4 输出
EM221，8 数字量输入 AC 120V/230V	EM223，DC 24V 数字量组合 4 输入/4 继电器输出
EM221，16 数字量输入 DC 24V	EM223，DC 24V 数字量组合 8 输入/8 输出
EM222，4 数字量输出 DC 24V，5A	EM223，DC 24V 数字量组合 8 输入/8 继电器输出
EM222，4 继电器输出，10A	EM223，DC 24V 数字量组合 16 输入/16 输出
EM222，8 数字量输出 DC 24V	EM223，DC 24V 数字量组合 16 输入/16 继电器输出
EM222，8 继电器输出	EM223，DC 24V 数字量组合 32 输入/32 输出
EM222，8 数字量输出 AC 120V/230V	EM223，DC 24V 数字量组合 32 输入/32 继电器输出

2．PLC 对模拟量的处理

在工业控制中，某些输入量（例如压力、温度、流量、转速等）是模拟量，某些执行机构（例如电动调节阀和变频器等）要求 PLC 输出模拟量信号，而 PLC 的 CPU 只能处理数字量。模拟量首先被传感器和变送器转换为标准量程的电流或电压，例如 4～20mA、1～5V 和 0～10V，模拟量输入模块的 A-D 转换器将它们转换成数字量。带正负号的电流或电压在 A-D 转换后用二进制补码表示。有的模拟量输入模块直接将温度传感器提供的信号转换为温度值。

模拟量输出模块的 D-A 转换器将 PLC 中的数字量转换为模拟量电压或电流，再去控制执行机构。模拟量 I/O 模块的主要任务就是实现 A-D 转换（模拟量输入）和 D-A 转换（模拟量输出）。

A-D 转换器和 D-A 转换器的二进制位数反映了它们的分辨率，位数越多，分辨率越高。模拟量输入/输出模块的另一个重要指标是转换时间。

表 1-5 模拟量扩展模块

型 号
EM231 模拟量输入，4 输入
EM231 模拟量输入，8 输入
EM232 模拟量输出，2 输出
EM232 模拟量输出，4 输出
EM235 模拟量组合，4 输入/1 输出
EM231 模拟量输入热电偶，4 输入
EM231 模拟量输入热电偶，8 输入
EM231 模拟量输入 RTD，2 输入
EM231 模拟量输入 RTD，4 输入

3．模拟量输入模块

S7-200 有 9 种模拟量扩展模块（见表 1-5），RTD 是热电阻的简称。可以用模拟量输入模块上的 DIP 开关来设置多种量程。EM 231 模拟量输入模块的输入信号有 5 档量程（DC 0～10V、0～5V、0～20mA、±2.5V 和±5V）。EM 235 模块有 16 档量程。

模拟量输入模块的分辨率为 12 位，单极性全量程输入范围对应的数字量输出为 0～32000。双极性全量程输入范围对应的数字量输出为−32000～+32000。电压输入时输入阻抗大于等于 2MΩ，电流输入时输入阻抗为 250Ω。A-D 转换时间小于 250μs，模拟量输入的阶跃响应时间为 1.5ms（达到稳态值的 95%时）。

图 1-6 中的 MSB 和 LSB 分别是最高有效位和最低有效位。最高有效位是符号位，0 表示正值，1 表示负值。模拟量转换为数字量得到的 12 位数被自动地尽可能地往高位移动，称为左对齐。移位后单极性格式的最低位是 3 个连续的 0，相当于 A-D 转换值被乘以 8。双极性格式的最低位是 4 个连续的 0，相当于 A-D 转换值被乘以 16。

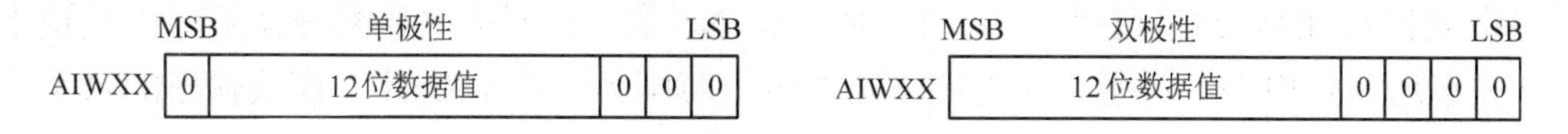

图 1-6　模拟量输入数据字的格式

4．将模拟量输入模块的数字量输出值转换为实际的物理量

转换时应考虑变送器的输入/输出量程和模拟量输入模块的量程，找出被测物理量与 A-D 转换后的数字值之间的比例关系。

【例 1-1】 某发电机的电压互感器的电压比为 10kV/100V（线电压），电流互感器的电流比为 1000A/5A，功率变送器的额定输入电压和额定输入电流分别为 AC 100V 和 5A，额定输出电压为 DC ±5V，模拟量输入模块将 DC ±5V 的输入信号转换为数字−32000～+32000。设转换后得到的数字为 *N*，试求以 kW 为单位的有功功率值。

解：在设计功率变送器时已考虑了功率因数对功率计算的影响，因此在推导转换公式时，可以按功率因数为 1 来处理。根据互感器额定值计算的一次回路有功功率额定值为

$$\sqrt{3}\times 10000\times 1000\text{W}=17321000\text{W}=17321\text{kW}$$

由以上关系不难推算出互感器一次回路的有功功率与转换后的数字值之间的关系为 17321/32000kW/字。设转换后的数字为 *N*，如果以 kW 为单位显示功率 *P*，采用定点数运算时的计算公式为

$$P=N\times 17321/32000\ （\text{kW}）$$

【例 1-2】 量程为 0～10MPa 的压力变送器的输出信号为 DC 4～20mA，模拟量输入模块将 0～20mA 转换为 0～32000 的数字量，设转换后得到的数字为 *N*，试求以 kPa 为单位的压力值。

解：4～20mA 的模拟量对应于数字量 6400～32000，即 0～10000kPa 对应于数字量 6400～32000，压力的计算公式为

$$P=\frac{(10000-0)}{(32000-6400)}(N-6400)=\frac{100}{256}(N-6400)\ （\text{kPa}）$$

5．模拟量输出模块

模拟量输出模块 EM 232 的量程有±10V 和 0～20mA 两种，对应的数字量分别为−32000～+32000 和 0～32000（见图 1-7）。满量程时电压输出和电流输出的分辨率分别为 12 位和 11 位。25°C 时的精度典型值为±0.5%，电压输出和电流输出的稳定时间分别为 100μs 和 2ms。最大驱动能力如下：电压输出时负载阻抗最小 5kΩ；电流输出时负载阻抗最大

500Ω。

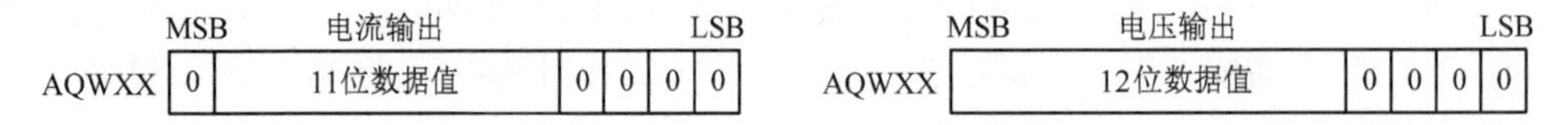

图 1-7　模拟量输出数据字的格式

模拟量输出数据字是左对齐的，最高有效位是符号位，0 表示正值。最低位是 4 个连续的 0，在将数据字装载到 DAC 寄存器之前，低位的 4 个 0 被截断，不会影响输出信号值。

6．热电偶、热电阻扩展模块

热电偶模块 EM 231 可以与 S、T、R、E、N、K、J 型热电偶配套使用，用模块上的 DIP 开关来选择热电偶的类型。热电偶输出的电压范围为 DC ±80mV，模块输出的数字量为 ±27648。

热电阻（RTD）的接线方式有 2 线、3 线和 4 线三种，4 线方式的精度最高，因为受接线误差的影响，2 线方式的精度最低。热电阻模块 EM 231 可以通过 DIP 开关来选择热电阻的类型、接线方式、测量单位和开路故障的方向。连接到同一个扩展模块上的热电阻必须是相同类型的。改变 DIP 开关后必须将 PLC 断电后再通电，新的设置才能起作用。

EM 231 热电偶模块和热电阻模块具有冷端补偿电路，如果环境温度迅速变化，则会产生额外的误差，建议将热电偶和热电阻模块安装在环境温度稳定的地方。

2 路热电阻模块和 4 路热电偶模块的采样周期为 405ms（Pt10000 为 700ms），4 路热电阻和 8 路热电偶模块的采样周期是上述模块的两倍。基本误差和重复性分别为满量程的 0.1%和 0.05%。

7．称重模块与位置控制模块

称重模块 SIWAREX MS 可以用作电子秤、料斗秤、台秤、吊车秤，或监测输送带张力、测量工业货梯或轧制生产线的负荷。

位置控制模块 EM 253 用于用步进电动机作执行机构的单轴开环位置控制，自带 5 个数字量输入点和 4 个数字量输出点。STEP 7-Micro/WIN 为位置控制模块的组态和编程提供了位置控制向导和 EM 253 控制面板。

1.3　I/O 地址分配与外部接线

1．I/O 地址分配

S7-200 CPU 有一定数量的本机 I/O，本机 I/O 有固定的地址。可以用扩展 I/O 模块来增加 I/O 点数，扩展模块安装在 CPU 模块的右边。I/O 模块分为数字量输入、数字量输出、模拟量输入和模拟量输出 4 类。CPU 分配给数字量 I/O 模块的地址以字节为单位，一个字节由 8 个数字量 I/O 点组成。扩展模块 I/O 点的字节地址由 I/O 的类型和模块在同类 I/O 模块链中的位置来决定。以图 1-8 中的数字量输出为例，分配给 CPU 模块的字节地址为 QB0 和 QB1，分配给 0 号扩展模块的字节地址为 QB2，分配给 3 号扩展模块的字节地址为 QB3。

如果某个模块的数字量 I/O 点数不是 8 的整倍数，最后一个字节中未用的位（例如图 1-8 中的 I1.6 和 I1.7）不会分配给 I/O 链中的后续模块。可以像位存储器（M）那样来使用输出模块最后一个字节中未用的位。输入模块在每次更新输入时都将输入字节中未用的位清零，因此不能用它们来存储数据。模拟量扩展模块以 2 点（4B）递增的方式来分配地址，所以图 1-8 中 2 号扩展模块的模拟量输出的地址应为 AQW4，而不是未使用的 AQW2。

	模块0	模块1	模块2	模块3	模块4
CPU 224XP	4输入 4输出	8输入	4AI 1AO	8输出	4AI 1AO
I0.0 Q0.0	I2.0 Q2.0	I3.0	AIW4 AQW4	Q3.0	AIW12 AQW8
I0.1 Q0.1	I2.1 Q2.1	I3.1	AIW6	Q3.1	AIW14
⋮ ⋮	I2.2 Q2.2	⋮	AIW8	⋮	AIW16
I1.5 Q1.1	I2.3 Q2.3	I3.7	AIW10	Q3.7	AIW18
AIW0 AQW0					
AIW2					

图 1-8　CPU 224XP 的 I/O 地址分配举例

2．PLC 的外部接线

S7-200 采用横截面积为 0.5～1.5mm^2 的导线，使用交流电源的 AC/DC/继电器型的 CPU 222 的外部接线如图 1-9 所示。应提供一个单独的开关，能同时切断 S7-200 CPU、输入电路和输出电路的供电。可以用熔断器或断路器等过流保护装置来限制供电线路中的电流，也可以为输出点分组或分点设置熔断器。S7-200 的交流电源线和 I/O 点之间的隔离电压为 AC 1500V，可以作为交流电源线和低压电路之间的安全隔离。

CPU 222 的 8 个输入点 I0.0～I0.7 被分为两组，1M 和 2M 分别是两组输入点内部电路的公共端。6 个输出点 Q0.0～Q0.5 被分为两组，1L 和 2L 分别是两组输出点内部电路的公共端。可以用 CPU 提供的 DC 24V 传感器电源作输入回路的电源。

PLC 的交流电源接在 L1（相线）和 N（零线）端子上，此外还有被标示为⊜的保护接地端子。

使用直流电源的 DC/DC/DC 型的 CPU 222 的外部接线如图 1-10 所示，它的电源、输入回路和输出回路的电源电压均为 DC 24V。

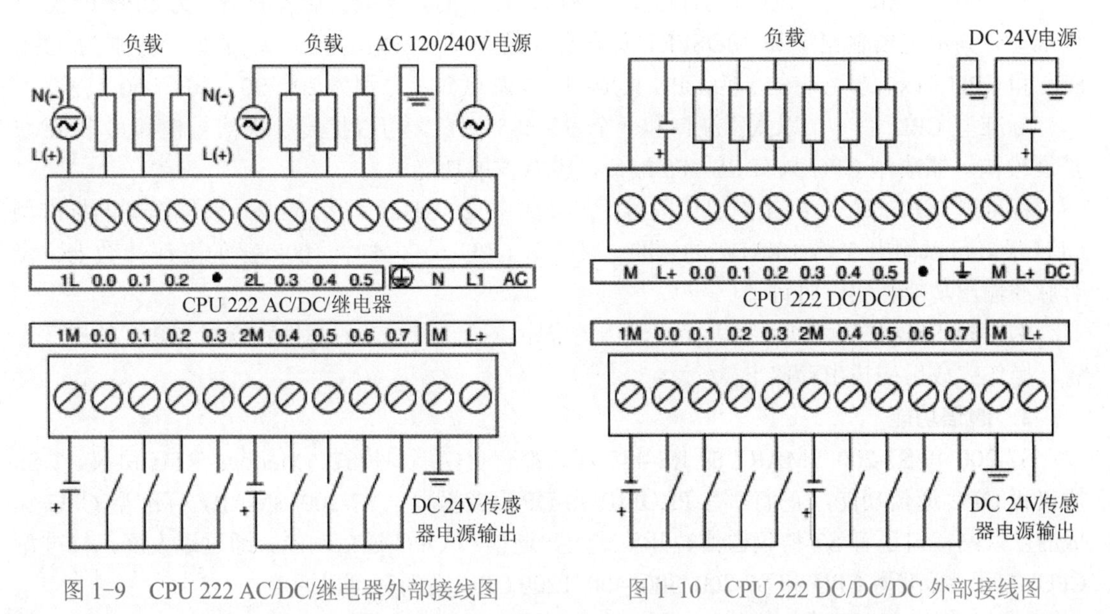

图 1-9　CPU 222 AC/DC/继电器外部接线图　　图 1-10　CPU 222 DC/DC/DC 外部接线图

3．DC 24V 传感器电源

L+和 M 端子分别是 CPU 模块提供的 DC 24V 传感器电源的正极和负极，该电源可以为输入点、扩展模块上的继电器线圈或者其他设备供电。如果设备用电量超过了传感器电源的额定值，应为系统另外配备一个外部 DC 24V 供电电源。

如果使用了外部的 DC 24V 电源，应确保该电源没有与 S7-200 CPU 上的传感器电源并联使用，因为这种并联可能导致两个电源冲突，甚至损坏电源，并使 PLC 产生不确定的操作。为了加强电子噪声保护，建议将不同电源的公共端（M 端）连在一起。

1.4 S7-200 SMART 简介

2012 年 7 月，西门子推出了为中国客户量身定制的高性价比的小型 PLC S7-200 SMART，2017 年 7 月发布了 V2.3 版。它是 S7-200 的升级换代产品，与精彩系列面板 SMART LINE IE V3、V20 变频器和 V90 伺服系统完美整合，无缝集成，为 OEM（原始设备制造商）客户提供了高性价比的小型自动化解决方案。

S7-200 SMART 继承了 S7-200 的诸多优点，与 S7-200 的指令、程序结构、数据类型、存储区和监控方法相同。熟悉 S7-200 的用户几乎不需要任何培训就可以使用 S7-200 SMART。它具有比 S7-200 更强的通信功能，且价格便宜，具有很高的性价比。编程软件 STEP 7-Micro/WIN SMART 的界面友好，更为人性化。

S7-200 的 CPU、信号模块和配套的 TD 400C 文本显示器已于 2017 年 10 月 1 日起停产，停产后上述产品仅由备件服务部门以备件形式提供。S7-200 在我国企业中具有巨大的保有量，它们还有很长的使用寿命。熟悉了 S7-200，就很容易使用和掌握 S7-200 SMART。因此学习 S7-200 还是很有意义的。

1．S7-200 SMART 的 CPU

S7-200 SMART 的 CPU 分为标准型和继电器输出的紧凑型，后者的型号为 CPU CRxs。标准型分为继电器输出型和 MOSFET（场效应晶体管）输出型。它们的型号分别为 CPU SRx 和 CPU STx。型号中的 x 为 CPU 集成的 I/O 总点数，分别为 20、30、40 和 60 点。

标准型 CPU 有一个以太网端口和一个 RS-485 端口，可以扩展一块信号板和最多 6 块扩展模块。紧凑型 CPU 只有 RS-485 端口，没有扩展功能。

标准型 CPU 最多 6 个高速计数器，最高频率 200kHz。场效应晶体管输出型的标准型 CPU 最多可以输出 3 路 100kHz 的脉冲。紧凑型 CPU 最多 4 个 100kHz 的高速计数器，没有脉冲输出功能和实时时钟。

S7-200 SMART 可以用手机存储卡传送程序、更新 CPU 的固件和恢复 CPU 的出厂设置。操作完成后应拔出存储卡。

2．通信功能

S7-200 和 S7-200 SMART 的 RS-485 端口都有自由端口模式、Modbus RTU 协议、USS 协议和 OPC 通信功能，它们都有 PROFIBUS-DP 从站模块。S7-200 SMART 标准型 CPU 集成的以太网接口还有 S7 协议通信、开放式用户通信和 OPC 通信功能。通过以太网，标准型 CPU 之间、标准型 CPU 和 S7-200/300/400/1200 CPU 之间都可以通信。

S7-200 的以太网通信模块 CP 243-1 只有 S7 协议通信功能，但是其价格比 S7-200

SMART 带 60 个 I/O 点的标准型 CPU 还要高。

3．位置控制功能

S7-200 SMART 有很强的位置控制功能。支持 PWM/PTO 输出方式以及多种运动控制模式，可以用向导设置运动曲线，相当于集成了 3 块 S7-200 昂贵的位置控制模块 EM 253 的功能。

4．I/O 扩展模块

表 1-6 和表 1-7 列出了 S7-200 SMART 的数字量扩展模块和模拟量扩展模块。

表 1-6　S7-200 SMART 的数字量扩展模块

仅输入/仅输出		输入/输出组合	
8 点数字量输入	8 点继电器型输出	8 点数字量输入/8 点晶体管型输出	16 点数字量输入/16 点晶体管型输出
16 点数字量输入	16 点晶体管型输出	8 点数字量输入/8 点继电器型输出	16 点数字量输入/16 点继电器型输出
8 点晶体管型输出	16 点继电器型输出	—	—

表 1-7　S7-200 SMART 的模拟量扩展模块

型　号	描　　述	型　号	描　　述
EM AE04	4 点模拟量输入	EM AM03	2 点模拟量输入/1 点模拟量输出
EM AE08	8 点模拟量输入	EM AM06	4 点模拟量输入/2 点模拟量输出
EM AQ02	2 点模拟量输出	EM AR02	2 点热电阻输入
EM AQ04	4 点模拟量输出	EM AR04	4 点热电阻输入
—		EM AT04	4 点热电偶输入

5．信号板与通信模块

S7-200 SMART 有 5 种可以安装在 CPU 内的信号板：2 点 DC 24V 数字量直流输入/2 点数字量场效应晶体管直流输出信号板 SB DT04，1 点模拟量输入信号板 SB AE01，1 点模拟量输出信号板 SB AQ01，RS485/RS232 信号板 SB CM01，以及电池信号板 SB BA01。

EM DP01 是 PROFIBUS-DP 通信模块，可以作 DP 从站和 MPI 从站。

6．S7-200 SMART 与 S7-200 的指令和软件功能的比较

S7-200 SMART 用 GET/PUT 指令取代了 S7-200 的网络读、写指令 NETR/NETW。用获取非致命错误代码指令 GET_ERROR 取代了诊断 LED 指令 DIAG_LED。S7-200 SMART 增加了获取 IP 地址指令 GIP 和设置 IP 地址指令 SIP，以及指令库中的开放式用户通信使用的 8 条指令。S7-200 和 S7-200 SMART 的其他指令完全相同。

与 S7-200 相比，S7-200 SMART 的堆栈由 9 层增加到 32 层，中断程序调用子程序的嵌套层数由 1 层增加到 4 层。

S7-200 SMART 的编程软件功能强大，使用方便。可以同时打开和显示多个窗口。变量表、输出窗口、交叉引用表、数据块、符号表、状态图表均可以浮动、隐藏和停靠在程序编辑器或软件界面的四周。S7-200 SMART 的帮助增加了搜索功能。编程软件提供了高速计数器、运动控制、PID、PWM、GET/PUT、文本显示和数据日志的向导。有 PID 整定控制面板、运动控制面板，以及组态 SMART 驱动器的工具。编程软件自带 Modbus RTU 指令库和 USS 协议指令库，而 S7-200 需要用户安装这些库。

S7-200 SMART 详细的情况见作者主编的本科教材《S7-200 SMART PLC 编程及应用》和高职高专教材《S7-200 SMART PLC 应用教程》。

1.5 逻辑运算与 PLC 的工作原理

1.5.1 用触点和线圈实现逻辑运算

在数字量控制系统中，变量仅有两种相反的工作状态，例如高电平和低电平、继电器线圈的通电和断电、触点的接通和断开，可以用逻辑代数中的 1 和 0 来表示它们，在波形图中，用高电平表示 1 状态，用低电平表示 0 状态。

“与”“或”“非”逻辑运算的输入/输出关系如表 1-8 所示，等式的左边为输出量。用继电器电路或梯形图可以实现“与”“或”“非”逻辑运算（见图 1-11）。用多个触点的串、并联电路可以实现复杂的逻辑运算。

继电器的线圈通电时，其常开触点接通，常闭触点断开；线圈断电时，其常开触点断开，常闭触点闭合。梯形图中的位元件（例如 PLC 的输出点 Q）的触点和线圈也有类似的关系。

图 1-11 基本逻辑运算

a) 与 b) 或 c) 非

表 1-8 逻辑运算关系表

与			或			非	
Q0.0 = I0.0 · I0.1			Q0.1 = I0.2+I0.3			Q0.2 = $\overline{\text{I0.4}}$	
I0.0	I0.1	Q0.0	I0.2	I0.3	Q0.1	I0.4	Q0.2
0	0	0	0	0	0	0	1
0	1	0	0	1	1	1	0
1	0	0	1	0	1		
1	1	1	1	1	1		

图 1-12 是用交流接触器控制异步电动机的主电路、控制电路和有关的波形图。接触器 KM 的结构和工作原理与继电器的基本相同，区别仅在于继电器触点的额定电流较小（例如几十毫安），而接触器是用来控制大电流负载的，例如它可以控制额定电流为几十安甚至数百安的异步电动机。

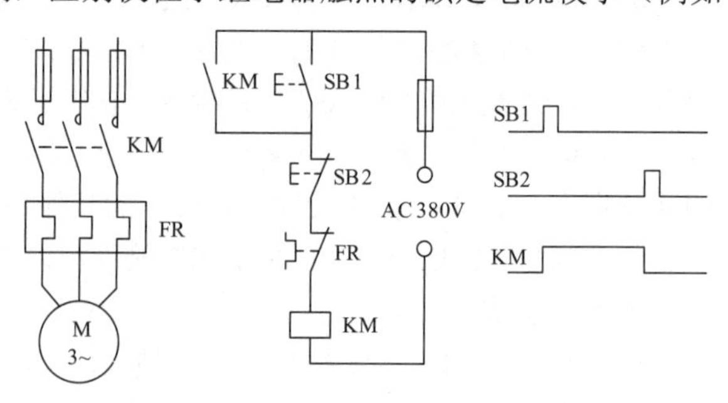

图 1-12 异步电动机的主电路、控制电路与波形图

图中的热继电器 FR 用于过载保护，电动机过载时，经过一段时间后，FR 的常闭触点断开，使 KM 的线圈断电，电动机停止运行。

按下起动按钮 SB1，它的常开触点接通，电流经过 SB1 的常开触点和停止按钮 SB2、FR 的常闭触点，流过交流接触器 KM 的线圈。接触器的衔铁被吸合，使主电路中 KM 的 3 对常开触点闭合。异步电动机 M 的三相电源接通，电动机开始运行，控制电路中接触器 KM 的辅助常开触点同时接通。放开起动按钮后，SB1 的常开触点断开，电流经 KM 的辅助常开触点和两个常闭触点流过 KM 的线圈，电动机继续运行。KM 的辅助常开触点实现的这种功能称为“自锁”或“自保持”，它使继电器电路具有类似于 R-S 触发器的记忆功能。

在电动机运行时按下停止按钮 SB2，它的常闭触点断开，使 KM 的线圈失电，KM 的主触点断开，异步电动机的三相电源被切断，电动机停止运行，同时控制电路中 KM 的辅助常开触点断开。当停止按钮 SB2 被放开，其常闭触点闭合后，KM 的线圈仍然失电，电动机继续保持停止运行状态。图 1-12 给出了有关信号的波形图，图中用高电平表示 1 状态（线圈通电、按钮被按下），用低电平表示 0 状态（线圈断电、按钮被放开）。

图 1-12 中的继电器电路称为起动-保持-停止电路，简称为“起保停”电路。它实现的逻辑运算可以用逻辑代数式表示为

$$KM = (SB1 + KM) \cdot \overline{SB2} \cdot \overline{FR}$$

在继电器电路图和梯形图中，线圈的状态是输出量，触点的状态是输入量。上式左边的 KM 与图中的线圈相对应，右边的 KM 与 KM 的常开触点相对应，上划线表示逻辑“非”，$\overline{SB2}$ 与 SB2 的常闭触点相对应。上式中的加号表示逻辑“或”，乘号（小圆点，也可以改用*号）表示逻辑“与”。

与普通算术运算“先乘除后加减”类似，逻辑运算的规则为先“与”后“或”。为了先作“或”运算（触点的并联），用括号将“或”运算式括起来，括号中的运算优先执行。

1.5.2 PLC 的工作原理

1. PLC 的操作模式

PLC 有两种操作模式，即 RUN（运行）模式与 STOP（停止）模式。在 CPU 模块的面板上用 RUN 和 STOP 发光二极管（LED）显示当前的操作模式。

在 RUN 模式，通过执行反映控制要求的用户程序来实现控制功能。在 STOP 模式，CPU 不执行用户程序，可以用编程软件将用户程序和硬件组态信息下载到 PLC。

如果有致命错误，在消除它之前不允许从 STOP 模式进入 RUN 模式。PLC 操作系统储存非致命错误供用户检查，但是不会从 RUN 模式自动进入 STOP 模式。

CPU 模块上的模式开关在 STOP 位置时，将停止用户程序的运行；在 RUN 位置时，将启动用户程序的运行。模式开关在 STOP 或 TERM（terminal，终端）位置时，电源通电后 CPU 自动进入 STOP 模式；在 RUN 位置时，电源通电后自动进入 RUN 模式。

模式开关在 RUN 位置时，STEP 7-Micro/WIN 与 PLC 之间建立起通信连接后，单击工具栏上的运行按钮▶，确认后进入 RUN 模式。单击停止按钮■，确认后进入 STOP 模式。在程序中插入 STOP 指令，可以使 CPU 由 RUN 模式进入 STOP 模式。

2. PLC 的扫描工作方式

PLC 通电后，需要对硬件和软件作一些初始化工作。为了使 PLC 的输出及时地响应各种输入信号，初始化后反复不停地分阶段处理各种不同的任务（见图 1-13），这种周而复始的循环工作方式称为扫描工作方式，每次循环的时间称为扫描周期。在 RUN 模式，扫描周期由下面的

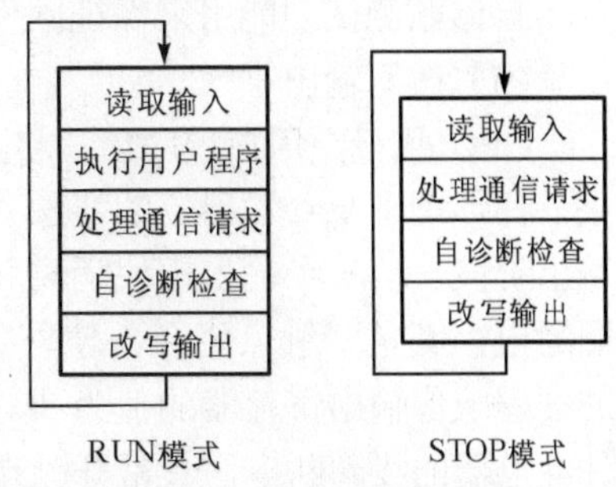

图 1-13　扫描过程

5 个阶段组成。

（1）读取输入

在 PLC 的存储器中，有 128 点过程映像输入寄存器和 128 点过程映像输出寄存器，用来存放输入信号和输出信号的状态。

在读取输入阶段，PLC 把所有外部数字量输入电路的 0、1 状态读入过程映像输入寄存器。外接的输入电路闭合时，对应的过程映像输入寄存器为 1 状态（或称为 ON），梯形图中对应的输入点的常开触点接通，常闭触点断开。外接的输入电路断开时，对应的过程映像输入寄存器为 0 状态（或称为 OFF），梯形图中对应的输入点的常开触点断开，常闭触点接通。

如果没有启用模拟量输入滤波，CPU 在正常扫描周期中不会读取模拟量输入值。当程序访问模拟量输入时，将立即从扩展模块读取模拟量值。

（2）执行用户程序

PLC 的用户程序由若干条指令组成，指令在存储器中顺序排列。在 STOP 模式不执行用户程序。在 RUN 模式的程序执行阶段，如果没有跳转指令，CPU 从第一条指令开始，逐条顺序地执行用户程序。

在执行指令时，从 I/O 映像寄存器或别的位元件的寄存器读出其 0、1 状态，并根据指令的要求执行相应的逻辑运算，运算的结果写入到相应的映像寄存器中，因此，各寄存器（只读的过程映像输入寄存器除外）的内容随着程序的执行而变化。

在程序执行阶段，即使外部输入信号的状态发生了变化，过程映像输入寄存器的状态也不会随之而变，输入信号变化了的状态只能在下一个扫描周期的读取输入阶段被读入。执行程序时，对输入/输出的读写通常是通过映像寄存器，而不是实际的 I/O 点，这样做有以下好处：

1）在整个程序执行阶段，各输入点的状态是固定不变的，程序执行完后再用过程映像输出寄存器的值更新输出点，使系统运行稳定。

2）用户程序读写 I/O 映像寄存器比读写 I/O 点快得多，这样可以提高程序的执行速度。

3）I/O 点是位实体，必须以位或字节为单位来存取，但是可以将映像寄存器以位、字节、字或双字为单位来存取。

（3）处理通信请求

在处理通信请求阶段，执行通信所需的所有任务。

（4）自诊断检查

自诊断测试功能用来保证固件、程序存储器和所有扩展模块正常工作。

（5）改写输出

CPU 执行完用户程序后，将过程映像输出寄存器的 0、1 状态传送到输出模块并锁存起来。梯形图中某一输出位的线圈“通电”时，对应的过程映像输出寄存器的值为 1。在改写输出阶段，信号经输出模块隔离和功率放大后，继电器型输出模块中对应的硬件继电器的线圈通电，其常开触点闭合，使外部负载通电工作。若梯形图中输出点的线圈“断电”，对应的过程映像输出寄存器的值为 0。在改写输出阶段，将它送到继电器型输出模块，对应的硬件继电器的线圈断电，其常开触点断开，外部负载断电，停止工作。

当程序访问模拟量输出模块时，模拟量输出被立即刷新，而与扫描周期无关。

当 CPU 的操作模式从 RUN 变为 STOP 时，数字量输出被置为系统块中的输出表定义的状态，或保持当时的状态（见 2.5.3 节），默认的设置是将所有的数字量输出清零。

3．中断程序的处理

如果在程序中使用了中断，中断事件发生时，CPU 停止正常的扫描工作方式，立即执行中断程序，中断功能可以提高 PLC 对中断事件的响应速度。

4．立即 I/O 处理

在程序执行过程中使用立即 I/O 指令可以直接读、写 I/O 点的值。用立即 I/O 指令读输入点的值时，相应的过程映像输入寄存器的值不会被更新。用立即 I/O 指令来改写输出点时，相应的过程映像输出寄存器的值被更新。

5．PLC 的工作过程举例

下面用一个简单的例子来进一步说明 PLC 的扫描工作过程，图 1-14 中的 PLC 控制系统与图 1-12 中的继电器控制电路的功能相同。起动按钮 SB1 和停止按钮 SB2 的常开触点分别接在编号为 0.1 和 0.2 的输入端，接触器 KM 的线圈接在编号为 0.0 的输出端。如果热继电器 FR 动作（其常闭触点断开）后需要手动复位，可以将 FR 的常闭触点与接触器 KM 的线圈串联，这样可以少用一个 PLC 的输入点。

图 1-14 梯形图中的 I0.1 与 I0.2 是输入变量，Q0.0 是输出变量，它们都是梯形图中的编程元件。梯形图中的 I0.1 与接在输入端子 0.1 上的 SB1 的常开触点和过程映像输入寄存器 I0.1 相对应，梯形图中的 Q0.0 与接在输出端子 0.0 上的 PLC 内的输出电路和过程映像输出寄存器 Q0.0 相对应。

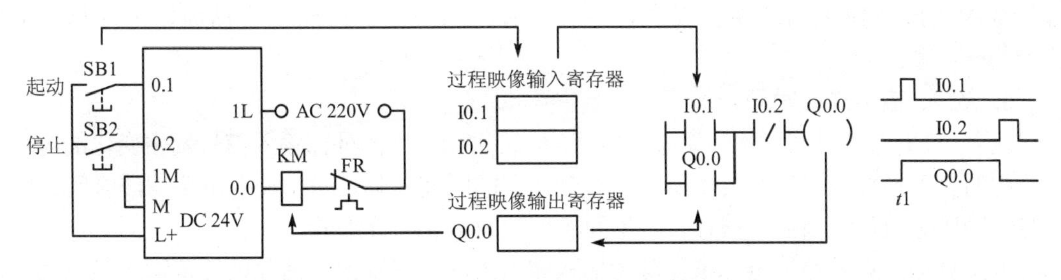

图 1-14　PLC 外部接线图与梯形图

梯形图以指令的形式储存在 PLC 的用户程序存储器中，图 1-14 中的梯形图与下面的 4 条指令相对应，“//”之后是该指令的注释。

```
LD      I0.1      //接在左侧“电源线”上的 I0.1 的常开触点
O       Q0.0      //与 I0.1 的常开触点并联的 Q0.0 的常开触点
AN      I0.2      //与并联电路串联的 I0.2 的常闭触点
=       Q0.0      //Q0.0 的线圈
```

梯形图完成的逻辑运算为

$$Q0.0 = (I0.1 + Q0.0) \cdot \overline{I0.2}$$

在读取输入阶段，CPU 将 SB1 和 SB2 的常开触点的接通/断开状态读入相应的过程映像输入寄存器，外部触点接通时将二进制数 1 存入寄存器，反之存入 0。

执行第一条指令时，从过程映像输入寄存器 I0.1 中取出二进制数，并存入堆栈的栈顶，堆栈是存储器中的一片特殊的区域，其功能和结构将在 3.3.1 节中介绍。

执行第二条指令时，从过程映像输出寄存器 Q0.0 中取出二进制数，并与栈顶中的二进制数相“或”（触点的并联对应于“或”运算），运算结果存入栈顶。运算结束后只保留运算结果，不保留参与运算的数据。

执行第三条指令时，因为是常闭触点，取出过程映像输入寄存器 I0.2 中的二进制数后，将它取反（将 0 变为 1，1 变为 0），取反后与前面的运算结果相“与”（电路的串联对应于“与”运算），然后存入栈顶。

执行第四条指令时，将栈顶中的二进制数传送到 Q0.0 的过程映像输出寄存器。

在修改输出阶段，CPU 将各过程映像输出寄存器中的二进制数传送给输出模块并锁存起来，如果 Q0.0 中存放的是二进制数 1，外接的 KM 线圈将通电，反之将断电。

I0.1、I0.2 和 Q0.0 的波形中的高电平表示按下按钮或 KM 线圈通电，当 $t < t1$ 时，读取的过程映像输入寄存器 I0.1 和 I0.2 的值均为二进制数 0，此时过程映像输出寄存器 Q0.0 的值亦为 0，在程序执行阶段，经过上述逻辑运算过程之后，运算结果仍为 Q0.0 = 0，所以 KM 的线圈处于断电状态。$t = t1$ 时，按下起动按钮 SB1，I0.1 变为 ON，经逻辑运算后 Q0.0 也变为 ON，在输出处理阶段，将 Q0.0 对应的过程映像输出寄存器中的数据 1 送到输出模块，输出模块中与 Q0.0 对应的物理继电器的常开触点接通，接触器 KM 的线圈通电。

PLC 在 RUN 模式时，执行一次图 1-13 所示的扫描操作所需的时间称为扫描周期，其典型值为 1～100ms。执行用户程序所需的时间与用户程序的长短、指令的种类和 CPU 执行指令的速度有很大的关系。用户程序较长时，指令执行时间在扫描周期中占相当大的比例。

6．输入/输出滞后时间

输入/输出滞后时间又称为系统响应时间，是指 PLC 的外部输入信号发生变化的时刻至它控制的有关外部输出信号发生变化的时刻之间的时间间隔，它由输入电路滤波时间、输出电路的滞后时间和因扫描工作方式产生的滞后时间这 3 部分组成。

数字量输入点的滤波器用来滤除由输入端引入的干扰噪声，消除因外接输入触点动作时产生的抖动引起的不良影响，CPU 模块集成的输入点的输入滤波器延迟时间可以用系统块来设置。输出模块的滞后时间与模块的类型有关，继电器型输出电路的滞后时间一般在 10ms 左右；场效应晶体管型输出电路的滞后时间最短为微秒级，最长的在 100μs 以上。

由扫描工作方式引起的滞后时间最长可达两三个扫描周期。PLC 总的响应延迟时间一般只有几毫秒至几十毫秒，对于一般的系统来说是无关紧要的。要求输入/输出滞后时间尽量短的系统，可以选用扫描速度快的 PLC，或采用硬件中断和立即输入/立即输出等措施。

1.6 习题

1．填空

1）PLC 主要由__________、__________、__________和________组成。

2）继电器的线圈“断电”时，其常开触点______，常闭触点______。

3）外部的输入电路接通时，对应的过程映像输入寄存器为_____状态，梯形图中后者的常开触点_____，常闭触点_____。

4）若梯形图中输出 Q 的线圈“断电”，对应的过程映像输出寄存器为____状态，在修改输出阶段后，继电器型输出模块中对应的硬件继电器的线圈______，其常开触点_____，外部负载______。

2．RAM 与 EEPROM 各有什么特点？

3．数字量输出模块有哪几种类型？它们各有什么特点？

4．简述 PLC 的扫描工作过程。

5．频率变送器的量程为 45～55Hz，输出信号为 DC 0～10V，模拟量输入模块输入信号的量程为 DC 0～10V，转换后的数字量为 0～32000，设转换后得到的数字为 N，试求以 0.01Hz 为单位的频率值。

第 2 章　STEP 7-Micro/WIN 编程软件使用指南

2.1　编程软件概述

2.1.1　编程软件的安装与项目的组成

1．编程软件的安装

双击配套资源的文件夹“STEP 7-Micro_WIN V40+SP9”中的 setup.exe，开始安装编程软件，使用默认的安装语言 English，单击“Next”按钮，出现“Preparing Setup”（准备安装）窗口，开始安装。单击欢迎（Welcome）窗口中的“Next”按钮，再单击“License Agreement”（许可协议）窗口的“Yes”按钮。单击 Choose Destination Location 窗口的“Browse”按钮，可以选择软件安装的目标文件夹。单击“Next”按钮，开始安装。

安装结束后，出现“InstallShield Wizart Complete”对话框，表示安装完成。去掉多选框“Yes，I want to view the Read Me file now”中的对钩，不阅读软件的自述文件。单击“Finish”按钮退出安装程序。

安装成功后，双击桌面上的 STEP 7-Micro/WIN 图标，打开编程软件，看到的是英文的界面。执行菜单命令“Tools”（工具）→“Options”（选项），单击出现的对话框左边的“General”（常规），在“General”选项卡中，选择 Language（语言）为“Chinese”（中文）。先后单击“确认”按钮和“否”按钮，退出 STEP 7-Micro/WIN 后，再进入该软件，界面和帮助文件均已变成中文的了。

安装好 STEP 7-Micro/WIN 后，再安装配套资源中的 STEP 7-Micro WIN V32 指令库。

视频“安装编程软件”可通过扫描二维码 2-1 播放。

二维码 2-1

2．指令树与浏览条

图 2-1 是 STEP 7-Micro/WIN 的界面，指令树是包含所有项目对象和所有指令的树型视图。双击指令树中的某个对象，将会打开对应的窗口。可以将常用的指令拖放到指令树的“收藏夹”中。

单击指令树中文件夹左边带加、减号的小方框，可以打开或关闭该文件夹。也可以双击某个文件夹打开或关闭它。右键单击指令树中的某个文件夹，可以用快捷菜单中的命令做打开、插入等操作，允许的操作与具体的文件夹有关。右键单击文件夹中的某个对象，可以做打开、剪切、复制、粘贴、插入、删除、重命名、设置属性等操作，允许的操作与具体的对象有关。

将光标放到指令树右侧的垂直分界线上，光标变为水平方向的双向箭头，按住鼠标左键，移动鼠标，可以拖动垂直分界线，调节指令树的宽度。

浏览条的功能与指令树重叠，占的面积也不小。可以用鼠标右键单击浏览条，执行出现的快捷菜单中的“隐藏”命令，关闭浏览条。

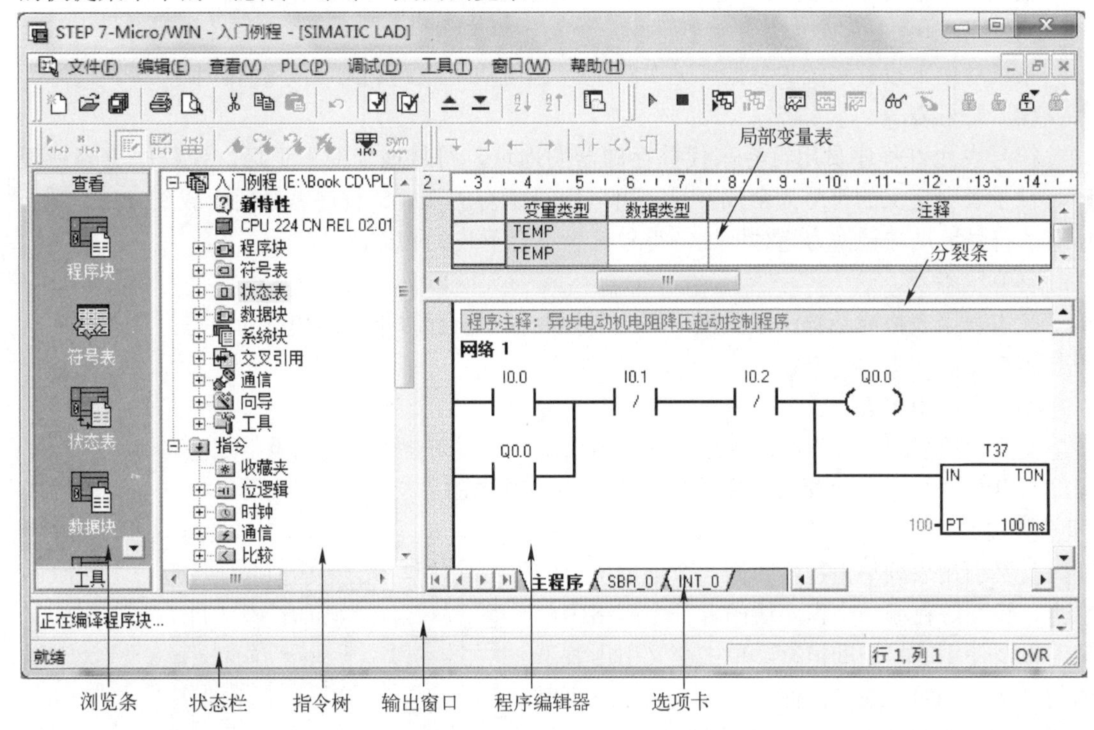

图 2-1　STEP 7-Micro/WIN 的界面

3．程序编辑器

程序编辑器窗口包含局部变量表和程序视图。局部变量表用来对局部变量赋值，局部变量仅限于在它所在的程序中使用。

将光标放到局部变量表和程序视图之间的分裂条上，光标变为垂直方向的双向箭头÷，按住鼠标左键上下移动鼠标，可以改变分裂条的位置。单击程序编辑器窗口底部的选项卡，可以选择显示哪一个程序。

4．输出窗口

在编译程序或指令库后，输出窗口提供编译的信息。双击输出窗口中某条程序编译后的错误信息，将会在程序编辑器窗口中显示错误所在的程序块和网络，光标在出错的位置。

5．状态栏

状态栏位于主窗口底部，提供软件中执行的操作的状态信息。例如光标所在的网络号、网络中的行号和列号，当前是插入（INS）模式还是覆盖（OVR）模式。可以用计算机的〈Insert〉键切换这两种模式。

6．项目的组成

项目包括下列基本组件：

（1）程序块

程序块由可执行的代码和注释组成，可执行的代码由主程序（OB1）、可选的子程序和中断程序组成。代码被编译并下载到PLC，程序注释被忽略。

（2）数据块

数据块用来对 V 存储器（变量存储器）赋初值，其使用方法详见 4.8.1 节。

（3）系统块

系统块用来设置系统的参数（见 2.5 节），系统块下载到 PLC 后才起作用。

（4）符号表

符号表允许程序员用符号来代替存储器的地址，符号地址便于记忆，使程序更容易理解。符号表中定义的符号为全局变量，可以用于所有的程序。程序编译后下载到 PLC 时，所有的符号地址被转换为绝对地址，符号信息不会下载到 PLC。

（5）状态表

状态表用表格或趋势图来监视、修改和强制程序执行时指定的变量的状态，状态表并不下载到 PLC。

（6）交叉引用表

交叉引用表用于检查程序中地址的赋值情况，可以防止无意间的重复赋值。

打开指令树中的“交叉引用”文件夹，双击其中的“交叉引用”，可以打开交叉引用表（见图 2-2）。

交叉引用表列举出程序中同一个地址所有的触点、线圈等在哪一个程序块的哪一个网络中出现，以及使用的指令助记符。单击交叉引用表下面的“字节使用”或“位使用”选项卡，还可以查看哪些存储器单元已经被使用，是作为位（b）使用，还是作为字节（B）、字（W）或双字（D）使用。在 RUN 模式下编辑程序时，可以查看程序当前正在使用的正向、负向转换触点的编号（见 2.4.4 节）。交叉引用表并不下载到 PLC，程序编译成功后才能看到交叉引用表的内容。

<table>
<tr><th></th><th>元素</th><th>块</th><th>位置</th><th></th></tr>
<tr><td>1</td><td>下限位:I0.1</td><td>手动程序 (SBR1)</td><td>网络 2</td><td>-|/|-</td></tr>
<tr><td>2</td><td>下限位:I0.1</td><td>回原点程序 (SBR</td><td>网络 4</td><td>-||-</td></tr>
<tr><td>3</td><td>下限位:I0.1</td><td>自动程序 (SBR3)</td><td>网络 4</td><td>-||-</td></tr>
<tr><td>4</td><td>下限位:I0.1</td><td>自动程序 (SBR3)</td><td>网络 8</td><td>-||-</td></tr>
<tr><td>5</td><td>下限位:I0.1</td><td>自动程序 (SBR3)</td><td>网络 15</td><td>-|/|-</td></tr>
<tr><td>6</td><td>上限位:I0.2</td><td>公用程序 (SBR0)</td><td>网络 1</td><td>-||-</td></tr>
<tr><td>7</td><td>上限位:I0.2</td><td>手动程序 (SBR1)</td><td>网络 2</td><td>-|/|-</td></tr>
<tr><td>8</td><td>上限位:I0.2</td><td>手动程序 (SBR1)</td><td>网络 3</td><td>-||-</td></tr>
</table>

交叉引用　字节使用　位使用

图 2-2　交叉引用表

双击交叉引用表中的某一行，可以显示出该行的操作数和指令所在的网络。

视频“编程软件使用入门”可通过扫描二维码 2-2 播放。

二维码 2-2

2.1.2　帮助功能的使用与 S7-200 的出错处理

1．使用在线帮助

单击选中指令树中的某个文件夹或文件夹中的对象、单击某个菜单项、单击某个窗口、单击指令树或程序编辑器中的某条指令，按〈F1〉键可以得到选中的对象的在线帮助。

2．从菜单获得帮助

可以用下述的各种方法从菜单获得帮助：

1）执行菜单命令“帮助”→“目录和索引”，打开帮助窗口，借助目录浏览器可以寻找需要的帮助主题，窗口中的索引部分提供了按字母顺序排列的主题关键词，双击某一关键词，可以获得有关的帮助。

2）执行菜单命令“帮助”→“这是什么”，出现带问号的光标，用它单击窗口中的用户接口（例如工具栏上的按钮、程序编辑器和指令树中的对象等），将会打开相应的帮助窗口。

3）执行菜单命令“帮助”→“网上 S7-200”，可以访问为 S7-200 提供技术支持和产品信息的西门子互联网站。单击“中文”可以切换到中文显示模式。

二维码 2-3

视频“帮助功能的使用”可通过扫描二维码 2-3 播放。

3．S7-200 的致命错误

与 PLC 建立起通信连接后，使用菜单命令“PLC”→“信息”，可以查看错误信息，例如错误的代码。

致命错误使 PLC 停止执行程序，取决于错误的致命程度，致命错误使 PLC 无法执行某一功能或全部功能。CPU 检测到致命错误时，自动进入 STOP 模式，点亮 SF/DIAG（系统错误/诊断）和 STOP（停止）LED，并关闭输出。在消除致命错误之前，CPU 一直保持这种状态。

消除了引起致命错误的原因后，必须用下面的方法重新起动 CPU。将 PLC 断电后再通电，将模式开关从 TERM 或 RUN 扳至 STOP 位置。如果发现其他致命错误条件，CPU 将会重新点亮系统错误 LED。

有些错误使 PLC 无法进行通信，此时在计算机上看不到 CPU 的错误代码。这表示硬件出错或 CPU 模块需要修理，修改程序或清除 PLC 的存储器不能消除这种错误。

4．非致命错误

非致命错误会影响 CPU 的某些性能，但是不会使它无法执行用户程序和更新 I/O。有以下几类非致命错误：

（1）运行时间错误

在 RUN 模式下发现的非致命错误会反映在特殊存储器标识位（SM）上，用户程序可以监控这些位。上电时 CPU 读取 I/O 配置，并将信息存储在 SM 中。如果在运行时 CPU 发现 I/O 配置变化，就会在模块错误字节中设置配置改变位。I/O 模块必须与保存在系统数据存储器中的 I/O 配置符合，CPU 才会对该位复位。它被复位之前，不会更新 I/O 模块。

（2）程序编译错误

CPU 编译程序成功后才能下载程序，如果编译时检测到程序违反了编译规则，不会下载，并在输出窗口生成错误代码。CPU 的 EEPROM 中原有的程序依然存在，不会丢失。

（3）程序执行错误

程序运行时，用户程序可能会产生错误。例如因为在程序执行过程中修改了一个编译时正确的间接地址指针，它可能指向超出范围的地址。可以用菜单命令“PLC”→“信息”来判断错误的类型，只有通过修改用户程序才能改正运行时的编程错误。

与某些错误条件相关的信息存储在特殊存储器（SM）中，用户程序可以用它们来监控和处理错误。例如可以用 SM5.0（I/O 错误）的常开触点控制 STOP 指令，在出现 I/O 错误时使 CPU 切换到 STOP 模式。

2.2　程序的编写与传送

2.2.1　生成用户程序

1．创建项目或打开已有的项目

在为控制系统编程之前，首先应创建一个项目。打开 STEP 7-Micro/WIN，自动生成一个名为“项目 1”的新项目。执行菜单命令“文件”→“另存为”，将项目名称修改为“入门例程”（见配套资源中的同名例程），可以设置项目文件所在的文件夹。打开编程软件后，执行菜单命令“文件”→“新建”，或者单击工具栏最左边的“新建项目”按钮，也可以生成一个新的项目。

执行菜单命令“文件”→“打开”，或者单击工具栏上对应的按钮，可以打开已有的项目。项目存放在扩展名为 mwp 的文件中。

2. 设置 PLC 的型号

在给 PLC 编程之前，应正确地设置其型号，执行菜单命令“PLC”→“类型”，在出现的对话框中（见图 2-3）设置 PLC 的型号。如果已经成功地建立起与 PLC 的通信连接，单击对话框中的“读取 PLC”按钮，可以通过通信读出 PLC 的型号和 CPU 的版本号。单击“确认”按钮后启用新的型号和版本号。

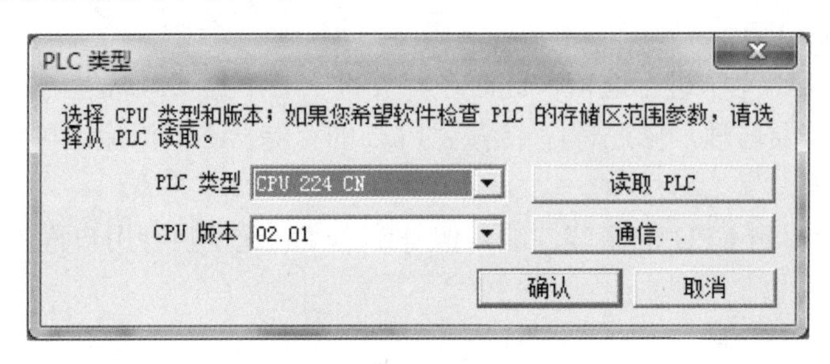

图 2-3　设置 PLC 的型号

3. 控制要求

下面用一个简单的例子，介绍怎样用 STEP 7-Micro/WIN 来编写、下载和调试梯形图程序。

控制两台异步电动机的 PLC 的外部接线图与梯形图如图 2-4 所示，输入电路使用 CPU 模块提供的 DC 24V 传感器电源。按下起动按钮后，输出点 Q0.0 变为 ON，KM1 的线圈通电，起动 1 号电动机。同时定时器 T37 开始定时，5s 后 T37 的定时时间到，使 Q0.1 变为 ON，KM2 的线圈通电，起动 2 号电动机。按下停止按钮后，Q0.0 变为 OFF，1 号电动机停止运行；T37 被复位，其常开触点断开，Q0.1 变为 OFF，2 号电动机也停止运行。1 号电动机过载时，经过一定的时间后，接在 0.2 输入端的热继电器的常开触点闭合，使梯形图中 I0.2 的常闭触点断开，也会使两台电动机停止运行。

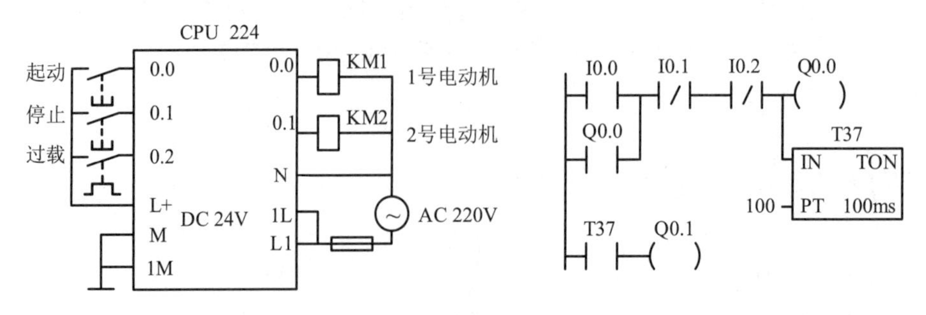

图 2-4　电动机控制的 PLC 外部接线图与梯形图

这是一个很简单的数字量控制系统，程序全部在主程序（OB1）中，没有子程序、中断程序和数据块，没有使用局部变量表。

本例对 CPU 模块和输入输出的参数没有特殊的要求，可以全部采用系统块的默认设置。

4．编写用户程序

生成项目“入门例程”后，主程序 MAIN（OB1）被自动打开，网络 1 最左边的箭头处有一个矩形光标（见图 2-5a）。单击工具栏上的触点按钮┤├，然后单击出现的对话框中的常开触点，在矩形光标所在的位置出现一个常开触点（见图 2-5b）。

触点上面红色的问号??.?表示地址未赋值，选中它以后输入触点的地址 I0.0，光标移动到触点的右边（见图 2-5c）。

单击工具栏上的触点按钮┤├，然后单击出现的对话框中的常闭触点，生成一个常闭触点，输入触点的地址 I0.1。用同样的方法生成 I0.2 的常闭触点（见图 2-5d）。单击工具栏上的线圈按钮-()，然后单击出现的对话框中的-()，生成一个线圈，设置线圈的地址为 Q0.0。

如果双击指令列表的“位逻辑”文件夹中的某个触点或线圈，将在光标处生成一个相同的元件。可以将常用的编程元件拖放到指令列表的“收藏夹”文件夹，在编程时使用它们。

将光标放到 I0.0 的常开触点的下面，生成 Q0.0 的常开触点（见图 2-5e）。将光标放到新生成的触点上，单击工具栏上的“向上连线”按钮↑，将 Q0.0 的触点并联到它上面 I0.0 的触点上（见图 2-5f）。

将光标放到 I0.2 的触点上，单击工具栏上的“向下连线”按钮↓，生成带双箭头的折线（见图 2-5f）。

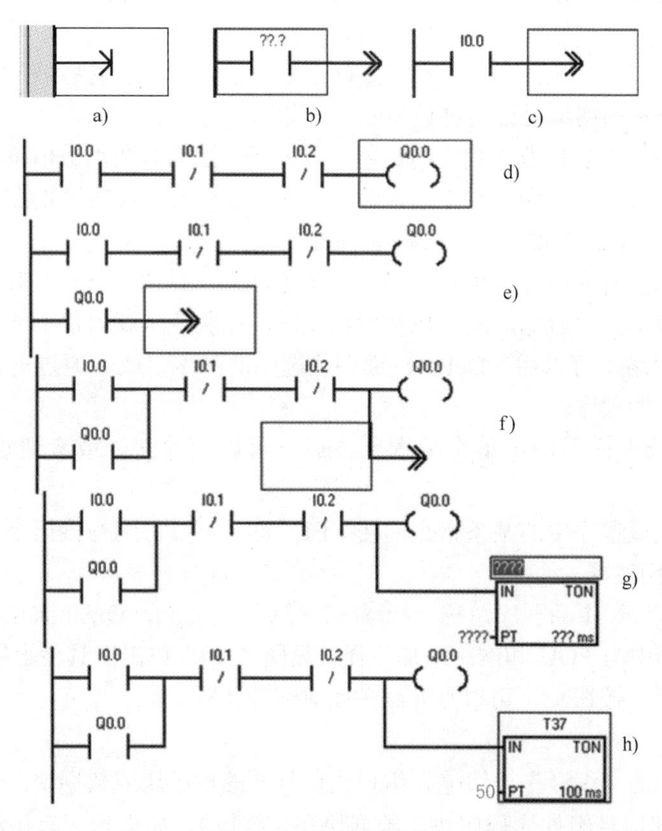

图 2-5　生成梯形图程序

有 3 种方法可以在程序中生成接通延时定时器：

1）将指令列表的“定时器”文件夹中的“TON”图标拖放到图 2-5f 的双箭头所在的位置（见图 2-5g）。

2）将光标放到图 2-5f 的双箭头上，然后双击指令列表中的“TON”，在光标处生成接通延时定时器。

3）将光标放到图 2-5f 的双箭头上，单击工具栏上的“指令盒”按钮，向下拖动打开的指令列表中的垂直滚动条，显示出指令 TON 后单击它，在光标处生成接通延时定时器。

出现指令列表后键入 TON，将会显示和选中指令列表中的 TON，单击它将在光标处生成接通延时定时器。

在 TON 方框上面输入定时器的地址 T37。单击 PT 输入端的红色问号 ????，键入以 100ms 为单位的时间预设值 50（5s）。图 2-5h 是网络 1 输入结束后的梯形图。

二维码 2-4

在网络 2 生成用 T37 的常开触点控制 Q0.1 线圈的电路（见图 2-15）。

视频“生成用户程序”可通过扫描二维码 2-4 播放。

5. 对网络的操作

梯形图程序被划分为若干个网络，编辑器自动给出网络的编号。一个网络只能有一块不能分开的独立电路，某些网络可能只有一条指令（例如 SCRE）。如果一个网络中有两块独立电路，在编译时将会出现错误，显示“无效网络或网络太复杂无法编译”。

语句表允许将若干个独立电路对应的语句放在一个网络中。没有语法错误的梯形图一定能转换为语句表程序。但是只有将语句表正确地划分为网络，才能将语句表转换为梯形图。不能转换的网络将在网络编号处用红色显示“无效”。

程序编辑器中输入的参数或数字用红色文本表示非法的语法，数值下面的红色波浪线表示数值超出范围或数值对该指令不正确。数值下面的绿色波浪线表示正在使用的变量或符号尚未定义。STEP 7-Micro/WIN 允许先编写程序，后定义变量和符号。

用鼠标左键单击程序区垂直电源线左边的灰色部分（见图 2-5a），对应的网络被选中，整个网络的背景色变为深蓝色。此时按住鼠标左键，在灰色区域内往上或往下拖动，可以选中相邻的若干个网络。可以用〈Delete〉键删除选中的网络，或者通过剪贴板复制、剪切、粘贴选中的网络中的程序。

用矩形光标选中梯形图中单个编程元件后，可以删除它，或者通过剪贴板复制和粘贴它。

选中指令列表或程序中的某条指令后按〈F1〉键，可以得到与该指令有关的在线帮助。

6. 打开和关闭注释

主程序、子程序和中断程序总称为程序组织单元（Program Organizational Unit，POU）。可以在程序编辑器中为 POU 和网络添加注释（见图 2-1）。单击工具栏上的“POU 注释”按钮或“网络注释”按钮，可以打开或关闭对应的注释。

7. 编译程序

单击工具栏上的“编译”按钮，编译当前打开的程序块或数据块。单击“全部编译”按钮，编译全部项目组件（程序块、数据块和系统块）。如果程序有语法错误，编译后在编辑器下面出现的输出窗口将会显示错误和警告的个数，各条错误的原因和它们在程序中的位置。双击某一条错误，将会打开出错的程序块，用光标指示出错的位置。必须改正程序中所有的错误才能下载。编译成功后，显示生成的程序和数据块的大小。

如果没有编译程序，在下载之前 STEP 7-Micro/WIN 将会自动地对程序进行编译，并在输出窗口显示编译的结果。

8．设置程序编辑器的参数

执行菜单命令“工具”→“选项”，或单击工具栏上的“选项”按钮，打开“选项”窗口（见图 2-6）。单击选中左边窗口中的某个对象，再打开右边窗口的某个选项卡，可以进行有关的参数设置。

选中左边窗口的“程序编辑器”，可以用“符号寻址”下拉式列表框，选择只显示符号，或同时显示符号和地址。还可以设置网格（即矩形光标）的宽度、字符的大小、字体和样式（字符是否加粗或用斜体显示）。可以总体设置（在“类别”列表中选中“所有类别”），也可以分类设置。

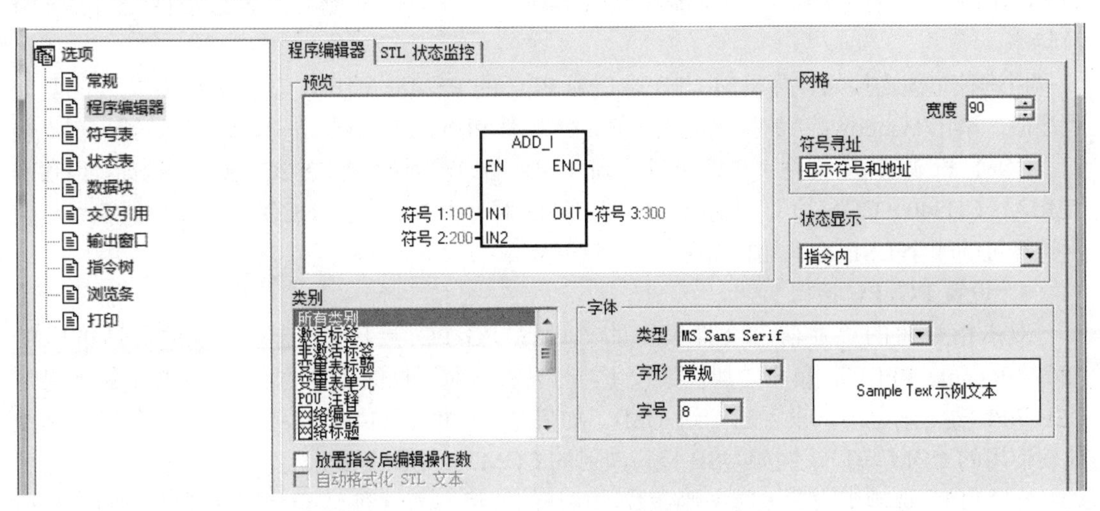

图 2-6 程序编辑器的参数设置

选中左边窗口的“常规”，在右边窗口的“常规”选项卡可以选择使用“IEC 1131-3”或“SIMATIC”编程模式，一般选择 SIMATIC 编程模式。还可以选择使用“国际”或“SIMATIC”助记符集，它们分别使用英语和德语的指令助记符。单击右边窗口的“默认值”选项卡中的“浏览”按钮，可以设置默认的文件位置。

选中图 2-6 左边窗口中的其他选项，可以设置 STEP 7-Micro/WIN 的其他参数，读者可以通过实际操作，来了解和熟悉设置编程软件参数的方法。

视频“程序编辑器的操作”可通过扫描二维码 2-5 播放。

二维码 2-5

2.2.2 下载与调试用户程序

为了实现 PLC 与计算机的通信，必须配备下列设备中的一种：

1）RS-232/PPI 多主站电缆或 USB/PPI 多主站电缆。

2）一块插在个人计算机中的通信处理器（CP 卡），其价格较高。

1. RS-232/PPI 多主站电缆

RS-232/PPI 多主站电缆用于 PLC 与有 RS-232 端口的计算机通信。现在几乎所有的计算机都没有 RS-232 端口，所以这种编程电缆用得很少。使用时需要设置电缆护套上的 8 个 DIP 开关（见图 2-7）。

2. USB/PPI 多主站电缆

现在用得最多的是 USB/RS-485 转换的 USB/PPI 多主站编程电缆，订货号为 6ES7 901-3DB30-0XA0，带光电隔离，最大波特率为 187.5kbit/s。它是一种即插即用设备，无须设置开关和安装驱动程序。

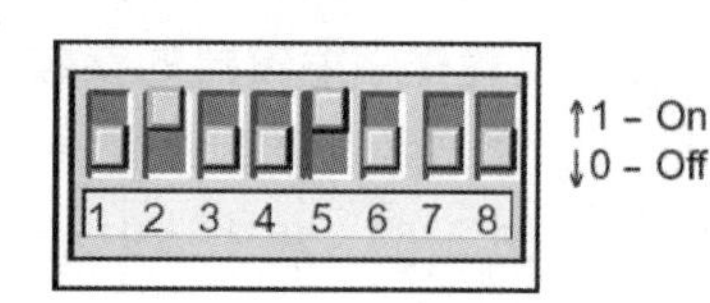

图 2-7　RS-232/PPI 电缆的 DIP 开关

3. 国产的 USB/PPI 编程通信电缆

现在市面上有很多国产的与西门子产品兼容的 USB 电缆，它们大多数是 USB/RS-232 转换器和 RS-232/PPI 适配器的组合，将 USB 端口映射为一个 RS-232C 端口（俗称为 COM 口）。注意低档的产品不能在 Windows 7 操作系统下使用，不支持 187.5kbit/s 的波特率。

用这种电缆连接好计算机的 USB 端口和 PLC 的 RS-485 端口，安装好 USB 电缆的驱动程序后，单击 Windows 7 的控制面板主页的“硬件和声音”，再单击“设备管理器”，在“端口（COM 和 LPT）”文件夹中，可以看到 USB 端口映射的 RS-232C 端口，例如 “USB-SERIAL CH340（COM3）”，表示 USB 端口被映射为 RS-232 端口 COM3。端口的编号与使用计算机的哪个 USB 物理端口有关。

4. 设置 PG/PC 接口

双击指令树的“通信”文件夹中的“设置 PG/PC 接口”，选中打开的对话框中的“PC/PPI cable. PPI.1”，单击“属性”按钮，打开属性对话框的“本地连接”选项卡。如果是 USB/PPI 多主站电缆，设置连接到 USB。如果是国产兼容的编程电缆，设置计算机与 PLC 通信使用的 COM 端口，例如 USB 接口映射的 COM3（见图 2-8）。

在“PPI”选项卡设置波特率等参数，默认的波特率为 187.5kbit/s。“超时”时间是与通信设备建立联系的最长时间，可采用默认值 1s。最高站地址是 STEP 7-Micro/WIN 停止寻找网络中的其他主站的地址。

对于多主站网络，应设置使用 PPI 协议，并选中“高级 PPI”多选框和“多主站网络”多选框。如果使用 PPI 多主站电缆，可以忽略这两个多选框。在多主站网络中，两台 S7-200 CPU 之间可以用网络读写指令相互读写数据，实现点对点通信。

高级 PPI 功能允许在 PPI 网络中与一个或多个 S7-200 CPU 建立多个连接，S7-200 CPU 的通信口 0 和通信口 1 分别可以建立 4 个连接，EM 277 通信模块可以建立 6 个连接。

也可以使用计算机的通信处理器卡（例如 CP 5511 或 CP 5611）来与 CPU 通信。

5. 用系统块设置 PLC 通信端口的参数

双击指令树文件夹“系统块”中的“通信端口”（见图 2-24），打开系统块的“通信端口”窗口，可以设置 CPU 集成的通信端口的参数，默认的站地址为 2。设置的波特率应与图 2-8 中设置的一致。系统块下载到 PLC 后设置的参数才会起作用。出厂时 CPU 第一个通信端口默认的波特率为 9.6kbit/s，站地址为 2。

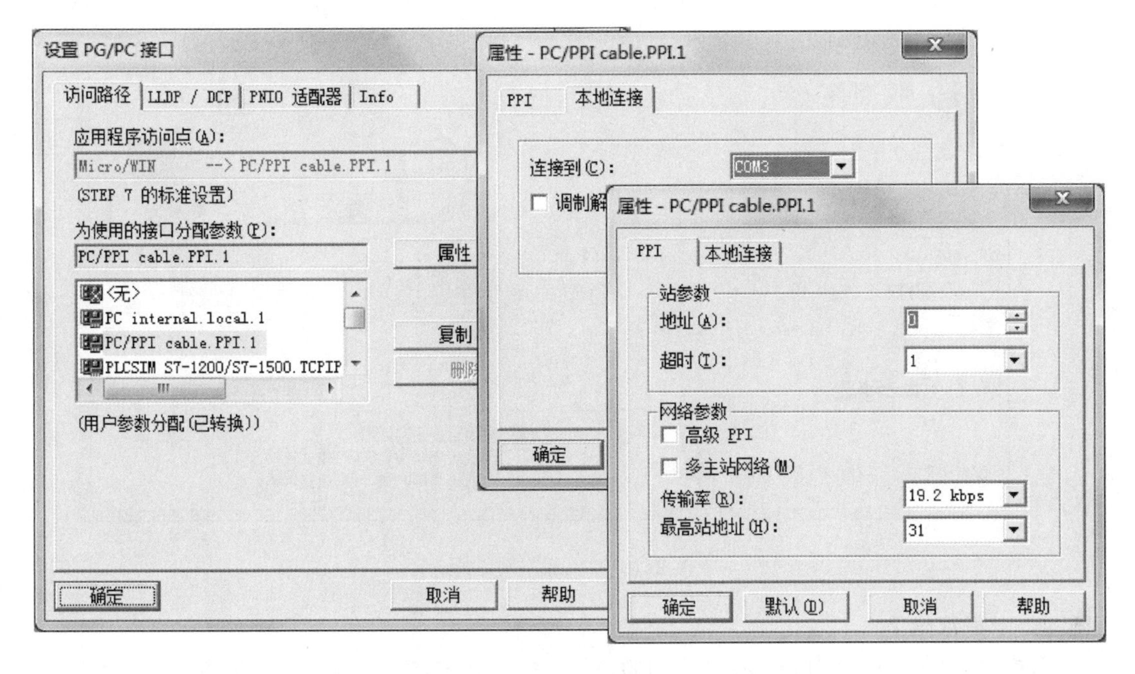

图 2-8　设置 PG/PC 接口

6．建立计算机与 PLC 的在线连接

双击指令树中的“通信”，打开“通信”对话框。在将新的设置下载到 S7-200 之前，应设置远程站（即 S7-200）的地址，CPU 的默认地址为 2。

双击“通信”对话框中的“双击刷新”（见图 2-9），STEP 7-Micro/WIN 将会自动搜索连接在网络上的 S7-200，并用 PLC 图标显示搜索到的 S7-200。这一步不是建立通信连接必需的操作。不能确定 PLC 端口的波特率时，可以选中“通信”对话框中的多选框“搜索所有波特率”。

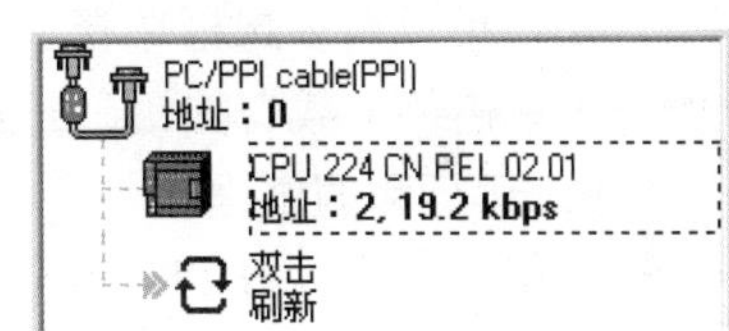

图 2-9　搜索 S7-200 的 CPU

7．下载程序

计算机与 PLC 建立起通信连接后，单击工具栏上的“下载”按钮，或者执行菜单命令“文件”→“下载”，将会出现下载对话框（见图 2-10）。

单击“选项”按钮，可以打开或关闭图 2-10 中该按钮下面的选项区。用户可以用多选框选择是否下载程序块、数据块、系统块、存储卡中的配方和数据记录配置，打钩表示要下载。单击“下载”按钮，开始下载。

如果设置的 PLC 的型号与 PLC 实际的型号不一致，将会显示提示信息。单击出现的“改动项目”按钮，自动修改 PLC 的型号后，提示信息消失，再进行下载操作。

下载应在 STOP 模式进行，可以设置在下载之前将 CPU 自动切换到 STOP 模式，以及下载结束后自动切换到 RUN 模式是否需要提示。建议最下面的 3 个多选框采用图 2-10 中的设置，这样最为方便快捷。

二维码 2-6

视频“组态通信与下载程序”可通过扫描二维码 2-6 播放。

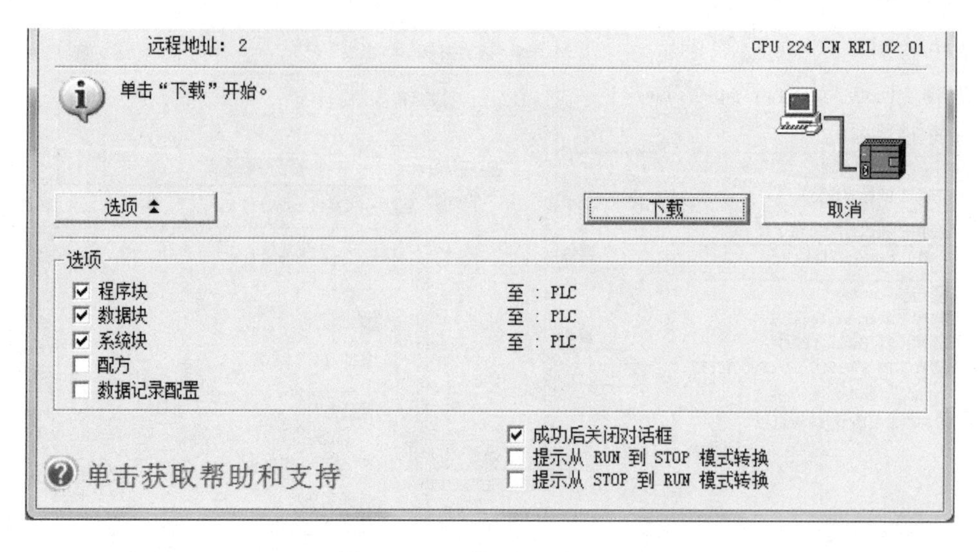

图 2-10 "下载"对话框

8．上载程序

上载前应建立起计算机与 PLC 之间的通信连接，在 STEP 7-Micro/WIN 中新建一个空项目来保存上载的块，项目中原有的内容将被上载的内容覆盖。

单击工具栏上的"上载"按钮，打开上载对话框。上载对话框与下载对话框的结构基本上相同，只是在对话框的右下部分仅有多选框"成功后关闭对话框"。

用户可以用多选框选择是否上载程序块、数据块、系统块、存储卡中的配方和数据记录配置。单击"上载"按钮，开始上载。

9．运行和调试程序

下载程序后，将 PLC 的工作模式开关拨到 RUN 位置，"RUN" LED 亮，用户程序开始运行。工作模式开关在 RUN 位置时，可以用 STEP 7-Micro/WIN 工具栏上的 RUN 按钮和 STOP 按钮切换 PLC 的操作模式。

在 RUN 模式用接在端子 I0.0～I0.2 上的小开关来模拟按钮提供的起动信号、停止信号和过载信号，将开关接通后马上断开，观察 Q0.0 和 Q0.1 对应的 LED 的状态变化是否正确。

10．PLC 中信息的读取

执行菜单命令"PLC"→"信息…"，将显示出 PLC 的 RUN/STOP 状态、以 ms 为单位的扫描周期、CPU 的型号和固件版本号、错误信息、I/O 模块的配置和状态。"刷新扫描周期"按钮用来读取扫描周期的最新数据。

如果 CPU 配有智能模块，选中要查看的模块，单击"EM 信息…"按钮，将出现一个对话框，显示模块型号、模块版本号、模块错误信息和其他有关的信息。

11．CPU 事件的历史记录

S7-200 保留一份带时间标记的主要 CPU 事件的历史记录，包括上电、进入 RUN 模式、进入 STOP 模式和出现致命错误的时间。应设置实时时钟，这样才能得到事件记录中正确的时间标记。与 PLC 建立通信连接后，执行菜单命令"PLC"→"信息"，在打开的对话框中单击"历史事件"按钮，可以查看 CPU 事件的历史记录。

2.3 符号表与符号地址的使用

1．打开符号表

为了方便程序的调试和阅读，可以用符号表（见图 2-11）来定义地址或常数的符号。可以为存储器类型 I、Q、M、SM、AI、AQ、V、S、C、T、HC 创建符号名。在符号表中定义的符号属于全局变量，可以在所有程序组织单元（POU）中使用它们。可以在创建程序之前或之后定义符号。

2．POU 符号表

双击指令树的“符号表”文件夹中的“用户定义 1”，打开符号表。单击符号表窗口下面的“POU 符号”选项卡（见图 2-12），可以看到自动生成的主程序、子程序和中断程序的默认名称，该表格为只读表格，不能用它修改 POU 符号。用右键单击指令树文件夹中的某个 POU，可以用快捷菜单中的“重命名”命令修改它的名称。

			符号	地址	
1			起动按钮	I0.0	常开触点
2			停止按钮	I0.1	常开触点
3			过载	I0.2	常开触点
4			电机1	Q0.0	控制1号电机的接触器
5			电机2	Q0.1	控制2号电机的接触器

图 2-11 “用户定义 1”符号表

			符号	地址	注释
1			SBR_0	SBR0	子程序注释
2			INT_0	INT0	中断程序注释
3			主程序	OB1	程序注释：异步电动机

用户定义1 POU 符号

图 2-12 POU 符号表

3．使用多个符号表

可以创建多个符号表，但是不同的符号表不能使用同一个符号名和使用同一个地址。右键单击指令树中的“符号表”，执行快捷菜单中的“插入”→“新符号表”命令，将生成新的符号表。成功插入新的符号表后，符号表窗口底部将会出现一个新的选项卡。可以单击这些选项卡来打开不同的符号表。

4．生成符号

在符号表的“符号”列键入符号名，例如“起动按钮”（见图 2-11），在“地址”列中键入地址或常数。符号名最多可以包含 23 个字符，可以使用英语字母、数字字符、下划线和汉字。可以在“注释”列键入最多 79 个字符的注释。

在为符号指定地址或常数值之前，用绿色波浪下划线表示该符号为未定义符号。在“地址”列键入地址或常数后，绿色波浪下划线消失。

键入时用红色的文本表示下列语法错误：符号以数字开始、使用关键字作符号或使用无效的地址。红色波浪下划线表示用法无效，例如重复的符号名和重复的地址。

符号表用图标表示地址重叠的符号（例如 VB0 和 VD0），图标表示未使用的符号。

5．表格的通用操作

将鼠标的光标放在表格的列标题分界处，光标出现水平方向的双向箭头后，按住鼠标的左键，将列分界线拉至所需的位置，可以调节列的宽度。

用鼠标右键单击表格中的某一单元，执行弹出的菜单中的“插入”→“行”命令，可以在所选行的上面插入新的行。将光标置于表格最下面一行的任意单元后，按计算机的〈↓〉

键，在表格的底部将会增添一个新的行。

按一下〈Tab〉键，光标将移至表格右边的下一个单元格。单击某个单元格，按住〈Shift〉键同时单击另一个单元格，将会同时选中两个所选单元格定义的矩形范围内所有的单元格。

单击最左边的行号，可选中整个行。按住鼠标左键在最左边的行号列拖动，可以选中连续的若干行。按删除键可删除选中的行或单元格，可以用剪贴板复制和粘贴选中的对象。

6．在程序编辑器和状态表中定义、编辑和选择符号

在程序编辑器或状态表中，用鼠标右键单击未连接任何符号的地址，例如 T37。执行出现的快捷菜单中的“定义符号”命令，可以在打开的对话框中定义符号（见图 2-13）。单击“确认”按钮确认操作并关闭对话框。被定义的符号将同时在程序编辑器或状态表和符号表中出现。

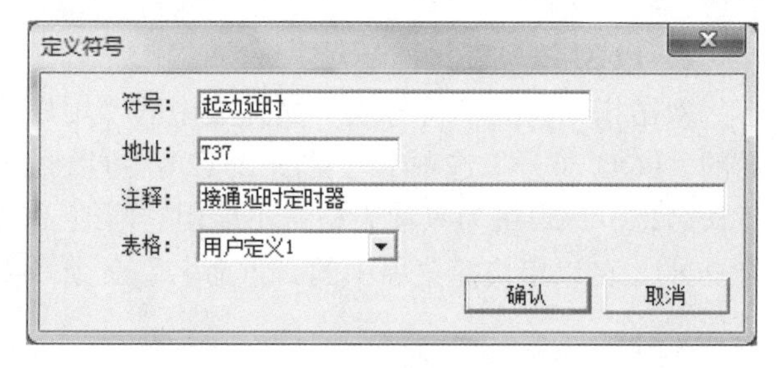

图 2-13　在程序编辑器中创建符号

用鼠标右键单击程序编辑器或状态表中的某个符号，执行快捷菜单中的“编辑符号”命令，可以编辑该符号的地址和注释。用右键单击某个未定义的地址，执行快捷菜单中的“选择符号”命令，出现“选择符号”列表，可以为变量选用表中的符号。

可以在程序中的指令的参数域键入尚未定义的有效的符号名。这样生成了一组未分配存储区地址的符号名。单击工具栏上的“建立未赋值符号表”按钮，将这组符号名称传送到新的符号表选项卡，可以在这个新符号表中为符号定义地址。

7．符号表的排序

为了方便在符号表中查找符号，可以对符号表中的符号排序。单击“符号”所在的列标题，表中的各行按符号升序排列，即按符号的字母或汉语拼音从 A 到 Z 的顺序排列。再次单击“符号”列标题，表中的各行按符号降序排列。也可以单击地址列的列标题，按地址排序。

视频“符号表的操作”可通过扫描二维码 2-7 播放。

二维码 2-7

8．切换程序编辑器或状态表中地址的显示方式

执行菜单命令“查看”→“符号寻址”，可以在符号地址和绝对地址显示方式之间切换。图 2-14 是使用符号地址的电机起动控制梯形图中的第一个网络。在符号地址显示方式输入地址时，可以输入符号地址或绝对地址，输入后按设置的显示方式显示地址。

执行菜单命令“工具”→“选项”，选中“选项”对话框左边的“程序编辑器”，在“程序编辑器”选项卡中（见图 2-6），可以用“符号寻址”下拉列表框选择“仅显示符号”或“显示符号和地址”。图 2-15 是同时显示符号地址和绝对地址的例子。

单击工具栏上的“应用项目中的所有符号”按钮，将符号表中定义的所有符号应用到项目，从显示绝对地址切换到显示符号地址。

在程序编辑器或状态表中按〈Ctrl+Y〉键，可以在符号地址和绝对地址显示方式之间切换。如果符号地址过长，并且选择了显示符号地址或同时显示符号地址和绝对地址，程序编辑器只能显示部分符号名。将鼠标的光标放在这样的符号上，可以在出现的小方框中看到符号地址的全称和绝对地址。

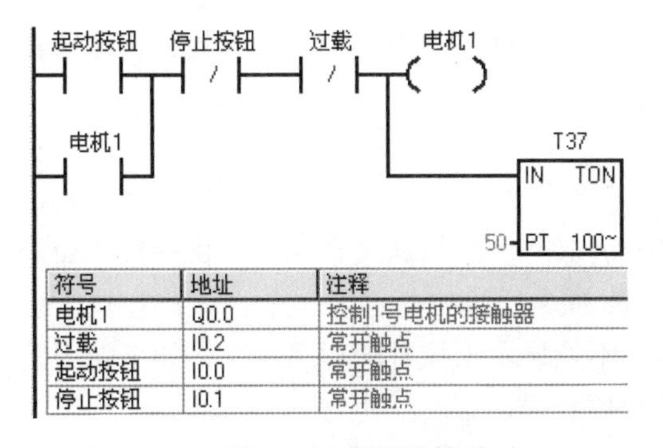

符号	地址	注释
电机1	Q0.0	控制1号电机的接触器
过载	I0.2	常开触点
起动按钮	I0.0	常开触点
停止按钮	I0.1	常开触点

图 2-14　仅显示符号

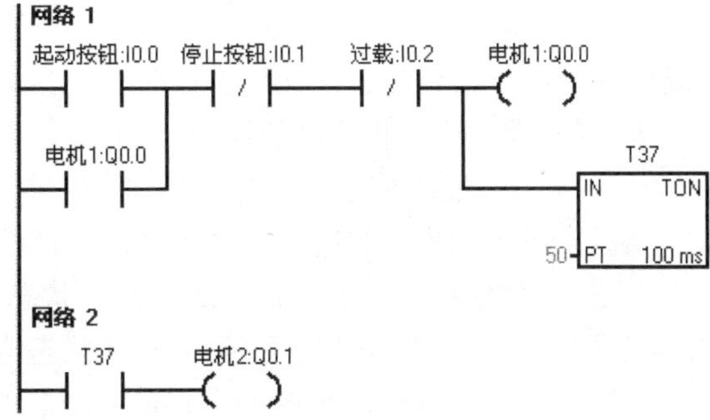

图 2-15　同时显示符号地址和绝对地址

在程序编辑器中引用符号时，可以像绝对地址一样，对符号名使用间接寻址的记号&和*。

9．符号信息表

单击工具栏上的“切换符号信息表”按钮，可以打开或关闭各网络的符号信息表（见图 2-14）。符号信息表在网络中程序的下面，它列出了网络中使用的符号地址、绝对地址和符号表中的注释。

视频“符号地址的使用”可通过扫描二维码 2-8 播放。

二维码 2-8

2.4　用编程软件监控与调试程序

2.4.1　用程序状态监控与调试程序

1．启动程序状态监控

在运行 STEP 7-Micro/WIN 的计算机与 PLC 之间建立起通信连接，并将程序下载到 PLC 后，在程序编辑器中打开要监控的 POU，执行菜单命令“调试”→“开始程序状态监控”，或单击工具栏上的“程序状态监控”按钮，就启动了程序状态监控功能。

如果 CPU 中的程序和打开的项目的程序可能不同，或者在切换使用的编程语言后启用监控功能，将会出现“时间戳记不匹配”对话框（见图 2-16），单击“比较”按钮，如果经检查确认 PLC 中的程序和打开的项目中的程序相同，对话框中显示“已通过”后，单击“继续”按钮，开始监控。如果 CPU 处于 STOP 模式，将出现对话框询问是否切换到 RUN 模式。如果检查后未通过，应重新下载程序。

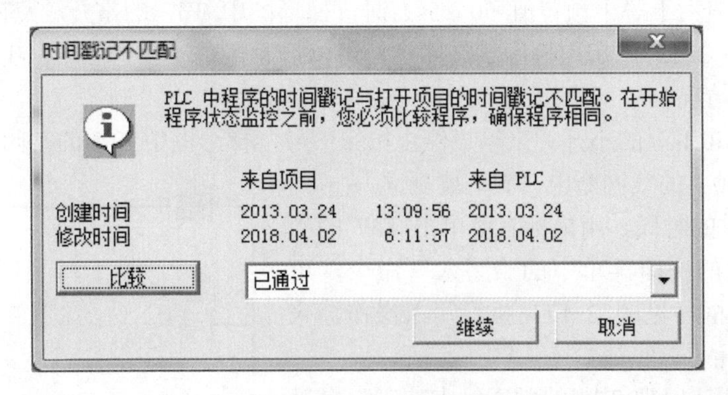

图 2-16　“时间戳记不匹配”对话框

单击工具栏上的“暂停程序状态监控”按钮，暂停程序状态监控，当前的数据保留在屏幕上。再次单击该按钮，继续执行程序状态监控。

2．梯形图程序的程序状态监控

（1）执行状态的程序状态监控

必须在梯形图程序状态操作开始之前选择程序状态监控的数据采集模式。执行菜单命令“调试”→“使用执行状态”后，进入执行状态，该命令行的前面出现一个“√”。在执行状态，只是在 PLC 处于 RUN 模式时才更新状态值。不能显示未执行的程序区（例如未调用的子程序、中断程序或被 JMP 指令跳过的区域）的程序状态。

在 RUN 模式启动程序状态功能后，将用颜色显示出梯形图中各元件的状态（见图 2-17），左边的垂直“电源线”和与它相连的水平“导线”变为蓝色。如果位操作数为 1（为 ON），其常开触点和线圈变为蓝色，它们中间出现蓝色方块，有“能流”流过的“导线”也变为蓝色。如果有能流流入方框指令的 EN（使能）输入端，且该指令被成功执行时，方框指令的方框变为蓝色。定时器和计数器的方框为绿色表示它们包含有效数据。红色方框表示执行指令时出现了错误。灰色表示无能流、指令被跳过、未调用，或 PLC 处于 STOP（停止）模式。

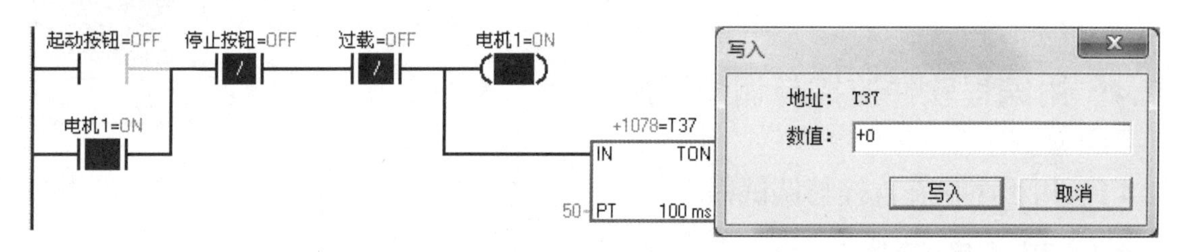

图 2-17　梯形图的程序状态监控

在 RUN 模式启用程序状态监控，将以连续方式采集状态值。“连续”并非意味着实时，而是指编程设备不断地从 PLC 轮询状态信息，并在屏幕上显示，按照通信允许的最快速度更新显示。可能捕获不到某些快速变化的值（例如流过正向、负向检测触点的能流），并在屏幕中显示，或者因为这些值变化太快，无法读取。

开始监控图 2-17 中的梯形图时，各输入点均为 OFF，梯形图中 I0.0 的常开触点断开，I0.1 和 I0.2 的常闭触点接通。用接在端子 I0.0 上的小开关来模拟起动按钮信号，将开关接通后马上断开，梯形图中 Q0.0 的线圈“通电”，T37 开始定时，定时器方框上面 T37 的当前值不断增大。当前值大于等于预置值 50（5s）时，梯形图中 T37 的常开触点接通，Q0.1 的线圈“通电”（见图 2-15）。启用程序状态监控，可以形象直观地看到触点、线圈的状态和定时器当前值的变化情况。

用接在端子 I0.1 上的小开关来模拟停止按钮信号，梯形图中 I0.1 的常闭触点断开后马上接通。Q0.0 和 Q0.1 的线圈断电，T37 被复位。

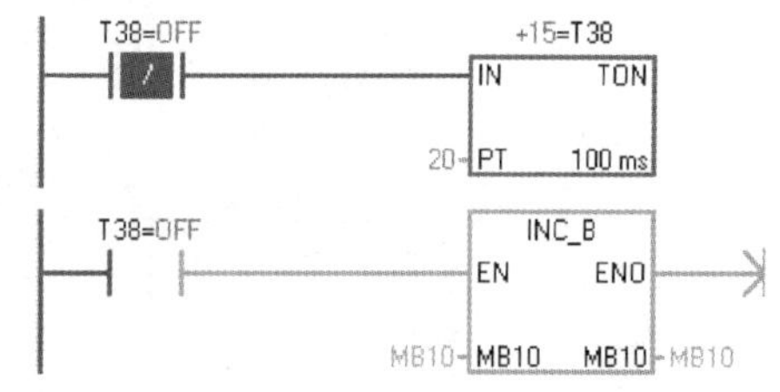

图 2-18　梯形图的程序状态监控

在 T37 定时的时候，用鼠标右键单击 T37 的当前值，执行出现的快捷菜单中的“写入”命令，可以用出现的对话框（见图 2-17）执行写入操作，来修改 T37 的当前值。

图 2-18 中用定时器 T38 的常闭触点控制它自己

的 IN 输入端。进入 RUN 模式时 T38 的常闭触点接通，它开始定时。2s 后定时时间到，T38 的常开触点闭合，使 MB10 加 1；T38 的常闭触点断开，使它自己复位，复位后 T38 的当前值变为 0。下一扫描周期因为 T38 的常闭触点接通，使它自己的 IN 输入端重新“得电”，又开始定时。T38 将这样周而复始地工作。从上面的分析可知，图 2-18 上面的网络是一个脉冲信号发生器，脉冲周期等于 T38 的预设值 2s。T38 的当前值按图 2-22 中的锯齿波形不断变化。

单击工具栏上的“暂停状态开/关”按钮，暂停程序状态的采集，T38 的当前值停止变化。再次单击该按钮，T38 的当前值重新开始变化。

为了节省篇幅，本书一般省略了梯形图中的网络编号，用左侧垂直母线上的断点表示相邻网络的分界点。

（2）扫描结束状态的状态监控

在上述的执行状态时执行菜单命令“调试”→“使用执行状态”，菜单中该命令行前面的“√”消失，进入扫描结束状态。

“扫描结束”状态显示在程序扫描结束时读取的状态结果。这些结果可能不会反映 PLC 数据地址的所有数值变化，因为随后的程序指令在程序扫描结束之前可能会写入和重新写入数值。由于快速的 PLC 扫描周期和相对慢速的 PLC 状态数据通信之间存在的速度差别，“扫描结束”状态显示的是几个扫描周期结束时采集的数据值。

只在 RUN 模式才会显示触点和线圈中的颜色块，以区别 RUN 和 STOP 模式。

3. 语句表程序的程序状态监控

在语句表显示方式单击“程序状态监控”按钮，启动语句表的程序状态监控功能。程序编辑器窗口分为代码区和用蓝色字符显示数据的状态区。图 2-19 中操作数 3 的右边是逻辑堆栈中的值。最右边的列是方框指令的使能输出位（ENO）的状态。

在图 2-19 中的“操作数 1”列可以看到 T37 的当前值不断变化。用接在端子 I0.0 和 I0.1 上的小开关来模拟按钮信号，可以看到指令中的位地址的 ON/OFF 状态的变化和定时器的当前值的变化。

网络 1

		操作数 1	操作数 2	操作数 3	0123	中
LD	起动按钮	OFF			0000	0
O	电机1	ON			1000	1
AN	停止按钮	OFF			1000	1
AN	过载	OFF			1000	1
=	电机1	ON			1000	1
TON	T37, 50	+350	50		1000	1

图 2-19　语句表的程序状态监控

用菜单命令“工具”→“选项”打开“选项”对话框，在“程序编辑器”的“STL 状态监控”选项卡（见图 2-20），可以设置语句表程序状态监控的内容，每条指令最多可以监控 17 个操作数、逻辑堆栈中 4 个当前值和 1 个指令状态位。

状态信息从位于编辑窗口顶端的第一条 STL 语句开始显示。用滚动条向下滚动显示编辑器窗口时，将从 CPU 获取新的信息。

视频“用程序状态监控程序”可通过扫描二维码 2-9 播放。

二维码 2-9

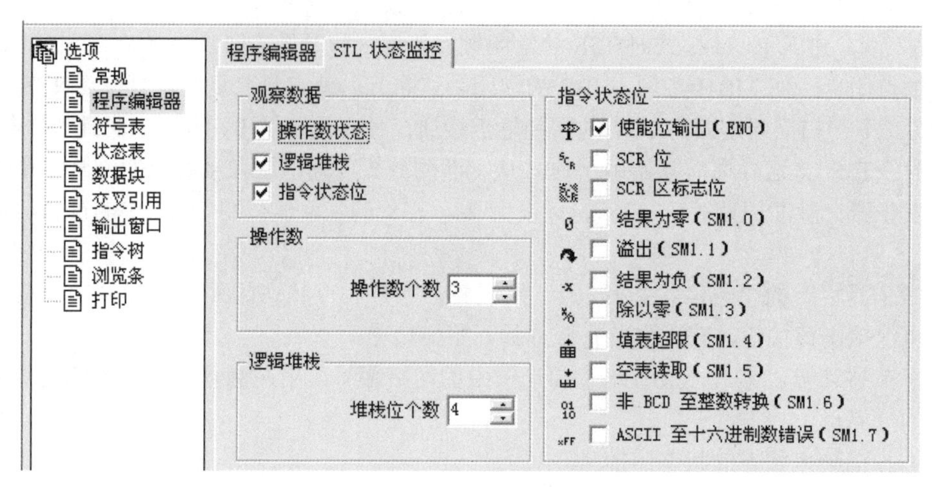

图 2-20　语句表程序状态监控的设置

2.4.2　用状态表监控与调试程序

如果需要同时监控的变量不能在程序编辑器中同时显示，可以使用状态表监控功能。

1．打开和编辑状态表

在程序运行时，可以用状态表来读、写、强制和监控 PLC 中的变量。双击指令树的“状态表”文件夹中的“用户定义 1”，或者执行菜单命令“查看”→“组件”→“状态表”，均可以打开状态表，并对它进行编辑。如果项目中有多个状态表，可以用状态表编辑器底部的选项卡切换它们。

在状态表的“地址”列键入要监控的变量的绝对地址或符号地址（见图 2-21），可以采用默认的显示格式，或者用“格式”列隐藏的下拉式列表更改显示格式。定时器和计数器可以分别按位或按字监控。按位监控显示的是它们的输出位的 ON/OFF 状态，按字监控显示的是它们的当前值。

选中符号表中的符号单元或地址单元，并将其复制到状态表的“地址”列，可以快速创建要监控的变量。

	地址	格式	当前值	新值
1	I0.0	位	2#0	
2	I0.1	位	2#0	
3	IW0	二进制	2#0000_0000_0000_0000	
4	Q0.0	位	2#1	
5	T37	位	2#1	
6	T37	有符号	+54	+0
7	T38	有符号	+14	
8	M10.0	位	2#1	

图 2-21　状态表

单击状态表某个“地址”列的单元格（例如 VW20）后按〈ENTER〉键，可以在下一行插入或添加一个具有顺序地址（例如 VW22）和相同显示格式的新的行。

执行菜单命令“编辑”→“插入”→“行”，或者用鼠标右键单击状态表中的单元，执行弹出的菜单中的“插入”→“行”命令，可以在状态表中当前光标位置的上面插入新的行。将光标置于状态表最下面一行的任意单元，按计算机向下的箭头键，在状态表的底部将会增添一个新的行。

2．创建新的状态表

可以根据不同的监控任务，创建几个状态表。用鼠标右键单击指令树中的“状态表”，或右键单击已经打开的状态表，执行弹出的菜单中的“插入”→“状态表”命令，可以创建新的状态表。

3．通过一段程序代码构建状态表

选中若干个连续的网络，用鼠标右键单击选中的网络，执行出现的菜单中的“创建状态表”命令，选中区域的每个操作数是新的状态表中的一个条目，每次只能添加前 150 个地址。创建后可以编辑表中的条目。

4．起动和关闭状态表的监控功能

与 PLC 的通信连接成功后，打开状态表，执行菜单命令“调试”→“开始状态表监控”，或单击工具栏上的“状态表监控”按钮（见图 2-23），该按钮被“按下”，将会启动状态表的监控功能。STEP 7-Micro/WIN 从 PLC 收集状态信息，在状态表的“当前值”列出现从 PLC 中读取的动态数据。这时还可以强制修改状态表中的变量。

启动监控后用接在输入端子上的小开关来模拟起动按钮和停止按钮信号，可以看到各个位地址的 ON/OFF 状态和定时器当前值变化的情况。执行菜单命令“调试”→“停止状态表监控”或单击“状态表监控”按钮，可以关闭状态表的监控功能。

用二进制格式监控字节、字或双字（见图 2-21 中对 IW0 的监控），可以在一行中同时监控 8 点、16 点或 32 点位变量。

5．单次读取状态信息

状态表的监控功能被关闭时，或 PLC 切换到 STOP 模式，执行菜单命令“调试”→“单次读取”或单击工具栏上的“单次读取”按钮，可以从 PLC 收集当前的数据，并在状态表的“当前值”列显示出来。

6．趋势图

趋势图（见图 2-22）用随时间变化的曲线跟踪 PLC 的状态数据。启动状态表监控功能后，单击工具栏上的趋势图按钮，可以在表格视图与趋势图之间切换。图 2-18 中定时器 T38 的当前值按图 2-22 所示的锯齿波变化。T38 的常开触点每 2s 产生一个脉冲，将字节 MB10 的值加 1。MB10 的最低位 M10.0 的 ON/OFF 状态以 4s 的周期变化。

用鼠标右键单击趋势图，执行弹出菜单中的命令，可以修改趋势图的时间基准（即时间轴的刻度）。如果更改趋势图的时间基准（0.25s～5min），整个图的数据都会被清除，并用新的时间基准重新显示。执行弹出菜单中的“属性”命令，在弹出的对话框中，可以修改被单击的行变量的地址和显示格式，以及显示的上限和下限。

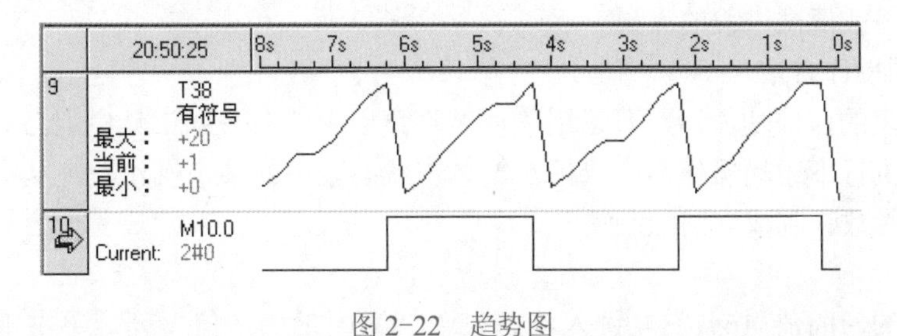

图 2-22　趋势图

启动趋势图后单击工具栏上的“暂停趋势图”按钮，或执行菜单命令“调试”→“暂停趋势图”，可以“冻结”趋势图。再次单击该按钮将结束暂停。

实时趋势功能不支持历史趋势，即不会保留超出趋势图窗口的时间范围的趋势数据。

将光标放到两行的分界线上，光标变为垂直方向的双向箭头，按住鼠标左键上、下移动鼠标，拖动水平分界线，可以调整上面一行的高度。

视频“用状态表监控程序”可通过扫描二维码2-10播放。

二维码2-10

2.4.3 写入与强制数据

本节介绍用程序编辑器和状态表将新的值写入或强制给操作数的方法。

1．写入数据

“写入”功能允许将一个或多个数值写入PLC中的变量。将变量新的值键入状态表的“新值”列后（见图2-21），单击工具栏上的“全部写入”按钮，将“新值”列所有的值传送到PLC。在RUN模式时，因为用户程序的执行，写入的数值可能很快被程序改写成新的数值，不能用写入功能改写物理输入点（地址I或AI）的状态。

在程序状态监控时，用鼠标右键单击梯形图中的某个地址或语句表中的某个操作数的值，可以用快捷菜单中的“写入”命令和出现的“写入”对话框来完成写入操作（见图2-17）。

视频“用编程软件写入数据”可通过扫描二维码2-11播放。

二维码2-11

2．强制的基本概念

强制（Force）功能通过强制V、M来模拟逻辑条件，通过强制I/O点来模拟物理条件。例如可以通过对输入点的强制代替输入端外接的小开关，来调试程序。

可以强制所有的I/O点，此外还可以同时强制最多16个V、M、AI或AQ地址。强制功能可以用于I、Q、V、M的字节、字和双字，只能从偶数字节开始以字为单位强制AI和AQ。不能强制I和Q之外的位地址。强制的数据用CPU的EEPROM永久性地存储。

在RUN模式且对控制过程影响较小的情况下，可以对程序中的某些变量强制性地赋值。

在读取输入阶段，强制值被当作输入读入；在程序执行阶段，强制数据用于立即读和立即写指令指定的I/O点。在通信处理阶段，强制值用于通信的读/写请求；在修改输出阶段，强制数据被当作输出写到输出电路。进入STOP模式时，输出将变为强制值，而不是系统块中设置的值。虽然在一次扫描过程中，程序可以修改被强制的数据，但是新扫描开始时，会重新应用强制值。

在写入或强制输出时，如果S7-200与其他设备相连，可能导致系统出现无法预料的情况，引起人员伤亡或设备损坏，只有合格的人员才能进行强制操作。强制程序值后，务必通知所有有权维修或调试过程的人员。

3．强制的操作方法

启动状态表的监控功能后，可以用“调试”菜单中的命令或工具栏上与调试有关的按钮（见图2-23）执行下述的操作。用鼠标右键单击状态表中的某个操作数，从弹出的菜单中可以选择对该操作数强制或取消强制。

（1）强制

将要强制的新的值16#1234键入状态表中VW0的“新值”列，单击工具栏上的“强制”按钮，VW0 被强制为新的值。在“当前值”列的左端出现强制图标（见图 2-23）。

要强制程序状态中的某个地址，可以用鼠标右键单击它，执行快捷菜单中的“强制”命令，然后用出现的“强制”对话框进行强制操作。

一旦使用了强制功能，每次扫描都会将强制的数值用于该操作数，直到取消对它的强制。即使关闭 STEP 7-Micro/WIN ，或者断开 S7-200 的电源，都不能取消强制。

黄色的显式强制图标（一把合上的锁）表示该地址被显式强制，对它取消强制之前用其他方法不能改变此地址的值。

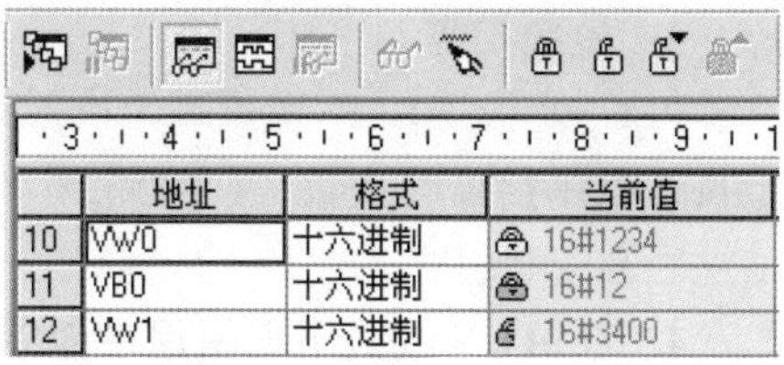

图 2-23 中的 VW0 被显式强制，VB0 是 VW0 的一部分，因此它被隐式强制。灰色的隐式强制图标（合上的灰色的锁）表示该地址被隐式强制。

	地址	格式	当前值
10	VW0	十六进制	16#1234
11	VB0	十六进制	16#12
12	VW1	十六进制	16#3400

图 2-23　用状态表强制变量

VW0 被显式强制，因为 VW1 的第一个字节 VB1 是 VW0 的第二个字节，VW1 的一部分也被强制，因此 VW1 被部分隐式强制。灰色的部分隐式强制图标（半把灰色的锁）表示该地址被部分隐式强制。

不能直接取消对 VB0 的隐式强制和对 VW1 的部分隐式强制，必须取消对 VW0 的显式强制，才能同时取消上述的隐式强制和部分隐式强制。

（2）取消对单个操作数的强制

选择一个被显式强制的操作数，然后单击工具栏上的“取消强制”按钮，被选择的地址的强制图标将会消失。也可以用鼠标右键单击程序状态中被强制的地址，用快捷菜单中的命令取消对它的强制。

（3）取消全部强制

单击工具栏上的“取消全部强制”按钮，可以取消对被强制的全部地址的强制，使用该功能之前不必选中某个地址。

（4）读取全部强制

单击工具栏上的“读取全部强制”按钮，状态表中的当前值列将会为已被显式强制、隐式强制和部分隐式强制的所有地址显示出相应的强制图标。

视频“用编程软件强制数据”可通过扫描二维码 2-12 播放。

二维码 2-12

4．在 STOP 模式下写入和强制输出

如果在写入或强制输出点 Q 时 S7-200 已连接到设备，这些更改将会传送到该设备。这可能导致设备出现异常，从而造成人员伤亡或设备损坏。必须执行菜单命令“调试”→“STOP（停止）模式下写入-强制输出”，才能在 STOP 模式下启用该功能。打开 STEP 7-Micro/WIN 或打开不同的项目时，作为默认状态，没有选中该菜单选项，以防止在 PLC 处于 STOP 模式时写入或强制输出。

2.4.4　调试用户程序的其他方法

1．使用书签

工具栏上的“切换书签”按钮用于在当前光标位置指定的网络设置或删除书签，单击或按钮，光标将移动到程序中下一个或上一个标有书签的网络。单击按钮将删除程序中所有的书签。

2．单次扫描

从 STOP 模式进入 RUN 模式，首次扫描位（SM0.1）在第一次扫描时为 ON。由于执行速度太快，在程序运行状态观察不到首次扫描刚结束时某些编程元件的状态。

在 STOP 模式执行菜单命令“调试”→“首次扫描”，PLC 进入 RUN 模式，执行一次扫描后，自动回到 STOP 模式，可以观察到首次扫描后的状态。

3．多次扫描

PLC 处于 STOP 模式时，执行菜单命令“调试”→“多次扫描”，在出现的对话框中指定执行程序扫描的次数（1～65535 次）。单击“确认”按钮，执行完指定的扫描次数后，自动返回 STOP 模式。

4．在 RUN 模式下编辑用户程序

在 RUN（运行）模式下，不必转换到 STOP（停止）模式，便可以对程序做较小的改动，并将改动下载到 PLC。

建立好计算机与 PLC 之间的通信连接后，在 RUN 模式执行菜单命令“调试”→“RUN（运行）模式下程序编辑”，出现“上载”对话框和警告信息。单击“上载”按钮，程序被上载。上载结束后，进入 RUN 模式编辑状态，出现一个跟随鼠标移动的 PLC 图标。

再次执行菜单命令“调试”→“RUN（运行）模式下程序编辑”，将退出 RUN 模式编辑。

编辑前应退出程序状态监控，修改程序后，需要将改动下载到 PLC。下载之前一定要仔细考虑可能对设备或操作人员造成的各种安全后果。

在 RUN 模式编辑状态下修改程序后，CPU 对修改的处理方法可以查阅系统手册。

在 RUN 模式编辑过程中，STEP 7-Micro/WIN 在正向、负向转换触点上面为 EU/ED 指令分配一个临时的编号。同时交叉引用表中出现边沿使用选项卡，列出程序中所有的 EU/ED 指令，P 和 N 分别表示指令 EU 指令和 ED 指令。修改程序时可以参考该表，禁止使用编号重复的 EU/ED 指令。

2.5 使用系统块设置 PLC 的参数

执行菜单命令“查看”→“组件”→“系统块”，可以打开系统块。单击指令树的“系统块”文件夹中的某个对象（见图 2-24），可以直接打开系统块中对应的对话框。

2.5.1 断电数据保持的设置与编程

1．S7-200 保存数据的方法

S7-200 CPU 中的数据存储区分为易失性的 RAM 存储区，以及不需要供电就可以永久保存数据的 EEPROM 存储区。前者的电源消失后，存储的数据将会丢失。后者的电源消失后，存储的数据不会丢失。CPU 在工作时，V、M、T、C、Q 等存储区的数据都保存在 RAM 中。

S7-200 用内置的 EEPROM 永久保存程序块、数据块、系统块、强制值、组态为断电保持的存储区，以及在用户程序控制下写入 EEPROM 的指定值。配方和数据记录组态用存储卡保存。

从 CPU 模块上载用户程序时，CPU 将从 EEPROM 上载程序块、数据块和系统块，同时从存储卡上载配方和数据记录组态。通过 S7-200 的资源管理器上载数据记录中的数据。

S7-200 提供了多种方法来保存数据。

1）用 CPU 的超级电容器保存 RAM 中的 V、M、T、C 存储区的数据。超级电容器可以保持几天，保持的时间（50h 或 100h）与 CPU 模块的型号有关。CPU 上电后超级电容开始充电，至少充电 24h 后才能获得表 1-1 中的保持时间。

2）可选的电池卡可以延长 RAM 保持信息的时间，只是在超级电容器电能耗尽后电池卡才提供电源。在 PLC 连续断电时，电池的寿命约 200 天。

3）MB0～MB13 如果在系统块中被设置为断电保持，在 CPU 模块断电时被永久保存在 EEPROM 中。

4）数据块用来给 V 存储区赋初值，数据块下载到 CPU 后，存储在 EEPROM 中，所以可以用数据块来保存程序中用到的不需要改变的数据，例如已调试好的 PID 参数。

5）用可拆卸的存储卡（EEPROM 卡）来保存程序块、数据块、系统块、配方、数据记录和强制值。通过 S7-200 的资源管理器，可以将文件储存在存储卡中。

静电放电可能损坏存储卡或 CPU 接口，取存储卡时应使用接地垫或戴接地手套，应将存储卡存放在导电的容器中。

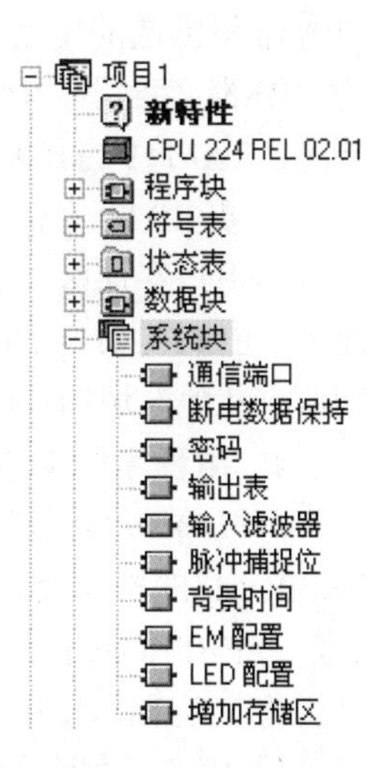

图 2-24　指令树

2．设置 PLC 断电后的数据保存方式

双击图 2-24 所示指令树的“系统块”文件夹中的“断电数据保存”，打开“系统块”对话框（见图 2-25）。选择从通电切换到断电时希望保存的存储区。

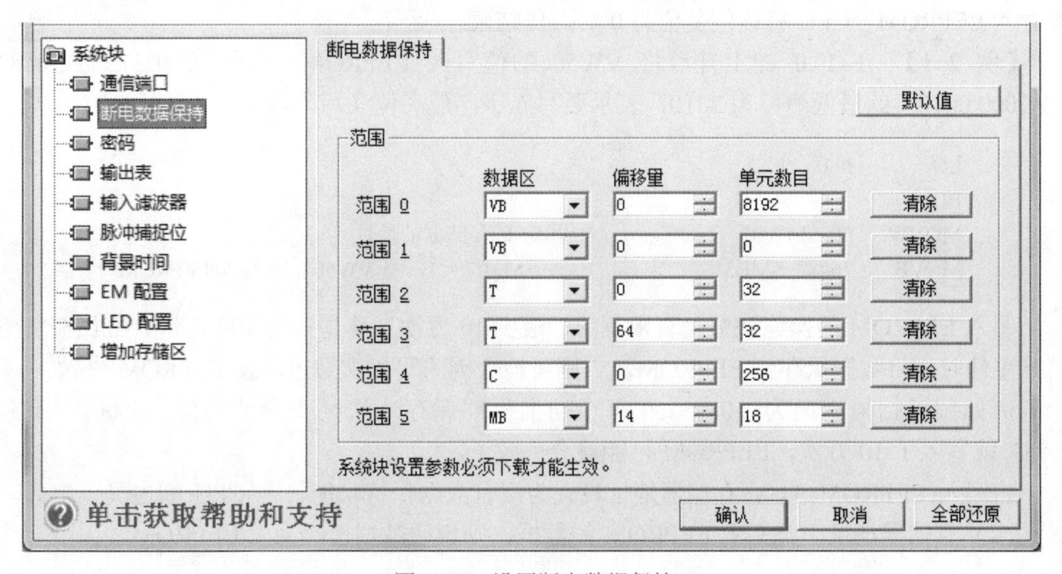

图 2-25　设置断电数据保持

最多可以定义 6 个在电源掉电时需要保持的存储区范围，图 2-25 中是默认的保持范围。可以设置保存的存储区有 V、M、T 和 C。只能保持 TONR（有记忆接通延时定时器）和计数器的当前值，不能保持定时器位和计数器位，上电时它们被清除。单击“默认值”按钮，将采用 STEP 7-Micro/WIN 推荐的设置值。

单击“确认”按钮确认设置的参数，并自动关闭系统块。将系统块下载到 PLC 后，设置的参数才起作用。

3. 开机后数据的恢复

上电后，CPU 会自动地从 EEPROM 中恢复程序块和系统块，然后检查是否安装了超级电容器和可选的电池卡。如果是，将确认数据是否成功地保存到 RAM。如果保存是成功的，RAM 存储器的保持区将保持不变。EEPROM 中数据块的内容被复制到 V 存储器的非保持区，RAM 中的其他非保持区被清零。

如果 RAM 存储器中的数据没有保持下来（例如长时间断电后），CPU 会清除 RAM 中所有的用户存储区，并在通电后的第一次扫描置“保持数据丢失”标志（SM0.2）为 ON。此外，EEPROM 中的 V 存储区和 M 存储区的永久区域从 EEPROM 复制到 RAM 中，RAM 的所有其他区域均被清零。

4. 用程序将 V 存储器的数据复制到 EEPROM

可以将 V 存储区任意位置的数据（字节、字和双字）复制到 EEPROM 中。一次写 EEPROM 的操作会使扫描周期增加 10～15ms。新存入的值会覆盖 EEPROM 中原有的数据，写 EEPROM 的操作不会更新存储卡中的数据。

将 V 存储器中的一个数据复制到 EEPROM 中的 V 存储区的步骤如下：

1）将需要保存的 V 存储器的地址送特殊存储器字 SMW32 中。

2）数据长度单位写入 SM31.0 和 SM31.1，这两位为二进制数 00 和 01 时表示字节，为 10 时表示字，为 11 时表示双字。

3）令 SM31.7 = 1，在每次扫描结束时，CPU 自动检查 SM31.7，该位为 1 时将指定的数据存入 EEPROM，CPU 将该位复位为 0 后操作结束。

【例 2-1】 在 I0.0 的上升沿将 VW50 的值写入 EEPROM。写入 SMB31 的 16#82（2#1000 0010）的最低两位为 2#10，表示要写入字，最高位（写入标志）为 1。

```
LD      I0.0
EU
MOVW    50, SMW32          //指定 V 存储器的地址
MOVB    16#82, SMB31       //令 SM31.7 = 1，将 VW50 的值写入 EEPROM
```

写入 EEPROM 的操作次数是有限制的，最少 10 万次，典型值为 100 万次。应仅在发生特殊事件时才将数据保存到 EEPROM，否则可能会因为写入次数过多使 EEPROM 失效。

例如假设扫描周期为 50ms，在每个扫描周期保存一次某个地址的值，5000s（不到 1.5h）就写入了 10 万次，EEPROM 可能就会失效了。

将写入 EEPROM 的 V 存储器地址设置为没有数据保持功能，在 CPU 断电又上电后，如果该 V 存储器地址中是写入 EEPROM 的数据，则说明数据已经写入 EEPROM。

2.5.2 创建与使用密码

1. 密码的作用

S7-200 的密码保护功能用于限制对特殊功能的访问。有 4 种限制 CPU 访问功能的等级（见表 2-1）。各等级均有不需要密码的访问功能，默认的 1 级没有限制。如果设置了密码，

只有输入正确的密码后，S7-200 才根据授权级别提供相应的操作功能。系统块下载到 CPU 后，密码才起作用。

表 2-1　不同授权级别的访问限制

<table>
<tr><th>任　务</th><th>1 级</th><th>2 级</th><th>3 级</th><th>4 级</th></tr>
<tr><td>读写用户数据；启动、停止 CPU，上电复位；读写时钟</td><td rowspan="5">允许</td><td rowspan="2">允许</td><td>允许</td><td>允许</td></tr>
<tr><td>上载用户程序、数据块和系统块</td><td rowspan="4">有限制</td><td>不允许</td></tr>
<tr><td>下载或删除程序块、数据块和系统块；运行时编辑；将程序块、数据块或系统块复制到存储卡</td><td rowspan="3">有限制</td><td rowspan="2">有限制</td></tr>
<tr><td>在状态表中强制数据；执行单次/多次扫描；刷新 PLC 信息中的扫描周期；在 STOP 模式写输出</td></tr>
<tr><td>执行状态监控，项目比较</td><td>不允许</td></tr>
</table>

在第 4 级密码的保护下，即使有正确的密码也不能上载程序，不允许下载和删除系统块。允许一个用户使用授权的 CPU 功能就会禁止其他用户使用该功能。在同一时刻，只允许一个用户不受限制地存取。

2．密码的设置

单击图 2-25 左边窗口中的“密码”，选择限制级别为 2～4 级（见图 2-26），在“密码”和“验证”文本框输入相同的密码，密码最多 8 位，字母不区分大小写。

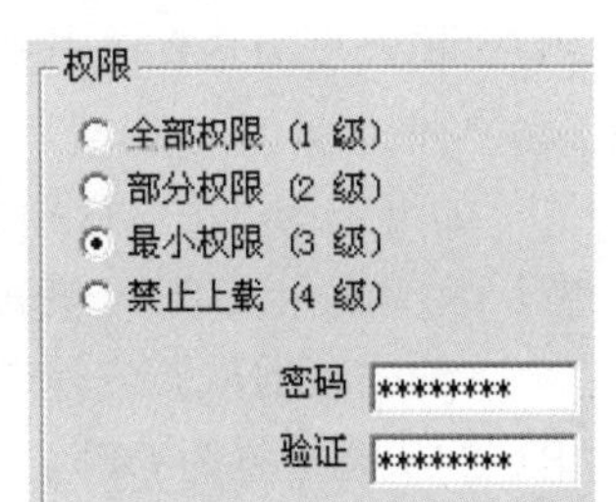

图 2-26　设置密码

3．忘记密码的处理

如果忘记了密码，必须清除存储器，重新下载程序。清除存储器会使 CPU 进入 STOP 模式，并将网络地址、波特率和时钟之外的其他参数恢复到出厂设置。

计算机与 PLC 建立连接后，执行菜单命令“PLC”→“清除”，显示出“清除”对话框后，选择要清除的块，单击“清除”按钮。如果设置了密码，会显示一个密码授权对话框。在对话框中输入“CLEARPLC”（不区分大小写），确认后执行清除存储器的操作。

清除 CPU 的存储器将关闭所有的数字量输出，模拟量输出将处于某一固定的值。如果 PLC 与其他设备相连，应注意输出的变化是否会影响设备和人身安全。

4．POU 和项目文件的加密

（1）POU 的加密

POU（程序组织单元）包括主程序、子程序和中断服务程序。可以对某个 POU 单独加密。

用鼠标右键单击指令树中要加密的 POU，执行弹出的快捷菜单中的“属性”命令，打开该 POU 的“属性”对话框中的“保护”选项卡。选中多选框“用密码保护本 POU”，在“密码”和“验证”文本框中输入相同的 4 位密码。单击“确认”按钮，退出对话框。

指令树中被加密的 POU 的图标上和被加密的 POU 中，出现一把锁的图标。程序下载到 CPU 后再上传，也保持加密状态。如果选中多选框“用此密码保护所有 POU”，所有的 POU 都将被设置相同的密码。

（2）打开被加密的 POU

用鼠标右键单击指令树中被加密的 POU，执行弹出的快捷菜单中的“属性”命令。选中出现的对话框的“保护”选项卡。在“密码”文本框输入正确的密码，然后单击“验证”按钮，就可以打开 POU，查看其中的内容。

即使不知道密码，也可以使用已加密的 POU。虽然看不到程序的内容，在程序编辑器中可以查看其局部变量表中变量的符号名、数据类型和注释等信息。

（3）项目文件的加密

用鼠标右键单击指令树中的项目，执行“设置密码”指令，用出现的“设置项目密码”对话框对整个项目文件加密。项目文件密码最多 16 个字符，可以是字母或数字的组合，字母区分大小写。需要输入密码才能打开项目文件。

2.5.3 组态输入/输出参数

1．输出表的设置

单击图 2-25 系统块左边窗口中的“输出表”，可以设置从 RUN 模式切换到 STOP 模式后，各输出点的状态。

（1）数字量输出表的设置

在输出表的“数字量”选项卡中，如果选中“将输出冻结在最后的状态”多选框，从 RUN 模式变为 STOP 模式时，所有的数字量输出点将保持在 CPU 由 RUN 模式进入 STOP 模式时的状态。

如果未选“冻结”模式，从 RUN 模式变为 STOP 模式时各输出点的状态用输出表来设置。希望进入 STOP 模式之后某一输出位为 ON，则单击该位对应的小方框，使之显示出“√”，输出表的默认值是未选“冻结”模式，并且从 RUN 模式切换到 STOP 模式时，所有输出点的状态被置为 OFF。应按确保系统安全的原则来设置输出表。

（2）模拟量输出表的设置

输出表的“模拟量”选项卡中的“将输出冻结在最后的状态”选项的意义与数字量输出的相同。如果未选“冻结”模式，可以设置从 RUN 模式变为 STOP 模式后模拟量输出的值（−32768～32767）。

2．数字量输入滤波器的设置

输入滤波器用来滤除输入线上的干扰噪声，例如机械触点闭合或断开时产生的抖动，以及模拟量输入信号中的脉冲干扰信号。单击图 2-25 左边窗口中的“输入滤波器”，在打开的对话框的“数字量”选项卡中，可以设置 4 点为 1 组的 CPU 的输入点的输入滤波器延迟时间。输入状态发生 ON/OFF 变化时，输入信号必须在设置的延迟时间内保持新的状态，才能被认为有效。延迟时间的设置范围为 0.2～12.8ms，默认值为 6.4ms。为了消除触点抖动的影响，可选 12.8ms。数字量输入滤波器会影响输入中断和脉冲捕获功能，但是高速计数器不会受它的影响。

3．模拟量输入滤波器的设置

单击图 2-25 左边窗口中的“输入滤波器”，在右边窗口的“模拟量”选项卡中，可以设置每个模拟量输入通道是否采用软件滤波。滤波后的值是预选的采样次数的各次模拟量输入的平均值。采样次数多将使滤波后的值稳定，但是响应较慢，采样次数少滤波效果较差，但是响应较快。

滤波器的设定值（采样次数与死区）对所有被选择为有滤波功能的模拟量输入均是一样的。如果信号变化很快，不应使用模拟量滤波。

模拟量输入滤波的默认设置是对所有的模拟量输入滤波（打钩）。取消打钩可以关闭某些模拟量输入点的滤波功能。对于没有选择输入滤波的通道，当程序访问模拟量输入时，直接从扩展模块读取模拟值。

CPU 224XP 内置的 AIW0 和 AIW2 模拟量输入点在每次扫描都会从 A-D 转换器读取最新的转换结果。该转换器由 A-D 转换器滤波，因此通常无需软件滤波。

滤波器具有快速响应的特点，可以反映信号的快速变化。当输入值与平均值之差超过设置的死区值时，滤波器相对上一次模拟量输入值产生一个阶跃变化。死区值用模拟量输入的数字值来表示。

模拟量滤波功能不能用于用模拟量字传递数字信息或报警指示的模块。不能对 AS-i 主站模块、热电偶模块和热电阻模块使用模拟量输入滤波。

4. 脉冲捕捉功能的设置

因为在每一个扫描周期开始时读取数字量输入，CPU 可能发现不了脉冲宽度小于扫描周期的脉冲（见图 2-27）。脉冲捕捉（Pulse Catch）功能用来捕捉持续时间很短的高电平脉冲或低电平脉冲。

视频“设置输入输出参数”可通过扫描二维码 2-13 播放。

二维码 2-13

S7-200 的 CPU 模块内置的每个数字量输入点均可以设置为有脉冲捕捉功能。默认的设置是禁止所有的输入点捕捉脉冲。某个输入点启动了脉冲捕捉功能后（多选框打钩），实际输入状态的变化被锁存并保存到下一次读取输入（见图 2-27）。脉冲捕捉功能在输入滤波器之后（见图 2-28），使用脉冲捕捉功能时，必须同时调节输入滤波时间，使窄脉冲不会被输入滤波器过滤掉。

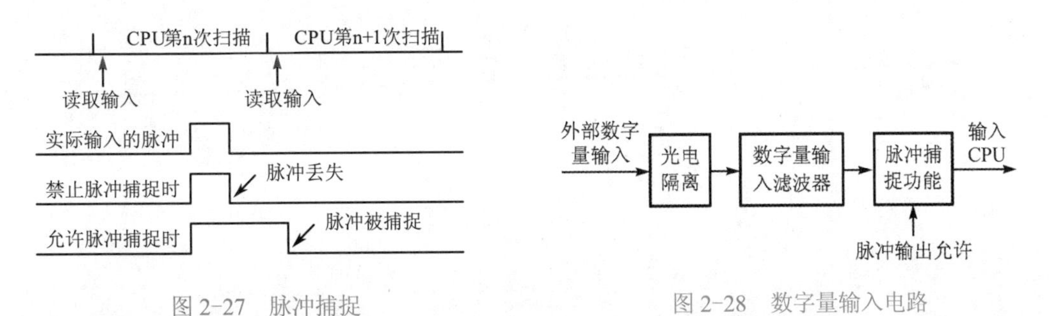

图 2-27　脉冲捕捉

图 2-28　数字量输入电路

一个扫描周期内如果有多个输入脉冲，只能检测出第一个脉冲。如果希望在一个扫描周期内检测出多个脉冲，应使用上升沿/下降沿中断事件（见 4.6 节）。

5. 后台通信时间的设置

单击指令树“系统块”文件夹中的“背景时间”（见图 2-24），可以设置处理运行模式编辑或执行状态监控有关的通信处理所占的时间与扫描周期的百分比，默认值为 10%，最大值为 50%。增大该百分比将增大扫描周期，减慢控制过程的运行速度。

2.6　习题

1. 交叉引用表有什么作用？
2. 怎样获得在线帮助？

3．在梯形图中怎样划分网络？

4．怎样修改梯形图中网格的宽度？

5．使用国产的USB/PPI电缆来下载程序需要做哪些操作？

6．怎样修改CPU的RS-485端口的波特率？

7．怎样切换CPU的工作模式？

8．怎样在程序编辑器中定义或编辑符号？

9．怎样更改程序编辑器中地址的显示方式？

10．程序状态监控有什么优点？什么情况应使用状态表？

11．写入和强制数据有什么区别？怎样在程序编辑器中写入或强制数据？

12．怎样长期保存某些V存储区中的数据？

13．希望在CPU进入STOP模式后保持各数字量输出点的状态不变，应怎样设置？

14．怎样用系统块设置密码？怎样取消密码？

15．怎样消除触点抖动的不良影响？

16．脉冲捕捉功能有什么作用？哪些输入点有脉冲捕捉功能？

第 3 章　S7-200 编程基础

3.1　PLC 的编程语言与程序结构

3.1.1　PLC 编程语言的国际标准

与个人计算机相比，PLC 的硬件、软件的体系结构都是封闭的而不是开放的。各厂家的 PLC 的编程语言、指令的设置和指令的表达方式也不一致，互不兼容。IEC（国际电工委员会）是为电子技术的所有领域制定全球标准的世界性组织。IEC 于 1994 年 5 月公布了 PLC 标准（IEC 61131），其中的第三部分（IEC 61131-3）是 PLC 的编程语言标准。IEC 61131-3 是世界上第一个，也是至今为止唯一的工业控制系统的编程语言标准。

目前已有越来越多的生产 PLC 的厂家提供符合 IEC 61131-3 标准的产品，IEC 61131-3 已经成为各种工控产品事实上的软件标准。

IEC 61131-3 详细地说明了句法、语义和下述 5 种编程语言（见图 3-1）。

1）顺序功能图（Sequential Function Chart，SFC）。

2）梯形图（Ladder Diagram，LD）。

3）功能块图（Function Block Diagram，FBD）。

4）指令表（Instruction List，IL）。

5）结构文本（Structured Text，ST）。

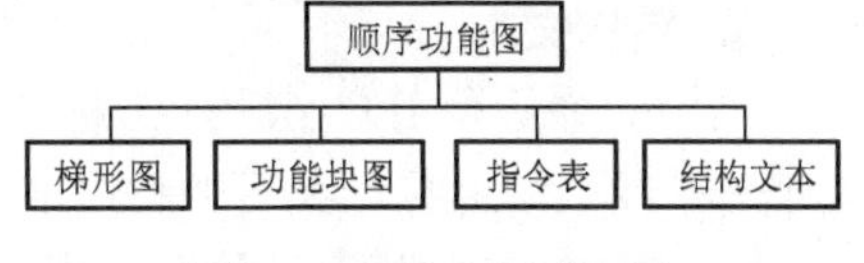

图 3-1　PLC 的编程语言

顺序功能图、梯形图和功能块图是图形编程语言，指令表和结构文本是文字语言。

1．顺序功能图

这是一种位于其他编程语言之上的图形语言，用来编制顺序控制程序。顺序功能图提供了一种组织程序的图形方法，第 5 章将详细地介绍顺序功能图的使用方法。

2．梯形图

梯形图是使用得最多的 PLC 图形编程语言。梯形图与继电器控制系统的电路图很相似，具有直观易懂的优点，很容易被工厂熟悉继电器控制的电气人员掌握，特别适用于数字量逻辑控制。有时把梯形图称为电路。

梯形图由触点、线圈和用方框表示的指令组成。触点代表逻辑输入条件，例如外部的开关、按钮和内部条件等。线圈通常代表逻辑输出结果，用来控制外部的指示灯、交流接触器和内部的标志位等。方框用来表示定时器、计数器或者数学运算等指令。

在分析梯形图中的逻辑关系时，为了借用继电器电路图的分析方法，可以想象左右两侧垂直“电源线”之间有一个左正右负的直流电源电压，S7-200 的梯形图（见图 3-2）省略了右侧的垂直电源线。当 I0.0 与 I0.1 的触点接通，或者 Q0.0 与 I0.1 的触点接通时，有一个假想的“能流”（Power Flow）流过 Q0.0 的线圈。利用能流这一概念，可以帮助我们更好地理解和分析梯形图，能流只能从左向右流动。

梯形图程序被划分为若干个网络（Network），程序中有网络编号，允许以网络为单位，给梯形图加注释。本书为了节省篇幅，一般省略了网络号。一个网络只能有一块不能分开的独立电路。在网络中，逻辑运算按从左到右的方向执行，与能流的方向一致。没有跳转指令时，各网络按从上到下的顺序执行，执行完所有的网络后，下一个扫描周期返回最上面的网络 1，重新开始执行程序。

3．语句表

S7 系列 PLC 将指令表称为语句表，简称为 STL。语句表程序由指令组成，PLC 的指令是一种与微机的汇编语言中的指令相似的助记符表达式。图 3-3 是图 3-2 对应的语句表。语句表比较适合熟悉 PLC 和程序设计的经验丰富的程序员使用。

4．功能块图

这是一种类似于数字逻辑电路的编程语言，有数字电路基础的人很容易掌握。功能块图用类似与门、或门的方框来表示逻辑运算关系，方框的左侧为逻辑运算的输入变量，右侧为输出变量，输入、输出端的小圆圈表示“非”运算，方框被“导线”连接在一起，信号从左向右流动。图 3-4 中的控制逻辑与图 3-2 中的相同。

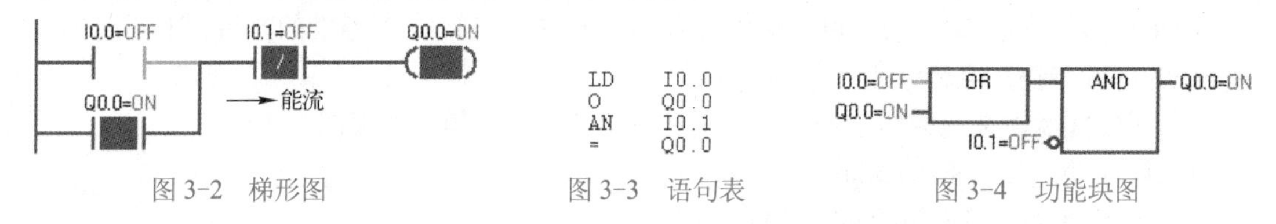

图 3-2　梯形图　　图 3-3　语句表　　图 3-4　功能块图

5．结构文本

结构文本是为 IEC 61131-3 标准创建的一种专用的高级编程语言。与梯形图相比，它能实现复杂的数学运算，编写的程序非常简洁和紧凑。

6．编程语言的相互转换和选用

在 STEP 7-Micro/WIN 中，用户可以切换编程语言，选用梯形图、功能块图和语句表来编程。国内很少有人使用功能块图语言。

梯形图与继电器电路图的表达方式极为相似，梯形图中输入信号（触点）与输出信号（线圈）之间的逻辑关系一目了然，易于理解。语句表程序较难阅读，其中的逻辑关系很难一眼看出。在设计复杂的数字量控制程序时建议使用梯形图语言。但是语句表程序输入方便快捷，还可以为每一条指令加上注释，便于复杂程序的阅读。在设计通信、数学运算等高级应用程序时，建议使用语句表。

7．SIMATIC 指令集与 IEC 61131-3 指令集

STEP 7-Micro/WIN 提供两种指令集：SIMATIC 指令集与 IEC 61131-3 指令集，前者由西门子公司提供，它的某些指令不是 IEC 61131-3 中的标准指令。通常 SIMATIC 指令的执行时间短，可以使用梯形图、功能块图和语句表语言，而 IEC 61131-3 指令集只提供前两种语言。

IEC 61131-3 指令集的指令较少，其中的某些指令可以接受多种数据格式。例如 SIMATIC 指令集的加法指令分为 ADD_I（整数相加）、ADD_DI（双字整数相加）与

ADD_R（实数相加）等，IEC 61131-3 的加法指令 ADD 则未作区分，而是通过检验数据格式，由 CPU 自动选择正确的指令。因为 IEC 指令要检查参数中的数据格式，可以减少程序设计中的错误。

在 IEC 61131-3 指令编辑器中，有些指令是 SIMATIC 指令集的指令，它们作为 IEC 61131-3 指令集的非标准扩展，在 STEP 7-Micro/WIN 的指令列表中用红色的“+”号标记。

3.1.2 S7-200 的程序结构

S7-200 CPU 的控制程序由主程序、子程序和中断程序组成。

1．主程序

主程序（OB1）是程序的主体，每个扫描周期都要执行一次主程序。每一个项目都必须有并且只能有一个主程序。在主程序中可以调用子程序，子程序又可以调用其他子程序。

2．子程序

子程序是可选的，仅在被其他程序调用时执行。同一个子程序可以在不同的地方被多次调用。使用子程序可以简化程序代码和减少扫描时间。设计得好的子程序容易移植到别的项目中去。

3．中断程序

中断程序用来及时处理与用户程序的执行时序无关的操作，或者用来处理不能事先预测何时发生的中断事件。中断程序不是由用户程序调用，而是在中断事件发生时由操作系统调用。中断程序是用户编写的。

3.2 数据类型与寻址方式

3.2.1 数制

1．二进制数

所有数据在 PLC 中都是以二进制形式储存的，在编程软件中可以使用不同的数制。

（1）用 1 位二进制数表示数字量

二进制数的 1 位（bit）只能取 0 和 1 这两个不同的值，可以用一个二进制位来表示开关量（或称数字量）的两种不同的状态，例如触点的断开和接通，线圈的通电和断电等。如果该位为 1，梯形图中对应的位编程元件（例如 M 和 Q）的线圈“通电”，其常开触点接通，常闭触点断开，以后称该编程元件为 1 状态，或称该编程元件为 ON（接通）。如果该位为 0，对应的编程元件的线圈和触点的状态与上述的相反，称该编程元件为 0 状态，或称该编程元件为 OFF（断开）。位数据的数据类型为 BOOL（布尔）型。

（2）多位二进制数

多位二进制数用来表示大于 1 的数字，二进制数遵循逢 2 进 1 的运算规则，每一位都有一个固定的权值，从右往左的第 n 位（最低位为第 0 位）的权值为 2^n，第 3 位至第 0 位的权值分别为 8、4、2、1，所以二进制数又称为 8421 码。

S7-200 用 2#来表示二进制常数。16 位二进制数 2#0000 0100 1000 0110 对应的十进制数为 $2^{10}+2^7+2^2+2^1=1158$。

（3）有符号数的表示方法

PLC 用二进制补码来表示有符号数，其最高位为符号位，最高位为 0 时为正数，为 1 时为负数。正数的补码是它本身，最大的 16 位二进制正数为 2#0111 1111 1111 1111，对应的十进制数为 32767。

将正数的补码逐位取反（0 变为 1，1 变为 0）后加 1，得到绝对值与它相同的负数的补码。例如将 1158 对应的补码 2#0000 0100 1000 0110 逐位取反后，得到 2#1111 1011 0111 1001，加 1 后得到-1158 的补码 1111 1011 0111 1010。

将负数的补码的各位取反后加 1，得到它的绝对值对应的正数。例如将-1158 的补码 2#1111 1011 0111 1010 逐位取反后得到 2#0000 0100 1000 0101，加 1 后得到 1158 的补码 2#0000 0100 1000 0110。表 3-1 给出了不同进制数的表示方法。常数的取值范围见表 3-2。

表 3-1　不同进制数的表示方法

十进制数	十六进制数	二进制数	BCD 码	十进制数	十六进制数	二进制数	BCD 码
0	0	00000	0000 0000	9	9	01001	0000 1001
1	1	00001	0000 0001	10	A	01010	0001 0000
2	2	00010	0000 0010	11	B	01011	0001 0001
3	3	00011	0000 0011	12	C	01100	0001 0010
4	4	00100	0000 0100	13	D	01101	0001 0011
5	5	00101	0000 0101	14	E	01110	0001 0100
6	6	00110	0000 0110	15	F	01111	0001 0101
7	7	00111	0000 0111	16	10	10000	0001 0110
8	8	01000	0000 1000	17	11	10001	0001 0111

表 3-2　常数的取值范围

数据的位数	无符号整数		有符号整数	
	十　进　制	十 六 进 制	十　进　制	十 六 进 制
B（字节）：8 位值	0～255	16#0～6#FF	-128～127	16#80～16#7F
W（字）：16 位值	0～65535	16#0～16#FFFF	-32768～32767	16#8000～16#7FFF
D（双字）：32 位值	0～4294967295	16#0～16#FFFF FFFF	-2147483648～2147483647	16#8000 0000～16#7FFF FFFF

2．十六进制数

多位二进制数读、写很不方便，为了解决这个问题，可以用十六进制数来表示多位二进制数。十六进制数使用 16 个数字符号，即 0～9 和 A～F，A～F 分别对应于十进制数 10～15。可以用数字后面加“H”来表示十六进制常数，例如 AE75H。S7-200 用数字前面的“16#”来表示十六进制常数。4 位二进制数对应于 1 位十六进制数，例如二进制常数 2#1010 1110 0111 0101 可以转换为 16#AE75。

十六进制数采用逢 16 进 1 的运算规则，从右往左第 n 位的权值为 16^n（最低位的 n 为 0），例如 16#2F 对应的十进制数为 $2\times16^1+15\times16^0=47$。

3．BCD 码

BCD（Binary Coded Decimal）码是各位按二进制编码的十进制数。每位十进制数用 4 位二进制数来表示，0～9 对应的二进制数为 0000～1001，各位 BCD 码之间的运算规则为逢

10 进 1。以 BCD 码 1001 0110 0111 0101 为例，对应的十进制数为 9675，最高的 4 位二进制数 1001 表示 9000。16 位 BCD 码对应于 4 位十进制数，允许的最大数字为 9999，最小的数字为 0000。

拨码开关（见图 3-5）的圆盘圆周面上有 0～9 这 10 个数字，用它面板上的按钮来增、减各位要输入的数字。它用内部的硬件将一位十进制数转换为 4 位二进制数。PLC 用输入点读取的多位拨码开关的输出值就是 BCD 码，需要用数据转换指令 BCD_I 将它转换为 16 位或 32 位整数。STEP 7-Micro/WIN 用十六进制格式（16#）表示 BCD 码，例如从图 3-5 的拨码开关读取的 BCD 码用 16#829 来表示。

用 PLC 的 4 个输出点给译码驱动芯片 4547 提供输入信号（见图 3-6），可以用 LED 七段显示器显示一位十进制数。需要用数据转换指令 I_BCD 将 PLC 中的 16 位二进制整数转换为 4 位 BCD 码，然后分别送给各位的译码驱动芯片。

图 3-5　拨码开关

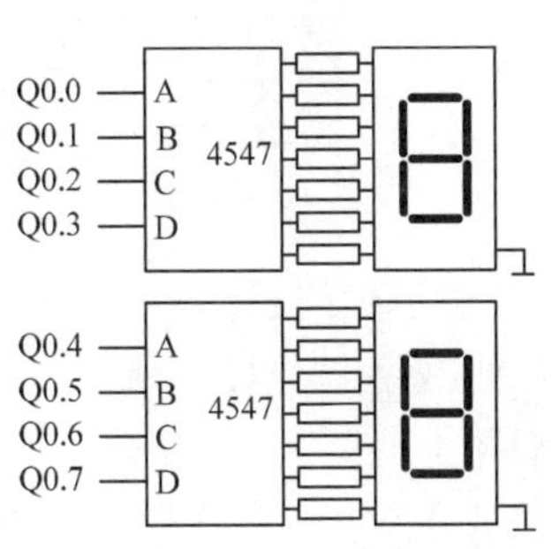

图 3-6　LED 七段显示器电路

3.2.2　数据类型

数据类型定义了数据的长度（位数）和表示方法。S7-200 的指令对操作数的数据类型有严格的要求。

1．位

位（bit）数据的数据类型为 BOOL（布尔）型，BOOL 变量的值为 2#1 和 2#0。BOOL 变量的地址由字节地址和位地址组成，例如 I3.2 中的区域标示符“I”表示输入（Input），字节地址为 3，位地址为 2（见图 3-7）。这种访问方式称为“字节.位”寻址方式。

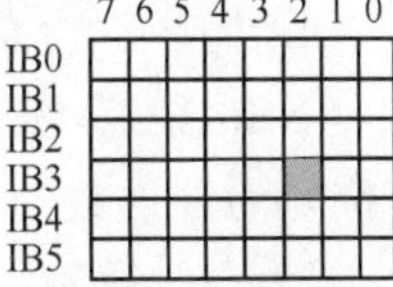

图 3-7　位数据与字节

2．字节

一个字节（Byte）由 8 个位数据组成，例如输入字节 IB3（B 是 Byte 的缩写）由 I3.0～I3.7 这 8 位组成（见图 3-7）。其中的第 0 位为最低位，第 7 位为最高位。

3．字和双字

相邻的两个字节组成一个字（Word），相邻的两个字组成一个双字（Double Word）。字和双字都是无符号数，它们用十六进制数来表示。

VW100 是由 VB100 和 VB101 组成的一个字（见图 3-8 和图 3-9），VW100 中的 V 为变量存储器的区域标示符，W 表示字。双字 VD100 由 VB100～VB103（或 VW100 和 VW102）组成，VD100 中的 D 表示双字。字的取值范围为 16#0000～16#FFFF，双字的取值范围为 16#0000 0000～16#FFFF FFFF。

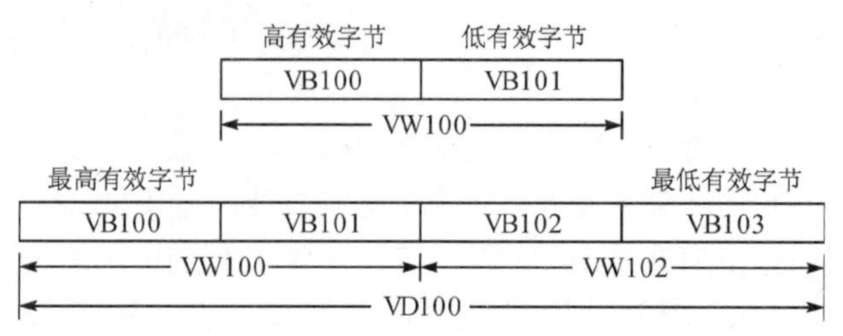

图 3-8　字节、字和双字

	地址	格式	当前值
11	VB100	十六进制	16#12
12	VB101	十六进制	16#34
13	VW100	十六进制	16#1234
14	VW102	十六进制	16#5678
15	VD100	十六进制	16#12345678
16	VD4	浮点数	50.0
17	VD4	二进制	2#0100_0010_0100_1000_0000_0000_0000_0000

图 3-9　状态表

需要注意下列问题：

1）以组成字 VW100 和双字 VD100 的编号最小的字节 VB100 的编号作为 VW100 和 VD100 的编号。

2）组成 VW100 和 VD100 的编号最小的字节 VB100 为 VW100 和 VD100 的最高位字节，编号最大的字节为字和双字的最低位字节。

3）数据类型字节、字和双字都是无符号数，它们的数值用十六进制数表示。从图 3-9 可以看出字节、字和双字之间的关系。

4．16 位整数和 32 位双整数

16 位整数（Integer，INT）和 32 位双整数（Double Integer，DINT）都是有符号数。整数的取值范围为–32768～32767，双整数的取值范围为–2147483648～2147483647。

5．32 位浮点数

实数（REAL）又称为浮点数，可以表示为 $1.m\times2^{E}$，尾数中的 m 和指数 E 均为二进制数，E 可能是正数，也可能是负数。ANSI/IEEE 754-1985 标准格式的 32 位实数的格式为 $1.m\times2^{e}$，式中指数 $e=E+127$（$1\leqslant e\leqslant254$）为 8 位正整数。

ANSI/IEEE 标准浮点数的格式如图 3-10 所示，共占用一个双字（32 位）。最高位（第 31 位）为浮点数的符号位，最高位为 0 时为正数，为 1 时为负数；8 位指数占第 23～30 位；因为规定尾数的整数部分总是为 1，只保留了尾数的小数部分 m（第 0～22 位）。第 22 位的权值为 2^{-1}，第 0 位的权值为 2^{-23}。浮点数的优点是用很小的存储空间（4B）可以表示非常大和非常小的数，其取值范围为$\pm1.175495\times10^{-38}$～$\pm3.402823\times10^{38}$。

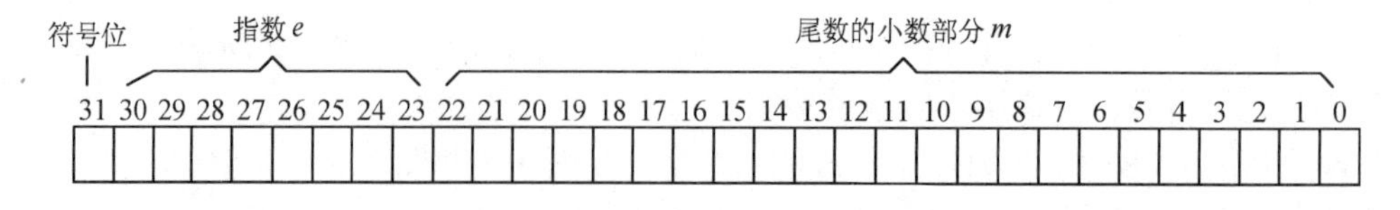

图 3-10　浮点数的结构

在 STEP 7-Micro/WIN 中，一般并不使用二进制格式或十六进制格式表示的浮点数，而是用十进制小数来输入或显示浮点数（见图 3-9），例如在 STEP 7-Micro/WIN 中，50 是 16 位整数，而 50.0 为 32 位的浮点数。

PLC 输入和输出的数值（例如模拟量输入值和模拟量输出值）大多是整数，用浮点数来处理这些数据需要进行整数和浮点数之间的相互转换，浮点数的运算速度比整数的运算速度慢一些。

6．ASCII 码字符

ASCII 码（美国信息交换标准代码）由美国国家标准局（ANSI）制定，它已被国际标准化组织（ISO）定为国际标准（ISO 646 标准）。标准 ASCII 码也叫作基础 ASCII 码，用 7 位二进制数来表示所有的英语大写、小写字母，数字 0～9、标点符号，以及在美式英语中使用的特殊控制字符。数字 0～9 的 ASCII 码为十六进制数 30H～39H，英语大写字母 A～Z 的 ASCII 码为 41H～5AH，英语小写字母 a～z 的 ASCII 码为 61H～7AH。

7．字符串

数据类型为 STRING 的字符串由若干个 ASCII 码字符组成，第一个字节定义字符串的长度（0～254，见图 3-11），后面的每个字符占一个字节。变量字符串最多 255 个字节（长度字节加上 254 个字符）。

长度	字符1	字符2	字符3	字符4		字符254
字节0	字节1	字节2	字节3	字节4		字节254

图 3-11　字符串的格式

3.2.3　CPU 的存储区

1．过程映像输入寄存器（I）

在每个扫描周期的开始，CPU 对物理输入点进行采样，用过程映像输入寄存器来保存采样值。

过程映像输入寄存器是 PLC 接收外部输入的数字量信号的窗口。外部输入电路接通时对应的过程映像输入寄存器为 ON（1 状态），反之为 OFF（0 状态）。输入端可以外接常开触点或常闭触点，也可以接多个触点组成的串并联电路。在梯形图中，可以多次使用输入位的常开触点和常闭触点。

I、Q、V、M、S、SM 和 L 存储器区均可以按位、字节、字和双字来访问，例如 I3.5、IB2、IW4 和 ID6。

2．过程映像输出寄存器（Q）

在扫描周期的末尾，CPU 将过程映像输出寄存器的数据传送给输出模块，再由后者驱动外部负载。如果梯形图中 Q0.0 的线圈“通电”，继电器型输出模块中对应的硬件继电器的常开触点闭合，使接在 Q0.0 对应的端子的外部负载通电，反之则该外部负载断电。输出模块中的每一个硬件继电器仅有一对常开触点，但是在梯形图中，每一个输出位的常开触点和常闭触点都可以多次使用。

3．变量存储器区（V）

变量（Variable）存储器用来在程序执行过程中存放中间结果，或者用来保存与过程或任务有关的其他数据。

4．位存储区（M）

位存储器（M0.0～M31.7）类似于继电器控制系统的中间继电器，用来存储中间操作状态或其他控制信息。S7-200 的 M 存储器只有 32B，如果不够用可以用 V 存储器来代替 M 存储器。

5．定时器存储区（T）

定时器相当于继电器系统中的时间继电器。S7-200 有三种时间基准（1ms、10ms 和 100ms）的定时器。定时器的当前值为 16 位有符号整数，用于存储定时器累计的时间基准增量值（1～32767）。预设值是定时器指令的一部分。

定时器位用来描述定时器的延时动作的触点的状态。定时器位为 ON 时，梯形图中对应的定时器的常开触点闭合，常闭触点断开；为 OFF 时则触点的状态相反。

用定时器地址（例如 T5）来访问定时器的当前值和定时器位，带位操作数的指令用来访问定时器位，带字操作数的指令用来访问当前值。

6．计数器存储区（C）

计数器用来累计其计数输入脉冲电平由低到高（即上升沿）的次数，S7-200 有加计数器、减计数器和加减计数器。计数器的当前值为 16 位有符号整数，用来存放累计的脉冲数（1～32767）。用计数器地址（例如 C20）来访问计数器的当前值和计数器位。带位操作数的指令访问计数器位，带字操作数的指令访问当前值。

7．高速计数器（HC）

高速计数器用来累计比 CPU 的扫描速率更快的事件，计数过程与扫描周期无关。其当前值和预设值为 32 位有符号整数，当前值为只读数据。高速计数器的地址由区域标示符 HC 和高速计数器号组成，例如 HC2。

8．累加器（AC）

累加器是可以像存储器那样使用的存储单元，CPU 提供了 4 个 32 位累加器（AC0～AC3），可以按字节、字和双字来访问累加器中的数据。按字节、字只能访问累加器的低 8 位或低 16 位，按双字访问全部的 32 位，访问的数据长度由所用的指令决定。例如在指令“MOVW AC2, VW100”中，AC2 按字（W）访问。累加器主要用来临时保存中间的运算结果。

9．特殊存储器（SM）

特殊存储器用于 CPU 与用户之间交换信息，例如 SM0.0 一直为 ON，SM0.1 仅在执行用户程序的第一个扫描周期为 ON。SM0.4 和 SM0.5 分别提供周期为 1min 和 1s 的时钟脉冲。SM1.0、SM1.1 和 SM1.2 分别是零标志、溢出标志和负数标志。附录中的表 B-1 给出了常用特殊存储器位的描述。

10．局部存储器区域（L）

S7-200 将主程序、子程序和中断程序统称为 POU（程序组织单元），各 POU 都有自己的 64B 的局部（Local）存储器。使用梯形图和功能块图时 STEP 7-Micro/WIN 保留局部存储器的最后 4B。

局部存储器简称为 L 存储器，仅仅在它被创建的 POU 中有效，各 POU 不能访问别的 POU 的局部存储器。局部存储器作为暂时存储器，或用于子程序的输入、输出参数。变量存储器（V）是全局存储器，可以被所有的 POU 访问。

S7-200 给主程序和它调用的 8 个子程序嵌套级别、中断程序和它调用的 1 个子程序嵌套级别各分配 64B 局部存储器。

11．模拟量输入（AI）

S7-200 用 A-D 转换器将现实世界连续变化的模拟量（例如温度、电流、电压等）转换为一个字长（16 位）的数字量，用区域标识符 AI、表示数据长度的 W（字）和起始字节的地址来表示模拟量输入的地址，例如 AIW2。因为模拟量输入的长度为一个字，应从偶数字节地址开始存放，模拟量输入值为只读数据。

12．模拟量输出（AQ）

S7-200 将长度为一个字的数字用 D-A 转换器转换为现实世界的模拟量，用区域标识符 AQ、表示数据长度的 W（字）和起始字节的地址来表示存储模拟量输出的地址，例如 AQW2。因为模拟量输出的长度为一个字，应从偶数字节地址开始存放，模拟量输出值是只写数据，用户不能读取模拟量输出值。

13．顺序控制继电器（S）

32B 的顺序控制继电器（SCR）位用于组织设备的顺序操作，与顺序控制继电器指令配合使用，详细的使用方法见 5.4 节。

14．CPU 存储器的范围与特性

各 CPU 具有下列相同的存储器范围：I0.0～I15.7、Q0.0～Q15.7、M0.0～M31.7、S0.0～S31.7、T0～T255、C0～C255、L0.0～L63.7、AC0～AC3、HC0～HC5。S7-200 其他存储器的范围见表 3-3。

表 3-3　S7-200 CPU 的部分存储器范围

描　述	CPU 221	CPU 222	CPU 224	CPU 224XP CPU 224XPsi	CPU 226
模拟量输入	AIW0～AIW30		AIW0～AIW62		
模拟量输出	AQW0～AQW30		AQW0～AQW62		
变量存储器	VB0～VB2047		VB0～VB8191	VB0～VB10239	
特殊存储器	SM0.0～SM179.7	SM0.0～SM299.7	SM0.0～SM549.7		

3.2.4　直接寻址与间接寻址

在 S7-200 中，通过地址访问数据，地址是访问数据的依据，访问数据的过程称为“寻址”。几乎所有的指令和功能都与各种形式的寻址有关。

1．直接寻址

直接寻址指定了存储器的区域、长度和位置，例如 VW100 是 V 存储区中 16 位的字，其地址为 100。

2．间接寻址的指针

间接寻址在指令中给出的不是操作数的值或操作数的地址，而是给出一个被称为地址指针的存储单元的地址，地址指针里存放的是真正的操作数的地址。

间接寻址常用于循环程序和查表程序。假设用循环程序来累加一片连续的存储区中的数值，每次循环累加一个数值。应在累加后修改指针中存储单元的地址值，使它指向下一个存储单元，为下一次循环的累加运算做好准备。没有间接寻址，就不能编写循环程序。

地址指针就像收音机调台的指针，改变指针的位置，指针指向不同的电台。改变地址指针中的地址值，地址指针“指向”不同的地址。

旅客入住酒店时，在前台办完入住手续，酒店就会给旅客一张房卡，房卡上面有房间号，旅客根据房间号使用酒店的房间。修改房卡中的房间号，别的旅客用同一张房卡就可以入住不同的房间。这里房卡就是地址指针，房间相当于存储单元，房间号就是存储单元的地址，旅客相当于存储单元中存放的数据。

S7-200 CPU 允许使用指针对下述存储区域进行间接寻址：I、Q、V、M、S、AI、AQ、SM、T（仅当前值）和 C（仅当前值）。间接寻址不能访问单个位（bit）地址、HC、L 存储区和累加器。

使用间接寻址之前，应创建一个指针。指针为双字存储单元，用来存放要访问的存储器的地址，只能用 V、L 或累加器作指针。建立指针时，用双字传送指令 MOVD 将需要间接寻址的存储器地址送到指针中，例如“MOVD &VB200, AC1”（见图 3-12）。&VB200 是 VB200 的地址，而不是 VB200 中的数值。

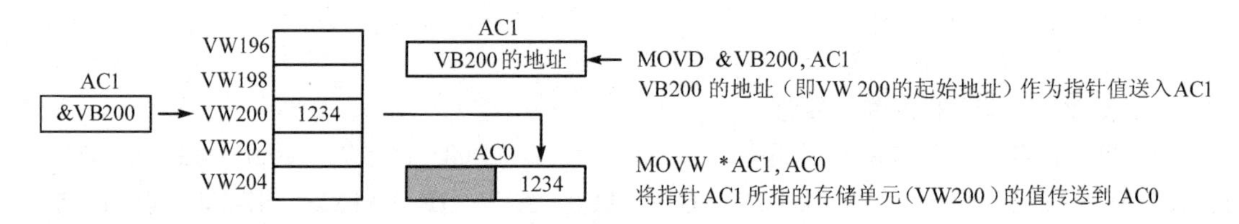

图 3-12 指针与间接寻址

3．用指针访问数据

用指针访问数据时，操作数前加“*”号，表示该操作数为一个指针。图 3-12 的指令“MOVW *AC1, AC0”中，AC1 是一个指针，*AC1 是 AC1 所指的地址中的数据。图 3-12 存放在 VB200 和 VB201（即 VW200）中的数据被传送到累加器 AC0 的低 16 位。

4．修改指针

用指针访问相邻的下一个数据时，因为指针是 32 位的数据，应使用双字指令来修改指针值，例如双字加法指令 ADDD 或双字递增指令 INCD。修改时记住需要调整的存储器地址的字节数，访问字节时，指针值加 1，访问字时，指针值加 2，访问双字时，指针值加 4。

【例 3-1】 用于非线性校正的表格存放在 VW100 开始的 10 个字中，表格的偏移量（表格中字的序号，第 1 个字的序号为 0）在 VD20 中。在 I0.0 的上升沿，用间接寻址将表格中相对于偏移量的数据值传送到 VW24 中去。用 AC1 作地址指针。下面是语句表程序。

```
LD      I0.0
EU                          //在 I0.0 的上升沿
MOVD    &VB100, AC1         //表格的起始地址送 AC1
+D      VD20, AC1
+D      VD20, AC1           //起始地址加偏移量
MOVW    *AC1, VW24          //读取表格中的数据
```

一个字由两个字节组成，地址相邻的两个字的地址增量为 2（两个字节），所以用了两

条双整数加法指令。图 4-29 给出了在循环程序中使用间接寻址的例子。

3.3　位逻辑指令

3.3.1　触点指令与逻辑堆栈指令

1．标准触点指令

常开触点对应的位地址为 ON 时，该触点闭合，在语句表中，分别用 LD（Load，装载）、A（And，与）和 O（Or，或）指令来表示开始、串联和并联的常开触点（见图 3-13 和表 3-4）。触点指令中变量的数据类型为 BOOL 型。

表 3-4　标准触点指令

语　句	描　述	语　句	描　述
LD　bit	装载，电路开始的常开触点	LDN　bit	非（取反后装载），电路开始的常闭触点
A　bit	与，串联的常开触点	AN　bit	与非，串联的常闭触点
O　bit	或，并联的常开触点	ON　bit	或非，并联的常闭触点

常闭触点对应的位地址为 OFF 时，该触点闭合，在语句表中，分别用 LDN（Load Not，非，取反后装载）、AN（And Not，与非）和 ON（Or Not，或非）来表示开始、串联和并联的常闭触点。梯形图中触点中间的“/”表示常闭。

2．输出指令

输出指令（=）对应于梯形图中的线圈。驱动线圈的触点电路接通时，有“能流”流过线圈，输出指令指定的位地址的值为 1，反之则为 0。输出指令将下面要介绍的堆栈的栈顶值复制到对应的位地址。本节的程序见配套资源中的例程“位逻辑指令”)。

梯形图中两个并联的线圈（例如图 3-13 中 Q0.0 和 M0.4 的线圈）用两条相邻的输出指令来表示。图 3-13 中 I0.6 的常闭触点和 Q0.2 的线圈组成的串联电路与上面的两个线圈并联，但是该触点应使用 AN 指令，因为它与左边的电路串联。

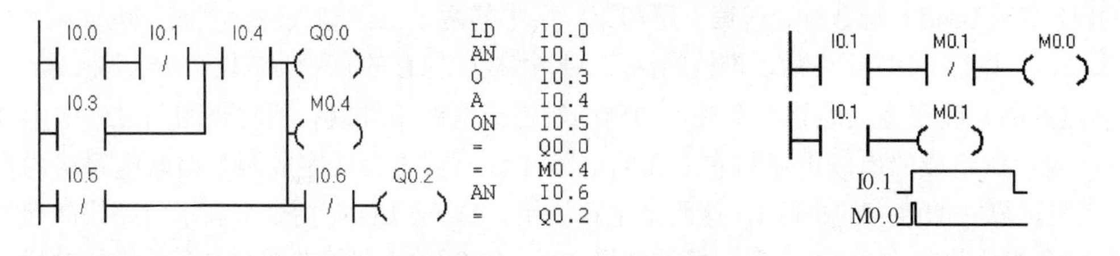

图 3-13　触点与输出指令

图 3-14　上升沿检测电路

【例 3-2】 已知图 3-14 中 I0.1 的波形，画出 M0.0 的波形。

在 I0.1 上升沿之前，I0.1 的常开触点断开，M0.0 和 M0.1 均为 OFF，其波形用低电平表示。在 I0.1 的上升沿，I0.1 变为 ON，CPU 先执行第一行的电路。因为前一扫描周期 M0.1 为 OFF，M0.1 的常闭触点闭合，所以 M0.0 变为 ON。执行第二行电路后，M0.1 变为 ON。从上升沿之后的第二个扫描周期开始，到 I0.1 变为 OFF 为止，M0.1 均为 ON，其常闭触点断开，使 M0.0 为 OFF。因此，M0.0 只是在 I0.1 的上升沿 ON 一个扫描周期。

在分析电路的工作原理时，一定要有指令执行的先后顺序和循环扫描的概念。

如果交换图 3-14 中上下两行的位置，在 I0.1 的上升沿，M0.1 的线圈先“通电”，M0.1 的常闭触点断开，因此 M0.0 的线圈不会“通电”。由此可知，如果交换相互有关联的两块独立电路（即两个网络）的相对位置，可能会使有关的线圈“通电”或“断电”的时间提前或延后一个扫描周期，对于绝大多数系统，这是无关紧要的。但是在某些特殊情况下，可能会影响系统的正常运行。

3．逻辑堆栈的基本概念

S7-200 有一个 9 位的堆栈，最上面的第一层称为栈顶（见图 3-16），用来存储逻辑运算的结果，下面的 8 位用来存储中间运算结果。堆栈中的数据一般按“先进后出”的原则访问，堆栈指令见表 3-5。AENO 指令的应用见 4.1.2 节。

表 3-5　与堆栈有关的指令

语　　句	描　　述	语　　句	描　　述
ALD	与装载，电路块串联连接	LPP	逻辑出栈
OLD	或装载，电路块并联连接	LDS　N	装载堆栈
LPS	逻辑进栈	AENO	与 ENO
LRD	逻辑读栈		

执行 LD 指令时，将指令指定的位地址中的二进制数装载入栈顶。

执行 A（与）指令时，指令指定的位地址中的二进制数和栈顶中的二进制数作“与”运算，运算结果存入栈顶。栈顶之外其他各层的值不变。每次逻辑运算时只保留运算结果，栈顶原来的数值丢失。

执行 O（或）指令时，指令指定的位地址中的二进制数和栈顶中的二进制数作“或”运算，运算结果存入栈顶。

执行常闭触点对应的 LDN、AN 和 ON 指令时，取出指令指定的位地址中的二进制数后，先将它取反（0 变为 1，1 变为 0），然后再作对应的装载、与、或操作。

4．或装载指令 OLD

OLD（Or Load）指令对堆栈第一层和第二层中的两个二进制数进行“或”运算，运算结果存入栈顶。执行 OLD 指令后，堆栈的深度（即堆栈中保存的有效的数据个数）减 1。

触点的串并联指令只能将单个触点与别的触点或电路串并联。要想将图 3-15 中由 I0.3 和 I0.4 的触点组成的串联电路与它上面的电路并联，首先需要完成两个串联电路块内部的“与”逻辑运算（即触点的串联），这两个电路块用 LD 或 LDN 指令来表示电路块的起始触点。前两条指令执行完后，“与”运算的结果 $S0 = I0.0 \cdot I0.1$ 存放在图 3-16 的堆栈的栈顶，第 3、4 条指令执行完后，“与”运算的结果 $S1 = \overline{I0.3} \cdot I0.4$ 压入栈顶，原来在栈顶的 S0 被推到堆栈的第 2 层，第 2 层的数据被推到第 3 层……堆栈最下面一层的数据丢失。OLD 指令对堆栈第 1 层和第 2 层的数据作“或”运算（将两个串联电路块并联），并将运算结果 $S2 = S0 + S1$ 存入堆栈的栈顶，第 3～9 层中的数据依次向上移动一层。

OLD 指令不需要地址，它相当于需要并联的两块电路右端的一段垂直连线。图 3-16 堆栈中的 x 表示不确定的值。

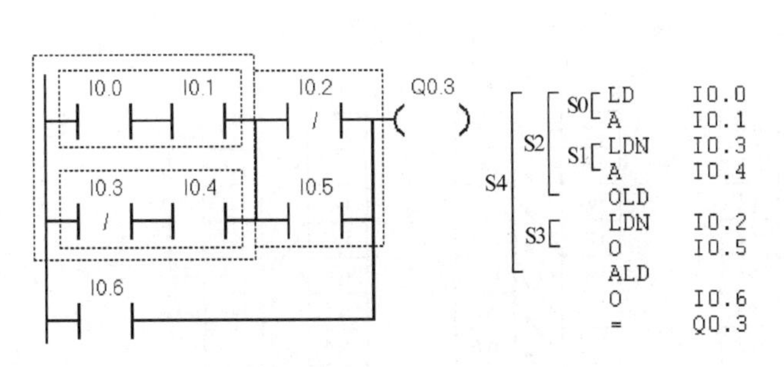

图 3-15　OLD 与 ALD 指令

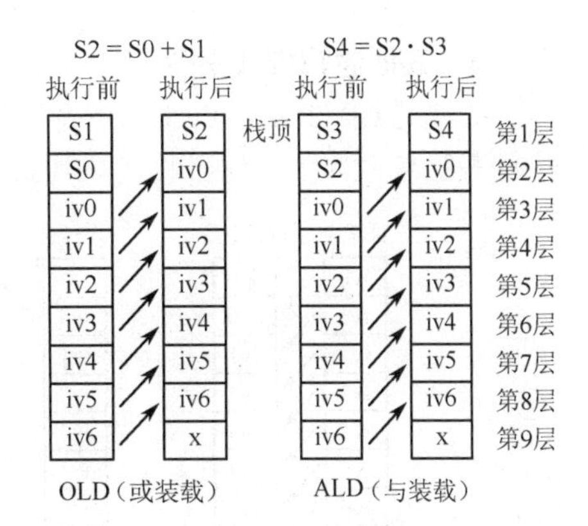

图 3-16　OLD 与 ALD 指令的堆栈操作

5．与装载指令 ALD

图 3-15 的语句表中 OLD 下面的两条指令将两个触点并联，运算结果 $S3 = \overline{I0.2} + I0.5$ 被压入栈顶，堆栈中原来的数据依次向下一层推移，堆栈最底层的值被推出丢失。ALD（And Load）指令对堆栈第 1 层和第 2 层的数据作“与”运算（将两个电路块串联），并将运算结果 $S4 = S2 \cdot S3$ 存入堆栈的栈顶，第 3～9 层中的数据依次向上移动一层。

将电路块串并联时，每增加一个用 LD 或 LDN 指令开始的电路块的运算结果，堆栈中将增加一个数据，堆栈深度加 1，每执行一条 ALD 或 OLD 指令，堆栈深度减 1。

梯形图和功能块图编辑器自动地插入处理堆栈操作所需要的指令。用 STEP 7-Micro/WIN 将梯形图转换为语句表程序时，自动生成堆栈指令。写入语句表程序时，必须由编程人员写入这些堆栈处理指令。

【例 3-3】 已知图 3-17 中的语句表程序，画出对应的梯形图。

对于较复杂的程序，特别是含有 ORB 和 ANB 指令时，在画梯形图之前，应分析清楚电路的串并联关系后，再开始画梯形图。首先将电路划分为若干块，各电路块从含有 LD 的指令（例如 LD、LDI 和 LDP 等）开始，在下一条含有 LD 的指令（包括 ALD 和 OLD）之前结束；然后分析各块电路之间的串并联关系。

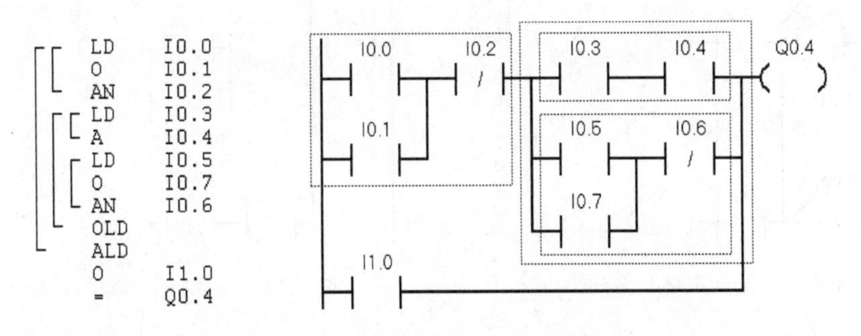

图 3-17　语句表与对应的梯形图

在图 3-17 的语句表中，划分出 3 块电路。OLD 或 ALD 指令将它上面靠近它的已经连接好的电路并联或串联起来，所以 OLD 指令并联的是语句表中划分的第 2 块和第 3 块电路。从图 3-17 可以看出语句表和梯形图中电路块的对应关系。

6．其他逻辑堆栈指令

逻辑进栈（Logic Push）指令 LPS 复制栈顶的值并将其保存到堆栈的第 2 层，堆栈中原来的数据依次向下一层推移，堆栈最底层的值被推出并丢失（见图 3-18）。

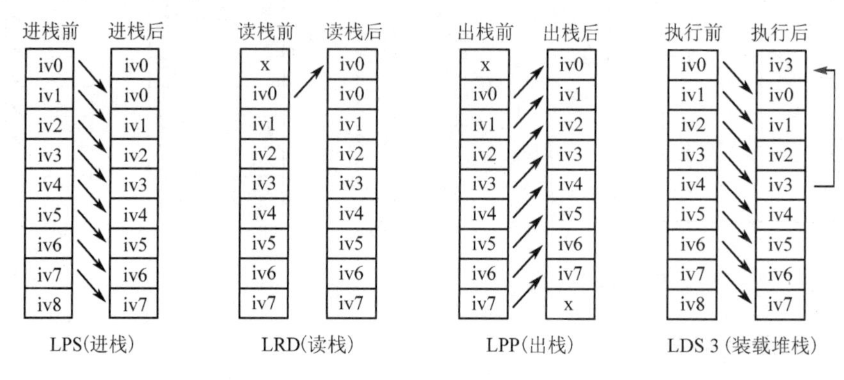

图 3-18　堆栈操作

逻辑读栈（Logic Read）指令 LRD 将堆栈第 2 层的数据复制到栈顶，原来的栈顶值被复制值替代。第 2～9 层的数据不变。图中的 x 表示任意的数。

逻辑出栈（Logic Pop）指令 LPP 使堆栈各层的数据向上移动 1 层，第 2 层的数据成为新的栈顶值。可以用语句表的程序状态来监控堆栈中的数据（见图 2-20）。

装载堆栈（Load Stack）指令 LDS N（N = 0～8）复制堆栈内第 N 层的值到栈顶。堆栈中原来的数据依次向下移动一层，堆栈最底层的值被推出并丢失。一般很少使用这条指令。

图 3-19 和图 3-20 的分支电路分别使用堆栈的第 2 层和第 2、3 层来保存电路分支处的逻辑运算结果。每一条 LPS 指令必须有一条对应的 LPP 指令，中间的支路使用 LRD 指令，处理最后一条支路时必须使用 LPP 指令。在一块独立电路中，用进栈指令同时保存在堆栈中的中间运算结果不能超过 8 个。

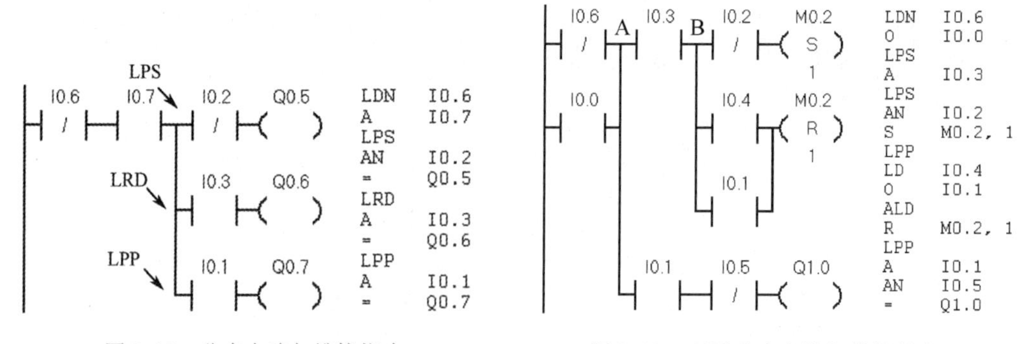

图 3-19　分支电路与堆栈指令　　　　图 3-20　双重分支电路与堆栈指令

图 3-20 中的第 1 条 LPS 指令将栈顶的 A 点逻辑运算结果保存到堆栈的第 2 层，第 2 条 LPS 指令将 B 点的逻辑运算结果保存到堆栈的第 2 层，A 点的逻辑运算结果被“压”到堆栈的第 3 层。第 1 条 LPP 指令将堆栈第 2 层 B 点的逻辑运算结果上移到栈顶，第 3 层中 A 点的逻辑运算结果上移到堆栈的第 2 层。最后一条 LPP 指令将堆栈第 2 层的 A 点的逻辑运算结果上移到栈顶。从这个例子可以看出，堆栈“先入后出”的数据访问方式，刚好可以满足

多层分支电路保存和取用分支点逻辑运算结果所要求的顺序。

7．立即触点

立即（Immediate）触点指令只能用于输入位 I，执行立即触点指令时，立即读取物理输入点的值，根据该值决定触点的接通/断开状态，但是并不更新该物理输入点对应的过程映像输入寄存器。在语句表中，分别用 LDI、AI、OI 来表示开始、串联和并联的常开立即触点（见表 3-6）。分别用 LDNI、ANI、ONI 来表示开始、串联和并联的常闭立即触点。触点符号中间的“I”和“/I”分别用来表示常开立即触点和常闭立即触点（见图 3-21）。

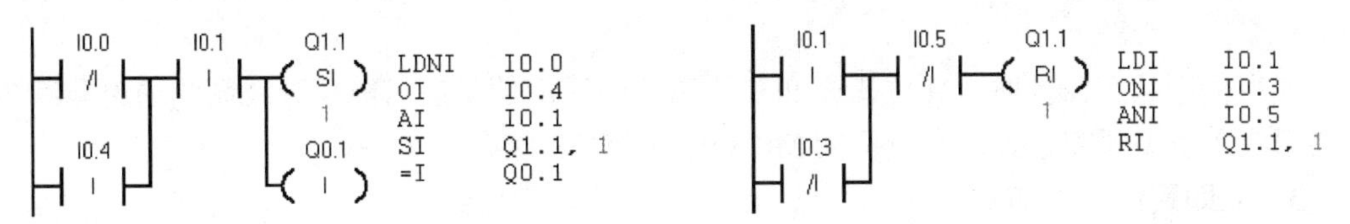

图 3-21　立即触点与立即输出指令

表 3-6　立即触点指令

语　　句	描　　述	语　　句	描　　述
LDI　bit	立即装载，电路开始的常开触点	LDNI　bit	取反后立即装载，电路开始的常闭触点
AI　bit	立即与，串联的常开触点	ANI　bit	立即与非，串联的常闭触点
OI　bit	立即或，并联的常开触点	ONI　bit	立即或非，并联的常闭触点

3.3.2　输出类指令与其他指令

输出类指令（见表 3-7）应放在梯形图同一行的最右边，指令中的变量为 BOOL 型（二进制位）。

表 3-7　输出类指令

语　　句	描　　述	语　　句	描　　述	语　　句	描　　述	梯形图符号	描　　述
=　bit	输出	S　bit, N	置位	R　bit, N	复位	SR	置位优先双稳态触发器
=I　bit	立即输出	SI　bit, N	立即置位	RI　bit, N	立即复位	RS	复位优先双稳态触发器

1．立即输出

立即输出指令（=I）只能用于输出位 Q，执行该指令时，将栈顶值立即写入指定的物理输出点和对应的过程映像输出寄存器。线圈符号中的“I”用来表示立即输出（见图 3-21）。

2．置位与复位

置位指令 S（Set）和复位指令 R（Reset）用于将指定的位地址开始的 N 个连续的位地址置位（变为 ON）或复位（变为 OFF），N＝1～255，图 3-22 中 N＝1。

置位指令与复位指令最主要的特点是有记忆和保持功能。如果图 3-22 中 I0.1 的常开触点接通，M0.3 变为 ON。即使 I0.1 的常开触点断开，它也仍然保持为 ON。当 I0.2 的常开触点闭合时，M0.3 变为 OFF。即使 I0.3 的常开触点断开，它也仍然保持为 OFF。图 3-22 中的电路具有和图 1-12 中的起保停电路相同的功能。

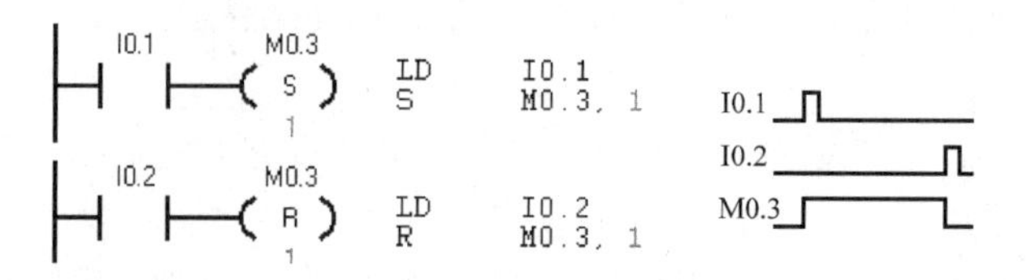

图 3-22 置位指令与复位指令

如果被指定复位的是定时器（T）或计数器（C），将清除定时器/计数器的当前值，它们的位被复位为 OFF。

使用程序状态监控时，置位指令和复位指令的线圈的状态只能反映线圈的通电和断电。需要用状态表来观察被置位和复位的 M0.3 的 ON/OFF 状态。

3．立即置位与立即复位

执行立即置位指令（SI）或立即复位指令（RI）时（见图 3-21），从指定位地址开始的 N 个连续的物理输出点将被立即置位或复位，N = 1～255，线圈中的 I 表示立即。该指令只能用于输出位 Q，新值被同时写入对应的物理输出点和过程映像输出寄存器。置位指令与复位指令仅将新值写入过程映像输出寄存器。

4．RS、SR 双稳态触发器指令

图 3-23 中标有 SR 的是置位优先双稳态触发器，标有 RS 的是复位优先双稳态触发器。它们相当于置位指令 S 和复位指令 R 的组合，用置位输入和复位输入来控制方框上面的位地址。可选的 OUT 连接反映了方框上面位地址的信号状态。置位输入和复位输入均为 OFF 时，被控位的状态不变。置位输入和复位输入只有一个为 ON 时，为 ON 的起作用。

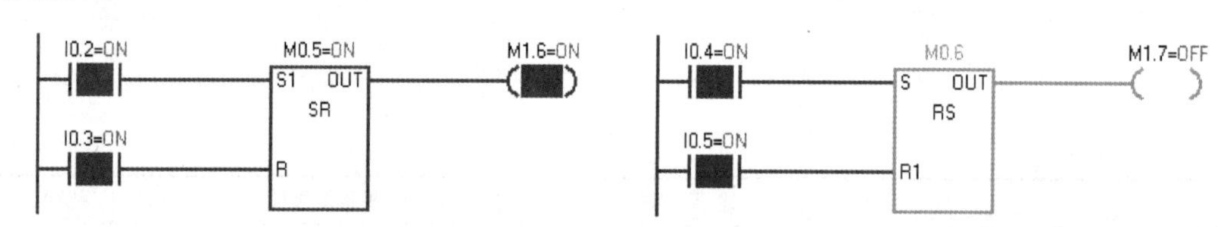

图 3-23 置位优先触发器与复位优先触发器

SR 触发器的置位信号 S1 和复位信号 R 同时为 ON 时，M0.5 被置位为 ON（见图 3-23）。RS 触发器的置位信号 S 和复位信号 R1 同时为 ON 时，M0.6 被复位为 OFF。

5．其他位逻辑指令

（1）正向负向转换触点

表 3-8 其他位逻辑指令

语句	描述
EU	正向转换
ED	负向转换
NOT	取反
NOP N	空操作

正向转换（Positive Transition）触点（见图 3-24）和负向转换（Negative Transition）触点没有操作数，触点符号中间的“P”和“N”分别表示表示正向转换和负向转换。

正向转换触点检测到一次正跳变时（触点的输入信号由 0 变为 1），或负向转换触点检测到一次负跳变时（触点的输入信号由 1 变为 0），触点接通一个扫描周期。语句表中正向、负向转换指令的助记符分别为 EU（Edge Up，上升沿，见表 3-8）和 ED（Edge Down，下降沿）。EU 指令或 ED 指令分别检测到堆栈的栈顶值有正跳变和负跳变时，将栈顶值设置为 1；否则将其设置为 0。

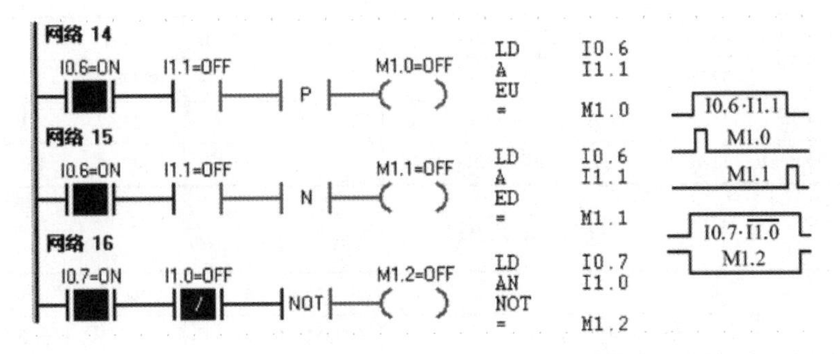

图 3-24　正向负向转换触点与取反触点

（2）取反触点

取反（NOT）触点将存放在堆栈顶部的它左边电路的逻辑运算结果取反，栈顶值若为 1 则变为 0，为 0 则变为 1，该指令没有操作数。在梯形图中，能流到达该触点时即停止（见图 3-24）；若能流未到达该触点，该触点给右侧供给能流。

（3）空操作指令

空操作指令（NOP　N）不影响程序的执行，操作数 N＝0～255。

6．程序的优化设计

在设计并联电路时，应将单个触点的支路放在下面；设计串联电路时，应将单个触点放在右边，否则语句表程序将多用一条指令（见图 3-25）。

建议在有线圈的并联电路中，将单个线圈放在上面，将图 3-25a 的电路改为图 3-25b 的电路，可以避免使用逻辑进栈指令 LPS 和逻辑出栈指令 LPP。

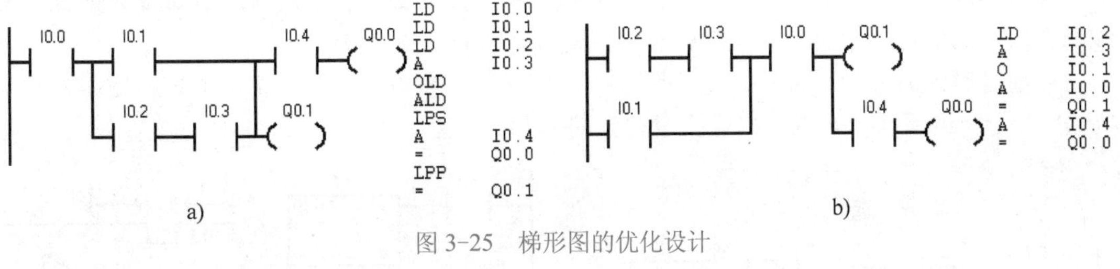

图 3-25　梯形图的优化设计

a) 不好的梯形图　b) 好的梯形图

3.4　定时器指令与计数器指令

3.4.1　定时器指令

1．定时器的分辨率

定时器有 1ms、10ms 和 100ms 三种分辨率，分辨率取决于定时器的地址（见表 3-9）。输入定时器地址后，在定时器方框的右下角内会出现定时器的分辨率（见图 3-26）。

定时器指令与计数器指令见表 3-10。

表 3-9　定时器地址与分辨率

类型	分辨率/ms	定时范围/s	定时器地址	类型	分辨率/ms	定时范围/s	定时器地址
TON/TOF	1	32.767	T32、T96	TONR	1	32.767	T0、T64
	10	327.67	T33～T36 和 T97～T100		10	327.67	T1～T4 和 T65～T68
	100	3276.7	T37～T63 和 T101～T255		100	3276.7	T5～T31 和 T69～T95

表 3-10　定时器指令与计数器指令

语　句	描　述	语　句	描　述
TON　Txxx, PT	接通延时定时器	CITIM　IN, OUT	计算间隔时间
TOF　Txxx, PT	断开延时定时器	CTU　Cxxx, PV	加计数
TONR　Txxx, PT	有记忆接通延时定时器	CTD　Cxxx, PV	减计数
BITIM　OUT	开始间隔时间	CTUD　Cxxx, PV	加/减计数

2．接通延时定时器和有记忆接通延时定时器

定时器和计数器的当前值、定时器的预设时间（Preset Time，PT）的数据类型均为 16 位有符号整数（INT），允许的最大值为 32767。除了常数外，还可以用 VW、IW 等地址作定时器和计数器的预设值。

定时器方框指令左边的 IN 为使能输入端。接通延时定时器 TON 和有记忆接通延时定时器 TONR 的使能输入电路接通后开始定时，当前值不断增大。当前值大于等于 PT 端指定的预设值（1～32767）时，定时器位变为 ON，梯形图中对应的定时器的常开触点闭合，常闭触点断开。达到预设值后，当前值仍继续增加，直到最大值 32767。可以将定时器方框视为定时器的线圈。

定时器的预设时间等于预设值与分辨率的乘积，图 3-26 中的 T37 为 100ms 定时器（见配套资源中的例程“定时器应用”），预设时间为 100ms × 90 = 9s。

接通延时定时器的使能输入电路断开时，定时器被复位，其当前值被清零，定时器位变为 OFF。还可以用复位（R）指令来复位定时器和计数器。

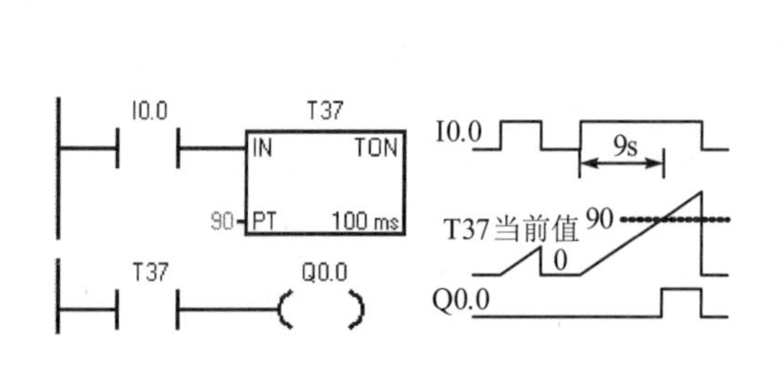

图 3-26　接通延时定时器

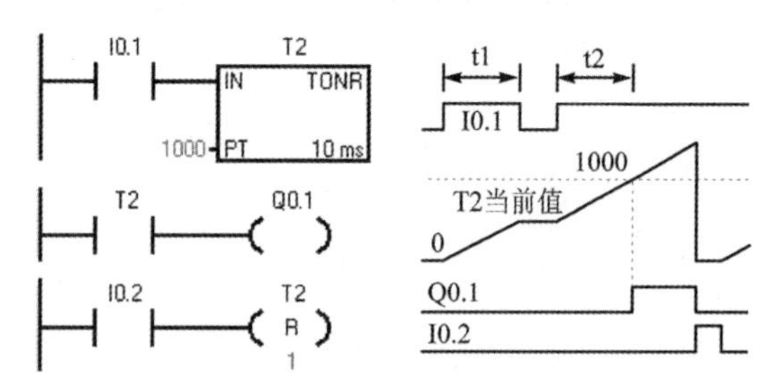

图 3-27　有记忆接通延时定时器

有记忆接通延时定时器 TONR 的使能输入电路断开时，当前值保持不变。使能输入电路再次接通时，继续定时。可以用 TONR 来累计输入电路接通的若干个时间间隔。图 3-27 中的时间间隔 t1 + t2 = 10s 时，10ms 定时器 T2 的定时器位变为 ON。只能用复位指令来复位 TONR。

在第一个扫描周期，所有的定时器位被清零。没有记忆功能的定时器 TON 和 TOF 被自动复位，当前值和定时器位均被清零。可以在系统块中设置有断电保持功能的 TONR 的地址

范围。断电后再上电，有断电保持功能的 TONR 保持断电时的当前值不变。

如果要确保最小时间间隔，应将预设值 PT 增大 1。例如使用 100ms 定时器时，为确保最小时间间隔至少为 2000ms，应将 PV 设置为 21。

图 3-28 是用接通延时定时器编程实现的脉冲定时器程序，在 I0.3 由 OFF 变为 ON 时（波形的上升沿），Q0.2 输出一个宽度为 3s 的脉冲，I0.3 的脉冲宽度可以大于 3s，也可以小于 3s。

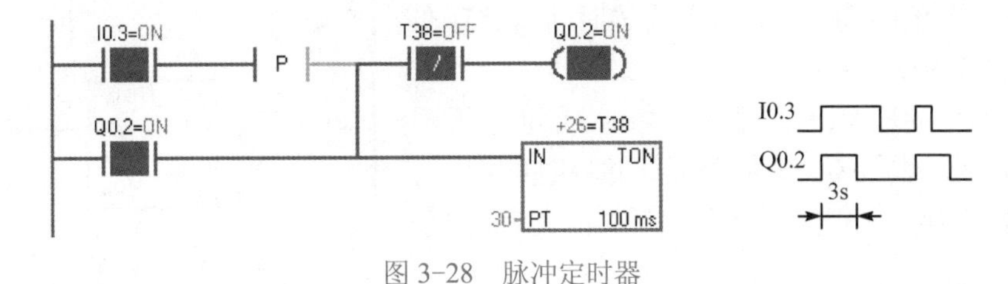

图 3-28　脉冲定时器

3．断开延时定时器指令

断开延时定时器（TOF，见图 3-29）用来在使能输入（IN）电路断开后延时一段时间，再使定时器位变为 OFF。它用 IN 输入从 ON 到 OFF 的负跳变启动定时。

断开延时定时器的使能输入电路接通时，定时器位立即变为 ON，当前值被清零。使能输入电路断开时，开始定时，当前值从 0 开始增大。当前值等于预设值时，输出位变为 OFF，当前值保持不变，直到使能输入电路接通。断开延时定时器可用于设备停机后的延时，例如大型变频电动机的冷却风扇的延时。图 3-29 同时给出了断开延时定时器的语句表程序。

二维码 3-1

视频“定时器应用”可通过扫描二维码 3-1 播放。

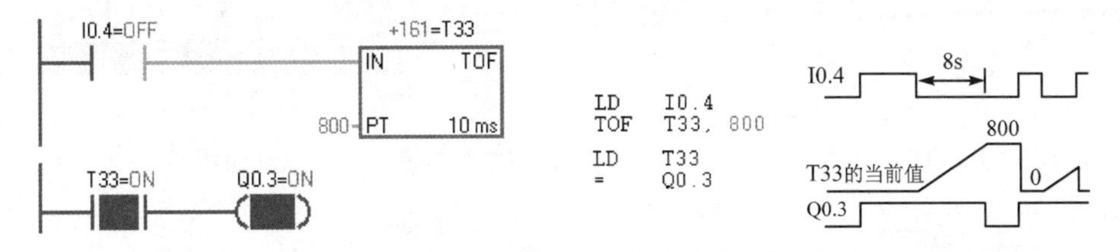

图 3-29　断开延时定时器

TOF 与 TON 不能使用相同的定时器号，例如不能同时对 T37 使用指令 TON 和 TOF。

4．分辨率对定时器的影响

执行 1ms 分辨率的定时器指令时开始计时，其定时器位和当前值的更新与扫描周期不同步，每 1ms 更新一次。

执行 10ms 分辨率的定时器指令时开始计时，记录自定时器启用以来经过的 10ms 时间间隔的个数。在每个扫描周期开始时，10ms 分辨率定时器的定时器位和当前值被刷新，一个扫描周期累计的 10ms 时间间隔数被加到定时器当前值。定时器位和当前值在整个扫描周期中不变。

100ms 分辨率的定时器记录从定时器上次更新以来经过的 100ms 时间间隔的个数。在执行该定时器指令时，将从前一扫描周期起累积的 100ms 时间间隔个数累加到定时器的当前值。为了使定时器正确地定时，应确保在一个扫描周期中只执行一次 100ms 定时器指令。启用该定时器后如果在某个扫描周期内未执行定时器指令，或者在一个扫描周期多次执行同一条定时器指令，定时时间都会出错。

5．间隔时间定时器

在图 3-30 的 Q0.4 的上升沿执行“开始间隔时间”指令 BGN_ITIME，读取内置的 1ms 双字计数器的当前值，并将该值储存在 VD0 中。

“计算间隔时间”指令 CAL_ITIME 计算当前时间与 IN 输入端的 VD0 提供的时间（即图 3-30 中 Q0.4 变为 ON 的时间）之差，并将该时间差储存在 OUT 端指定的 VD4 中。

双字计数器的最大计时间隔为 2^{32}ms 或 49.7 天。CAL_ITIME 指令将自动处理计算时间间隔期间发生的 1ms 定时器的翻转（即定时器的值由最大值变为 0）。

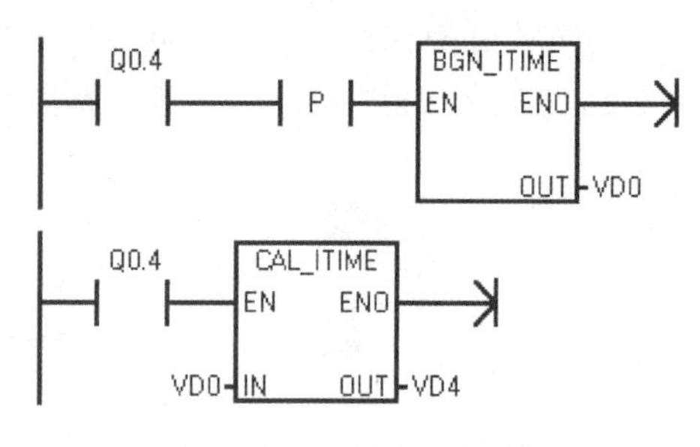

图 3-30　间隔时间定时器

3.4.2　计数器指令

计数器的地址范围为 C0～C255，不同类型的计数器不能共用同一个地址。本节的程序见配套资源中的例程“计数器应用”。

1．加计数器（CTU）

同时满足下列条件时，加计数器的当前值加 1（见图 3-31），直至计数最大值 32767。

1）接在 R 输入端的复位输入电路断开（未复位）。

2）接在 CU 输入端的加计数脉冲输入电路由断开变为接通（即 CU 信号的上升沿）。

3）当前值小于最大值 32767。

当前值大于等于数据类型为 INT 的预设值 PV 时，计数器位为 ON，反之为 OFF。当复位输入 R 为 ON 或对计数器执行复位指令时，计数器被复位，计数器位变为 OFF，当前值被清零。在首次扫描时，所有的计数器位被复位为 OFF。可以用系统块设置有断电保持功能的计数器的地址范围。断电后又上电，有断电保持功能的计数器保持断电时的当前值不变。

在语句表中，栈顶值是复位输入（R），加计数输入值（CU）放在堆栈的第 2 层。

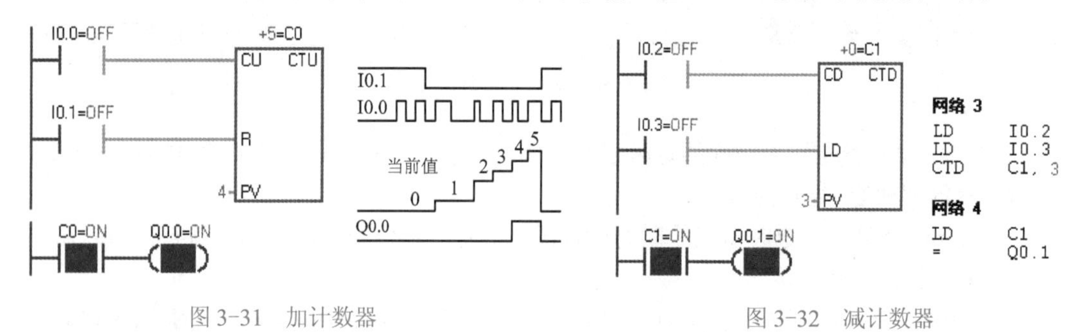

图 3-31　加计数器

图 3-32　减计数器

2．减计数器（CTD）

在装载输入 LD 的上升沿，计数器位被复位为 OFF，并把预设值 PV 装入当前值寄存器。在减计数脉冲输入信号 CD（见图 3-32）的上升沿，从预设值开始，减计数器的当前值减 1。减至 0 时，停止计数，计数器位被置位为 ON。

在语句表中，栈顶值是装载输入 LD，减计数输入 CD 放在堆栈的第 2 层。图 3-32 同时给出了减计数器的语句表程序。

3．加减计数器（CTUD）

在加计数脉冲输入 CU（见图 3-33）的上升沿，计数器的当前值加 1。在减计数脉冲输入 CD 的上升沿，计数器的当前值减 1。当前值大于等于预设值 PV 时，计数器位为 ON，反之为 OFF。若复位输入 R 为 ON，或对计数器执行复位（R）指令时，计数器被复位。当前值为最大值 32767（十六进制数 16#7FFF）时，下一个 CU 输入的上升沿使当前值加 1 后变为最小值-32768（十六进制数 16#8000）。当前值为-32768 时，下一个 CD 输入的上升沿使当前值减 1 后变为最大值 32767。

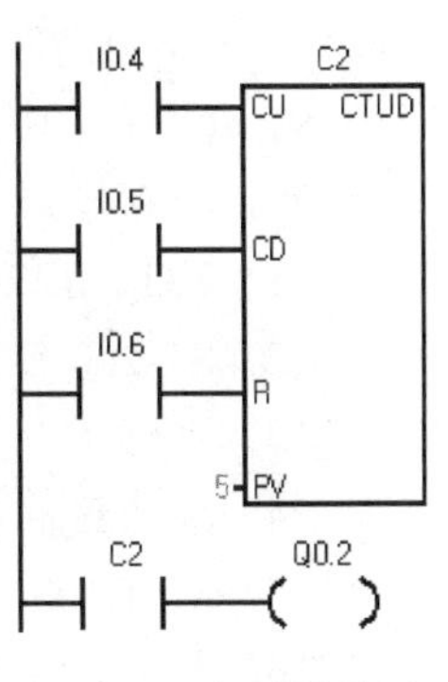

图 3-33　加减计数器

在语句表中，栈顶值是复位输入 R，减计数输入 CD 在堆栈的第 2 层，加计数输入 CU 在堆栈的第 3 层。

视频“计数器应用”可通过扫描二维码 3-2 播放。

二维码 3-2

3.5　习题

1．填空

1）输出指令（对应于梯形图中的线圈）不能用于过程映像_____寄存器。

2）SM_____在首次扫描时为 ON，SM0.0 一直为_____。

3）每一位 BCD 码用___位二进制数来表示，其取值范围为二进制数______～______。

4）二进制数 2#0100 0001 1000 0101 对应的十六进制数是________，对应的十进制数是________，绝对值与它相同的负数的补码是____________________。

5）BCD 码 2#0100 0001 1000 0101 对应的十进制数是________。

6）接通延时定时器 TON 的使能（IN）输入电路_____时开始定时。当前值大于等于预设值时，其定时器位变为_______，梯形图中其常开触点______，常闭触点_____。

7）接通延时定时器 TON 的使能输入电路_____时被复位，复位后梯形图中其常开触点_____，常闭触点_____，当前值等于____。

8）有记忆接通延时定时器 TONR 的使能输入电路_____时开始定时，使能输入电路断开时，当前值_______。使能输入电路再次接通时_______。必须用_____指令来复位 TONR。

9）断开延时定时器 TOF 的使能输入电路接通时，定时器位立即变为_____，当前值被____。使能输入电路断开时，当前值从 0 开始____。当前值等于预设值时，输出位变为____，梯形图中其常开触点______，常闭触点_____，当前值________。

10）若加计数器的计数输入电路 CU___________________、复位输入电路 R______，计数器的当前值加 1。当前值大于等于预设值 PV 时，梯形图中其常开触点_____，常闭触点_____。复位输入电路______时，计数器被复位，复位后梯形图中其常开触点_____，常闭触点_____，当前值为____。

2．2#0010 1010 0011 1001 是 BCD 码吗？为什么？

3．求出二进制补码 2#1111 1111 1010 0101 对应的十进制数。

4．状态表用什么数据格式显示 BCD 码？

5．字节、字和双字是有符号数还是无符号数？

6．VW20 由哪两个字节组成？谁是高位字节？

7．VD20 由哪两个字组成？由哪 4 个字节组成？谁是低位字？谁是最高位字节？

8．在 STEP 7-Micro/WIN 中，用什么格式键入和显示浮点数？

9．字符串的第一个字节用来干什么？

10．位存储器（M）有多少个字节？

11．T31、T32、T33 和 T38 分别属于什么定时器？它们的分辨率分别是多少毫秒？

12．S7-200 有几个累加器？它们可以用来保存多少位的数据？

13．POU 是什么的缩写？它包括哪些程序？

14．模拟量输入 AIB2、AIW1 和 AIW2 哪一个表示方式是正确的？

15．&VB100 和*VD120 分别用来表示什么？

16．地址指针有什么作用？

17．写出图 3-34 所示梯形图对应的语句表程序。

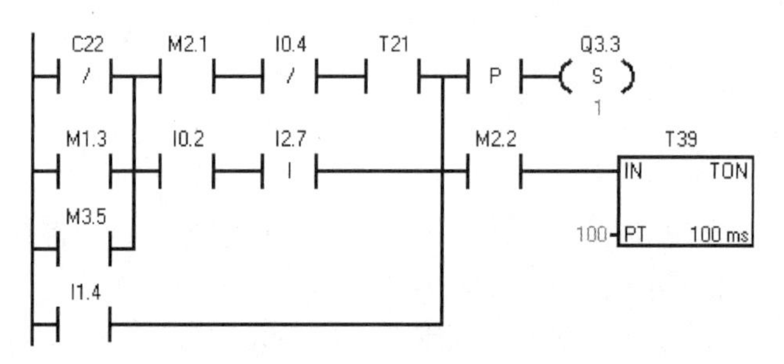

图 3-34　题 17 的图

18．写出图 3-35 所示梯形图对应的语句表程序。

19．写出图 3-36 所示梯形图对应的语句表程序。

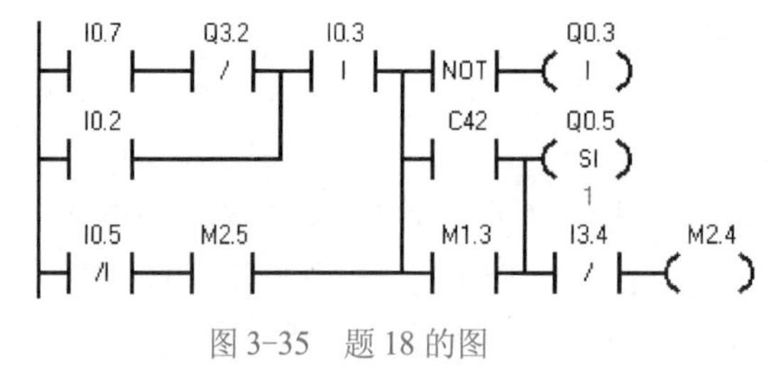

图 3-35　题 18 的图

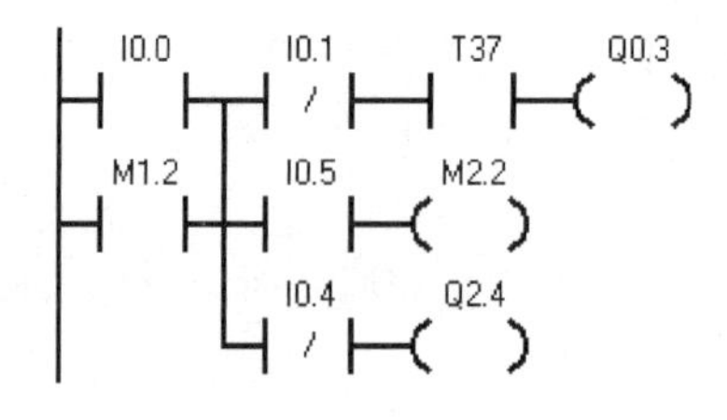

图 3-36　题 19 的图

20．画出图 3-37 中 M0.0、M0.1 和 Q0.0 的波形图。

21．指出图 3-38 中的错误。

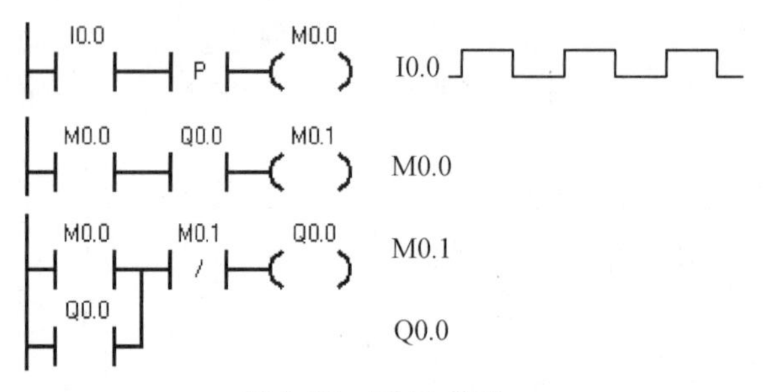

图 3-37　题 20 的图

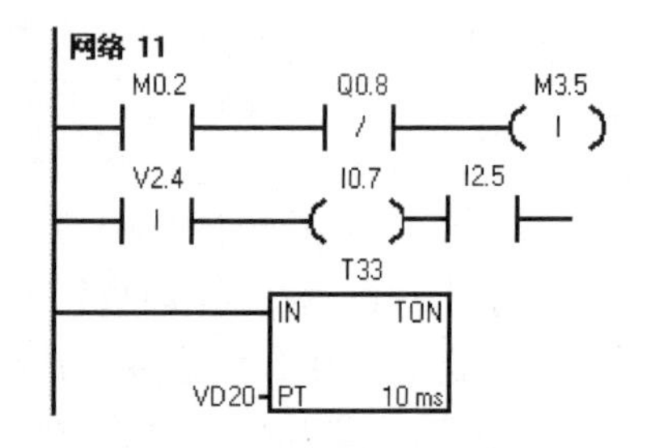

图 3-38　题 21 的图

22．画出图 3-39a 中的语句表对应的梯形图。

23．画出图 3-39b 中的语句表对应的梯形图。

24．画出图 3-39c 中的语句表对应的梯形图。

```
网络 1
LDI     I0.2
AN      I0.0
O       Q0.3
ONI     I0.1
LD      Q2.1
O       M3.7
AN      I1.5
LDN     I0.5
A       I0.4
ON      M0.2
OLD
ALD
O       I0.4
LPS
EU
=       M3.7
LPP
AN      I0.4
NOT
SI      Q0.3, 1
```

a)

```
网络 2
LD      I0.1
AN      I0.0
LPS
AN      I0.2
LPS
A       I0.4
=       Q2.1
LPP
A       I4.6
R       Q0.3, 1
LPP
LPS
A       I0.5
=       M3.6
LPP
AN      I0.4
TON     T37, 25
```

b)

```
网络 3
LD      I0.7
AN      I2.7
LDI     I0.3
ON      I0.1
A       M0.1
OLD
LD      I0.5
A       I0.3
O       I0.4
ALD
ON      M0.2
=I      Q0.4
网络 4
LD      I2.5
LD      M3.5
ED
CTU     C41, 30
```

c)

图 3-39　题 22～题 24 的图

25．用接在 I0.0 输入端的光电开关检测传送带上通过的产品，有产品通过时 I0.0 为 ON，如果在 10s 内没有产品通过，由 Q0.0 发出报警信号，用 I0.1 输入端外接的开关解除报警信号。画出梯形图，并写出对应的语句表程序。

26．用 S、R 和转换触点指令设计满足图 3-40 所示波形的梯形图。

27．按下按钮 I0.0，Q0.0 变为 ON 并自保持（见图 3-41）。用加计数器 C1 计数，I0.1 输入 3 个脉冲后，T37 开始定时。5s 后 Q0.0 变为 OFF，同时 C1 和 T37 被复位。在 PLC 刚开始执行用户程序时，C1 也被复位，设计出梯形图。

图 3-40　题 26 的图　　　　图 3-41　题 27 的图

第 4 章　S7-200 的功能指令

4.1　功能指令概述

4.1.1　怎样学习功能指令

第 3 章介绍了用于数字量控制的位逻辑指令和定时器指令、计数器指令，它们属于 PLC 最基本的指令。功能指令是指这些基本指令和第 5 章介绍的顺序控制继电器指令之外的指令。

功能指令可以分为下面几种类型：

1．较常用的指令

例如数据的传送与比较、数学运算、跳转、子程序调用等指令。

2．与数据的基本操作有关的指令

例如字逻辑运算、求反码、数据的移位、循环移位、数据类型转换等指令。

这些指令也很重要，几乎所有计算机语言都有这些指令。它们与计算机的基础知识（例如数制、数据类型等）有关，应通过例子和实验了解这些指令的基本功能。学好一种型号的 PLC 这类指令，再学别的 PLC 的同类指令就很容易了。

3．与 PLC 的高级应用有关的指令

例如与中断、高速计数、高速输出、PID 控制、位置控制和通信有关的指令，有的涉及一些专门知识，可能需要阅读有关的书籍才能正确地理解和使用它们。

4．用得较少的指令

例如与字符串有关的指令、表格处理指令、编码、解码指令、看门狗复位指令、读/写实时时钟指令等。学习时对它们有一般性的了解就可以了。如果在读程序或编程序时遇到它们，单击选中程序中或指令列表中的某条指令，然后按〈F1〉键，通过出现的在线帮助可以获得有关该指令应用的详细信息。

5．功能指令的学习方法

初学功能指令时，可以首先按指令的分类浏览所有的指令，知道它们大致的用途。

除了指令的功能描述，功能指令的使用还涉及很多细节问题，例如指令的每个操作数的意义、是输入参数还是输出参数，每个操作数的数据类型和可以选用的存储区，受指令执行影响的特殊存储器（SM），使方框指令的 ENO（使能输出）为 0 的非致命错误条件等。

PLC 的初学者没有必要花大量的时间去熟悉功能指令使用中的细节，更没有必要死记硬背它们。因为在需要的时候可以通过系统手册或在线帮助了解指令应用的详细信息。

学习功能指令时应重点了解指令的基本功能和有关的基本概念。与学外语不能只靠背单词，应主要通过阅读和会话来学习一样，要学好 PLC 的功能指令，也离不开实践。一定要通过读程序、编程序和调试程序来学习功能指令，逐渐加深对功能指令的理解，在实践中提高阅读程序和编写程序的能力。仅仅靠阅读编程手册或教材中指令有关的信息，是永远掌握不了指令的使用方法的。

4.1.2 S7-200的指令规约

1．使能输入与使能输出

在梯形图中，用方框表示某些指令，例如定时器和数学运算指令。方框指令的输入端均在左边，输出端均在右边（见图4-1）。梯形图中有一条提供“能流”的左侧垂直母线，图中I0.4的常开触点接通时，能流流到整数除法指令DIV_I的使能（Enable）输入端EN时，指令DIV_I才能被执行。

能流只能从左往右流动，网络中不能有短路、开路和反方向的能流。

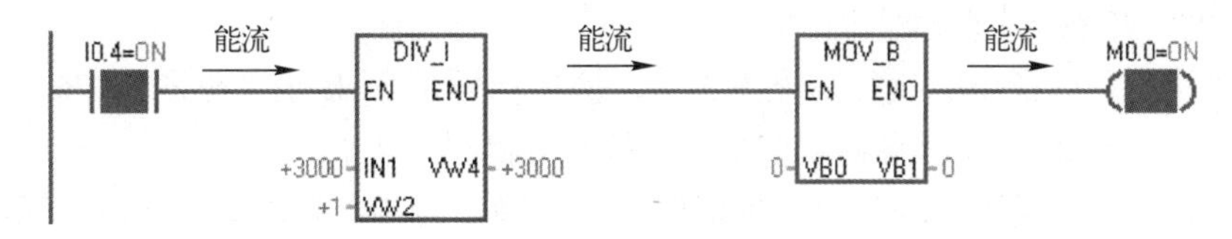

图4-1 EN与ENO

如果方框指令的EN输入端有能流且执行时无错误（DIV_I指令的除数非0），则使能输出（Enable Output，ENO）将能流传递给下一个元件（见图4-1）。ENO可以作为下一个方框指令的EN输入，即几个方框指令可以串联在同一行中。

如果指令在执行时出错，能流在出现错误的方框指令终止。图4-2中的I0.4为ON时，有能流流入DIV_I指令的EN输入端。因为VW2中的除数为0，指令执行失败，DIV_I指令框和方框外的地址和常数变为红色，没有能流从它的ENO输出端流出。它右边的“导线”、方框指令和线圈为灰色，表示没有能流流过它们。

图4-2 EN与ENO

只有前一个方框指令被正确执行，后一个方框指令才能被执行。EN和ENO的操作数均为能流，数据类型为BOOL（布尔）型。

语句表（STL）程序没有EN输入，堆栈的栈顶值为1时STL指令才能执行。与梯形图中的ENO相对应，语句表设置了一个ENO位，可以用AENO（And ENO）指令访问ENO位，AENO用来产生与方框指令的ENO相同的效果。

下面是图4-1中的梯形图对应的语句表程序。

```
LD      I0.4
MOVW    +3000, VW4          //3 000→VW4
AENO
/I      VW2, VW4            //VW4/VW2→VW4
AENO
```

```
MOVB    VB0, VB1            //VB0 传送给 VB1
AENO
=       M0.0
```

梯形图中除法指令的操作为 IN1 / IN2 = OUT，语句表中除法指令的操作为 OUT / IN1 = OUT，输出参数 OUT 同时又是被除数，所以转换时自动增加一条字传送指令 MOVW，为除法指令的执行做好准备。如果删除上述程序中的前两条 AENO 指令，将程序转换为梯形图后，可以看到图 4-1 中的两个方框指令由串联变为并联。

2．梯形图中的指令

必须有能流输入才能执行的方框指令或线圈指令称为条件输入指令，它们不能直接连接到左侧母线上。如果需要无条件地执行这些指令，可以用接在左侧母线上的 SM0.0（该位始终为 ON）的常开触点来驱动它们。

有的线圈或方框指令的执行与能流无关，例如标号指令 LBL（见图 4-26）和顺序控制指令 SCR（见图 5-27）等，应将它们直接连接在左侧母线上。

触点比较指令（见图 4-4）没有能流输入时，输出为 0，有能流输入时，输出与比较结果有关。

在键入语句表指令时，值得注意的是必须使用英文的标点符号。如果使用中文的标点符号，将会出错。错误的输入用红色标记。

全局符号名被 STEP 7-Micro/WIN 自动地添加英语的双引号，例如“PUMP1”。符号“#INPUT1”中的“#”号表示该符号是局部变量，生成新的编程元件时出现的红色问号“??.?”或“????”表示需要输入地址或数值（见图 4-3）。

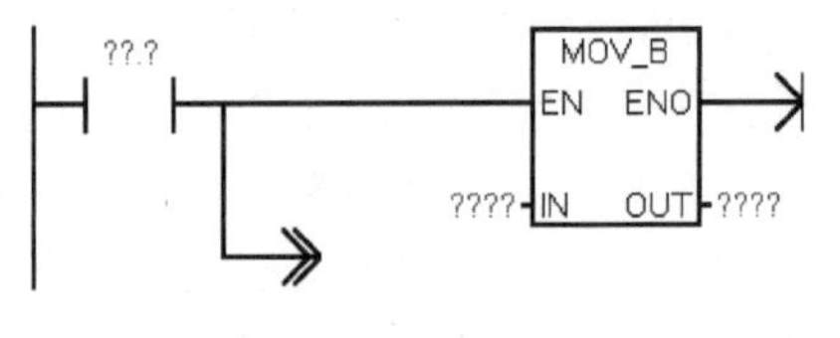

图 4-3　两种能流指示器

3．能流指示器

LAD 提供两种能流指示器，它们由编辑器自动添加和移除，并不是用户放置的。

≫是开路能流指示器（见图 4-3），指示网络中存在开路状况。必须解决开路问题，网络才能成功编译。

→|是可选能流指示器，用于指令的级连，表示可将其他梯形图元件附加到该位置。但是即使没有在该位置添加元件，网络也能成功编译。该指示器出现在方框元素的 ENO 能流输出端。

4.2　数据处理指令

4.2.1　比较指令与数据传送指令

1．字节、整数、双整数和实数比较指令

比较指令用来比较两个数据类型相同的数值 IN1 与 IN2 的大小（见图 4-4）。可以比较无符号字节、整数、双整数、实数和字符串。在梯形图中，满足比较关系式给出的条件时，比较指令的触点接通。触点中间和语句表指令中的 B、I（语句表指令中为 W）、D、R、S 分别表示无符号字节、有符号字整数、有符号双整数、有符号实数（Real，或称为浮点数）和字符串（String）比较。表 4-1 中的字节、整数、双整数和实数比较条件“x”分别是==（语句表为=）、<>（不等于）、>=、<=、>和<。以比较条件“>”为例，当 IN1>IN2，梯形图中的比较触点闭合。IN1 在触点上面，IN2 在触点下面。

字符串比较指令的比较条件“x”只有==（语句表为=）和<>。

```
LDR<>   432.6, VD10
OW>=    VW6, 13572
AB=     VB8, VB9
=       M0.1
```

图 4-4　使用比较指令的程序

在语句表中，以 LD、A、O 开始的比较指令分别表示开始、串联和并联的比较触点。满足比较条件时，以 LD、A、O 开始的比较指令分别将二进制常数 2#1 装载到逻辑堆栈的栈顶、将 2#1 与栈顶中的值进行“与”运算或者“或”运算。

表 4-1　比较指令

无符号字节比较		有符号整数比较		有符号双整数比较		有符号实数比较		字符串比较	
LDBx	IN1, IN2	LDWx	IN1, IN2	LDDx	IN1, IN2	LDRx	IN1, IN2	LDSx	IN1, IN2
ABx	IN1, IN2	AWx	IN1, IN2	ADx	IN1, IN2	ARx	IN1, IN2	ASx	IN1, IN2
OBx	IN1, IN2	OWx	IN1, IN2	ODx	IN1, IN2	ORx	IN1, IN2	OSx	IN1, IN2

字节比较指令用来比较两个无符号数字节 IN1 与 IN2 的大小；整数比较指令用来比较两个有符号字整数 IN1 与 IN2 的大小，最高位为符号位，例如 16#7FFF>16#8000（后者为负数）；双整数比较指令用来比较两个有符号双整数 IN1 与 IN2 的大小，双整数比较是有符号的，例如 16#7FFFFFFF>16#80000000（后者为负数）；实数比较指令用来比较两个有符号实数 IN1 与 IN2 的大小。例 4-1 使用了整数比较指令。

本节的程序见配套资源中的例程“比较指令与传送指令”。

【例 4-1】 用接通延时定时器和比较指令组成占空比可调的脉冲发生器。

M0.2 和 10ms 定时器 T33 组成了一个脉冲发生器，使 T33 的当前值按图 4-5 所示的锯齿波变化。比较指令用来产生脉冲宽度可调的方波，Q0.0 为 OFF 的时间取决于比较指令“LDW>=　T33, 80”的第 2 个操作数的值。

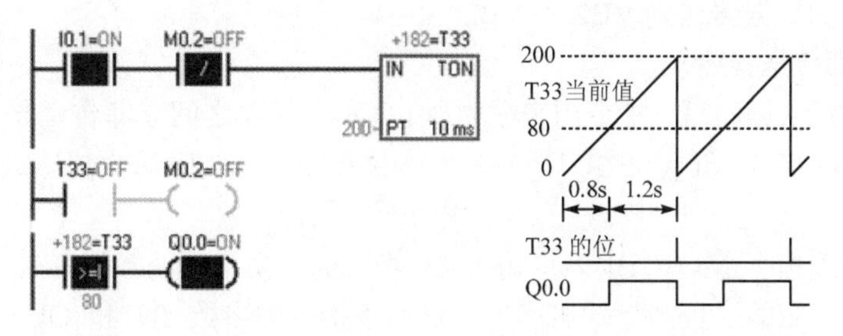

图 4-5　定时器和比较指令组成的脉冲发生器

2．字符串比较指令

字符串比较指令比较两个数据类型为 STRING 的 ASCII 码字符串相等或不相等。可以比较两个字符串变量，或比较一个常数字符串和一个字符串变量。如果比较中使用了常数字符串，它必须是梯形图中比较触点上面的参数，或语句表比较指令中的第一个参数。

在程序编辑器中，常数字符串参数赋值必须以双引号字符开始和结束。常数字符串的最大长度为 126 个字符，每个字符占一个字节。

如果字符串变量从 VB100 开始存放，在字符串比较指令中，该字符串对应的输入参数为 VB100。字符串变量的最大长度为 254 个字符（字节），可以在数据块编辑器中初始化字符串。

3．字节、字、双字和实数的传送

传送指令的助记符中最后的 B、W、DW（或 D）和 R 分别表示操作数为字节、字、双字和实数，见表 4-2。

表 4-2 传送指令

梯形图	语句表	描述	梯形图	语句表	描述
MOV_B	MOVB IN, OUT	传送字节	MOV_BIW	BIW IN, OUT	字节立即写
MOV_W	MOVW IN, OUT	传送字	BLKMOV_B	BMB IN, OUT, N	传送字节块
MOV_DW	MOVD IN, OUT	传送双字	BLKMOV_W	BMW IN, OUT, N	传送字块
MOV_R	MOVR IN, OUT	传送实数	BLKMOV_D	BMD IN, OUT, N	传送双字块
MOV_BIR	BIR IN, OUT	字节立即读	SWAP	SWAP IN	交换字节

传送指令（见图 4-6）将源输入数据 IN 传送到输出参数 OUT 指定的目的地址，传送过程不改变源存储单元的数据值。字传送指令的操作数的数据类型可以是 WORD 和 INT，双字传送指令的操作数的数据类型可以是 DWORD 和 DINT。

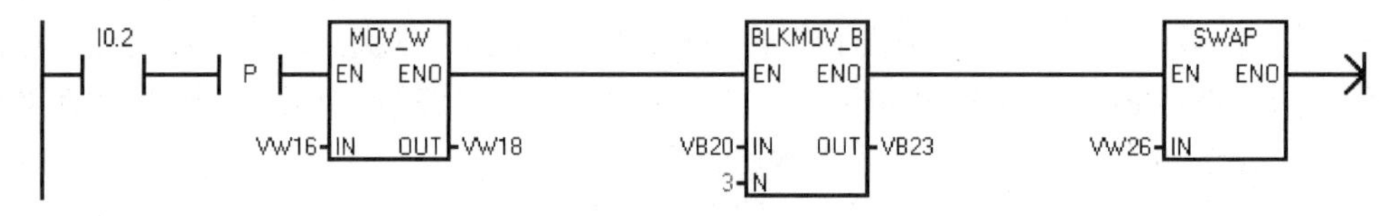

图 4-6 传送与交换指令

4．字节、字、双字的块传送指令

块传送指令将起始地址为 IN 的 N 个连续的存储单元中的数据传送到从地址 OUT 开始的 N 个存储单元，字节变量 N = 1～255。图 4-6 中的字节块传送指令 BLKMOV_B 将 VB20～VB22 中的数据传送到 VB23～VB25 中。

5．字节立即传送指令

字节立即传送（读和写）指令用来在物理 I/O 和存储器之间立即传送一个字节的数据。

字节立即读取指令 MOV_BIR 读取输入 IN 指定的一个字节的物理输入，并将结果写入 OUT 指定的地址，但是并不更新对应的过程映像输入寄存器。

字节立即写入指令 MOV_BIW 将输入 IN 指定的一个字节的数值写入 OUT 指定的物理输出，同时更新对应的过程映像输出字节。这两条指令的参数 IN 和 OUT 的数据类型都是 BYTE（字节）。

6．字节交换指令

字节交换指令（Swap Bytes，SWAP）用来交换数据类型为 WORD 的输入字 IN 的高字节与低字节。该指令应采用脉冲执行方式，否则每个扫描周期都要交换一次。

二维码 4-1

视频“比较指令与传送指令”可通过扫描二维码 4-1 播放。

4.2.2 移位指令与循环移位指令

字节、字、双字移位指令和循环移位指令的操作数 IN 和 OUT 的数据类型分别为 BYTE、WORD 和 DWORD。移位位数 N 的数据类型为 BYTE。本节的程序见配套资源中的例程“移位指令与彩灯控制程序”。

1. 右移位与左移位指令

移位指令（见表 4-3）将输入 IN 中的数各位的值向右或向左移动 N 位后，送给输出 OUT 指定的地址。移位指令对移出位自动补 0（见图 4-7），如果移动的位数 N 大于允许值（字节操作为 8，字操作为 16，双字操作为 32），实际移位的位数为最大允许值。字节移位操作是无符号的，对有符号的字和双字移位时，符号位也被移位。

表 4-3 移位指令与循环移位指令

梯形图	语句表	描述	梯形图	语句表	描述
SHR_B	SRB OUT, N	字节右移	ROR_B	RRB OUT, N	字节循环右移
SHL_B	SLB OUT, N	字节左移	ROL_B	RLB OUT, N	字节循环左移
SHR_W	SRW OUT, N	字右移	ROR_W	RRW OUT, N	字循环右移
SHL_W	SLW OUT, N	字左移	ROL_W	RLW OUT, N	字循环左移
SHR_DW	SRD OUT, N	双字右移	ROR_DW	RRD OUT, N	双字循环右移
SHL_DW	SLD OUT, N	双字左移	ROL_DW	RLD OUT, N	双字循环左移
-			SHRB	SHRB DATA, S_BIT, N	移位寄存器

如果移位次数非 0，“溢出”标志位 SM1.1 保存最后一次被移出的位的值（见图 4-7）。如果移位操作的结果为 0，零标志位 SM1.0 被置为 ON。

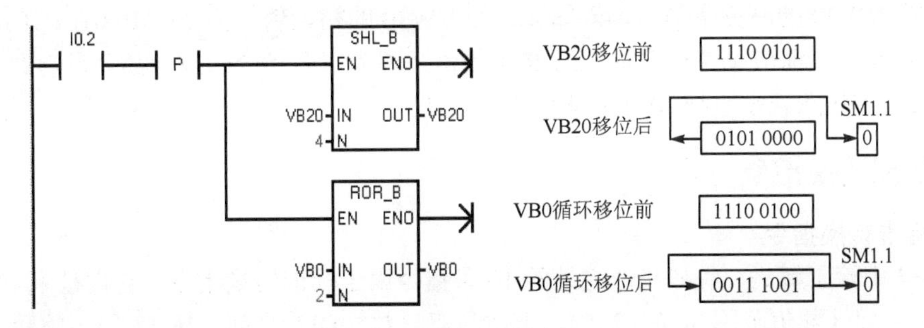

图 4-7 移位指令与循环移位指令

2. 循环右移位与循环左移位指令

循环移位指令将输入 IN 中各位的值向右或向左循环移动 N 位后，送给输出 OUT 指定的地址。循环移位是环形的，即被移出来的位将返回到另一端空出来的位置（见图 4-7）。移出的最后一位的数值同时存放在溢出标志位 SM1.1。

如果移动的位数 N 大于允许值（字节操作为 8，字操作为 16，双字操作为 32），执行循环移位之前先对 N 进行求模运算。例如字循环移位时，将 N 除以 16 后取余数，从而得到一个有效的移位次数。字节循环移位求模运算的结果为 0～7，字循环移位为 0～15，双字循环移位为 0～31。如果求模运算的结果为 0，不进行循环移位操作。

如果实际移位次数为 0，零标志 SM1.0 被置为 ON。字节操作是无符号的，对有符号的字和双字移位时，符号位也被移位。

视频“移位与循环移位指令”可通过扫描二维码 4-2 播放。

二维码 4-2

3．移位寄存器指令

移位寄存器指令 SHRB 将 DATA 端输入的位数值移入移位寄存器（见图 4-8）。S_BIT 指定移位寄存器最低位的地址，字节型变量 N 指定移位寄存器的长度和移位方向，正向移位（左移）时 N 为正，反向移位（右移）时 N 为负。SHRB 指令移出的位被传送到溢出标志位 SM1.1。DATA 和 S_BIT 为 BOOL 变量。

移位寄存器提供了一种排列和控制产品流或者数据的简单方法。

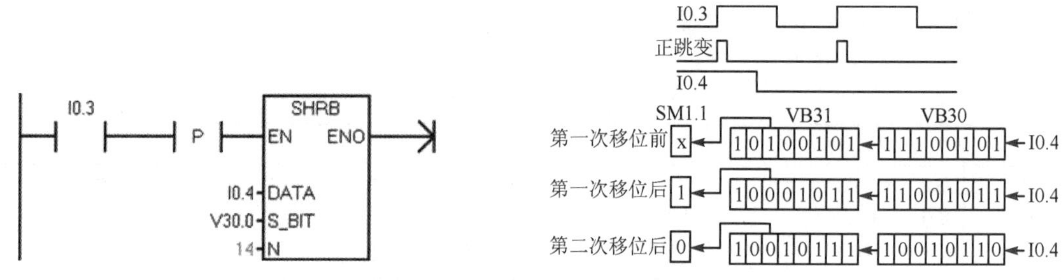

图 4-8　移位寄存器

图 4-8 中 N 为正数 14，在使能输入 I0.3 的上升沿，I0.4 的值从移位寄存器的最低位 V30.0 移入，寄存器中的各位由低位向高位移动（左移）一位，被移动的最高位 V31.5 的值被移到溢出标志位 SM1.1。N 为-14 时，I0.4 的值从移位寄存器的最高位 V31.5 移入，从最低位 V30.0 移到溢出标志位 SM1.1。做实验时如果在状态表中以字为单位监控 VW30，应注意 VB30 在 VW30 的高位字节，输入图 4-8 的 VW30 的初始值应为 2#1110 0101 1010 0101。还应注意在移位之前应设置好要移入的 I0.4 的值。因为很多指令的执行都会影响到 SM1.1，RUN 模式时在状态表中监视 SM1.1 没有什么意义。

4.2.3　数据转换指令

1．标准转换指令

表 4-4 中除了解码、编码指令之外的 10 条指令属于标准转换指令，它们是字节（B）与整数（I）之间（数值范围为 0～255）、整数与双整数（DI）之间、BCD 码与整数之间、双整数（DI）与实数（R）之间的转换指令（见表 4-4），以及七段译码指令。输入参数 IN 指定的数据转换后保存到输出参数 OUT 指定的地址。本节的程序见配套资源中的例程“数据转换指令”。

表 4-4　数据转换指令

梯形图	语　句　表	描　　述	梯形图	语　句　表	描　　述
B_I	BTI　IN, OUT	字节转换为整数	BCD_I	BCDI　OUT	BCD 码转换为整数
I_B	ITB　IN, OUT	整数转换为字节	ROUND	ROUND　IN, OUT	实数四舍五入为双整数
I_DI	ITD　IN, OUT	整数转换为双整数	TRUNC	TRUNC　IN, OUT	实数截位取整为双整数
DI_I	DTI　IN, OUT	双整数转换为整数	SEG	SEG　IN, OUT	段码
DI_R	DTR　IN, OUT	双整数转换为实数	DECO	DECO　IN, OUT	解码
I_BCD	IBCD　OUT	整数转换为 BCD 码	ENCO	ENCO　IN, OUT	编码

ASCII 字符或字符串与数值的转换指令见 4.8.2 节。

BCD 码与整数相互转换的指令中整数的有效范围为 0～9999。STL 中的 BCDI 和 IBCD 指令的输入、输出参数使用同一个地址。

如果转换后的数值超出输出的允许范围，溢出标志位 SM1.1 将被置为 ON。

有符号的整数转换为双整数时，符号位被扩展到高位字。字节是无符号的，字节转换为整数时没有扩展符号位的问题（高位字节恒为 0）。整数转换为字节指令只能转换 0～255，转换其他数值时会产生溢出并且输出不会改变。

ROUND 指令将 32 位的实数四舍五入后转换为双整数，如果小数部分≥0.5，整数部分加 1。截位取整指令 TRUNC 将 32 位实数转换为 32 位带符号整数，小数部分被舍去。如果转换后的数超出双整数的允许范围，溢出标志位 SM1.1 被置为 ON。

图 4-9 中 BCD_I 指令将 BCD 码 16#258（600）转换为整数 258，I_BCD 指令将整数 3927 转换为 BCD 码 16#3927。

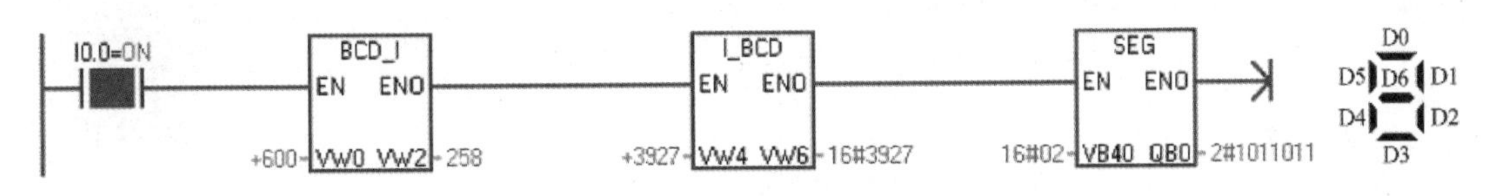

图 4-9 数字转换指令

2. 段码指令

段（Segment）码指令 SEG 根据输入字节 IN 的低 4 位对应的十六进制数（16#0～16#F），产生点亮 7 段显示器各段的代码，并送到输出字节 OUT。图 4-9 中 7 段显示器的 D0～D6 段分别对应于输出字节的最低位（第 0 位）～第 6 位，某段应亮时输出字节中对应的位为 1，反之为 0。例如显示数字“2”时，仅 D2 和 D5 段熄灭，其余各段亮，SEG 指令的输出值为二进制数 2#101 1011（见图 4-9），它的第 0～第 6 位中仅第 2 位和第 5 位为 0，其余各位为 1。

用 PLC 的 4 个输出点来驱动外接的七段译码驱动芯片，再用它来驱动七段显示器（见图 3-6），可以节省 3 个输出点，并且不需要使用段码指令。

3. 计算程序中的数据转换

图 4-10 中的程序将 101 英寸转换为以 mm 为单位的双整数值。整数常数 101 被指令 I_DI 转换为双整数，然后被指令 DI_R 转换为实数，再用实数乘法指令 MUL_R 求得以 mm 为单位的实数值。最后用 ROUND 指令转换为以 mm 为单位的双整数值。

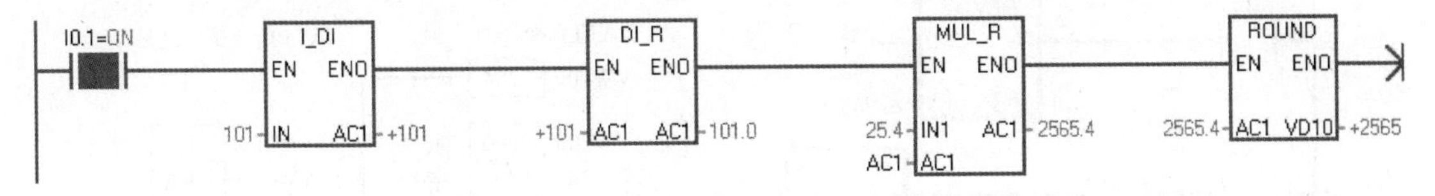

图 4-10 英寸转换为毫米的程序

4. 解码指令与编码指令

解码（Decode，或称译码）指令 DECO 根据输入字节 IN 的最低 4 位表示的位号，将输出字 OUT 对应的位置位为 1，输出字的其他位均为 0。图 4-11 的 VB14 中是错误代码 4，解码指令 DECO 将输出字 VW16 的第 4 位置 1，VW16 中的二进制数为 2#0000 0000 0001 0000（16#0010）。可以用 VW16 中的各位来控制错误指示灯。

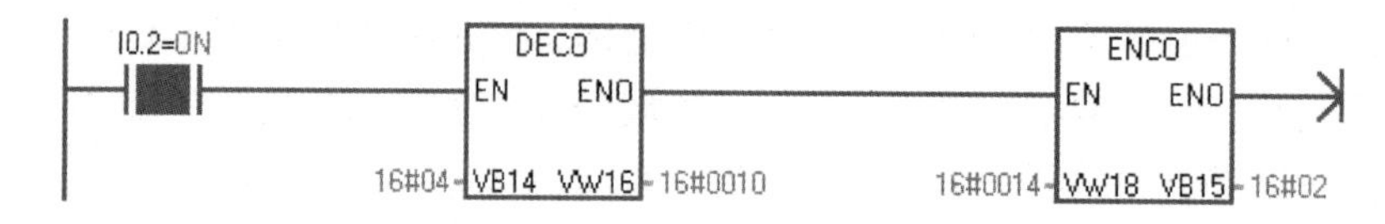

图 4-11　解码指令与编码指令

编码（Encode）指令 ENCO 将输入字 IN 中的最低有效位（有效位的值为 1）的位编号写入输出字节 OUT 的最低 4 位。图 4-11 的 VW18 中的错误信息为 16#0014（2#0000 0000 0001 0100，第 4 位和第 2 位为 1，低位的错误优先），编码指令 ENCO 将错误信息转换为输出字节 VB15 中的错误代码 2。假设 VW18 的各位对应于指示电梯所在楼层的 16 个限位开关，执行编码指令后，VB15 中是轿厢所在的楼层数。

视频“数据转换指令应用”可通过扫描二维码 4-3 播放。

二维码 4-3

4.2.4　表格指令

1．填表指令

填表（Add To Table，ATT，见表 4-5）指令向表格 TBL 中增加一个参数 DATA 指定的字数值。表格内的第一个数是表格的最大条目数 TL。创建表格时，可以在首次扫描时设置 TL 的初始值（见图 4-12）。第二个数是表格内实际的条目数 EC。新数据被放入表格内上一次填入的数的后面。每向表格内填入一个新的数据，EC 自动加 1。除了 TL 和 EC 外，表格最多可以装入 100 个数据。填入表格的数据过多时，SM1.4 将被置 1。本节的程序见配套资源中的例程“表格指令”。表格指令的参数 TBL 和 DATA 的数据类型分别为 WORD 和 INT。

表 4-5　表格指令

梯形图	语句表指令		描述	梯形图	语句表指令		描述
AD_T_TBL	ATT	DATA, TBL	填表	TBL_FIND	FND>	TBL, PTN, INDX	查表
TBL_FIND	FND=	TBL, PTN, INDX	查表	FIFO	FIFO	TBL, DATA	先入先出
TBL_FIND	FND<>	TBL, PTN, INDX	查表	LIFO	LIFO	TBL, DATA	后入先出
TBL_FIND	FND<	TBL, PTN, INDX	查表	FILL_N	FILL	IN, OUT, N	存储器填充

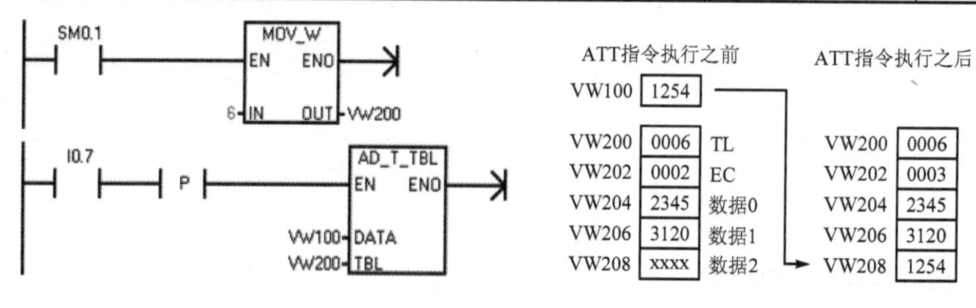

图 4-12　填表指令

2．先入先出指令

先入先出（First In First Out，FIFO）指令从 TBL 指定的表格中移走最先放进去的第一个数据（数据 0），并将它送入 DATA 指定的地址（见图 4-13）。表格中剩余的各条目依次向上移动一个位置。每次执行该指令，条目数 EC 减 1。

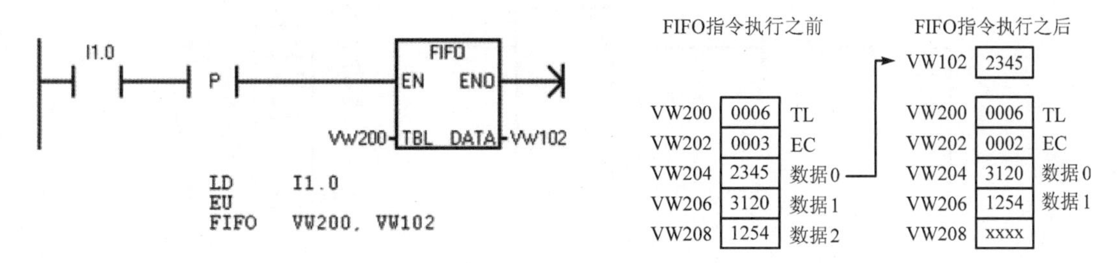

图 4-13　先入先出指令

FIFO 和 LIFO 指令如果试图从空表中移走数据，错误标志 SM1.5 将被置为 ON。

3．后入先出指令

后入先出（Last In First Out，LIFO）指令从 TBL 指定的表格中移走最后放进的数据，并将它送入 DATA 指定的地址（见图 4-14）。每执行一次指令，条目数 EC 减 1。

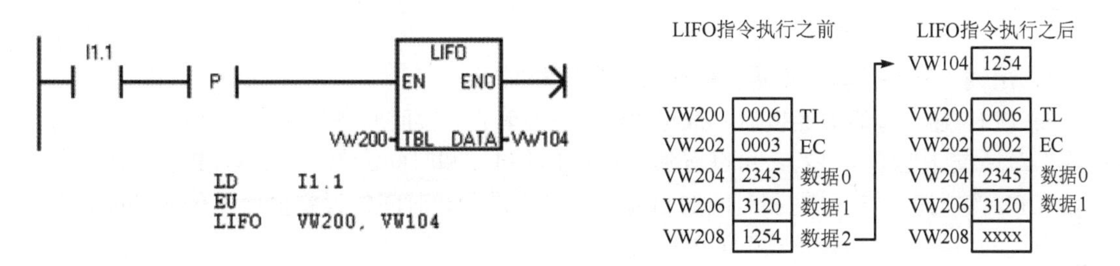

图 4-14　后入先出指令

4．查表指令

查表（Table Find）指令从指针 INDX 所指的地址开始查 TBL 指定的表格，搜索与数据 PTN 的关系满足命令参数 CMD 定义的条件的数据。CMD = 1～4 分别代表=、<>（不等于）、< 和 >。如果发现了一个符合条件的数据，则 INDX 指向该数据。要查找下一个符合条件的数据，再次调用查表指令之前，应先将 INDX 加 1。如果没有找到，INDX 的数值等于 EC。一个表格最多有 100 个编号为 0～99 的数据条目。

TBL 和 INDX 的数据类型为 WORD，PTN 和 CMD 的数据类型分别为 INT 和 BYTE。

用查表指令查找 ATT、LIFO 和 FIFO 指令生成的表时，实际填表数 EC 和输入的条目数相对应。查表指令并不需要 ATT、LIFO 和 FIFO 指令中的最大填表数 TL。因此，查表指令用参数 TBL 定义的地址（VW202）比 ATT、LIFO 或 FIFO 指令的 TBL 定义的地址（VW200）大两个字节。

在 I1.2 的上升沿（见图 4-15），从 EC 地址为 VW202 的表格中查找等于（CMD = 1）3130 的数。为了从头开始查找，指针 INDX（VW106）的初值为 0。查表指令执行后，VW106 = 2，找到了满足条件的数据 2。查表中剩余的数据之前，将指针 VW106 加 1 后变为

3。第二次执行查表指令后，VW106 = 4，找到了满足条件的数据 4，将 VW106 再次加 1 后变为 5。第 3 次执行查表指令后，VW106 等于表中填入的条目数（EC）6，表示表已查完，没有找到符合条件的数据。再次查表之前，应将 INDX 清零。

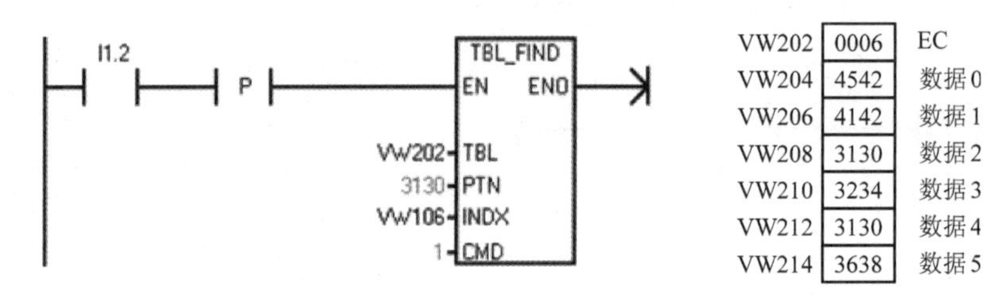

图 4-15 查表指令

5. 存储器填充指令

存储器填充（Memory Fill）指令 FILL 用 IN 指定的字值填充从地址 OUT 开始的 N 个连续的字，字节型参数 N = 1～255。图 4-16 中的 FILL 指令将 5678 填入 VW30～VW36 这 4 个字。IN 和 OUT 的数据类型为 INT。

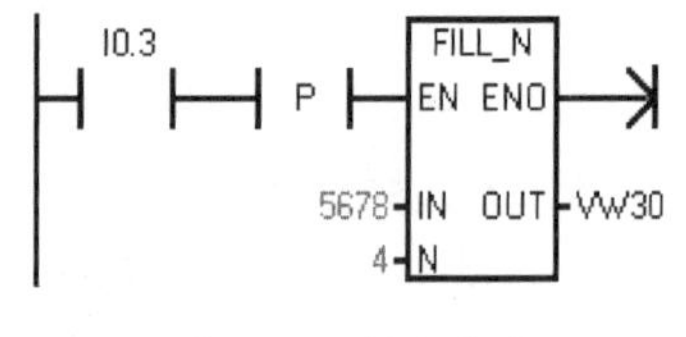

图 4-16 填充指令

4.2.5 实时时钟指令

1. 用编程软件读取与设置实时时钟的日期和时间

与 PLC 建立起通信连接后，执行“PLC”菜单的“实时时钟”命令，打开“CPU 时钟操作”对话框（见图 4-17），可以看到 CPU 中的日期和时间。单击“读取 PLC”按钮，显示出 CPU 实时时钟的日期和时间的当前值。修改日期和时间的设定值后，单击“设置”按钮，设置的日期和时间被下载到 CPU。

单击“读取 PC”按钮，显示出动态变化的计算机实时时钟的日期和时间。单击“设置”按钮，显示的日期和时间值被下载到 CPU。

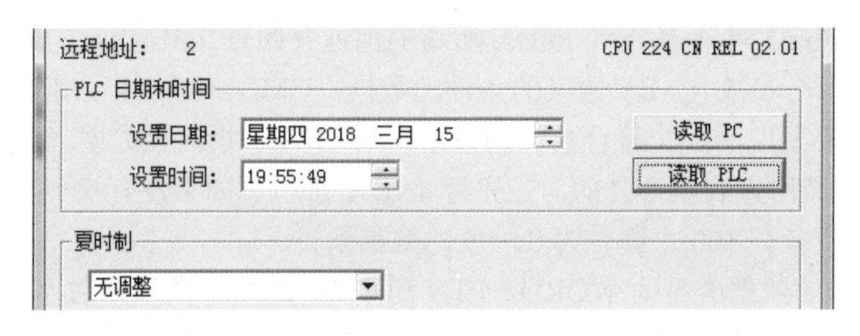

图 4-17 读取与设置实时时钟

2. 读取实时时钟指令

读取实时时钟指令 READ_RTC（见图 4-18 和表 4-6）从 CPU 的实时时钟读取当前日期和时间，并把它们装载到从参数 T 指定的字节地址开始的 8 字节时间缓冲区内，依次存放的是年的低 2 位、月、日、时、分、秒、0 和星期的代码，日期和时间的数据类型为字节型 BCD 码。用十六进制数的显示格式输入和显示 BCD 码，例如小时数 16#13 表示 13 点。

星期的取值范围为 0～7，1 表示星期日，2～7 表示星期一～星期六，为 0 时将禁用星期（保持为 0）。S7-200 CPU 不会根据日期检查核实星期的值是否正确，可能接收无效日期，例如 2 月 30 日，应确保输入了正确的日期。本节的程序见配套资源中的例程“实时时钟指令”。

表 4-6　时钟指令

梯　形　图	语句表指令	描　　述	梯　形　图	语句表指令	描　　述
READ_RTC	TODR　T	读取实时时钟	READ_RTCX	TODRX　T	读取扩展实时时钟
SET_RTC	TODW　T	设置实时时钟	SET_RTCX	TODWX　T	设置扩展实时时钟

图 4-18 的程序在 I0.0 的上升沿读取日期时间值，用 VB0 开始的时间缓冲区保存。在状态表中用十六进制格式监控 VD0 和 VD4 读取的 BCD 码日期时间值，图中读取的日期和时间为 2018 年 3 月 15 日 20 时 2 分 1 秒，星期四。

3．设置实时时钟指令

图 4-19 中的设置实时时钟指令 SET_RTC 将 VB10 开始的 8 字节时间日期值写入 CPU 的实时时钟。

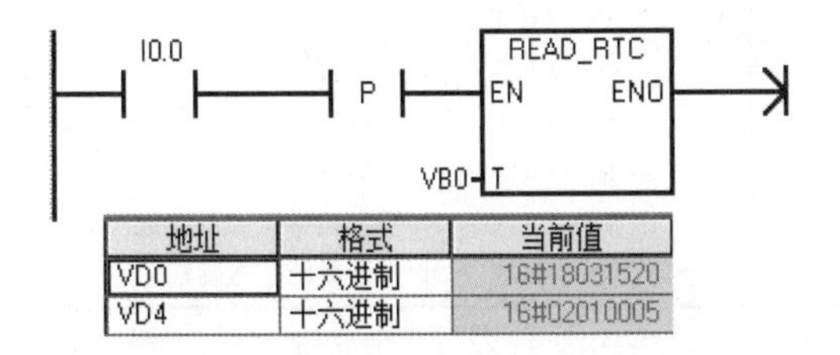

图 4-18　读取实时时钟指令

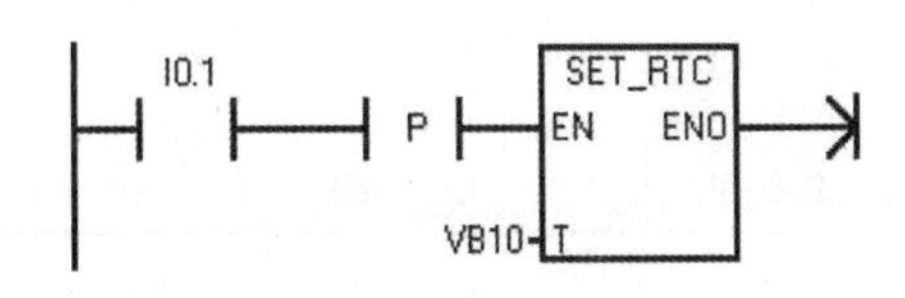

图 4-19　设置实时时钟指令

4．时钟数据的断电保持

断电后 CPU 靠内置超级电容或外插电池卡为实时时钟提供缓冲电源。缓冲电源放电完毕后，再次上电时，时钟值为默认值，并停止运行。CPU 221 和 CPU 222 没有内置的实时时钟，需要外插带电池的实时时钟卡才能获得实时时钟功能。

长时间掉电或内存丢失后，实时时钟会被初始化为 90 年 1 月 1 日，00:00:00，星期日。

5．读取和设置扩展实时时钟指令

读取扩展实时时钟指令 TODRX 和设置扩展实时时钟指令 TODWX 用于读写实时时钟的夏令时时间和日期。我国不使用夏令时，出口设备可以根据不同的国家对夏令时的时区偏移量进行修正。有关的信息见系统手册。

【例 4-2】 下面的程序通过 Q0.1，用 PLC 的实时时钟控制某个设备的运行。设备起动和停止的时间的 BCD 码设定值（小时和分）分别在 VW30 和 VW32 中。

```
LD       SM0.0
TODR     VB20              //读实时时钟，小时值在 VB23，分钟值在 VB24
LDW>=    VW23, VW30        //VW30 中是设置的 BCD 码格式的起始时、分值
AW<      VW23, VW32        //VW32 中是设置的 BCD 码格式的结束时、分值
=        Q0.1              //在设置的时间范围内，Q0.1 为 ON
```

4.3 数学运算指令

4.3.1 整数运算指令

1．四则运算指令

在梯形图中，整数、双整数与浮点数的加、减、乘、除指令（见表 4-7）分别执行下列运算：

IN1 + IN2 = OUT，IN1 - IN2 = OUT，IN1 * IN2 = OUT，IN1 / IN2 = OUT

在语句表中，整数、双整数与浮点数的加、减、乘、除指令分别执行下列运算：

IN1 + OUT = OUT，OUT - IN1 = OUT，IN1 * OUT = OUT，OUT / IN1 = OUT

整数（I）、双整数（DI 或 D）和实数（浮点数，R）运算指令的运算结果分别为整数、双整数和实数，除法不保留余数。运算结果如果超出允许的范围，溢出标志位被置 1。

表 4-7 数学运算指令

梯形图	语句表		描述	梯形图	语句表		描述
ADD_I	+I	IN1, OUT	整数加法	DIV_DI	/ D	IN1, OUT	双整数除法
SUB_I	-I	IN1, OUT	整数减法	ADD_R	+R	IN1, OUT	实数加法
MUL_I	*I	IN1, OUT	整数乘法	SUB_R	-R	IN1, OUT	实数减法
DIV_I	/ I	IN1, OUT	整数除法	MUL_R	*R	IN1, OUT	实数乘法
ADD_DI	+D	IN1, OUT	双整数加法	DIV_R	/ R	IN1, OUT	实数除法
SUB_DI	–D	IN1, OUT	双整数减法	MUL	MUL	IN1, OUT	整数相乘产生双整数
MUL_DI	*D	IN1, OUT	双整数乘法	DIV	DIV	IN1, OUT	带余数的整数除法

整数乘法产生双整数指令 MUL 将两个 16 位整数相乘，产生一个 32 位乘积。在 STL 的 MUL 指令中，32 位 OUT 的低 16 位被用作乘数。

带余数的整数除法指令 DIV 将两个 16 位整数相除，产生一个 32 位结果，高 16 位为余数，低 16 位为商。在 STL 的 DIV 指令中，32 位 OUT 的低 16 位被用作被除数。本节的程序见配套资源中的例程“数学运算指令”。

这些指令影响 SM1.0（运算结果为零）、SM1.1（有溢出、运算期间生成非法值或非法输入）、SM1.2（运算结果为负）和 SM1.3（除数为 0）。

【例 4-3】 用模拟电位器调节定时器 T37 的预设值为 5～20s，设计数学运算程序。

CPU 221 和 CPU 222 有一个模拟电位器，其他 CPU 有两个模拟电位器。可以用螺钉旋具来调整电位器的位置。CPU 将电位器 0 和电位器 1 的位置转换为 0～255 的数字值，分别存入 SMB28 和 SMB29。

要求在输入信号 I0.3 的上升沿，用电位器 0 来设置定时器 T37 的预设值，设定的时间范围为 5～20s，即从电位器读出的数字 0～255 对应于 5～20s。设读出的数字为 N，以 0.1s 为单位的 100ms 定时器 T37 的预设值为

$$(200-50)\times N / 255 + 50 = 150\times N / 255 + 50 \text{（0.1s）}$$

为了保证运算的精度，应先乘后除。N 的最大值为 255，使用整数乘整数得双整数的乘法指令 MUL。乘法运算的结果可能大于一个字能表示的最大正数 32767，所以需要使用双字除法指令 DIV_DI，其运算结果为双字。因为本例中的商不会超过一个字的长度，商在双字

的低位字中。图 4-20 是实现上述要求的梯形图程序。累加器可以存放字节、字和双字，在数学运算时使用累加器来存放操作数和运算的中间结果比较方便。

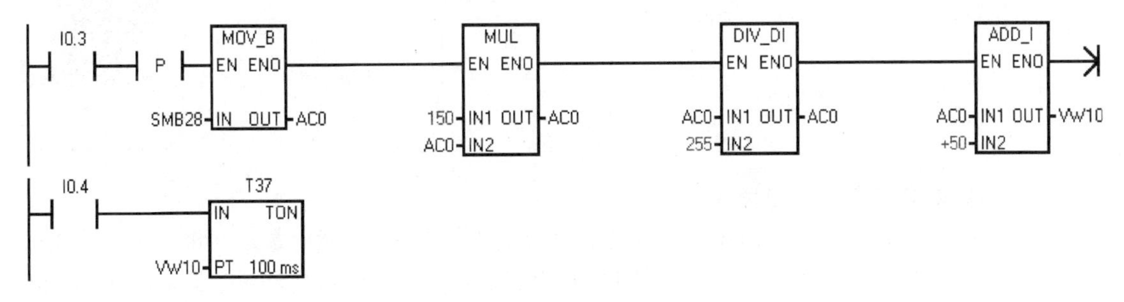

图 4-20 数学运算程序

2．递增与递减指令

在梯形图中，递增（Increment）和递减（Decrement）指令（见表 4-8）分别执行 IN + 1 = OUT 和 IN − 1 = OUT。

在语句表中，递增指令和递减指令分别执行 OUT + 1 = OUT 和 OUT − 1 = OUT。

字节递增、递减操作是无符号的，整数和双整数的递增、递减操作是有符号的。这些指令影响零标志 SM1.0、溢出标志 SM1.1 和负数标志 SM1.2。

表 4-8 递增递减指令

梯 形 图	语 句 表	描 述	梯 形 图	语 句 表	描 述
INC_B	INCB OUT	字节递增	DEC_B	DECB OUT	字节递减
INC_W	INCW OUT	字递增	DEC_W	DECW OUT	字递减
INC_D	INCD OUT	双字递增	DEC_D	DECD OUT	双字递减

4.3.2 浮点数函数运算指令

浮点数函数运算指令（见表 4-9）的输入参数 IN 与输出参数 OUT 均为实数（即浮点数）。这类指令影响零标志 SM1.0、溢出标志 SM1.1 和负数标志 SM1.2。SM1.1 用于表示溢出错误和非法数值。PID 回路指令将在第 7 章中介绍。

1．三角函数指令

正弦（SIN）、余弦（COS）和正切（TAN）指令计算输入参数 IN 提供的角度值的三角函数，运算结果存放在输出参数 OUT 指定的地址中，输入值是以弧度为单位的浮点数，求三角函数之前应先将以度为单位的角度值乘以π/180（0.01745329），转换为弧度值。

表 4-9 浮点数函数运算指令

梯形图	语句表	描 述	梯形图	语句表	描 述
SIN	SIN IN, OUT	正弦	LN	LN IN, OUT	自然对数
COS	COS IN, OUT	余弦	EXP	EXP IN, OUT	自然指数
TAN	TAN IN, OUT	正切	SQRT	SQRT IN, OUT	平方根
–			PID	PID TBL, LOOP	PID 回路

【例 4-4】 图 4-21 是求正弦值的程序，VD14 中的角度值是以度为单位的浮点数，AC1 中是转换后的弧度值，用 SIN 指令求输入的角度的正弦值。

视频“数学运算指令应用”可通过扫描二维码 4-4 播放。

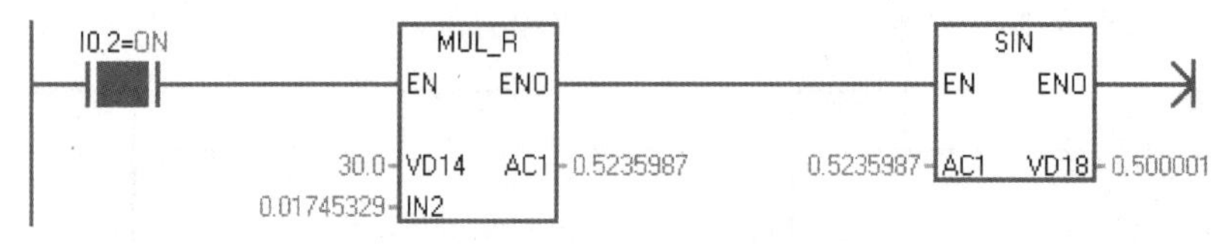

图 4-21　求正弦值的程序

2．自然对数和自然指数指令

自然对数（Natural Logarithm）指令 LN 计算输入值 IN 的自然对数，并将结果存放在输出参数 OUT 中，即 ln（IN）= OUT。求以 10 为底的对数时，应将自然对数值除以 2.302585（10 的自然对数值）。

自然指数（Natural Exponential）指令 EXP 计算输入值 IN 的以 e 为底的指数（e 约等于 2.718281828），结果存放在 OUT 指定的地址中。该指令与自然对数指令配合，可以实现以任意实数为底，任意实数为指数的运算。

求 5 的立方：5^3 = EXP（3.0*LN（5））= 125。

求 5 的 3/2 次方：$5^{3/2}$ = EXP（(3/2）*LN（5））= 11.18034。

3．平方根指令

平方根（Square Root）指令 SQRT 将 32 位正实数 IN 开平方，得到 32 位实数运算结果 OUT，即 $\sqrt{\text{IN}} = \text{OUT}$ 。

4.3.3　逻辑运算指令

字节、字、双字逻辑运算指令各操作数的数据类型分别为 BYTE、WORD 和 DWORD。本节的程序见配套资源中的例程“逻辑运算指令”。

1．取反指令

梯形图中的取反（求反码）指令（见图 4-22）将输入 IN 中的二进制数逐位取反，即二进制数的各位由 0 变为 1，由 1 变为 0（见图 4-23），并将结果装入参数 OUT 指定的地址。取反指令影响零标志 SM1.0。语句表中的取反指令（见表 4-10）将 OUT 中的二进制数逐位取反，并将结果装入 OUT 指定的地址。

表 4-10　逻辑运算指令

梯形图	语句表	描述	梯形图	语句表	描述
INV_B INV_W INV_DW	INVB　OUT INVW　OUT INVD　OUT	字节取反 字取反 双字取反	WAND_W WOR_W WXOR_W	ANDW　IN1, OUT ORW　IN1, OUT XORW　IN1, OUT	字与 字或 字异或
WAND_B WOR_B WXOR_B	ANDB　IN1, OUT ORB　IN1, OUT XORB　IN1, OUT	字节与 字节或 字节异或	WAND_DW WOR_DW WXOR_DW	ANDD　IN1, OUT ORD　IN1, OUT XORD　IN1, OUT	双字与 双字或 双字异或

2．逻辑运算指令

字节、字、双字“与”运算时（见图 4-22），如果两个操作数 IN1 和 IN2 的同一位均为 1，运算结果 OUT 的对应位为 1，否则为 0。“或”运算时如果两个操作数的同一位均为 0，运算结果的对应位为 0，否则为 1。“异或”（Exclusive Or）运算时如果两个操作数的同一位不同，运算结果的对应位为 1，否则为 0。这些指令影响零标志 SM1.0。

在状态表中生成用二进制格式监控的 VB22 后（见图 4-23），单击选中 VB22，按〈Enter〉键将会自动生成具有相同显示格式的下一个字节 VB23，用这样的方法快速地生成要监控的 VB22～VB32 这 11 个字节。

梯形图中的指令对两个输入参数 IN1 和 IN2 进行逻辑运算，语句表中的指令对变量 IN 和 OUT 进行逻辑运算（见表 4-10），运算结果存放在 OUT 指定的地址中。

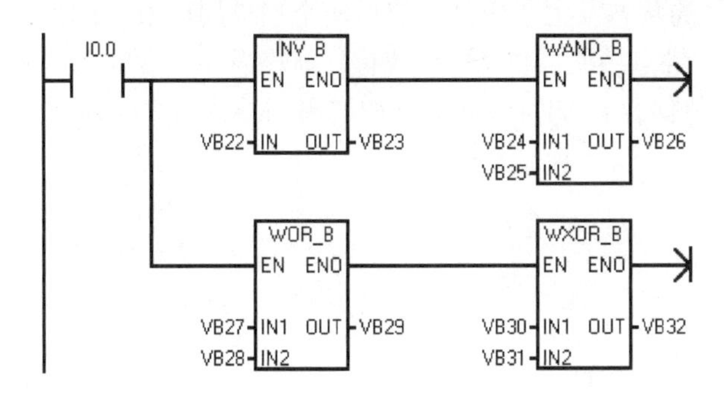

图 4-22 取反与逻辑运算指令

地址	格式	当前值
VB22	二进制	2#0011_1011
VB23	二进制	2#1100_0100
VB24	二进制	2#0101_1001
VB25	二进制	2#0100_1011
VB26	二进制	2#0100_1001
VB27	二进制	2#0111_0101
VB28	二进制	2#0100_1001
VB29	二进制	2#0111_1101
VB30	二进制	2#0101_1111
VB31	二进制	2#1000_1001
VB32	二进制	2#1101_0110

图 4-23 状态表

【例 4-5】在 I0.1 的上升沿，求 VW0 中的整数的绝对值，结果仍然存放在 VW0 中。

```
LD      I0.1
EU                      //在 I0.1 的上升沿
AW<     VW0, 0          //如果 VW0 中为负数
INVW    VW0             //VW0 逐位取反
INCW    VW0             //加 1 得到 VW0 中原来的数的绝对值
```

3. 逻辑运算指令应用举例

要求在 I0.3 的上升沿，用字节逻辑“或”运算将 QB0 的第 2～4 位置为 1，其余各位保持不变。图 4-24 中的 WOR_B 指令的输入参数 IN1（16#1C）的第 2～4 位为 1，其余各位为 0。QB0 的某一位与 1 作“或”运算，运算结果为 1，与 0 作“或”运算，运算结果不变。不管 QB0 的这 3 位为 0 或 1，逻辑“或”运算后 QB0 的这 3 位总是为 1，其他位不变。

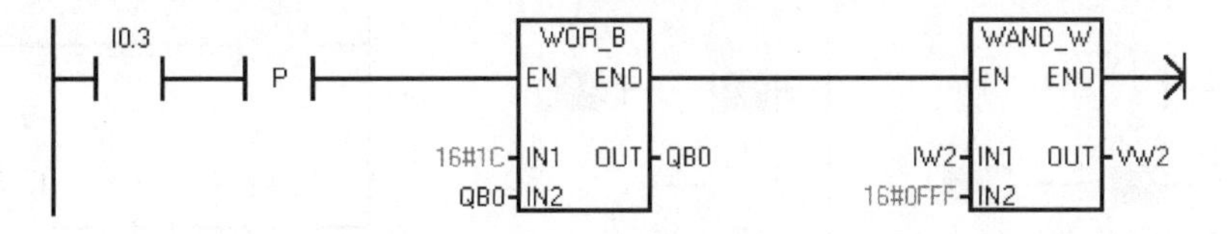

图 4-24 与、或运算指令应用举例

要求在 I0.3 的上升沿，用 IW2 的低 12 位读取 3 位拨码开关的 BCD 码，IW2 的高 4 位另作他用。图 4-24 中的 WAND_W 指令的输入参数 IN2（16#0FFF）的最高 4 位二进制数为 0，低 12 位为 1。IW2 的某一位与 1 作“与”运算，运算结果不变；与 0 作“与”运算，运算结果为 0。WAND_W 指令的运算结果 VW2 的低 12 位与 IW2 的低 12 位（3 位拨码开关输入的 BCD 码）的值相同，VW2 的高 4 位为 0。

二维码 4-5

视频“逻辑运算指令应用”可通过扫描二维码 4-5 播放。

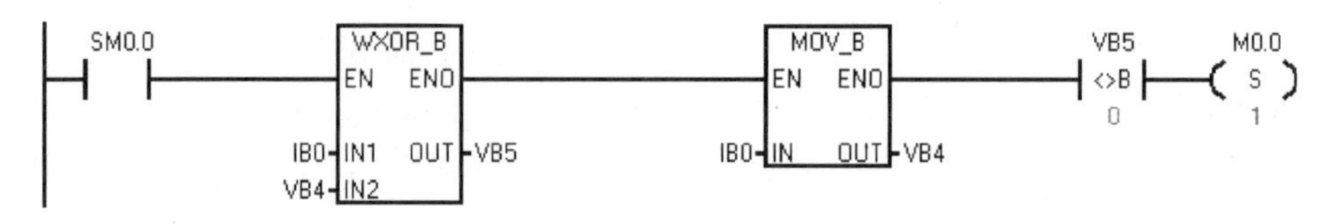

图 4-25 异或运算指令应用举例

两个相同的字节“异或”运算后，运算结果的各位均为 0。图 4-25 的 VB4 中是上一个扫描周期 IB0 的值。如果 IB0 至少有一位的状态发生了变化，前后两个扫描周期 IB0 的值的异或运算结果 VB5 的值非 0，图中的比较触点接通，将 M0.0 置位。状态发生了变化的位的异或运算结果为 1。异或运算后将 IB0 的值保存到 VB4，供下一扫描周期异或运算时使用。

4.4 程序控制指令

4.4.1 跳转指令

1．跳转与标号指令

JMP 线圈通电（即栈顶的值为 1）时，跳转条件满足，跳转（Jump，JMP）指令使程序流程跳转到对应的标号（Label，LBL）处，标号指令用来指示跳转指令的目的位置。JMP 与 LBL 指令的操作数 n 为常数 0～255，JMP 和对应的 LBL 指令必须在同一个程序块中。多条跳转指令可以跳到同一个标号处。如果用一直为 ON 的 SM0.0 的常开触点驱动 JMP 线圈，相当于无条件跳转。

将配套资源中的例程“跳转指令”下载到 PLC 后运行程序，启动程序状态监控。图 4-26 的左图中 I0.4 的常开触点断开，跳转条件不满足，顺序执行下面的网络，可以用 I0.3 控制 Q0.0。图 4-26 的右图中 I0.4 的常开触点接通，跳转到标号 LBL 0 处。因为没有执行 I0.3 的触点所在的网络，用灰色显示其中的触点和线圈，此时不能用 I0.3 控制 Q0.0。Q0.0 保持跳转之前最后一个扫描周期的状态不变。

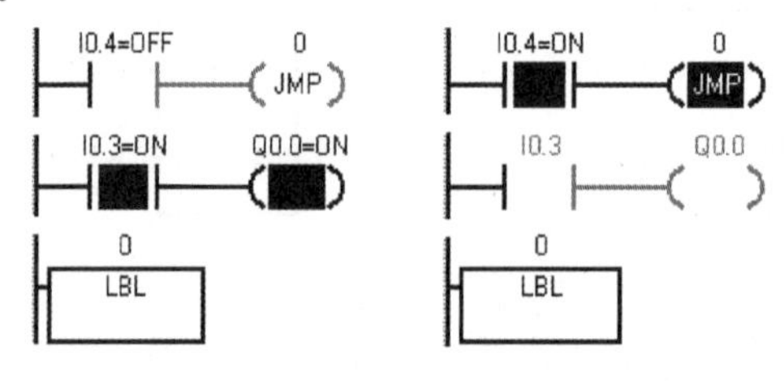

图 4-26 跳转与标号指令

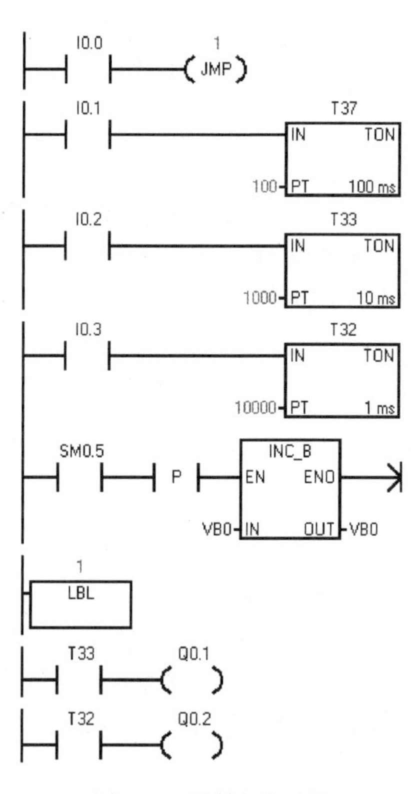

图 4-27 跳转与定时器

2．跳转指令对定时器的影响

图 4-27 中的 I0.0 为 OFF 时，跳转条件不满足，用 I0.1～I0.3 起动各定时器开始定时。定时时间未到时，令 I0.0 为 ON，跳转条件满足。100ms 定时器停止定时，当前值保持不变。10ms 和 1ms 定时器继续定时，定时时间

到时它们在跳转区外的触点也会动作。令 I0.0 变为 OFF，停止跳转，100ms 定时器在保持当前值的基础上继续定时。

3．跳转对功能指令的影响

未跳转时图 4-27 中周期为 1s 的时钟脉冲 SM0.5 通过 INC_B 指令使 VB0 每秒加 1。跳转条件满足时不执行被跳过的 INC_B 指令，VB0 的值保持不变。

二维码 4-6

视频“跳转指令应用”可通过扫描二维码 4-6 播放。

4．跳转指令的应用

【例 4-6】 用跳转指令实现图 4-28 中的流程图的要求。图中标出了跳转（JMP）和标号（LBL）指令中的操作数。下面是满足要求的程序。

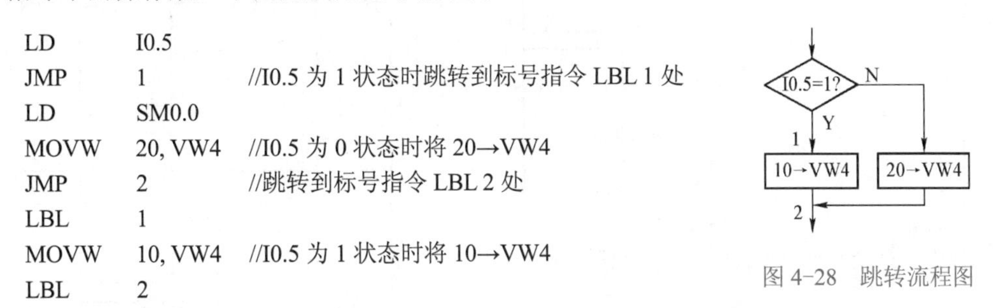

```
LD      I0.5
JMP     1          //I0.5 为 1 状态时跳转到标号指令 LBL 1 处
LD      SM0.0
MOVW    20, VW4    //I0.5 为 0 状态时将 20→VW4
JMP     2          //跳转到标号指令 LBL 2 处
LBL     1
MOVW    10, VW4    //I0.5 为 1 状态时将 10→VW4
LBL     2
```


图 4-28　跳转流程图

程序控制指令见表 4-11。

表 4-11　程序控制指令

梯形图	语句表	描　述	梯　形　图	语　句　表	描　述
END	END	程序有条件结束	— RET	CALL　SBR_n, x1, x2, … CRET	调用子程序 从子程序有条件返回
STOP	STOP	切换到 STOP 模式			
WDR	WDR	看门狗定时器复位	FOR NEXT	FOR　INDX, INIT, FINAL NEXT	循环 循环结束
JMP LBL	JMP　N LBL　N	跳转到标号 标号	DIAG_LED	DLED　IN	诊断 LED

4.4.2　循环指令

在控制系统中经常遇到需要重复执行若干次相同任务的情况，这时可以使用循环指令。FOR 指令表示循环开始，NEXT 指令表示循环结束，并将堆栈的栈顶值设为 1。驱动 FOR 指令的逻辑条件满足时，反复执行 FOR 与 NEXT 之间的指令。在 FOR 指令中，需要设置 INDX（索引值或当前循环计数器）、初始值 INIT 和结束值 FINAL，它们的数据类型均为 INT。

1．单重循环

【例 4-7】 图 4-29 是计算异或校验码的循环程序。在 I0.5 的上升沿，求 VB10～VB13 这 4 个字节的异或值，用 VB14 保存。首先将保存运算结果的 VB14 清零，用 MOV_DW 指令设置要累加的存储区地址指针 AC1 的初始值。本节的程序见配套资源中的例程“程序控制指令”。

第一次循环将指针 AC1 所指的 VB10 与 VB14 异或，运算结果用 VB14 保存。然后将地址指针 AC1 的值加 1，指针指向 VB11，为下一次循环的异或运算做好准备。

FOR 指令的 INIT 为 1，FINAL 为 4，每次执行到 NEXT 指令时，INDX 的值加 1，并将

运算结果与结束值 FINAL 比较。如果 INDX 的值小于或等于结束值，返回去执行 FOR 与 NEXT 之间的指令。如果 INDX 的值大于结束值，则循环终止。本例中 FOR 指令与 NEXT 指令之间的指令将被执行 4 次。如果起始值大于结束值，则不执行循环。

图 4-31 是显示循环指令执行结果的状态表。VB10～VB13 同一位中 1 的个数为奇数时，VB14 对应位的值为 1，反之为 0。

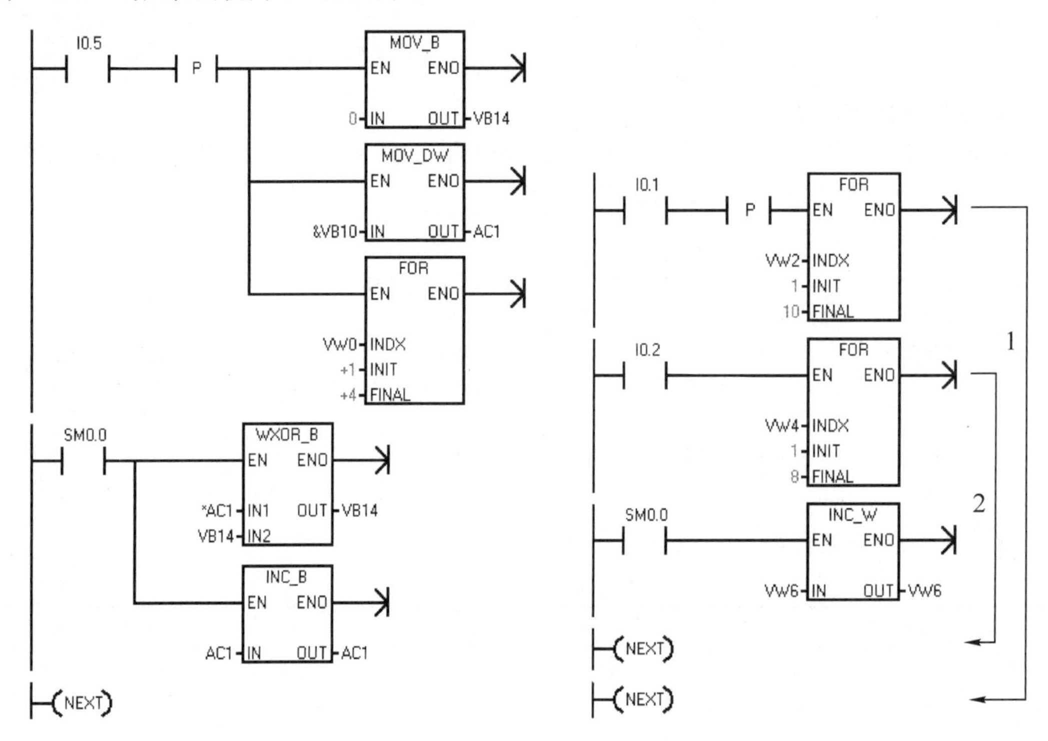

图 4-29　单重循环程序　　　　图 4-30　双重循环程序

2．多重循环

允许循环嵌套，即 FOR/NEXT 循环在另一个 FOR/NEXT 循环之中，最多可以嵌套 8 层。

在图 4-30 中 I0.1 的上升沿，执行 10 次标有 1 的外层循环，如果此时 I0.2 为 ON，每执行一次外层循环，将执行 8 次标有 2 的内层循环。每次内层循环将 VW6 的值加 1，执行完后，VW6 的值增加 80（即执行内层循环的次数）。FOR 指令必须与 NEXT 指令配套使用。

地址	格式	当前值
VB10	二进制	2#0111_1011
VB11	二进制	2#1101_0101
VB12	二进制	2#0110_0001
VB13	二进制	2#1001_1101
VB14	二进制	2#0101_0010

图 4-31　异或校验的状态表

视频“循环程序的编写与调试”可通过扫描二维码 4-7 播放。

二维码 4-7

下面是使用 FOR/NEXT 循环的注意事项：

1）如果启动了 FOR/NEXT 循环，除非在循环内部修改了结束值，循环就一直进行，直到循环结束。在循环的执行过程中，可以改变循环的参数。

2）再次启动循环时，初始值 INIT 被传送到指针 INDX 中。

3）循环程序是在一个扫描周期内执行的，如果循环次数很大，循环程序的执行时间很长，可能使监控定时器（看门狗）动作。循环程序一般在信号的上升沿时调用。

4.4.3 其他指令

1．条件结束指令与停止指令

条件结束指令 END（见表 4-11）根据它前面的逻辑条件终止当前的扫描周期。只能在主程序中使用 END 指令。

停止指令 STOP 使 CPU 从 RUN 模式切换到 STOP 模式，立即终止用户程序的执行。如果在中断程序中执行 STOP 指令，中断程序立即终止，忽略全部等待执行的中断，继续执行主程序的剩余部分。并在主程序执行结束时，完成从 RUN 模式至 STOP 模式的转换。可以在检测到 I/O 错误时（SM5.0 为 ON）执行 STOP 指令，将 PLC 强制切换到 STOP 模式。

2．监控定时器复位指令

监控定时器又称为看门狗（Watchdog），它的定时时间为 500ms，每次扫描它都被自动复位，然后又开始定时。正常工作时扫描周期小于 500ms，它不起作用。如果扫描周期超过 500ms，CPU 会自动切换到 STOP 模式，并会产生致命错误“扫描看门狗超时”。

如果估计扫描周期可能超过 500ms，可以在程序中使用 WDR 指令，重新触发监控定时器，以扩展允许使用的扫描时间。每次执行 WDR 指令时，看门狗超时时间都会复位为 500ms。

如果因为使用 WDR 指令和循环指令使扫描周期被过度延长，在该扫描周期结束之前将会禁止以下操作过程：

1）自由端口模式之外的通信。

2）I/O 更新（立即 I/O 除外）、强制更新和某些 SM 位的更新。

3）运行时间诊断。

4）中断程序中的 STOP 指令。

5）如果扫描时间超过 25s，10ms 和 100ms 定时器将不会正确累计时间。

带数字量输出的扩展模块也有一个监控定时器，每次使用 WDR 指令时，应对每个这样的模块的某一个输出字节使用立即写入指令（MOV_BIW），来复位扩展模块的监控定时器，以保持正确的输出。

图 4-32 是主程序中用来演示 CPU 对扫描时间过长的反应的程序。其中的 1ms 定时器 T32 等组成了一个脉冲发生器，从 I0.3 的上升沿开始用 M0.2 输出一个宽度等于 T32 预设值的脉冲。在脉冲期间反复执行 JMP 指令，跳转回指令“LBL　0”所在的网络。上述跳转过程是在一个扫描周期内完成的，因此扫描时间略大于 T32 的预设值。

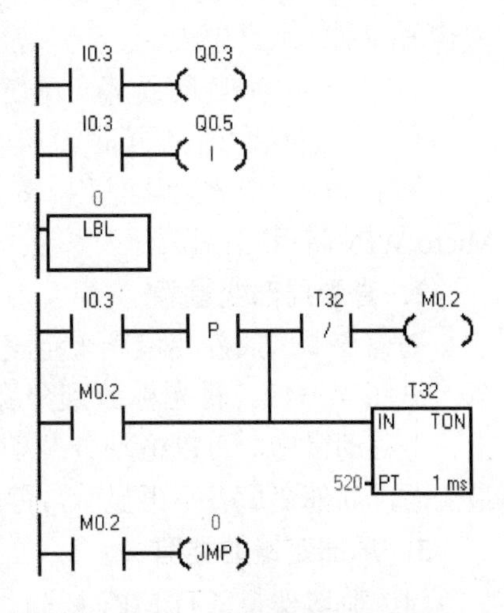

图 4-32　产生看门狗错误的电路

扫描时间小于 500ms 时，图 4-32 的程序可以用来演示立即输出指令的作用。在 I0.3 上升沿所在的扫描周期，立即输出指令使 Q0.5 立即变为 ON，对应的 LED 点亮。在一个扫描周期内用跳转指令延时约 0.5s 后，在扫描周期的最后一个阶段，Q0.3 的过程映像输出寄存器的值送给物理输出点，Q0.3 对应的 LED 才点亮。

图 4-32 中 T32 的预设值大于 500ms 时，I0.3 的上升沿触发的 T32 的延时使看门狗超时，CPU 从 RUN 模式切换到 STOP 模式，红色的 SF/DIAG（系统故障/诊断）LED 点亮。单击“PLC”菜单中的“信息”命令，打开“PLC 信息”对话框。可以看到有致命错误“程序扫描看门狗超时错误”。

3．诊断 LED 指令

S7-200 检测到致命错误时，SF/DIAG（系统故障/诊断）LED（发光二极管）发出红光。在编程软件的系统块的“LED 配置”选项卡中，如果选择了有变量被强制与（或）模块有 I/O 错误时 LED 亮，出现上述诊断事件时 LED 将发黄光。如果两个选项都没有被选中，SF/DIAG LED 发黄光只受 DIAG_LED 指令的控制。如果图 4-33 的 VB8 中的错误代码为 0，诊断 LED 不亮。如果 VB8 的值非 0，诊断 LED 发黄光。

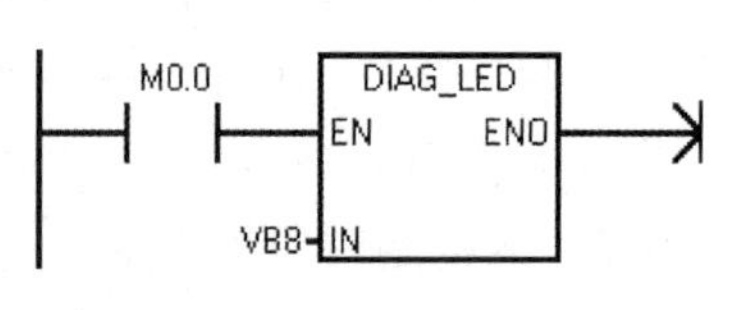

图 4-33　诊断 LED 指令

4.5　局部变量与子程序

4.5.1　局部变量

1．局部变量与全局变量

I、Q、M、SM、AI、AQ、V、S、T、C 和 HC 地址区中的变量称为全局变量。在符号表中定义的上述地址区中的符号称为全局符号。程序中的每个 POU（程序组织单元），均有自己的由 64B（梯形图编程为 60B）的局部（Local）存储器组成的局部变量。局部变量用来定义有使用范围限制的变量，它们只能在它被创建的 POU 中使用。与此相反，全局变量在符号表中定义，在各 POU 中均可以使用。全局符号与局部变量名称相同时，在定义局部变量的 POU 中，该局部变量的定义优先，该全局变量的定义只能在其他 POU 中使用。

局部变量有以下优点：

1）如果在子程序中只使用局部变量，不使用全局变量，不作任何改动，就可以将子程序移植到别的项目中去。

2）同一级 POU 的局部变量使用公用的存储区。

3）局部变量用来在子程序和调用它的程序之间传递输入参数和输出参数。

每个子程序最多可以使用 16 个输入/输出参数。如果下载超出此限制的程序，STEP 7-Micro/WIN 将返回错误。

2．查看局部变量表

局部变量用局部变量表来定义，局部变量表在程序编辑区的上面，二者用水平分裂条分隔（见图 4-34）。将光标放到分裂条上，光标变为垂直方向的双向箭头$\div$，按住鼠标左键上、下移动鼠标，可以拖动分裂条，调整局部变量表的高度。将分裂条拖到程序编辑器窗口最上面，局部变量表不再显示，但是仍然存在。将分裂条下拉可以再次显示局部变量表。

3．局部变量的类型

（1）临时变量（TEMP）

临时变量是暂时保存在局部数据区中的变量。只有在执行某个 POU 时，它的临时变量才被使用。同一级的 POU 的局部变量使用公用的存储区，类似于公用的布告栏，谁都可以往上面贴布告，后贴的布告将原来的布告覆盖掉。每次调用 POU 之后，不再保存它的局部变量的值。假设主程序调用子程序 1 和子程序 2，它们属于同一级的子程序。子程序 1 调用结束后，它的局部变量的值将被后面调用的子程序 2 的局部变量覆盖。每次调用子程序和中断程序时，首先应初始化临时变量（写入数值），然后再使用它，简称为先赋值后使用。

如果要在多个 POU 中使用同一个变量，应使用全局变量，而不是局部变量。

主程序和中断程序的局部变量表中只有 TEMP 变量。子程序的局部变量表中还有下面 3 种局部变量。

（2）输入参数（IN）

输入参数用来将调用它的 POU 提供的数据值传入子程序。如果参数是直接寻址，例如 VB10，指定地址的值被传入子程序。如果参数是间接寻址，例如*AC1，用指针指定的地址的值被传入子程序。如果参数是常数（例如 16#1234）或地址（例如&VB100），常数或地址的值被传入子程序。

（3）输出参数（OUT）

输出参数用来将子程序的执行结果返回给调用它的 POU。输出参数并不保留子程序上次执行时分配给它的值，所以每次调用子程序时必须给输出参数分配值。

（4）输入_输出参数（IN_OUT）

其初始值由调用它的 POU 传送给子程序，并用同一个参数将子程序的执行结果返回给调用它的 POU。常数和地址值（例如&VB100）不能用作输出参数和输入_输出参数。

4．在局部变量表中增加和删除变量

首先应在变量表中定义局部变量，然后才能在 POU 中使用它们。在程序中使用符号名时，程序编辑器首先检查相应 POU 的局部变量表，然后检查符号表。如果符号名在这两个表中均未定义，程序编辑器则将它视为未定义的全局符号；这类符号用绿色波浪下划线指示。

主程序和中断程序只有 TEMP（临时）变量。用鼠标右键单击它们的局部变量表中的某一行，在弹的菜单中执行“插入”→“行”命令，将在所选行的上面插入新的行。执行弹出菜单中的“插入”→“下一行”命令，将在所选行的下面插入新的行。

子程序的局部变量表有预先定义为 IN、IN_OUT、OUT 和 TEMP 的一系列行，不能改变它们的顺序。如果要增加新的局部变量，必须用鼠标右键单击已有的行，并用弹出菜单在所选行的上面或下面插入相同类型的新的行。

选择变量类型与要定义的变量类型相符的空白行，然后在“符号”列键入变量的符号名，符号名最多由 23 个字符组成，第一个字符不能是数字。单击“数据类型”列，用出现的下拉式列表设置变量的数据类型。

单击变量表中某一行最左边的变量序号，该行的背景色变为深蓝色，按〈Delete〉键可以删除该行。也可以用右键快捷菜单中的命令删除选中的行。

5．局部变量的地址分配

在局部变量表中定义变量时，只需指定局部变量的变量类型（TEMP、IN、IN_OUT 或 OUT）和数据类型，不用指定存储器地址。程序编辑器自动地在局部存储器中为所有局部变量指定存储器地址。起始地址为 LB0，1～8 个连续的位参数分配一个字节，字节中的位地址为 Lx.0～Lx.7（x 为字节地址）。字节、字和双字值在局部存储器中按字节顺序分配，例如 LBx、LWx 或 LDx。

6．局部变量数据类型检查

局部变量作为子程序的参数传递时，在该子程序的局部变量表中指定的数据类型与调用它的 POU 中的变量的数据类型必须匹配。

例如在主程序 OB1 中调用子程序“模拟量计算”时（见图 4-35），为子程序的输入参数“系数 1”指定了 VW20。执行该子程序时，VW20 中的数值被传入“系数 1”，VW20 和“系数 1”的数据类型（INT）必须匹配。

4.5.2 子程序的编写与调用

S7-200 的控制程序由主程序 OB1、子程序和中断程序组成。STEP 7-Micro/WIN 在程序编辑器窗口里为每个 POU（程序组织单元）提供一个独立的页（见图 4-34）。主程序总是第一页，后面是子程序和中断程序。CPU 226 最多可以使用 128 个子程序，其他 CPU 最多 64 个子程序。

因为各个 POU 在程序编辑器窗口中是分页存放的，子程序或中断程序在执行到末尾时自动返回，不必加返回指令；在子程序或中断程序中可以使用条件返回指令。

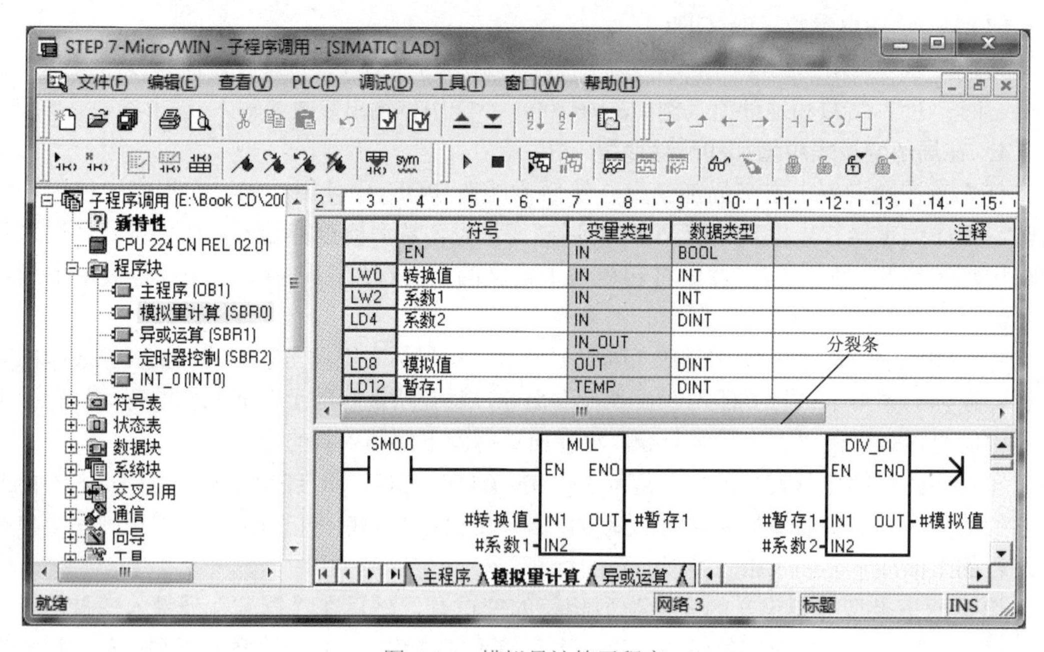

图 4-34　模拟量计算子程序

1．子程序的作用

子程序常用于需要多次反复执行相同任务的地方，只需要写一次子程序，别的程序在需要的时候调用它，而无需重写该程序。子程序的调用是有条件的，未调用它时不会执行子程序中的指令，因此使用子程序可以减少扫描时间。

在编写复杂的 PLC 程序时，最好把全部控制功能划分为若干个符合工艺控制要求的子功能块，每个子功能块由一个或多个子程序组成。子程序使程序结构简单清晰，易于调试、查错和维护。如果在子程序中尽量使用局部变量，避免使用全局变量，因为与其他 POU 几乎没有地址冲突，可以很方便地将这样的子程序移植到其他项目中。

不能使用跳转语句跳入或跳出子程序。

2．子程序的创建

可以用下列方法创建子程序：

1）执行“编辑”菜单中的命令“插入”→“子程序”，程序编辑器将自动生成和打开新的子程序。

2）用鼠标右键单击指令树中的“程序块”文件夹或其中的某个 POU，或在程序编辑器视窗中单击鼠标右键，执行弹出的菜单中的命令“插入”→“子程序”。

可以用同样的方法创建中断程序。

3．子程序举例

创建项目时自动生成了一个子程序 SBR0。用鼠标右键单击指令树中的该子程序，执行出现的快捷菜单中的“重命名”命令，将它的符号名改为“模拟量计算”，该子程序如图 4-34 所示（见配套资源中的例程“子程序调用”）。

在该子程序的局部变量表中，定义了名为“转换值”“系数 1”和“系数 2”的输入（IN）参数，名为“模拟值”的输出（OUT）参数，以及名为“暂存 1”的临时（TEMP）变量。局部变量表最左边的列是编程软件自动分配的每个变量在局部存储器（L）中的地址。

子程序中变量名称前面的“#”表示局部变量，它是 STEP 7-Micro/WIN 自动添加的。在子程序中键入局部变量时不用键入“#”号。

4．子程序的调用

可以在主程序、其他子程序或中断程序中调用子程序，调用子程序时将执行子程序中的指令，直至子程序结束，然后返回调用它的程序中该子程序调用指令的下一条指令处。

子程序可以嵌套调用，即在子程序中调用别的子程序，一共可以嵌套 8 层。

在中断程序中调用的子程序不能再调用别的子程序。不禁止递归调用（子程序调用自己），但是应慎重使用递归调用。

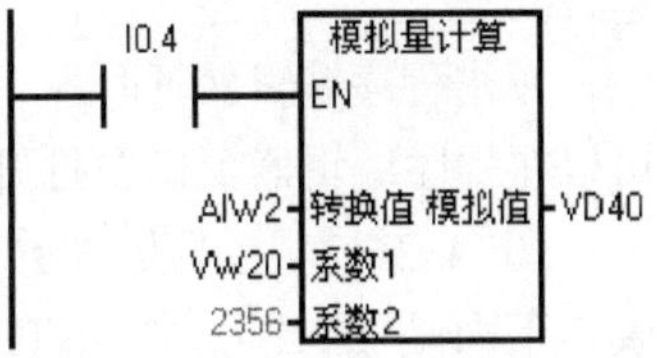

在子程序的局部变量表中为该子程序定义输入、输出参数后，将生成梯形图中的客户化调用指令块（见图 4-35），方框的左边是子程序的输入参数和输入_输出参数，右边是输出参数。

图 4-35　调用子程序

在主程序中调用子程序时，首先打开程序编辑器视窗的主程序 OB1，显示出需要调用子程序的地方。打开指令树的“程序块”文件夹或最下面的“调用子例程”文件夹，用鼠标左键按住需要调用的子程序“模拟量计算”，将它“拖”到程序编辑器中需要的位置。放开左键，该子程序便被放置在该位置。也可以将矩形光标置于程序编辑器视窗中需要放置该子程序的地方，然后双击指令树中要调用的子程序，子程序方框将会自动出现在光标所在的位置（见图 4-35）。

如果用语句表编程，子程序调用指令的格式为

CALL 子程序名称，参数 1，参数 2，……，参数 n

n = 1～16。图 4-35 中的主程序梯形图对应的语句表程序为

```
LD      I0.4
CALL    模拟量计算, AIW2, VW20, 2356, VD40
```

在语句表中调用带参数的子程序时，参数按下述的顺序排列，输入参数在最前面，其次是输入_输出参数，最后是输出参数。梯形图中从上到下的同类参数，在语句表中按从左到右的顺序排列。

子程序调用指令中的有效操作数为存储器地址、常量、全局符号和调用指令所在的 POU 中的局部变量，不能指定为被调用子程序中的局部变量。

在调用子程序时，CPU 保存当前的逻辑堆栈，将栈顶值置为 1，堆栈中的其他值被清零，控制转移至被调用的子程序。该子程序执行完后，CPU 将堆栈恢复为调用时保存的数值，并将控制权交还给调用子程序的 POU。

子程序和调用程序共用累加器，不会因为使用子程序自动保存或恢复累加器的值。

调用子程序时，输入参数被复制到子程序的局部存储器，子程序执行完后，从局部存储器复制输出参数到指定的输出参数地址。

子程序在同一个周期内被多次调用时，子程序内部不能使用上升沿、下降沿、定时器和计数器指令。

如果在使用子程序调用指令后修改该子程序中的局部变量表，调用指令将变为无效。必须删除无效调用，重新调用修改后的子程序。

5．用地址指针作输入参数的子程序

【例 4-8】 设计对 V 存储器中连续的若干个字节作异或运算的子程序，在 I0.5 的上升沿调用它，对 VB10 开始的 4B 数据作异或运算，并将运算结果存放在 VB14 中。

项目名称为“子程序调用”（见配套资源中的同名例程）。用鼠标右键单击指令树中的“程序块”或其中的某个 POU，从弹出的菜单中执行命令“插入”→“子程序”，自动生成和打开新建的子程序 SBR1。用鼠标右键单击指令树中生成的子程序，用“重命名”命令将它的符号名改为“异或运算”。

单击程序编辑器下面各 POU 的选项卡（见图 4-34），可以在程序编辑器窗口中打开和显示选中的 POU。

图 4-36 的上面是“异或运算”子程序的局部变量表，下面是 STL 程序。BTI 指令用于将数据类型为字节的输入参数“字节数 B”转换为数据类型为整数的临时变量“字节数 I”。子程序中的“*#地址指针”是输入参数“地址指针”指定的地址中变量的值。在循环程序执行的过程中，该指针中的地址值是动态变化的。

	符号	变量类型	数据类型
LD0	地址指针	IN	DWORD
LB4	字节数B	IN	BYTE
		IN_OUT	
LB5	异或结果	OUT	BYTE
LW6	循环计数器	TEMP	INT
LW8	字节数I	TEMP	INT

```
网络 1
LD      SM0.0
MOVB    0, #异或结果
BTI     #字节数B, #字节数I
FOR     #循环计数器, 1, #字节数I
网络 2
LD      SM0.0
XORB    *#地址指针, #异或结果
INCD    #地址指针
网络 3
NEXT
```

图 4-36　异或运算子程序

图 4-37 是主程序中调用“异或运算”子程序的程序。调用时指定的“地址指针”的值&VB10 是源地址的初始值，即表示要异或运算的数据字节从 VB10 开始存放；数据的字节数为 4，异或运算的结果存放在 VB14 中。程序执行的结果见图 4-38。

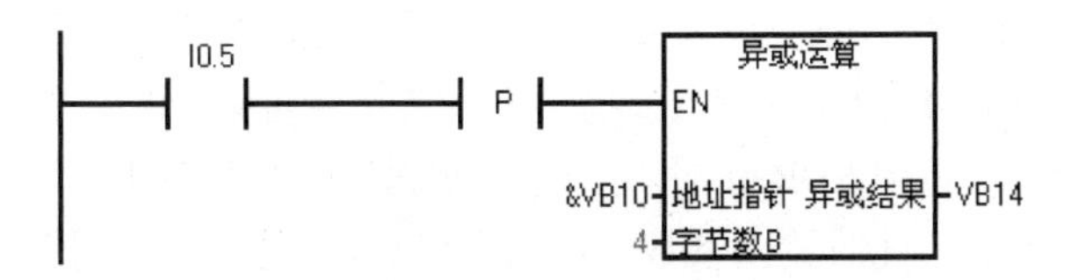

图 4-37　主程序中调用子程序的程序

地址	格式	当前值
VB10	二进制	2#1000_1011
VB11	二进制	2#0100_1001
VB12	二进制	2#1110_0011
VB13	二进制	2#0101_1001
VB14	二进制	2#0111_1000

图 4-38　状态表

6．子程序中的定时器

图 4-39 是例程“子程序调用”中的主程序和“定时器控制”子程序。

停止调用子程序时，子程序中的线圈的 ON/OFF 状态保持不变。如果在停止调用子程序“定时器控制”的时候，该子程序中的定时器正在定时，100ms 定时器 T37 将停止定时，当前值保持不变，重新调用子程序时继续定时。但是 1ms 定时器 T32 和 10ms 定时器 T33 将继续定时，定时时间到时，它们在子程序之外的触点也会动作。

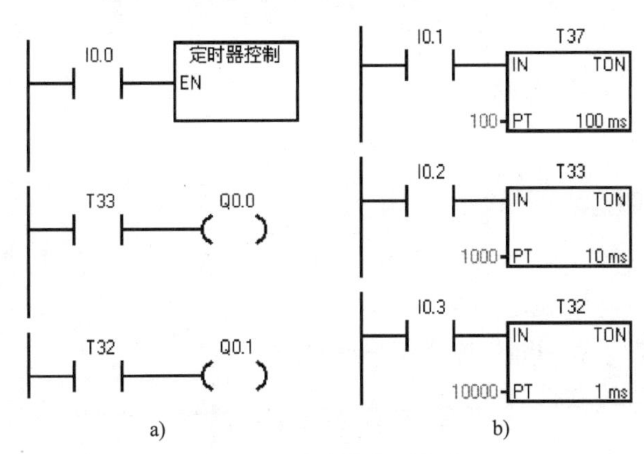

图 4-39　主程序与子程序

a) 主程序　b) “定时器控制”子程序

7．子程序的有条件返回

在子程序中用触点电路控制 RET（从子程序有条件返回）线圈指令，触点电路接通时条件满足，子程序被终止执行，返回调用它的程序。

8．有保持功能的电路的处理

在子程序 SBR_0 的局部变量表中生成输入参数“起动”“停止”，以及 IN_OUT 参数“电机”，数据类型均为 BOOL（见配套资源中的例程“电机控制子程序调用”）。图 4-40 是 SBR_0 中的梯形图。在 OB1 中两次调用 SBR_0（见图 4-41）。

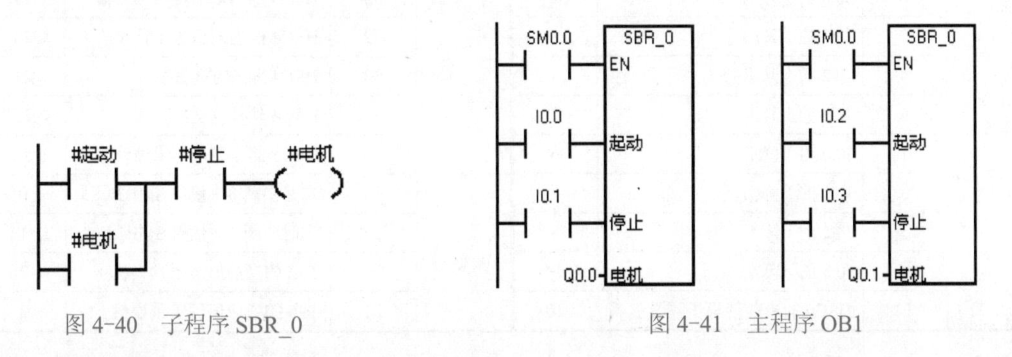

图 4-40　子程序 SBR_0　　　　图 4-41　主程序 OB1

如果参数“电机”的数据类型为输出（OUT），在运行程序时发现，接通 I0.0 外接的小开关，Q0.0 和 Q0.1 同时变为 ON。这是因为分配给 SBR_0 的输出参数“电机”的地址为 L0.2，第一次调用 SBR_0 之后，L0.2 的值为 ON。第二次调用 SBR_0 时，虽然起动按钮 I0.2 为 OFF，但是因为两次调用 SBR_0 时局部变量区是公用的，此时输出参数“电机”（L0.2）是上一次调用 SBR_0 时的运算结果，仍然为 ON，所以第二次调用 SBR_0 之后，由于执行图 4-40 中的程序，输出参数“电机”使 Q0.1 为 ON。如果将图 4-40 中的电路改为置位、复位电路，也有同样的问题。

将输出参数“电机”的变量类型改为 IN_OUT 就可以解决上述问题。这是因为两次调用子程序，参数“电机”返回的运算结果分别用 Q0.0 和 Q0.1 保存，在第二次调用子程序 SBR_0，执行指令“O #电机”时，用 IN_OUT 参数“电机”接收的是前一个扫描周期保存到 Q0.1 的值，与本扫描周期第一次调用子程序后保存在 Q0.0 的参数“电机”的值无关。POU 中的局部变量一定要遵循“先赋值后使用”的原则。

视频“子程序的编写与调用”可通过扫描二维码 4-8 播放。

二维码 4-8

4.6 中断程序与中断指令

4.6.1 中断的基本概念与中断事件

中断功能用中断程序及时处理中断事件（见表 4-12），中断事件与用户程序的执行时序无关，不能事先预测某些中断事件何时发生。中断程序不是由用户程序调用，而是在中断事件发生时由操作系统调用。中断程序是用户编写的。

表 4-12　中断事件描述

优先级分组	中断号	中 断 描 述	组中的优先级	优先级分组	中断号	中 断 描 述	组中的优先级
通信（最高）	8	端口 0：字符接收	0	I/O（中等）	27	HSC0 输入方向改变	11
	9	端口 0：发送完成	0		28	HSC0 外部复位	12
	23	端口 0：接收消息完成	0		13	HSC1 的当前值等于预设值	13
	24	端口 1：接收消息完成	1		14	HSC1 输入方向改变	14
	25	端口 1：字符接收	1		15	HSC1 外部复位	15
	26	端口 1：发送完成	1		16	HSC2 的当前值等于预设值	16
I/O（中等）	19	PTO0 脉冲输出完成	0		17	HSC2 输入方向改变	17
	20	PTO1 脉冲输出完成	1		18	HSC2 外部复位	18
	0	I0.0 的上升沿	2		32	HSC3 的当前值等于预设值	19
	2	I0.1 的上升沿	3		29	HSC4 的当前值等于预设值	20
	4	I0.2 的上升沿	4		30	HSC4 输入方向改变	21
	6	I0.3 的上升沿	5		31	HSC4 外部复位	22
	1	I0.0 的下降沿	6		33	HSC5 的当前值等于预设值	23
	3	I0.1 的下降沿	7	定时（最低）	10	定时中断 0，使用 SMB34	0
	5	I0.2 的下降沿	8		11	定时中断 1，使用 SMB35	1
	7	I0.3 的下降沿	9		21	T32 的当前值等于预设值	2
	12	HSC0 的当前值等于预设值	10		22	T96 的当前值等于预设值	3

需要由用户程序把中断程序与中断事件连接起来，并且在允许系统中断后，才进入等待中断事件触发中断程序执行的状态。可以用指令取消中断程序与中断事件的连接，或者禁止全部中断。

因为不能预知系统何时调用中断程序，中断程序不能改写其他程序使用的存储器，为此中断程序应尽量使用它的局部变量和它调用的子程序的局部变量。中断程序可以调用一级子程序，累加器和逻辑堆栈在中断程序和被调用的子程序中是公用的。

中断处理提供对特殊内部事件或外部事件的快速响应。应优化中断程序，执行完某项特定任务后立即返回被中断的程序。应使中断程序尽量短小，以减少中断程序的执行时间，减少对其他处理的延迟，否则可能引起主程序控制的设备操作异常。设计中断程序时应遵循"越短越好"的格言。

中断程序不能嵌套，即中断程序不能再被中断。正在执行中断程序时，如果又有中断事件发生，会按照发生的时间顺序和优先级排队。

新建项目时自动生成中断程序 INT_0，S7-200 CPU 最多可以使用 128 个中断程序。用鼠标右键单击指令树的"程序块"文件夹或其中的某个 POU，执行弹出的菜单中的命令"插入"→"中断程序"，可以创建一个中断程序。创建成功后程序编辑器将显示新的中断程序，程序编辑器底部出现标有新的中断程序的标签。

4.6.2 中断指令

1. 中断允许指令与中断禁止指令

中断允许（Enable Interrupt）指令 ENI（见表 4-13）全局性地允许处理所有被连接的中断事件。禁止中断（Disable Interrupt）指令 DISI 全局性地禁止处理所有中断事件，中断事件排队等候，但是不会执行中断程序，直到用中断允许指令 ENI 重新允许中断。禁止中断可能会使中断队列溢出。

表 4-13 中断指令

梯形图	语句表	描述	梯形图	语句表	描述
RETI	CRETI	从中断程序有条件返回	ATCH	ATCH INT, EVNT	中断连接
ENI	ENI	中断允许	DTCH	DTCH EVNT	中断分离
DISI	DISI	禁止中断	CLR_EVNT	CEVNT EVNT	清除中断事件

2. 中断连接指令与中断分离指令

中断连接（Attach Interrupt）指令 ATCH 用来建立中断事件 EVNT 和处理该事件的中断程序 INT 之间的联系，并允许处理该中断事件。中断事件由中断事件号指定（见表 4-12），中断程序由中断程序号指定。INT 和 EVNT 的数据类型均为 BYTE。

可以将多个中断事件连接到同一个中断程序，但是一个中断事件不能同时连接到多个中断程序。中断被允许且中断事件发生时，将执行为该事件指定的最后一个中断程序。

中断分离（Detach Interrupt）指令 DTCH 用来断开中断事件 EVNT 与所有中断程序之间的连接，从而禁止处理该中断事件，使对应的中断返回未激活或被忽略的状态。

清除中断事件（Clear Event）指令 CEVNT 从中断队列中清除所有的中断事件，例如用来清除因为机械振动造成的 A/B 相高速计数器产生的错误的中断事件。如果该指令用于清除假的中断事件，则应在从队列中清除事件之前分离事件。否则在执行清除事件指令后，将向队列中添加新事件。

3．中断程序的执行

进入 RUN 模式时自动禁止中断。CPU 自动调用中断程序需要满足下列条件：

1）执行了全局中断允许指令 ENI。

2）执行了中断事件对应的 ATCH 指令。

3）出现对应的中断事件。

执行中断程序之前操作系统保存逻辑堆栈、累加寄存器，以及指示累加寄存器与指令操作状态的特殊存储器标志位（SM）。从中断程序返回时，恢复上述存储单元的值，这样可以避免中断程序的执行对主程序造成破坏。

执行完中断程序的最后一条指令之后，将会从中断程序返回，继续执行被中断的操作。用户不用在中断程序中编写无条件返回指令。可以通过执行从中断有条件返回指令 CRETI，在控制它的逻辑条件满足时从中断程序返回。

在中断程序中不能使用 DISI、ENI、HDEF（高速计数器定义）和 END 指令。

4．中断优先级与中断队列溢出

中断按以下固定的优先级顺序执行：通信中断（最高优先级）、I/O 中断和定时中断（最低优先级）。在上述 3 个优先级范围内，CPU 按照先来先服务的原则处理中断，任何时刻只能执行一个中断程序。一旦某个中断程序开始执行，它要一直执行到完成，即使另一中断程序的优先级较高，也不能中断正在执行的中断程序。正在处理其他中断时发生的中断事件则排队等待处理。3 个中断队列及其能保存的最大中断个数见表 4-14。

如果中断事件的产生过于频繁，使中断产生的速率比可以处理的速率快，或者中断被 DISI 指令禁止，中断队列溢出状态位（见表 4-15）被置 1。只能在中断程序中使用这些位，因为当队列变空或返回主程序时这些位被复位。

表 4-14　各中断队列的最大中断数

队　列	CPU 221，CPU 222，CPU 224	CPU 224XP，CPU 226 CPU 226XM
通信中断队列	4	8
I/O 中断队列	16	16
定时中断队列	8	8

表 4-15　中断队列溢出的 SM 位

队　列	SM 位
通信中断队列溢出	SM4.0
I/O 中断队列溢出	SM4.1
定时中断队列溢出	SM4.2

如果多个中断事件同时发生，则组之间和组内的优先级会确定首先处理哪一个中断事件。处理了优先级最高的中断事件之后，会检查队列，查找仍在队列中的当前优先级最高的事件，并会执行连接到该事件的中断程序。CPU 将按此规则继续执行，直至队列为空且控制权返回到主程序的扫描执行。

4.6.3　中断程序举例

1．通信端口中断

可以通过用户程序控制 PLC 的串行通信端口，通信端口的这种工作模式称为自由端口模式。在该模式下，接收消息完成、发送消息完成和接收一个字符均可以产生中断事件，利用接收完成中断和发送完成中断可以简化程序对通信的控制（见 6.5 节）。

2．I/O 中断

I/O 中断包括上升沿中断、下降沿中断、高速计数器（HSC）中断和脉冲列输出（PTO）中断。输入点 I0.0～I0.3 的上升沿或下降沿都可以产生中断。

高速计数器中断允许响应 HSC 的计数当前值等于预设值、与轴转动的方向对应的计数方向改变和计数器外部复位等中断事件。这些事件均可以触发实时执行的操作，而 PLC 的扫描工作方式不能快速响应这些高速事件。CPU 的脉冲发生器完成指定脉冲数输出时也可以产生中断，脉冲列输出可以用于步进电动机的控制。

【例 4-9】 出现事故时，I0.0 的上升沿产生中断，使 Q0.0 立即置位，同时将事故发生的日期和时间保存在 VB10～VB17 中。事故消失时，I0.0 的下降沿产生中断，使 Q0.0 立即复位，同时将事故消失的日期和时间保存在 VB20～VB27 中。

下面是主程序和中断程序（见配套资源中的例程“IO 中断程序”）。

```
//主程序 OB1
LD      SM0.1          //第一次扫描时
ATCH    INT_0, 0       //指定在 I0.0 的上升沿执行中断程序 INT_0
ATCH    INT_1,1        //指定在 I0.0 的下降沿执行中断程序 INT_1
ENI                    //允许全局中断

LD      SM5.0          //如果检测到 I/O 错误
DTCH    0              //禁用 I0.0 的上升沿中断
DTCH    1              //禁用 I0.0 的下降沿中断

//中断程序 INT_0
LD      SM0.0          //该位总是为 ON
SI      Q0.0, 1        //立即置位 Q0.0
TODR    VB10           //读实时时钟

//中断程序 1（INT_1）
LD      SM0.0          //该位总是为 ON
RI      Q0.0, 1        //立即复位 Q0.0
TODR    VB20           //读实时时钟
```

3．定时中断

定时中断和定时器 T32/T96 中断统称为时间基准中断。

可以用定时中断来执行一个周期性的操作，以 1ms 为增量，周期时间可以取 1～255ms。定时中断 0 和定时中断 1 的时间间隔分别用特殊存储器字节 SMB34 和 SMB35 来设置。每当定时时间到时，执行指定的定时中断程序，例如可以用定时中断来采集模拟量的值和执行 PID 程序。如果定时中断事件已经被连接到一个定时中断程序，为了改变定时中断的时间间隔，首先必须修改 SMB34 或 SMB35 的值，然后重新把中断程序连接到定时中断事件上。重新连接时，定时中断功能清除前一次连接的累计时间，并用新的定时值重新开始定时。

定时中断一旦被启用，中断就会周期性地不断产生。每当定时时间到，就会执行被连接的中断程序。如果退出 RUN 状态或者定时中断被分离，定时中断被禁止。如果执行了全局中断禁止指令 DISI，定时中断事件仍然会连续出现，但是不会处理它连接的中断程序。每个定时中断事件都会进入中断队列排队等候，直到中断启用或中断队列满。

【例 4-10】 用定时中断 0 实现周期为 2s 的高精度定时。

定时中断的定时时间最长为 255ms，为了实现周期为 2s 的高精度周期性操作的定时，将定时中断的定时时间间隔设为 250ms，在定时中断 0 的中断程序中，将 VB0 加 1，然后用比较触点指令“LDB=”判断 VB0 是否等于 8。若相等（中断了 8 次，对应的时间间隔为 2s），在中断程序中执行每 2s 一次的操作，例如使 QB0 加 1。下面是语句表程序（见配套资源中的例程“定时中断程序”）：

```
//主程序 OB1
LD      SM0.1           //第一次扫描时
MOVB    0, VB0          //将中断次数计数器清零
MOVB    250, SMB34      //设置定时中断 0 的中断时间间隔为 250ms
ATCH    INT_0, 10       //指定产生定时中断 0 时执行中断程序 INT_0
ENI                     //允许全局中断

//中断程序 INT_0, 每隔 250ms 中断一次
LD      SM0.0           //该位总是为 ON
INCB    VB0             //中断次数计数器加 1

LDB=    8, VB0          //如果中断了 8 次（2s）
MOVB    0, VB0          //将中断次数计数器清零
INCB    QB0             //每 2s 将 QB0 加 1
```

如果有两个定时时间间隔分别为 200ms 和 500ms 的周期性任务，将定时中断的时间间隔设置为 100ms，可以在定时中断程序中用两个 VB 字节分别对中断次数计数，根据它们的计数值来处理这两个任务。

4．定时器 T32/T96 中断

定时器 T32/T96 中断用于及时地响应一个指定的时间间隔的结束，1ms 分辨率的定时器 T32 和 T96 支持这种中断。一旦中断被启用，当定时器的当前值等于预设时间值，在 CPU 的 1ms 定时器刷新时，执行被连接的中断程序。定时器 T32/T96 中断的优点是最长定时时间达 32.767s，比定时中断的 255ms 大得多。

【例 4-11】 使用 T32 中断控制 8 位节日彩灯，每 2.5s 左移一位。1ms 定时器 T32 定时时间到时产生中断事件，中断号为 21，最长定时时间为 32.767s。分辨率为 1ms 的定时器必须使用下面主程序中 LDN 开始的 4 条指令来产生脉冲序列（见配套资源中的例程“T32 中断程序”）。

```
//主程序 OB1
LD      SM0.1           //第一次扫描时
MOVB    16#F, QB0       //设置彩灯的初始状态，最低 4 位的灯被点亮
ATCH    INT_0, 21       //指定 T32 定时时间到时执行中断程序 INT_0
ENI                     //允许全局中断

LDN     M0.0            //T32 和 M0.0 组成脉冲发生器
TON     T32, 2500       //T32 的预设值为 2500ms

LD      T32
```

```
=           M0.0
//中断程序 INT_0
LD          SM0.0
RLB         QB0, 1                  //彩灯左移 1 位
```

视频“中断程序的编写与调试”可通过扫描二维码 4-9 播放。

二维码 4-9

4.7 高速计数器与高速脉冲输出

PLC 的普通计数器的计数过程与扫描工作方式有关，CPU 通过每一个扫描周期读取一次被测信号的方法来捕捉被测信号的上升沿，被测信号的频率较高时，将会丢失计数脉冲，因此普通计数器的工作频率很低，最多几十赫兹。高速计数器可以对普通计数器无能为力的事件进行计数，S7-200 有 6 个高速计数器 HSC0～HSC5，可以设置多达 13 种工作模式。

4.7.1 高速计数器的工作模式与外部输入信号

高速计数器一般与增量式编码器一起使用。编码器每转发出一定数量的计数脉冲和一个复位脉冲，作为高速计数器的输入。高速计数器有一组预设值，开始运行时装入第一个预设值，当前计数值小于预设值时，设置的输出为 ON。当前计数值等于预设值或者有外部复位信号时，产生中断。发生当前计数值等于预设值的中断时，装载入新的预设值，并设置下一阶段的输出。出现复位中断事件时，装入第一个预设值和设置第一组输出状态，以重复该循环。

因为中断事件产生的速率远远低于高速计数器的计数速率，用高速计数器可以实现高速运动的精确控制，并且与 PLC 的扫描周期关系不大。

编码器分为以下几种类型：

1. 增量式编码器

光电增量式编码器的码盘上有均匀刻制的光栅。码盘旋转时，输出与转角的增量成正比的脉冲，需要用高速计数器来计脉冲数。根据输出信号的个数，有 3 种增量式编码器：

1）单通道增量式编码器内部只有 1 对光耦合器，只能产生一个脉冲序列。

2）双通道增量式编码器又称为 A/B 相型编码器，内部有两对光耦合器，能输出相位差为 90°的两路独立的脉冲序列。正转和反转时两路脉冲的超前、滞后关系刚好相反（见图 4-42 和图 4-43），如果使用 A/B 相型编码器，PLC 可以识别出转轴旋转的方向。

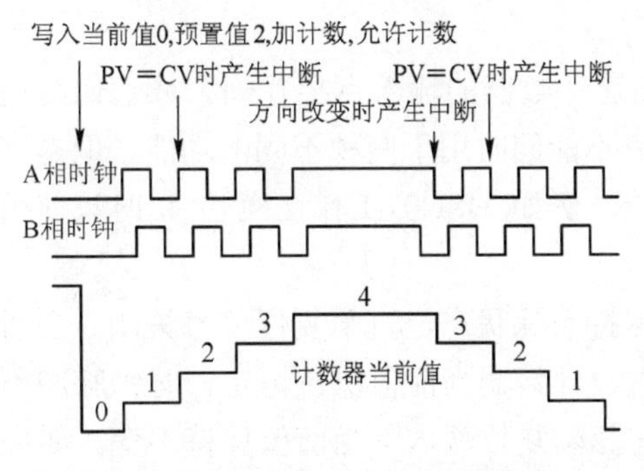

图 4-42　1 倍速 A/B 相正交计数器

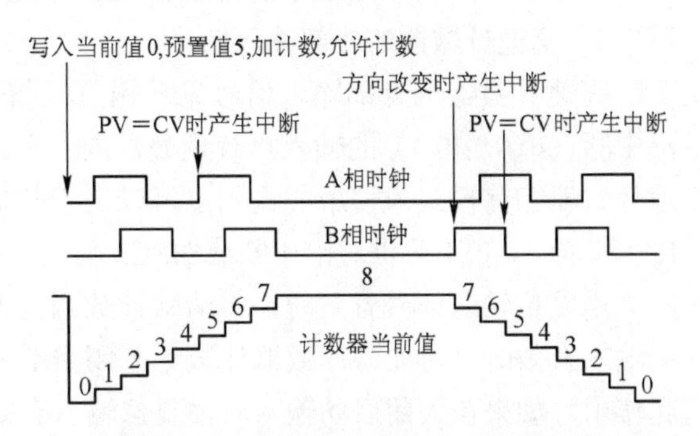

图 4-43　4 倍速 A/B 相正交计数器

3）三通道增量式编码器内部除了有双通道增量式编码器的两对光耦合器外，在脉冲码盘的另外一个通道有一个透光段，每转 1 圈，输出一个脉冲，该脉冲称为 Z 相零位脉冲，用作系统清零信号，或作为坐标的原点，以减少测量的积累误差。

2．绝对式编码器

N 位绝对式编码器有 N 个码道，最外层的码道对应于编码的最低位。每个码道有一个光耦合器，用来读取该码道的 0、1 数据。绝对式编码器输出的 N 位二进制数反映了运动物体所处的绝对位置，根据位置的变化情况，可以判别出旋转的方向。

3．高速计数器的工作模式

S7-200 的高速计数器有 4 类工作模式：

1）无外部方向控制信号的单相加/减计数器（模式 0～2）：用高速计数器的控制字节的第 3 位来控制加计数或减计数。该位为 1 时为加计数，为 0 时为减计数。

2）带外部方向控制信号的单相加/减计数器（模式 3～5）：方向输入信号为 1 时为加计数，为 0 时为减计数。

3）有加计数时钟脉冲和减计数时钟脉冲输入的双相计数器（模式 6～8）：若加、减计数脉冲的上升沿出现的时间间隔不到 0.3μs，高速计数器认为这两个事件是同时发生的，当前值不变，也不会有计数方向变化的指示。反之，高速计数器能捕捉到每一个独立事件。

4）A/B 相正交计数器（模式 9～11）的两路计数脉冲的相位互差 90°（见图 4-42），正转时 A 相时钟脉冲比 B 相时钟脉冲超前 90°，反转时 A 相时钟脉冲比 B 相时钟脉冲滞后 90°。利用这一特点可以实现在正转时加计数，反转时减计数。

A/B 相正交计数器可以选择 1 倍速模式（见图 4-42）和 4 倍速模式（见图 4-43），1 倍速模式在时钟脉冲的每一个周期计 1 次数，4 倍速模式在两个时钟脉冲的上升沿和下降沿都要计数，因此每一个周期要计 4 次数。

两相计数器的两个时钟脉冲可以同时工作在最大速率，全部计数器可以同时以最大速率运行，互不干扰。

根据有无复位输入和启动输入，上述的 4 类工作模式又可以各分为 3 种，因此 HSC1 和 HSC2 有 12 种工作模式，此外还有一种计高速输出脉冲数的模式 12。HSC0 和 HSC4 因为没有启动输入，只有 8 种工作模式；HSC3 和 HSC5 只有时钟脉冲输入，所以只有一种工作模式。CPU 221 和 CPU 222 不能使用 HSC1 和 HSC2。

4．高速计数器的外部输入信号

高速计数器的外部输入信号见表 4-16。有些高速计数器的输入点相互间、或它们与边沿中断（I0.0～I0.3）的输入点有重叠，同一个输入点不能同时用于两种不同的功能。但是高速计数器当前模式未使用的输入点可以用于其他功能。例如 HSC0 工作在模式 1 时只使用 I0.0 和 I0.2，I0.1 可供边沿中断或 HSC3 使用。

当复位输入信号有效时，将清除计数当前值并保持清除状态，直至复位信号关闭。当启动输入有效时，将允许计数器计数。关闭启动输入时，计数器当前值保持恒定，时钟脉冲不起作用。如果在关闭启动输入时使复位输入有效，将忽略复位输入，当前值保持不变。如果激活复位输入后再激活启动输入，则当前值被清除。

表 4-16　高速计数器的模式与外部输入点分配

模式	HSC 编号或 HSC 类型	输　入　点			
	HSC0	I0.0	I0.1	I0.2	
	HSC1	I0.6	I0.7	I1.0	I1.1
	HSC2	I1.2	I1.3	I1.4	I1.5
	HSC3	I0.1			
	HSC4	I0.3	I0.4	I0.5	
	HSC5	I0.4			
0	带内部方向输入信号的单相加/减计数器	时钟			
1		时钟		复位	
2		时钟		复位	启动
3	带外部方向输入信号的单相加/减计数器	时钟	方向		
4		时钟	方向	复位	
5		时钟	方向	复位	启动
6	带加减计数时钟脉冲输入的双相计数器	加时钟	减时钟		
7		加时钟	减时钟	复位	
8		加时钟	减时钟	复位	启动
9	A/B 相正交计数器	A 相时钟	B 相时钟		
10		A 相时钟	B 相时钟	复位	
11		A 相时钟	B 相时钟	复位	启动
12	只有 HSC 0 和 HSC 3 支持模式 12。HSC0 计 Q0.0 输出的脉冲数，HSC3 计 Q0.1 输出的脉冲数				

4.7.2　高速计数器的程序设计

1．高速计数器指令

高速计数器定义指令 HDEF（见表 4-17）用输入参数 HSC 指定高速计数器，用输入参数 MODE 设置工作模式。这两个参数的数据类型均为 BYTE。每个高速计数器只能使用一条 HDEF 指令。可以用首次扫描存储器位 SM0.1，在第一个扫描周期用 HDEF 指令来定义高速计数器。高速计数器指令 HSC 用于启动编号为 N 的高速计数器，N 的数据类型为 WORD。

可以用地址 HCx（x = 0～5）来读取高速计数器的当前值。

表 4-17　高速计数器指令与高速输出指令

梯　形　图	指　　令	描　　述
HDEF	HDEF　HSC, MODE	定义高速计数器的工作模式
HSC	HSC　　N	激活高速计数器
PLS	PLS　　N	脉冲输出

2．使用指令向导生成高速计数器的应用程序

在特殊存储器（SM）区，每个高速计数器都有一个状态字节、一个设置参数用的控制字节、一个 32 位预设值寄存器和一个 32 位当前值寄存器。状态字节给出了当前计数方向和

当前值是否大于或等于预设值等信息。只有在执行高速计数器的中断程序时，状态位才有效。控制字节中的各位用于设置高速计数器的属性。可以在 S7-200 的系统手册中查阅这些特殊存储器的信息。

用户在使用高速计数器时，需要根据有关的特殊存储器的意义来编写初始化程序和中断程序。这些程序的编写既烦琐又容易出错。使用 STEP 7-Micro/WIN 的指令向导能简化高速计数器的编程过程，既简单方便，又不容易出错。

【例 4-12】 要求通过高速计数器的计数来周期性地控制 Q0.1 和 Q0.2（见图 4-44），计数脉冲的周期为 1ms。用指令向导生成高速计数器 HSC0 的初始化程序和中断程序，HSC0 为无外部方向输入信号的单相加/减计数器（模式 0）。图 4-45 是高速计数器运行时的趋势图。

双击指令树的“向导”文件夹中的“高速计数器”，打开高速计数器向导，按下面的步骤设置高速计数器的参数：

在第 1 页选中配置“HC0”，计数模式为默认的模式 0。每次操作完成后单击“下一步>”按钮。

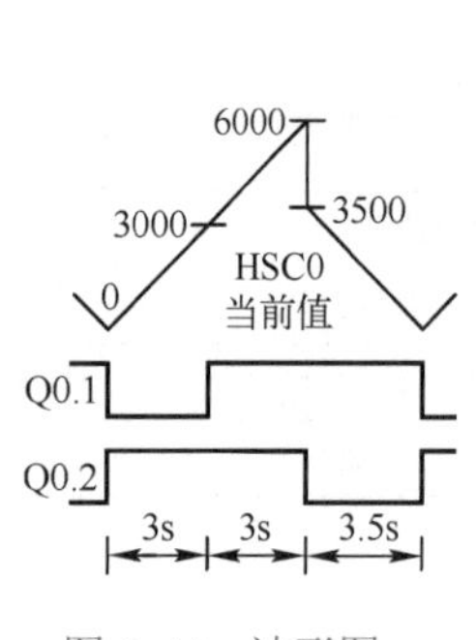

图 4-44 波形图

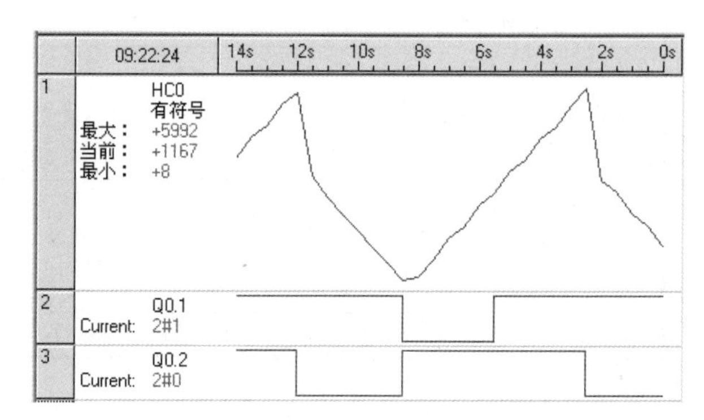

图 4-45 趋势图

在第 2 页（初始化选项）采用默认的计数器初始化子程序的符号名 HSC_INIT。设置计数器的预设值 PV 为 3000，当前值 CV 为默认的 0，初始计数方向为加计数。

在第 3 页（中断）设置当前值等于预设值时产生中断，使用默认的中断程序符号名 COUNT_EQ。向导允许高速计数器按多个步进行计数。即在中断程序中修改某些参数，例如修改计数器的计数方向、当前值和预设值，并将另一个中断程序连接至相同的中断事件。本例设置为 3 步。

第 4 页（第 1 步）的“当前 INT（中断程序）”为 COUNT_EQ。自动选中了“连接此事件到一个新的中断程序”，采用默认的新的中断程序（新 INT）的名称 HSC0_STEP1。设置“新 PV”（新预设值）为 6000，不更新计数当前值和计数方向。

单击上面的“下一步”按钮，第 5 页（第 2 步）的“当前 INT”为 HSC0_STEP1。自动选中了“连接此事件到一个新的中断程序”，采用默认的新的 INT 的名称 HSC0_STEP2。设置新的计数方向为减计数，更新计数当前值为 3500，新的预设值为 0（见图 4-44）。

单击上面的“下一步”按钮，第 6 页（第 3 步）选中“连接此事件到一个新的中断程序”，新 INT 的名称为 COUNT_EQ。预设值更新为 3000，不更新计数当前值，新的计数方向为加计数。实际上是开始下一周期的计数操作，计数器当前值的周期性波形如图 4-44 所示。

单击下面的“下一步”按钮，第 7 页（组件）显示将要自动生成的初始化计数器子程序 HSC_INIT 和 3 个中断程序。单击“完成”按钮，在指令树的“程序块”文件夹中，可以看到自动生成的上述 4 个程序。

主程序在 I0.1 的上升沿时调用 HSC_INIT，下面的程序中对 Q0.1 和 Q0.2 的立即置位和立即复位的指令是人工添加的。程序见配套资源中的例程“高速输入高速输出”。

（1）主程序

```
LD      I0.1
EU                              //在 I0.1 的上升沿
CALL    HSC_INIT                //调用 HSC0 初始化子程序
……                              //调用图 4-46 中的 PWM 指令
```

（2）初始化子程序 HSC_INIT

```
LD      SM0.0                   //SM0.0 总是为 ON
MOVB    16#F8, SMB37            //设置控制字节，加计数、允许计数
MOVD    +0, SMD38               //装载当前值 CV
MOVD    +3000, SMD42            //装载预设值 PV
HDEF    0, 0                    //设置 HSC0 为模式 0
ATCH    COUNT_EQ0, 12           //当前值等于预设值时调用中断程序 COUNT_EQ0
ENI                             //允许全局中断
HSC     0                       //启动 HSC0
RI      Q0.1, 1                 //用户添加的立即复位指令
SI      Q0.2, 1                 //用户添加的立即置位指令
```

（3）中断程序 COUNT_EQ

当 HSC0 的计数当前值等于第 1 个预设值 3000 时，调用中断程序 COUNT_EQ0。

```
LD      SM0.0
MOVB    16#A0, SMB37            //设置控制字节，允许计数，写入新的预设值，不改变计数方向
MOVD    +6000, SMD42            //装载预设值 PV
ATCH    HSC0_STEP1, 12          //当前值等于预设值时执行中断程序 HSC0_STEP1
HSC     0                       //启动 HSC0
SI      Q0.1, 1                 //用户添加的立即置位指令
```

（4）中断程序 HSC0_STEP1

当 HSC0 的计数当前值等于第 2 个预设值 6000 时，调用中断程序 HSC0_STEP1。

```
LD      SM0.0
MOVB    16#F0, SMB37            //设置控制字节，允许计数，写入当前值和预设值，改为减计数
MOVD    +3500, SMD38            //当前值改为 3500
MOVD    +0, SMD42               //装载预设值 PV
ATCH    HSC0_STEP2, 12          //当前值等于预设值时执行中断程序 HSC0_STEP2
HSC     0                       //启动 HSC0
RI      Q0.2, 1                 //用户添加的立即复位指令
```

（5）中断程序 HSC0_STEP2

当 HSC0 的计数当前值等于第 3 个预设值 0 时，调用中断程序 HSC0_STEP2。

```
LD      SM0.0
MOVB    16#B8, SMB37        //设置控制字节，允许计数，写入新的预设值，改为加计数
MOVD    +3000, SMD42        //装载预设值 PV
ATCH    COUNT_EQ, 12        //当前值等于预设值时调用中断程序 COUNT_EQ
HSC     0                   //启动 HSC0
RI      Q0.1, 1             //用户添加的立即复位指令
SI      Q0.2, 1             //用户添加的立即置位指令
```

高速计数器只记录未经过滤的输入事件，不受输入滤波器的影响。

调试时可以用状态表中的地址 HC0 来监视高速计数器 HSC0 的当前值（见图 4-45）。

4.7.3　高速脉冲输出与开环位置控制

1．PWM 发生器

脉冲宽度与脉冲周期之比称为占空比，脉冲列（PTO）功能提供周期与脉冲数目可以由用户控制的占空比为 50%的方波脉冲输出。脉冲宽度调制（PWM，简称为脉宽调制）功能提供连续的、周期与宽度可以由用户控制的脉冲输出（见图 4-46）。

每个 CPU 有两个 PTO/PWM（脉冲列/脉冲宽度调制）发生器，分别通过数字量输出点 Q0.0 和 Q0.1 输出高速脉冲列或脉冲宽度可调的脉冲。

PTO/PWM 发生器与过程映像输出寄存器共同使用 Q0.0 及 Q0.1。当 Q0.0 或 Q0.1 被设置为 PTO 或 PWM 功能时，禁止使用这两个输出点的数字量输出功能，此时输出波形不受过程映像输出寄存器的状态、输出强制或立即输出指令的影响。不使用 PTO/PWM 发生器时，Q0.0 与 Q0.1 作为普通的数字量输出使用。建议在启动 PTO 或 PWM 操作之前，用 R 指令将 Q0.0 或 Q0.1 的过程映像寄存器复位为 OFF。

PTO/PWM 的输出负载必须至少为额定负载的 10%，才能提供陡直的上升沿和下降沿。

在特殊存储器区，每个 PTO/PWM 发生器有一个 8 位的控制字节，16 位无符号的周期值和脉冲宽度值字，以及一个无符号 32 位脉冲计数值双字。通过它们来对 PWM 编程是比较麻烦的。可以用指令树中的 PTO/PWM 向导，来快速设置 PTO/PWM 发生器的参数。

2．用向导设置脉宽调制的参数

PWM 功能提供可变占空比的脉冲输出，时间基准可以设置为μs 或 ms。当指定的脉冲宽度值大于周期值时，占空比为 100%，输出连续接通。当脉冲宽度为 0 时，占空比为 0%，输出断开。PWM 的高频输出波形经滤波后可以得到与占空比基本上成正比的模拟量输出电压。

双击指令树的“向导”文件夹中的“PTO/PWM”，打开脉冲输出向导。

在第 1 页指定 Q0.0 或 Q0.1 作脉冲发生器，单击“下一步”按钮，进入下一页。

在第 2 页选择组态 PWM，并选择脉冲宽度和周期的时间基准为 μs（可选 ms 或 μs），就完成了对 PWM 的组态。

单击第 3 页的“完成”按钮，向导将生成 PWM 指令 PWMx_RUN，指令名称中的 x 是 Q0.0 或 Q0.1 的位地址。在指令树的文件夹“\程序块\向导”中可以看到生成的子程序 PWM0_RUN。

子程序 PWM0_RUN（见图 4-46）的参数 RUN 用来控制是否产生脉冲，周期 Cycle 和脉冲宽度 Pulse 的数据类型为 WORD。周期的有效范围为 10～65535μs 或 2～65535ms，脉冲宽度的有效范围为 0～65535μs 或 0～65535ms。在例程“高速输入高速输出”的主程序中

调用 PWM0_RUN，Q0.0 输出的脉冲周期为 1000μs，脉冲宽度为 500μs。

视频“高速计数器应用”可通过扫描二维码 4-10 播放。

3．开环位置控制的一些基本概念

（1）最大速度与启动/停止速度

最大速度 MAX_SPEED（见图 4-47）是在电动机力矩允许的范围内，最佳操作速度的最大值。驱动负载所需的力矩由摩擦力、惯性以及加速/减速时间决定。

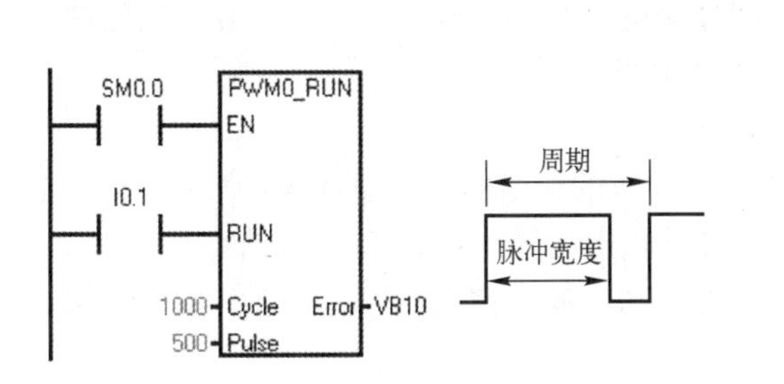

图 4-46　PWM 指令与 PWM 输出波形

MAX_SPEED
曲线
SS_SPEED
距离
加速时间
减速时间

图 4-47　运动轴的曲线

在电动机允许范围内设置一个启动/停止速度 SS_SPEED，它应满足电动机在低速时驱动负载的能力。如果 SS_SPEED 的数值过低，电动机和负载在运动的开始和结束时可能会摇摆或颤动。如果 SS_SPEED 的数值过高，电动机会在启动时丢失脉冲，在负载停止时可能会使电动机过载。SS_SPEED 通常是 MAX_SPEED 的 5%～15%。

（2）包络

包络（Profile）是一个预先定义的以位置为横坐标、以速度为纵坐标的曲线，包络是运动的图形描述（见图 4-48）。

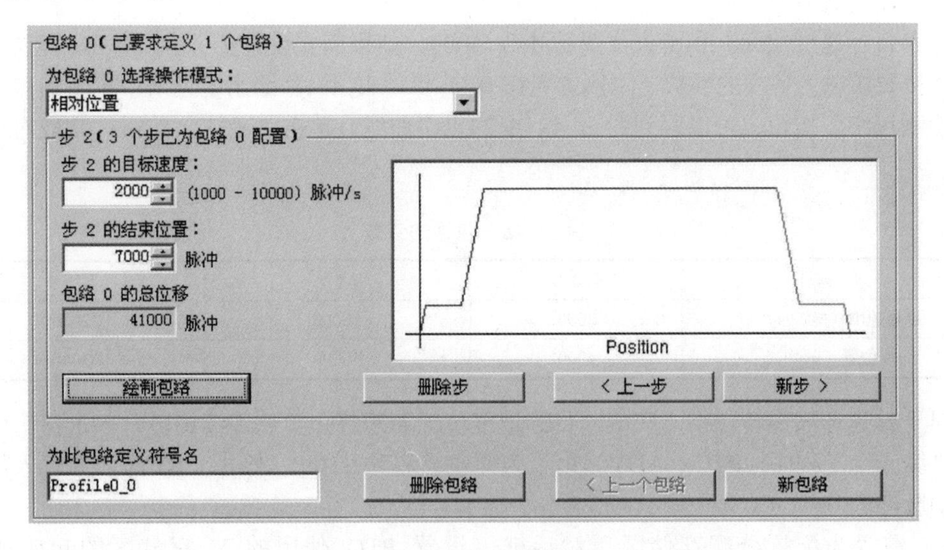

图 4-48　定义运动的包络

一个包络由多段组成，每一段包含一个达到目标速度的加速/减速过程和以目标速度匀速运行的一串指定数量的脉冲。如果是单段运动控制或者是多段运动控制中的最后一段，还应该包括一个由目标速度到停止的减速过程。

PTO 支持两种操作模式，即相对位置模式和单速连续转动模式。

（3）包络中的步

包络中的 1 步是包括加速时间或减速时间的工件运动的一个固定距离，PTO 的一个包络最多允许 29 个步。应为每一步指定目标速度和用脉冲个数表示的结束位置。步的数目与包络中恒速段的数目一致。

PTO 提供一个指定脉冲数目的方波输出（占空比为 50%）。在加速和减速时输出脉冲的频率（或周期）线性变化，而在恒定频率段部分保持不变。一旦产生完指定数目的脉冲，PTO 输出变为低电平，直到装载一个新的指定值时才产生脉冲。

4．用向导组态脉冲列输出

【例 4-13】 用位置控制向导产生脉冲列输出，要求的包络曲线如图 4-48 所示。双击指令树的“向导”文件夹中的“PTO/PWM”，打开脉冲输出向导。对 PTO 组态的步骤如下：

1）在第 1 页指定 Q0.0 或 Q0.1 作脉冲发生器，每次操作完成后单击“下一步”按钮，进入下一页。

2）在第 2 页选择组态 PTO，若想监视 PTO 产生的脉冲个数，单击多选框，选择使用高速计数器 HSC0 和模式 12 对 PTO 生成的脉冲计数。这一功能是内部实现的，无需外部接线。

3）在“电机速度”对话框设置最高速度 MAX_SPEED 为 10000 脉冲/s，启动/停止速度 SS_SPEED 为 1000 脉冲/s。

4）在“加速和减速时间”对话框输入加速和减速时间分别为 1000ms。

5）在“运动包络定义”对话框中（见图 4-48），单击“新包络”按钮，生成新的包络。确认所需的操作模式为默认的“相对位置”。根据运动的需要，可以定义多个包络，每个包络可以定义多个步。

输入目标速度 2000 和结束位置脉冲数 4000。如果需要设置多个步，单击“新步>”按钮，并按要求输入各步的参数。本例的包络有 3 步，表 4-18 给出了包络中各步的参数。单击“绘制包络”按钮，可以看到图 4-48 中的包络曲线。单击“确认”按钮，完成对包络的设置。

表 4-18 包络的参数

步 的 编 号	第 0 步	第 1 步	第 2 步
目标速度（脉冲/s）	2000	10000	2000
结束位置（脉冲）	4000	30000	7000

对于单速连续旋转包络，应输入目标速度值。若想终止单速连续旋转，单击窗口中的多选框“编一个子程序（PTOx_ADV）用于为此包络启动 STOP（停止）操作”，并输入停止时的移动脉冲数。

6）在“为配置分配存储区”对话框，设置 PTO 使用的 V 存储区的起始地址为 VB100，需要的 V 存储区的大小与包络的类型和步数有关，本例中 V 存储区的范围为 VB100～VB209。

7）在最后一页显示出向导自动生成的 PTO 数据块和 4 个子程序的默认名称。单击“完成”按钮，结束向导的配置。

随书光盘中的例程“PTO 向导”保存了上述 PTO 组态的结果。

4.8 数据块应用与字符串指令

4.8.1 数据块概述

1．在数据块中对地址和数据赋值

数据块用来对 V 存储器（变量存储器）的字节、字和双字地址分配常数（赋值）。首次扫描时 CPU 将数据块中的初始值赋给指定的 V 存储器地址。

双击指令树的“数据块”文件夹中的“用户定义 1”，打开数据块。

数据块中的典型行包括起始地址以及一个或多个数据值，双斜线（“//”）之后的注释为可选项。数据块的第一行必须包含明确的地址（包括符号地址），以后的行可以不包含明确的地址。在单地址值后面键入多个数据或键入只包含数据的行时，由编辑器进行地址赋值。编辑器根据前面的地址和数据的长度（字节、字或双字）为数据指定地址。数据块编辑器接受大小写字母，允许用英语的逗号、制表符或空格作地址和数据的分隔符号。图 4-49 给出了一个数据块的例子。

```
VB1    25, 134                  //从VB1开始的两个字节数值
VD4    100.5                    //地址为VD4的双字实数数值
VW10   -1357, 418, 562          //从VW10开始的3个字数值
       2567, 5328               //数据值的地址为VW16和VW18
```

图 4-49　数据块

完成一个赋值行后同时按〈CTRL〉键和〈ENTER〉键，在下一行自动生成下一个可用的地址。对数据块所做的更改在数据块下载后才生效。可以单独下载数据块。

2．错误处理

输入了错误的地址和数据、地址在数据值之后、数值超出允许范围、使用了非法语法或无效值、使用了符号地址或中文的标点符号，将在错误行的左边出现红色的×，出错的地址或数据的下面用波浪线标示。单击工具栏上的编译按钮，对项目所有组件进行编译。如果编译器发现地址重叠或对同一地址重复赋值等错误，将在输出窗口显示错误。双击某一条错误信息，将在数据块窗口指出有错误的行。

3．生成数据页

用鼠标右键单击指令树的“数据块”文件夹中的数据页，执行快捷菜单中的“插入”→“数据页”命令，将生成一个数据页。执行快捷菜单中的“属性”命令，在打开的对话框的“保护”选项卡，可以为数据页设置密码保护。

4.8.2 字符、字符串与数据的转换指令

本节的程序见随书光盘中的例程“字符串指令”。

1．字符和字符串的表示方法

与字符常量相比，字符串常量的第一个字节是字符串的长度（即字符个数）。

ASCII 常数字符的有效范围是 ASCII 32～ASCII 255，不包括 DEL 字符、单引号和双引号字符。在此范围之外的 ASCII 字符必须使用特殊字符格式$。例如字节中的数为 07 时，表示为'$07'。

（1）符号表中字符和字符串的表示方法

字节、字和双字中的 ASCII 字符用英语的单引号表示，例如 'A' 'AB' 和 '12AB'（见图 4-50）。不能定义 3 个或大于 4 个字符的符号。

指定给符号名的 ASCII 常量字符串用英语的双引号表示，例如 "HELLO"。

（2）数据块中字符和字符串的表示方法

在数据块编辑器中，用英语的单引号定义字符常量，可以将 VB 地址分配给任意个字符的常量、将 VW 和 VD 地址分别分配给 2 个和 4 个字符的常量。对于 3 个字符或大于 4 个字符的常量，必须使用 V 或 VB 地址。

			符号	地址
1			字符1	'12AB'
2			字符串1	"HELLO"

图 4-50　符号表

用英语的双引号定义最多 254 个字符的字符串，只能将 V 或 VB 地址用于字符串分配。下面是一些例子：

```
VW0     'AB', 'BC'              //字符常量
VB10    'ABCDE', 'BCS'          //较长的字符常量和 3 个字符的常量
V20     "ABCD", "morning"       //字符串常量，第一个字节是字符串长度
```

（3）程序编辑器中字符和字符串的表示方法

在程序编辑器中输入字符常量时，用英语的单引号将字节、字或双字存储器中的 ASCII 字符常量括起来，例如 'A' 'AB' 和 'AB12'。不能使用 3 个字符或大于 4 个字符的常量。输入常数字符串参数时，用英语的双引号将最多 126 个 ASCII 字符常量括起来。有效的地址为 VB。

2．ASCII 码与十六进制数的转换

ASCII 字符数组指令使用 BYTE 数据类型访问 ASCII 字符，字符数组由地址连续的字节组成。由于没有起始的长度字节，因此该数组并不是 STRING（字符串）数据类型。

ATH 指令（见图 4-51 和表 4-19）将从 IN 指定的地址开始、长度为 LEN 的 ASCII 字符转换为从 OUT 指定的地址开始存放的十六进制数。

表 4-19　字符、字符串与数据的转换指令

梯形图	语　句　表	描　　述	梯形图	语　句　表	描　　述
ATH	ATH　IN, OUT, LEN	ASCII 码→16 进制数	I_S	ITS　IN, OUT, FMT	整数→字符串
HTA	HTA　IN, OUT, LEN	16 进制数→ASCII 码	DI_S	DTS　IN, OUT, FMT	双整数→字符串
ITA	ITA　IN, OUT, FMT	整数→ASCII 码	R_S	RTS　IN, OUT, FMT	实数→字符串
DTA	DTA　IN, OUT, FMT	双整数→ASCII 码	S_I	STI　IN, INDX,OUT	子字符串→整数
RTA	RTA　IN, OUT, FMT	实数→ASCII 码	S_DI	STD　IN, INDX,OUT	子字符串→双整数
–			S_R	STR　IN, INDX,OUT	子字符串→实数

HTA 指令将从 IN 指定的地址开始、长度为 LEN 的十六进制数转换成从 OUT 指定的地址开始存放的 ASCII 字符。变量 IN、OUT 和 LEN 的数据类型均为 BYTE。不能直接在程序编辑器中输入字符常数。

最多可以转换 255 个 ASCII 码或十六进制数，合法的 ASCII 字符的十六进制代码值为 30～39（数字字符 0～9）和 41～46（大写字符 A～F）。

用数据块设置 VB0～VB3 中的 4 个 ASCII 字符为 ‘1C7A’（见图 4-52），ATH 指令将它们转换为 VW4 中的十六进制数 16#1C7A（见图 4-53）。

用数据块设置 VW10 中的 4 位十六进制数为 16#83FB，HTA 指令将它们转换为 VB14～VB17 中的 ASCII 字符 ‘83FB’（见图 4-53）。

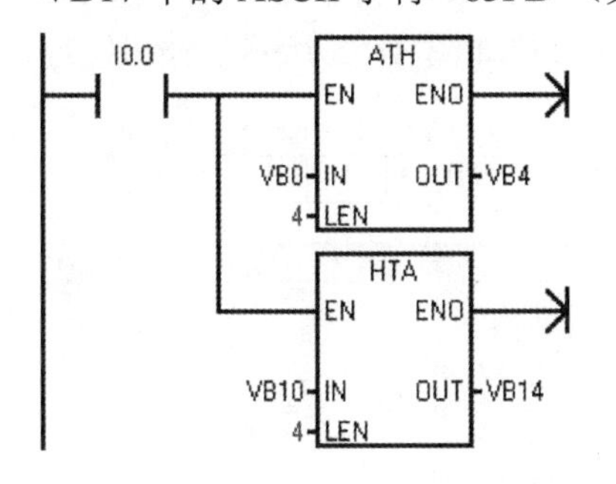

图 4-51　梯形图

```
VB0     '1C7A'
VW10    16#83FB
VW20    -12345
VD30    -35.79
VB52    "V=223.6"
VB90    "T=531.7"
VB100   "1234567890+-"
```

图 4-52　数据块

	地址	格式	当前值
1	VD0	ASCII	'1C7A'
2	VW4	十六进制	16#1C7A
3	VW10	十六进制	16#83FB
4	VD14	ASCII	'83FB'

图 4-53　状态表

3．整数转换为 ASCII 字符

ITA 指令将整数值 IN 转换为 ASCII 字符，格式参数 FMT（Format）指定小数部分的位数和小数点的表示方法（见图 4-54）。转换结果存放在从 OUT 指定的地址开始的 8 个连续字节的输出缓冲区中，ASCII 字符数组始终是 8 个字符，FMT 和 OUT 均为字节变量。

输出缓冲区中小数点右侧的位数由参数 FMT 中的 nnn 域（见图 4-54）指定，nnn = 0～5，nnn = 0 则为整数。nnn > 5 时出错，用 ASCII 空格填充整个输出缓冲区。位 c 指定用逗号（c = 1）或小数点（c = 0）作整数和小数部分的分隔符，FMT 的高 4 位必须为 0。图 4-54 中的 FMT = 3，小数部分有 3 位，使用小数点作分隔符。

输出缓冲区按下面的规则进行格式化：

1）正数写入输出缓冲区时没有符号位，负数写入输出缓冲区时带负号。

2）小数点左边的无效零（与小数点相邻的位除外）被隐藏。

3）输出缓冲区中的数字右对齐。

用数据块设置 VW20 中的整数为-12345（见图 4-52），图 4-54 中的 ITA 指令将它转换为从 VB22 开始存放的 ASCII 字符 ‘-12.345’（见图 4-55），第 1 个字符为空格字符（见图 4-54 右边表格最下面一行）。

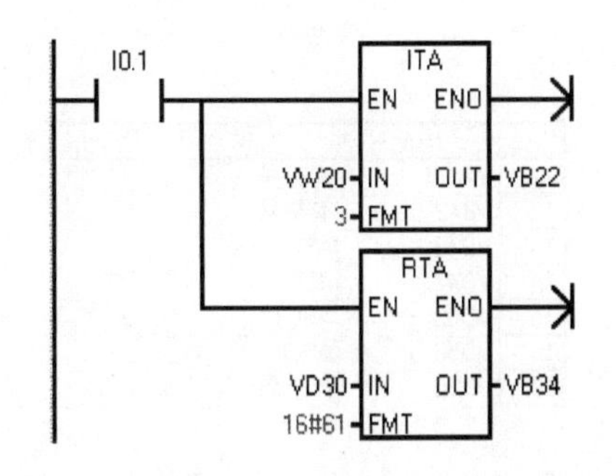

MSB　　　　　　LSB

	7	6	5	4	3	2	1	0
FMT	0	0	0	0	c	n	n	n

	Out	Out +1	Out +2	Out +3	Out +4	Out +5	Out +6	Out +7
IN = 12				0	.	0	1	2
IN = -123			-	0	.	1	2	3
IN = 1234				1	.	2	3	4
IN = -12345		-	1	2	.	3	4	5

图 4-54　ITA 与 RTA 指令

4．双整数转换为 ASCII 字符数组

DTA 指令将双整数 IN 转换为 ASCII 字符数组，转换结果存放在 OUT 指定的地址开始的 12 个连续字节中。输出缓冲区的大小始终为 12B，FMT 各位的意义和输出缓冲区格式化的规则同 ITA 指令，FMT 和 OUT 均为字节变量。

5．实数转换为 ASCII 字符数组

图 4-54 的 RTA 指令将输入的实数（浮点数）值 IN 转换成 ASCII 字符，转换结果送入 OUT 指定的地址开始的 3～15 个字节中。格式操作数 FMT 各位如图 4-55 所示，输出缓冲区的大小由 ssss 区的值指定，ssss = 3～15。输出缓冲区中小数部分的位数由 nnn 指定，nnn = 0～5。如果 nnn = 0，则显示整数。nnn > 5 或输出缓冲区 ssss < 3，无法存储转换的数值时，用 ASCII 空格填充整个输出缓冲区。位 c 的意义与指令 ITA 的相同。FMT 和 OUT 均为字节变量。实数格式最多支持 7 位有效数字，超过 7 位将导致舍入错误。

	7	6	5	4	3	2	1	0
FMT	s	s	s	s	c	n	n	n

	地址	格式	当前值
5	VW20	有符号	-12345
6	VD22	ASCII	' -12'
7	VD26	ASCII	'.345'
8	VD30	浮点数	-35.79
9	VD34	ASCII	' -35'
10	VW38	ASCII	'.8'

图 4-55　FMT 与状态表

除了 ITA 指令输出缓冲区格式化的 3 条规则外，还有以下规则：

1）小数部分的值被四舍五入为指定位数的纯小数。

2）输出缓冲区的大小必须至少比小数部分的位数多 3 个字节。

图 4-54 中的 FMT 为 16#61，输出缓冲区为 6B，小数部分 1 位，用小数点作分隔符。用数据块设置 VD30 中的实数为-35.79（见图 4-52），从 VB34 开始的 6B 存放的转换结果为 ASCII 码‘ -35.8’（见图 4-55），第一个字符为空格字符。

6．数值转换为 ASCII 字符串

指令 I_S、DI_S 和 R_S 分别将整数、双整数和实数值（IN）转换为 ASCII 码字符串，存放到 OUT 指定的地址区中。

这 3 条指令的操作和 FMT 的定义与对应的 ASCII 码转换指令的基本上相同，二者的区别在于字符串转换指令转换后得到的字符串增加了一个起始字节（即地址 OUT 所指的字节），其中是字符串的长度。整数和双整数转换得到的字符串的起始字节中分别为字符的个数 8 和 12，实数转换后字符串的长度由 FMT 的高 4 位中的数来决定。

用数据块设置 VW20 中的整数为-12345（见图 4-52），图 4-56 中的 I_S 指令将它转换为字符串“-12.345”。VB42 中的字符串长度为 8（见图 4-57），VD43 中的第一个字符是空格字符。

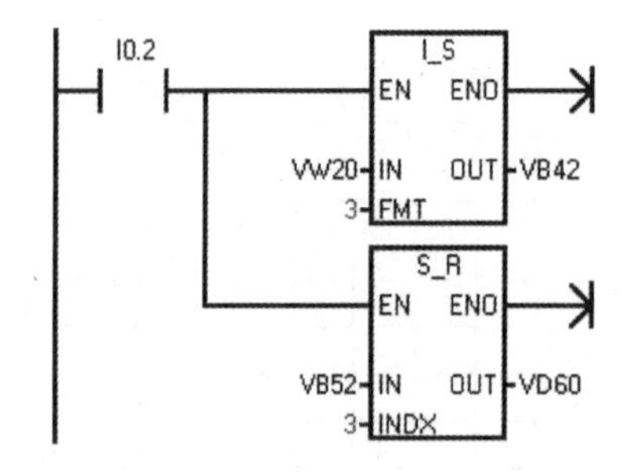

图 4-56　字符串转换指令

	地址	格式	当前值
11	VW20	有符号	-12345
12	VB42	有符号	+8
13	VD43	ASCII	' -12'
14	VD47	ASCII	'.345'
15	VD52	ASCII	'$07V=2'
16	VD56	ASCII	'23.6'
17	VD60	浮点数	223.6

图 4-57　状态表

7. ASCII 子字符串转换为数值

指令 S_I、S_DI 和 S_R 分别将字符串 IN 从偏移量 INDX 开始的子字符串转换为整数、双整数和实数值，存放到 OUT 指定的地址区。S_I、S_DI 指令的字符串输入格式为

[空格] [+或−] [数字 0～9]

S_R 指令的字符串输入格式为

[空格] [+或−] [数字 0～9] [. 或,] [数字 0～9]

INDX 通常设置为 1，即从字符串的第一个字符开始转换。如果只需要转换字符串中后面的数字，可以将 INDX 设为大于 1 的数。用数据块设置从 VB52 开始的字符串为"V=223.6"（见图 4-57），只转换从第 3 个字符开始的数字，因此 INDX 为 3（见图 4-56）。转换后 VD60 中的浮点数为 223.6。VB52 中是字符串的长度 07，用 ASCII（字符格式）显示时，07 是特殊字符，所以用格式"$07"表示（见图 4-57）。

子字符串转换指令不能正确地转换以科学计数法和指数形式表示实数的字符串，例如会将字符串"2.584E3"（2.584×10^3）转换为实数值 2.584，而且没有错误显示。

转换到字符串的结尾或遇到一个非法的字符（不是数字 0～9、加号、减号、逗号和句号的字符）时，停止转换。转换产生的整数值超过有符号字的范围和输入字符串包含非法字符时，溢出标志 SM1.1 将被置位。

4.8.3 字符串指令

1. 复制、连接字符串和求字符串长度指令

求字符串长度指令 SLEN（见表 4-20）返回输入参数 IN 指定的字符串的长度值，输出参数 OUT 的数据类型为 BYTE。该指令不能用于中文字符。

字符串复制指令 SCPY 将参数 IN 指定的字符串复制到 OUT 指定的字符串。

字符串连接指令 SCAT 将参数 IN 指定的字符串附加到 OUT 指定的字符串的后面。

表 4-20 字符串指令

梯形图	语句表	描述	梯形图	语句表	描述
STR_LEN	SLEN IN, OUT	求字符串长度	SSTR_CPY	SSCPY IN, INDX, N, OUT	复制子字符串
STR_CPY	SCPY IN, OUT	复制字符串	STR_FIND	SFND IN1, IN2, OUT	搜索字符串
STR_CAT	SCAT IN, OUT	字符串连接	CHR_FIND	CFND IN1, IN2, OUT	搜索字符

【例 4-14】 字符串指令应用举例。

```
LD      I0.3
SCPY    "HELLO ", VB70          //将字符串"HELLO "复制到 VB70 开始的存储区
SCAT    "WORLD", VB70           //将字符串"WORLD"附到 VB70 开始的字符串的后面
SLEN    VB70, VB82              //求 VB70 开始的字符串的长度
```

字符串"HELLO "最后有一个空格字符，执行完 SCAT 指令后，VB70 开始的字符串为"HELLO WORLD"。VB70 中是字符串的长度 11（十六进制数 16#0b），因为它是特殊字符，在状态表中显示的 VB70 中的字符为'$0b'（见图 4-59）。VB82 中是执行 SLEN 指令后得到的字符串长度 11。

2．从字符串中复制子字符串指令

执行完例 4-14 中的程序后，图 4-58 中的 SSTR_CPY 指令从 INDX 指定的第 7 个字符开始，将 IN 指定的字符串 “HELLO WORLD” 中的 5 个字符‘WORLD’复制到 OUT 指定的 VB83 开始的新字符串中，OUT 的数据类型为字节。

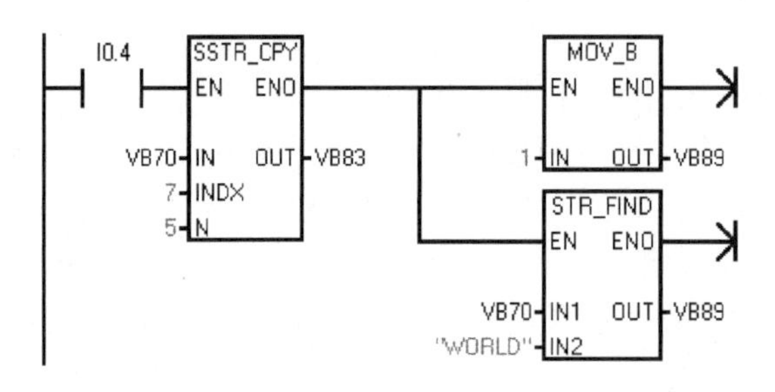

图 4-58　字符串指令

	地址	格式	当前值
18	VD70	ASCII	'$0bHEL'
19	VD74	ASCII	'LO W'
20	VD78	ASCII	'ORLD'
21	VB82	无符号	11
22	VD83	ASCII	'$05WOR'
23	VW87	ASCII	'LD'
24	VB89	有符号	+7
25	VD200	浮点数	531.7

图 4-59　状态表

3．字符串搜索指令

STR_FIND 指令（见图 4-58）在 IN1 指定的字符串 “HELLO WORLD” 中，搜索 IN2 指定的字符串 “WORLD”，如果找到了与字符串 IN2 完全匹配的一段字符，用 OUT 指定的地址 VB89 保存字符‘WORLD’的首个字符 W 在字符串 IN1 中的位置（见图 6-59）。VB89 的初始值为 1 表示从第一个字符开始搜索。如果没有找到，OUT 被清零。

4．字符搜索指令

CHR_FIND 指令在字符串 IN1 中搜索字符串 IN2 包含的第一次出现的任意字符，用字节变量 OUT 的初始值指定搜索的起始位置。如果找到了匹配的字符，字符的位置被写入 OUT 中。如果没有找到，OUT 被清零。

用数据块设置从 VB90 开始的字符串 “T=531.7”（见图 4-52），VB100 开始的字符串 “1234567890+−” 包括所有的数字和加、减号，用于识别字符串中的温度值。图 4-60 中的 AC0 用作指令 CHR_FIND 的 OUT 参数，用 MOV_B 指令使它指向字符串的第一个字符，然后开始搜索。

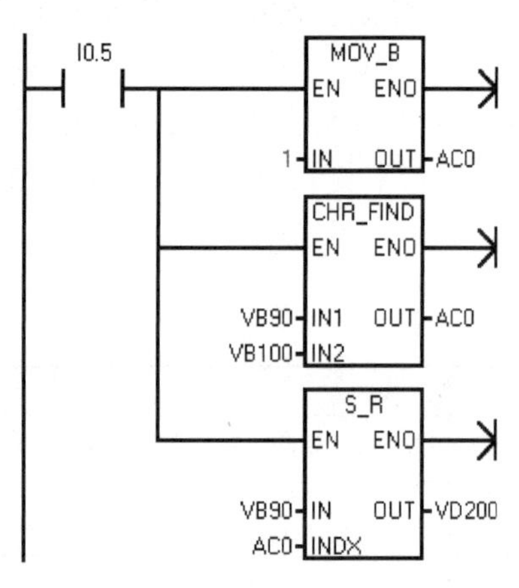

图 4-60　梯形图

CHR_FIND 指令在 IN1 指定的字符串 “T=531.7”中找到数字字符的起始位置为 3，S_R 指令将数字字符‘531.7’转换为浮点数温度值 531.7 后，存放在 VD200 中（见图 4-59）。

4.9　习题

1．填空

1）如果方框指令的 EN 输入端有能流流入且执行时无错误，则 ENO 输出端________。

2）字符串比较指令的比较条件只有_____和_____。

3）主程序调用的子程序最多嵌套____层，中断程序调用的子程序_____嵌套。

4）VB0 的值为 2#1011 0110，将它循环右移两位，然后左移 4 位后为 2#__________。

5）读取实时时钟指令 TODR 读取的日期和时间的数制为________。

6）执行“JMP 2”指令的条件______时，将不执行该指令和_______指令之间的指令。

7）主程序和中断程序的变量表中只有_____变量。

8）S7-200 有___个高速计数器，可以设置___种不同的工作模式。

2．在 VW4 小于等于 1247 时，将 M0.1 置位为 ON，反之将 M0.1 复位为 OFF。用比较指令设计出满足要求的程序。

3．编写程序，在 I0.0 的上升沿将 VW10～VW58 清零。

4．字节交换指令 SWAP 为什么必须采用脉冲执行方式？

5．编写程序，在 I0.0 的上升沿将 VW0 中以 0.01Hz 为单位的 0～99.99Hz 的整数格式的频率值，转换为 4 位 BCD 码，送给 QW0，通过 4 片译码芯片和七段显示器显示频率值（见图 3-6）。

6．用 I0.0 控制接在 QB0 上的 8 个彩灯是否移位，每 2s 循环移动 1 位。用 I0.1 控制左移或右移，首次扫描时将彩灯的初始值设置为 16#0E（仅 Q0.1～Q0.3 为 ON），设计出梯形图程序。

7．用 I1.0 控制接在 QB0 上的 8 个彩灯是否移位，每 2s 循环左移 1 位。用 IB0 设置彩灯非 0 的初始值，在 I1.1 的上升沿将 IB0 的值传送到 QB0，设计出梯形图程序。

8．用实时时钟指令设计控制路灯的程序，20:00 时开灯，06:00 时关灯。

9．用实时时钟指令设计控制路灯的程序，在 5 月 1 日～10 月 31 日的 20:00 开灯，06:00 关灯；在 11 月 1 日～下一年 4 月 30 号的 19:00 开灯，7:00 关灯。

10．半径（<10000 的整数）在 VW10 中，取圆周率为 3.1416。编写程序，用浮点数运算指令计算圆周长，运算结果四舍五入转换为整数后，存放在 VW20 中。

11．编写语句表程序，实现运算 VW2 - VW4 = VW6。

12．AIW2 中 A/D 转换得到的数值 0～32000 正比于温度值 0～1200°C。在 I0.0 的上升沿，将 AIW2 的值转换为对应的温度值存放在 VW10 中，设计出梯形图程序。

13．以 0.1°为单位的整数格式的角度值在 VW0 中，在 I0.0 的上升沿，求出该角度的正弦值，运算结果转换为以10^{-6}为单位的双整数，存放在 VD2 中，设计出程序。

14．编写程序，用 WAND_W 指令将 VW0 的最低 4 位清零，其余各位保持不变，运算结果用 VW2 保存。

15．编写程序，用 WOR_B 指令将 Q0.2、Q0.5 和 Q0.7 变为 ON，QB0 其余各位保持不变。

16．编写程序，用字节逻辑运算指令，将 VB0 的高 4 位置为 2#1001，低 4 位不变。

17．编写程序，若前后两个扫描周期 VW4 的值变化，将 M0.2 置位。

18．设计循环程序，求 VD20 开始连续存放的 5 个浮点数的平均值。

19．在 I0.0 的上升沿，用循环程序求 VW100～VW108 的累加和。为了防止溢出，将被累加的整数转换为双整数后再累加。用 VD10 保存累加和。

20．编写程序，求出 VW10～VW28 中最大的数，存放在 VW30 中。

21．用子程序调用编写图 5-3 中两条运输带的控制程序，分别设置自动程序和手动程序，用 I0.4 作自动/手动切换开关。两个按钮是自动程序的输入参数，被控的运输带是输出参数。手动时用 I0.0 和 I0.1 对应的按钮分别点动控制两条运输带。

22．设计程序，用子程序求圆的面积，输入参数为直径（小于 32767 的整数），输出量为圆的面积（双整数）。在 I0.0 的上升沿调用该子程序，直径为 10000mm，运算结果存放在 VD10 中。

23．用定时中断，每 1s 将 VW8 的值加 1，在 I0.0 的上升沿禁止该定时中断，在 I0.2 的上升沿重新启用该定时中断。设计出主程序和中断子程序。

24．第一次扫描时将 VB0 清零，用定时中断 0，每 100ms 将 VB0 加 1，VB0 等于 100 时关闭定时中断，并将 Q0.0 立即置 1。设计出主程序和中断子程序。

第 5 章　数字量控制系统梯形图程序设计方法

5.1　梯形图的经验设计法

数字量控制系统又称为开关量控制系统，继电器控制系统就是典型的数字量控制系统。

可以用设计继电器电路图的方法来设计比较简单的数字量控制系统的梯形图，即在一些典型电路的基础上，根据被控对象对控制系统的具体要求，不断地修改和完善梯形图。有时需要多次反复地调试和修改梯形图，增加一些中间编程元件和触点，最后才能得到一个较为满意的结果。

这种方法没有普遍的规律可以遵循，具有很大的试探性和随意性，最后的结果不是唯一的，设计所用的时间、设计的质量与设计者的经验有很大的关系，所以有人把这种设计方法叫作经验设计法，它可以用于较简单的梯形图（例如手动程序）的设计。下面先介绍经验设计法中一些常用的基本电路。

1．有记忆功能的电路

在第 1 章中已经介绍过起动-保持-停止电路（简称为起保停电路），由于该电路在梯形图中的应用很广，现在将它重画在图 5-1 中。起动按钮和停止按钮提供的起动信号 I0.0 和停止信号 I0.1 持续为 ON 的时间一般都很短。起保停电路最主要的特点是具有“记忆”功能，按下起动按钮，I0.0 的常开触点接通，Q0.0 的线圈“通电”，它的常开触点同时接通。松开起动按钮，I0.0 的常开触点断开，“能流”经 Q0.0 的常开触点和 I0.1 的常闭触点流过 Q0.0 的线圈，Q0.0 仍为 ON，这就是所谓的“自锁”或“自保持”功能。按下停止按钮，I0.1 的常闭触点断开，使 Q0.0 的线圈“断电”，后者的常开触点断开。以后即使松开停止按钮，I0.1 的常闭触点恢复接通状态，Q0.0 的线圈仍然“断电”。这种记忆功能也可以用图 5-1 中的 S 指令和 R 指令来实现。

在实际电路中，起动信号和停止信号可能由多个触点组成的串、并联电路提供。

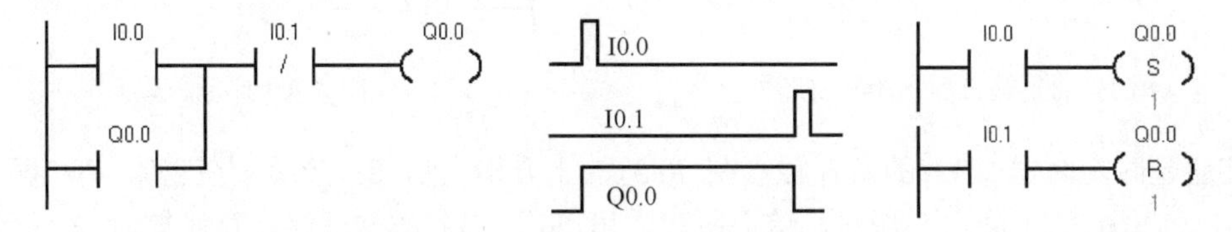

图 5-1　有记忆功能的电路

2．占空比可调的振荡电路

图 5-2 是用定时器设计的闪烁电路（见配套资源中的“定时器计数器应用”例程），其输出脉冲的周期和占空比可调。图中 I0.3 的常开触点接通后，T41 的使能输入端（IN）为

ON，T41 开始定时。2s 后定时时间到，T41 的常开触点接通，使 Q0.7 变为 ON，同时 T42 开始定时。3s 后 T42 的定时时间到，它的常闭触点断开，T41 因为使能输入电路断开而被复位。T41 的常开触点断开，使 Q0.7 变为 OFF，同时 T42 因为使能输入电路断开而被复位。复位后其常闭触点接通，下一扫描周期 T41 又开始定时。以后 Q0.7 的线圈将这样周期性地“通电”和“断电”，直到 I0.3 变为 OFF。Q0.7 的线圈“通电”和“断电”的时间分别等于 T42 和 T41 的预设值。

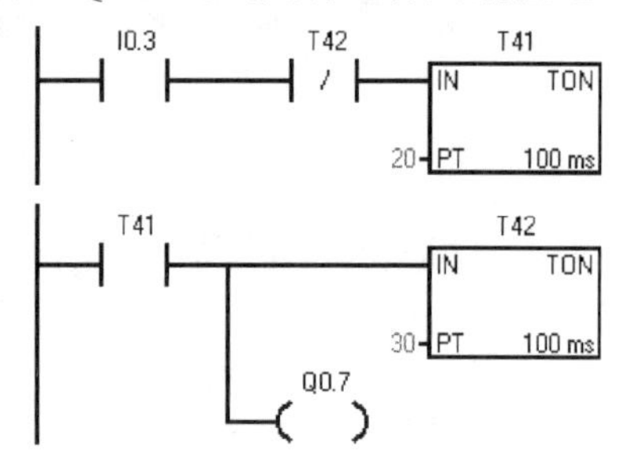

图 5-2　闪烁电路

闪烁电路实际上是一个具有正反馈的振荡电路，T41 和 T42 的输出信号通过它们的触点分别控制对方的线圈，形成了正反馈。

特殊存储器位 SM0.5 的常开触点提供周期为 1s，占空比为 0.5 的脉冲信号，可以用它来驱动需要闪烁的指示灯。

3．两条运输带的控制程序

两条运输带顺序相连（见图 5-3），为了避免运送的物料在 1 号运输带上堆积，按下起动按钮 I0.5，1 号运输带开始运行，8s 后 2 号运输带自动起动。停机的顺序与起动的顺序刚好相反，即按了停止按钮 I0.6 后，先停 2 号运输带，8s 后停 1 号运输带。PLC 通过 Q0.4 和 Q0.5 控制两台运输带。

梯形图程序如图 5-4 所示，程序中设置了一个用起动按钮和停止按钮控制的辅助元件 M0.0，用它的常开触点控制接通延时定时器 T39 和断开延时定时器 T40。

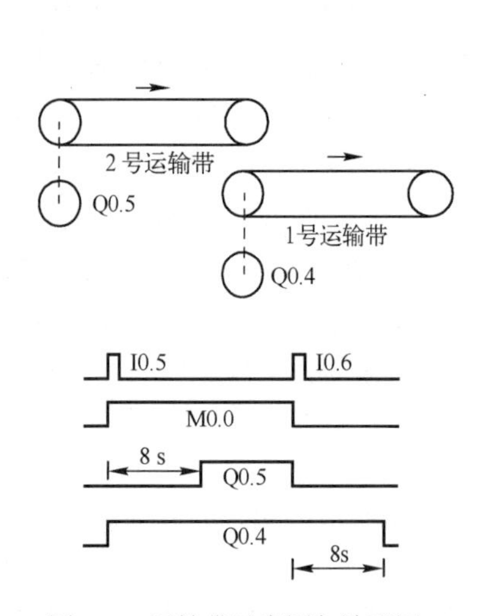

图 5-3　运输带示意图与波形图

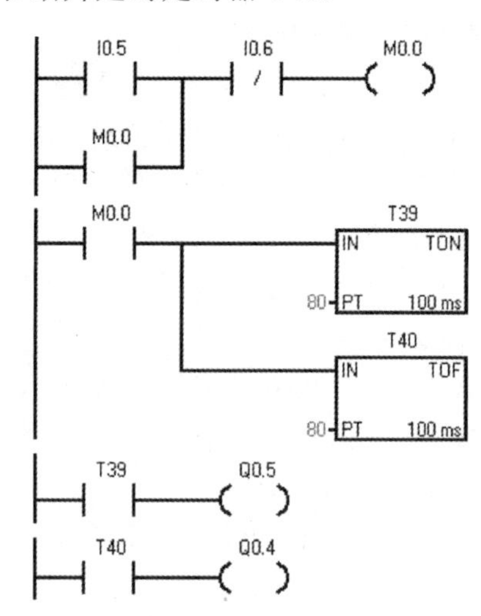

图 5-4　梯形图

接通延时定时器 T39 的常开触点在 I0.5 的上升沿之后 8s 接通，在它的 IN 输入端为 OFF 时（M0.0 的下降沿）断开。综上所述，可以用 T39 的常开触点直接控制 2 号运输带 Q0.5。

断开延时定时器 T40 的常开触点在它的 IN 输入为 ON 时接通，在它结束 8s 延时后断开，因此可以用 T40 的常开触点直接控制 1 号运输带 Q0.4。

4．使用时钟脉冲的长延时电路

S7-200 的定时器最长的定时时间为 3276.7s，如果需要更长的定时时间，可以使用图 5-5

中的计数器 C3 来实现长延时。周期为 1min 的时钟脉冲 SM0.4 的常开触点为加计数器 C0 提供计数脉冲。I0.1 由 OFF 变为 ON 时，解除了对 C3 的复位，C3 开始对 SM0.4 提供的脉冲计数。图中的定时时间为 30000min（500h）。

5．用计数器扩展定时器的定时范围

图 5-6 中的 100ms 接通延时定时器 T37 和加计数器 C4 组成了长延时电路。I0.2 为 OFF 时，T37 和 C4 处于复位状态，它们不能工作。I0.2 为 ON 时，其常开触点接通，T37 开始定时，3000s 后 T37 的定时时间到，其常开触点闭合，使 C4 加 1。T37 的常闭触点断开，使它自己复位，当前值变为 0。下一扫描周期因为它的常闭触点接通，又开始定时。

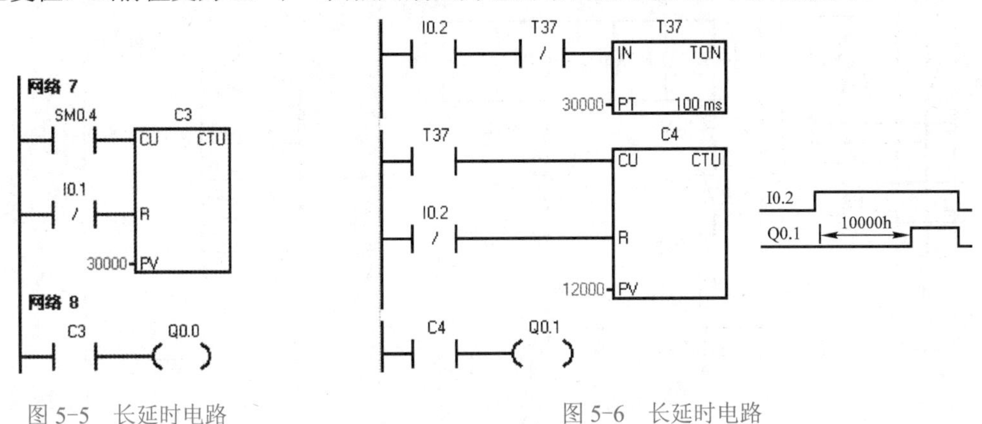

图 5-5　长延时电路

图 5-6　长延时电路

T37 产生的周期为 3000s 的脉冲列送给 C4 计数，计满 12000 个数（即 10000h）后，C4 的当前值等于预设值，它的常开触点闭合。设 T37 和 C4 的预设值分别为 K_T 和 K_C，对于 100ms 定时器，总的定时时间(s)为

$$T = 0.1K_T K_C$$

图 5-6 中的定时器自复位的电路只能用于 100ms 的定时器，如果需要用 1ms 或 10ms 的定时器来产生周期性的脉冲，应使用下面的程序：

```
LDN     M0.0            //T32 和 M0.0 组成脉冲发生器
TON     T32, 500        //T32 的预设值为 500ms

LD      T32
=       M0.0
```

6．自动往返的小车的控制程序

图 5-7 是三相异步电动机正反转控制的主电路和继电器控制电路图，其中 KM1 和 KM2 分别是控制正转运行和反转运行的交流接触器。用 KM1 和 KM2 的主触点改变进入电动机的三相电源的相序，就可以改变电动机的旋转方向。图中的 FR 是热继电器，在电动机过载时，它的常闭触点断开，使 KM1 或 KM2 的线圈断电，电动机停转。

按下右行起动按钮 SB2 或左行起动按钮 SB3 后，要求小车在左限位开关 SQ1 和右限位开关 SQ2 之间不停地循环往返，直到按下停车按钮 SB1。

图 5-8 和图 5-9 分别是功能与图 5-7 所示的继电器控制系统相同的 PLC 控制系统的外部接线图和梯形图。各输入信号均由常开触点提供，因此继电器电路和梯形图中各触点的常开和常闭的类型不变。如果在 STEP 7-Micro/WIN 中用梯形图语言输入程序，可以

采用与图 5-7 中的继电器电路完全相同的结构来画梯形图。根据 PLC 外部接线图给出的关系来确定梯形图中各触点和线圈的地址。转换为语句表后，会出现一条入栈指令和一条出栈指令。

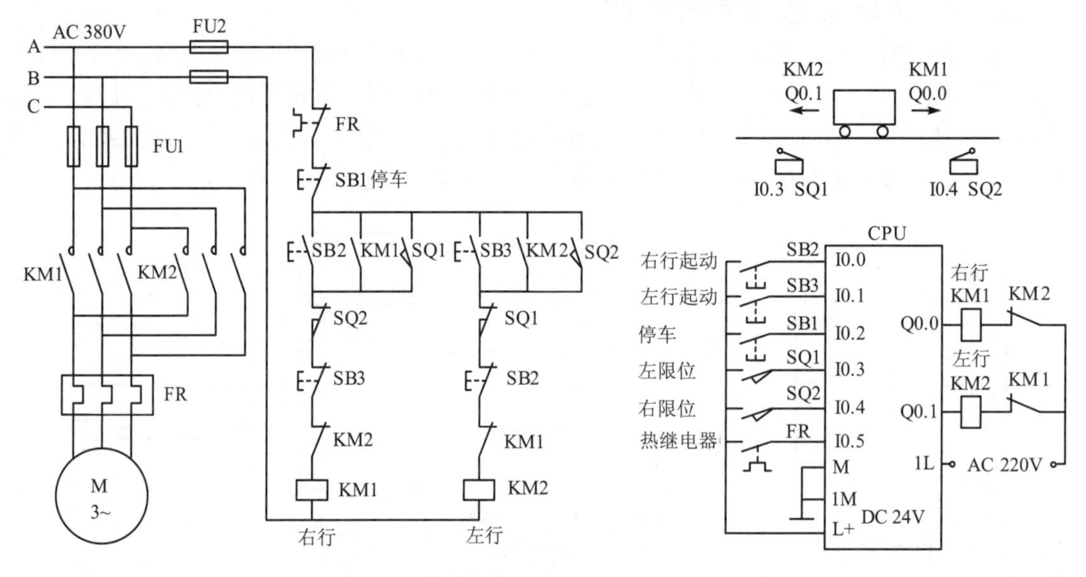

图 5-7　小车自动往返运动的继电器控制电路图

图 5-8　PLC 的外部接线图

图 5-9 用两个起保停电路来分别控制小车的右行和左行（见配套资源中的例程“小车自动往返控制”）。与继电器电路相比，多用了两个常闭触点，但是电路的逻辑关系比较清晰，并且不需要堆栈指令。

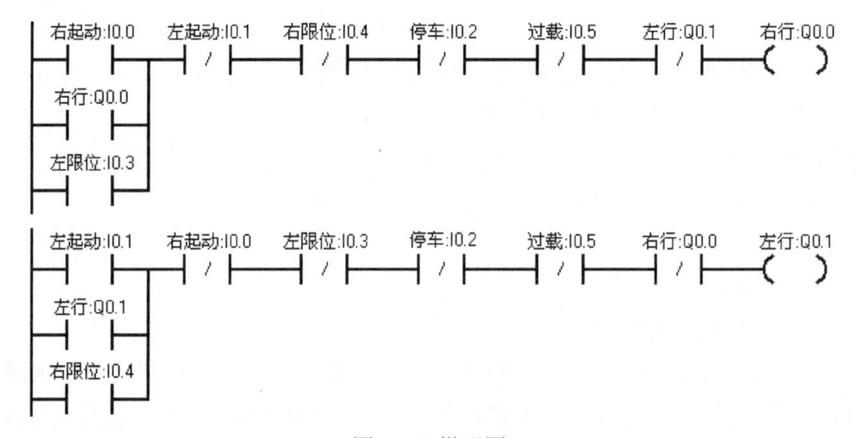

图 5-9　梯形图

按下右行起动按钮 SB2，I0.0 变为 ON，其常开触点接通，Q0.0 的线圈“得电”并自保持，使 KM1 的线圈通电，小车开始右行。按下停车按钮 SB1，I0.2 变为 ON，其常闭触点断开，使 Q0.0 线圈“失电”，小车停止右行。

在梯形图中，将 Q0.0 和 Q0.1 的常闭触点分别与对方的线圈串联，可以保证它们不会同时为 ON，因此 KM1 和 KM2 的线圈不会同时通电，这种安全措施在继电器电路中称为“互锁”。除此之外，为了方便操作和保证 Q0.0 和 Q0.1 不会同时为 ON，在梯形图中还设置了

“按钮联锁”，即将左行起动按钮对应的 I0.1 的常闭触点与控制右行的 Q0.0 的线圈串联，将右行起动按钮对应的 I0.0 的常闭触点与控制左行的 Q0.1 的线圈串联。设 Q0.0 为 ON，小车右行，这时如果想改为左行，可以不按停车按钮 SB1，直接按左行起动按钮 SB3，I0.1 变为 ON，它的常闭触点断开，使 Q0.0 的线圈“失电”，同时 I0.1 的常开触点接通，使 Q0.1 的线圈“得电”并自保持，小车由右行变为左行。

梯形图中的软件互锁和按钮联锁电路并不保险，在电动机切换方向的过程中，可能原来接通的接触器的主触点的电弧还没有熄灭，另一个接触器的主触点已经闭合了，由此将造成瞬时的电源相间短路，使熔断器熔断。此外，如果因为主电路电流过大或接触器质量不好，某一接触器的主触点被断电时产生的电弧熔焊而被黏结，其线圈断电后主触点仍然是接通的，这时如果另一接触器的线圈通电，也会造成三相电源相间短路的事故。为了防止出现这种情况，应在 PLC 外部设置由 KM1 和 KM2 的辅助常闭触点组成的硬件互锁电路（见图 5-8），假设 KM1 的主触点被电弧熔焊，这时它的与 KM2 线圈串联的辅助常闭触点处于断开状态，因此 KM2 的线圈不可能得电。

为了使小车的运动在极限位置自动停止，将右限位开关 I0.4 的常闭触点与控制右行的 Q0.0 的线圈串联，将左限位开关 I0.3 的常闭触点与控制左行的 Q0.1 的线圈串联。为使小车自动改变运动方向，将左限位开关 I0.3 的常开触点与手动起动右行的 I0.0 的常开触点并联，将右限位开关 I0.4 的常开触点与手动起动左行的 I0.1 的常开触点并联。

假设按下左行起动按钮 I0.1，Q0.1 变为 ON，小车开始左行，碰到左限位开关时，I0.3 的常闭触点断开，使 Q0.1 的线圈“断电”，小车停止左行。I0.3 的常开触点接通，使 Q0.0 的线圈“通电”，开始右行。以后将这样不断地往返运动下去，直到按下停车按钮 I0.2。

这种控制方法适用于较小容量的异步电动机，并且往返不能太频繁，否则电动机将会过热。

视频“小车控制的编程与测试”可通过扫描二维码 5-1 播放。

二维码 5-1

7. 常闭触点输入信号的处理

前面在介绍梯形图的设计方法时，实际上有一个前提，就是假设输入的数字量信号均由外部常开触点提供，但是有些输入信号只能由常闭触点提供。在继电器电路图中，热继电器 FR 的常闭触点与接触器 KM1 和 KM2 的线圈串联。电动机长期过载时，FR 的常闭触点断开，使 KM1 和 KM2 的线圈断电。

如果将图 5-8 中接在 PLC 的输入端 I0.5 处的 FR 的触点改为常闭触点，未过载时它是闭合的，I0.5 为 ON，梯形图中 I0.5 的常开触点闭合。显然，应将 I0.5 的常开触点而不是常闭触点与 Q0.0 或 Q0.1 的线圈串联。过载时 FR 的常闭触点断开，I0.5 为 OFF，梯形图中 I0.5 的常开触点断开，使 Q0.0 或 Q0.1 的线圈断电，起到了过载保护的作用。但是继电器电路图中 FR 的触点类型（常闭）和梯形图中对应的 I0.5 的触点类型（常开）刚好相反，给电路的分析带来不便。

为了使梯形图和继电器电路图中触点的类型相同，建议尽可能地用常开触点作 PLC 的输入信号。如果某些信号只能用常闭触点输入，可以按输入全部为常开触点来设计梯形图，这样可以将继电器电路图直接“翻译”为梯形图。然后将梯形图中外接常闭触点的过程映像输入位的触点改为相反的触点，即常开触点改为常闭触点，常闭触点改为常开触点。

5.2 顺序控制设计法与顺序功能图

用经验设计法设计梯形图时，没有一套固定的方法和步骤可以遵循，具有很大的试探性和随意性，对于不同的控制系统，没有一种通用的容易掌握的设计方法。在设计复杂系统的梯形图时，用大量的中间单元来完成记忆、联锁和互锁等功能，由于需要考虑的因素很多，它们往往又交织在一起，分析起来非常困难，并且很容易遗漏一些应该考虑的问题。修改某一局部电路时，可能对系统的其他部分产生意想不到的影响，因此梯形图的修改也很麻烦，花了很长的时间还得不到一个满意的结果。用经验设计法设计出的梯形图往往很难阅读，给系统的维修和改进带来了很大的困难。

所谓顺序控制，就是按照生产工艺预先规定的顺序，在各个输入信号的作用下，根据内部状态和时间的顺序，在生产过程中各个执行机构自动地有秩序地进行操作。

使用顺序控制设计法时，首先根据系统的工艺过程，画出顺序功能图（Sequential function chart，SFC），然后根据顺序功能图画出梯形图。

顺序控制设计法是一种先进的设计方法，很容易被初学者接受，对于有经验的工程师，也会提高设计的效率，程序的调试、修改和阅读也很方便。

顺序功能图是描述控制系统的控制过程、功能和特性的一种图形，也是设计 PLC 的顺序控制程序的有力工具。

顺序功能图并不涉及所描述的控制功能的具体技术，它是一种通用的技术语言，可以供进一步设计和不同专业的人员之间进行技术交流之用。

在 IEC 的 PLC 编程语言标准（IEC 61131-3）中，顺序功能图是 PLC 位居首位的编程语言。我国也在 1986 年首次颁布了顺序功能图的国家标准 GB 6988.6-1986，后改版为 GB/T 6988.6-1993《控制系统功能表图的绘制》。顺序功能图主要由步、有向连线、转换、转换条件和动作（或命令）组成。S7-300/400 和 S7-1500 的 S7-Graph 是典型的顺序功能图语言。

现在还有相当多的 PLC（包括 S7-200）没有配备顺序功能图语言，但是可以用顺序功能图来描述系统的功能，根据它来设计梯形图程序。

5.2.1 步与动作

1．步的基本概念

顺序控制设计法最基本的思想是将系统的一个工作周期划分为若干个顺序相连的阶段，这些阶段称为步（Step），并用编程元件（例如位存储器 M 和顺序控制继电器 SCR）来代表各步。一般情况下步是根据输出量的状态变化来划分的，在任何一步之内，各输出量的 ON/OFF 状态不变，但是相邻两步输出量总的状态是不同的，步的这种划分方法使代表各步的编程元件的状态与各输出量的状态之间，有着极为简单的逻辑关系。

顺序控制设计法用转换条件控制代表各步的编程元件，让它们的状态按规定的顺序变化，然后用代表各步的编程元件去控制 PLC 的各输出位。

图 5-10 中的波形图和图 5-11 中的顺序功能图给出了控制锅炉的鼓风机和引风机的要求。按下起动按钮 I0.0，应先开引风机，延时 12s 后再开鼓风机。按了停机按钮 I0.1 后，应先停鼓风机，10s 后再停引风机。控制引风机的 Q0.0 在步 M0.1～M0.3 中都应为 ON。

根据 Q0.0 和 Q0.1 ON/OFF 状态的变化，显然一个工作期间可以分为 3 步，分别用 M0.1～M0.3 来代表这 3 步，另外还应设置一个等待起动的初始步 M0.0。图 5-11 是描述该系统的顺序功能图，图中用矩形方框表示步。为了便于将顺序功能图转换为梯形图，用代表各步的编程元件的地址作为步的代号，例如 M0.0 等，并用编程元件的地址来标注转换条件和各步的动作或命令。这样在根据顺序功能图设计梯形图时较为方便。

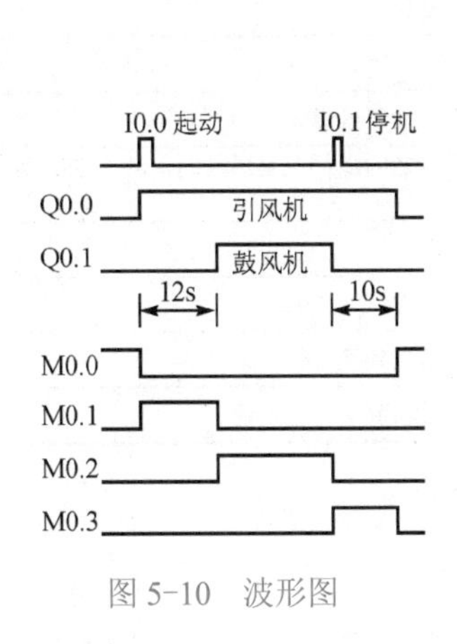

图 5-10 波形图

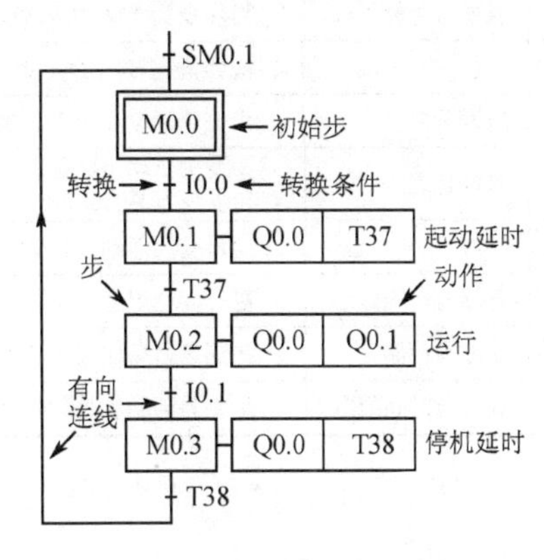

图 5-11 顺序功能图

2．初始步

与系统的初始状态相对应的步称为初始步，初始状态一般是系统等待起动命令的相对静止的状态。初始步用双线方框表示，每一个顺序功能图至少应该有一个初始步。

3．活动步

当系统正处于某一步所在的阶段时，该步处于活动状态，称该步为“活动步”。步处于活动状态时，相应的动作被执行；处于不活动状态时，相应的非存储型动作被停止执行。

4．与步对应的动作或命令

可以将一个控制系统划分为被控系统和施控系统，例如在数控车床系统中，数控装置是施控系统，而车床是被控系统。对于被控系统，在某一步中要完成某些“动作”（Action），对于施控系统，在某一步中则要向被控系统发出某些“命令”（Command）。为了叙述方便，下面将命令或动作统称为动作，并用矩形框中的文字或地址表示动作，该矩形框应与它所在的步对应的方框相连。

如果某一步有几个动作，可以用图 5-12 中的两种画法来表示，但是并不隐含这些动作之间的任何顺序。应清楚地表明动作是存储型的还是非存储型的。图 5-11 中的 Q0.1 为非存储型动作，在步 M0.2 为活动步时，动作 Q0.1 为 ON；步 M0.2 为不活动步时，动作 Q0.1 为 OFF。步 M0.2 与它的非存储性动作 Q0.1 的波形完全相同。

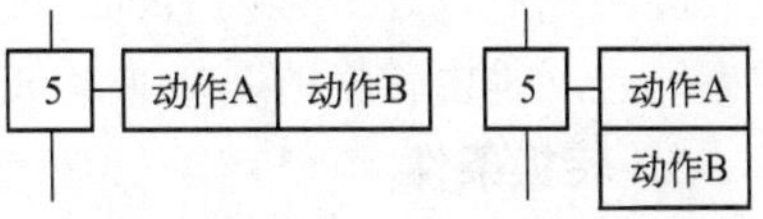

5 动作A 动作B　　5 动作A 动作B

图 5-12 动作

由图 5-10 可知，T37 在步 M0.1 为活动步时定时，T37 的 IN 输入（使能输入）为 ON。从这个意义上来说，T37 的 IN 输入相当于步 M0.1 的一个非存储型动作，所以将 T37 放在步 M0.1 的动作框内。

使用动作的修饰词（见表 5-1），可以在一步中完成不同的动作。修饰词允许在不增加逻辑的情况下控制动作。例如，可以使用修饰词 L 来限制配料阀打开的时间。

表 5-1 动作的修饰词

修饰词	名 称	描 述
N	非存储型	当步变为不活动步时动作终止
S	置位（存储）	当步变为不活动步时动作继续，直到动作被复位
R	复位	被修饰词 S、SD、SL 或 DS 起动的动作被终止
L	时间限制	步变为活动步时动作被起动，直到步变为不活动步或设定时间到
D	时间延迟	步变为活动步时延迟定时器被起动，如果延迟之后步仍然是活动的，动作被起动和继续，直到步变为不活动步
P	脉冲	当步变为活动步，动作被起动并且只执行一次
SD	存储与时间延迟	在时间延迟之后动作被起动，一直到动作被复位
DS	延迟与存储	在延迟之后如果步仍然是活动的，动作被起动直到被复位
SL	存储与时间限制	步变为活动步时动作被起动，一直到设定的时间或动作被复位

图 5-11 中的动作 Q0.0 在连续的 3 步都应为 ON，可以在顺序功能图中，用动作的修饰词“S”（见表 5-1 和图 5-13）将它在应为 ON 的第一步 M0.1 置位，用动作的修饰词“R”将它在应为 ON 的最后一步的下一步 M0.0 复位为 OFF。这种动作是存储性动作，在程序中用置位、复位指令来实现对 Q0.0 的控制。

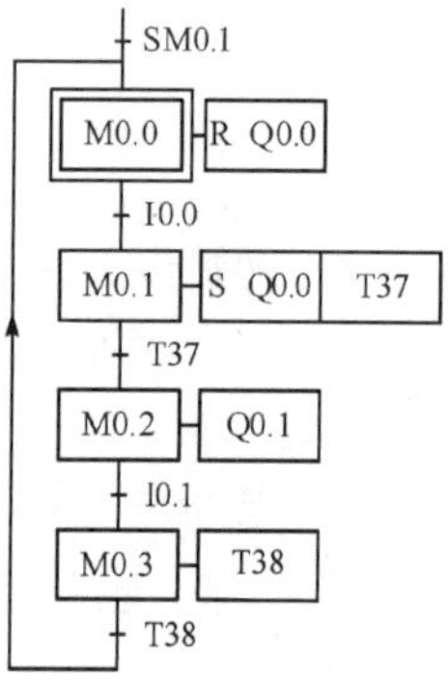

视频“顺序控制与顺序功能图”可通过扫描二维码 5-2 播放。

二维码 5-2

图 5-13 顺序功能图

5.2.2 有向连线与转换条件

1．有向连线

在顺序功能图中，随着时间的推移和转换条件的实现，将会发生步的活动状态的进展，这种进展按有向连线规定的路线和方向进行。在画顺序功能图时，将代表各步的方框按它们成为活动步的先后次序顺序排列，并用有向连线将它们连接起来。步的活动状态习惯的进展方向是从上到下或从左至右，在这两个方向有向连线上的箭头可以省略。如果不是上述的方向，则应在有向连线上用箭头注明进展方向。**为了更易于理解，在可以省略箭头的有向连线上，也可以添加表示方向的箭头。**

2．转换

转换用有向连线上与有向连线垂直的短划线来表示，转换将相邻两步分隔开。步的活动状态的进展是由转换的实现来完成的，并与控制过程的发展相对应。

3．转换条件

使系统由当前步进入下一步的信号称为转换条件，转换条件可以是外部的输入信号，例如按钮、指令开关、限位开关的接通或断开等；也可以是 PLC 内部产生的信号，例如定时器、计数器常开触点的接通等，转换条件还可以是若干个信号的与、或、非逻辑组合。

转换条件可以用梯形图、功能块图、布尔代数表达式或文字语言标注在表示转换的短线旁边，使用得最多的是布尔代数表达式（见图 5-14）。

图 5-11 中的起动按钮 I0.0 和停机按钮 I0.1 的常开触点、定时器延时接通的常开触点是

各步之间的转换条件。图中有两个 T37，它们的意义完全不同。与步 M0.1 对应的方框相连的动作框中的 T37 表示 T37 的使能输入（IN 输入）应在步 M0.1 为活动步时为 ON，在梯形图中，T37 的指令框与 M0.1 的线圈并联。转换旁边的 T37 对应于 T37 延时接通的常开触点，它被用来作为步 M0.1 和 M0.2 之间的转换条件。

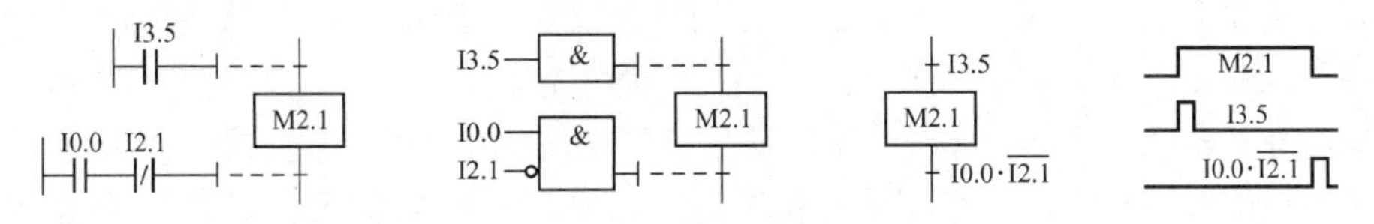

图 5-14　转换与转换条件

转换条件 I0.0 和 $\overline{\text{I0.0}}$ 分别表示当输入信号 I0.0 为 ON 和 OFF 时转换实现。转换条件↑I0.0 和↓I0.0 分别表示当 I0.0 从 OFF 到 ON（上升沿）和从 ON 到 OFF（下降沿）时转换实现。实际上即使不加符号“↑”，转换一般也是在信号的上升沿实现的，因此一般不加“↑”。

图 5-14 中的波形图用高电平表示步 M2.1 为活动步，反之则用低电平表示。转换条件 I0.0·$\overline{\text{I2.1}}$ 表示 I0.0 的常开触点与 I2.1 的常闭触点同时闭合，在梯形图中则用两个触点的串联来表示这样一个“与”逻辑关系。

在顺序功能图中，只有当某一步的前级步是活动步，该步才有可能变为活动步。如果用没有断电保持功能的编程元件来代表各步，进入 RUN 工作方式时，它们均处于 OFF。必须用开机时接通一个扫描周期的 SM0.1 的常开触点作为转换条件，将初始步 M0.0 预置为活动步（见图 5-11），否则因为顺序功能图中没有活动步，系统将无法工作。如果系统有自动、手动两种工作方式，顺序功能图是用来描述自动工作过程的，这时还应在系统由手动工作方式进入自动工作方式时，用一个适当的信号将初始步置为活动步（见 5.5 节）。

5.2.3　顺序功能图的基本结构

1．单序列

单序列由一系列相继激活的步组成，每一步的后面仅有一个转换，每一个转换的后面只有一个步（见图 5-15a），单序列的特点是没有下述的分支与合并。

2．选择序列

选择序列的开始称为分支（见图 5-15b），转换符号只能标在水平连线之下。如果步 5 是活动步，并且转换条件 h 为 ON，则发生由步 5→步 8 的进展。如果步 5 是活动步，并且 k 为 ON，则发生由步 5→步 10 的进展。如果将选择条件 k 改为 k·$\overline{\text{h}}$，则当 k 和 h 同时为 ON 时，将优先选择 h 对应的序列，一般只允许同时选择一个序列。

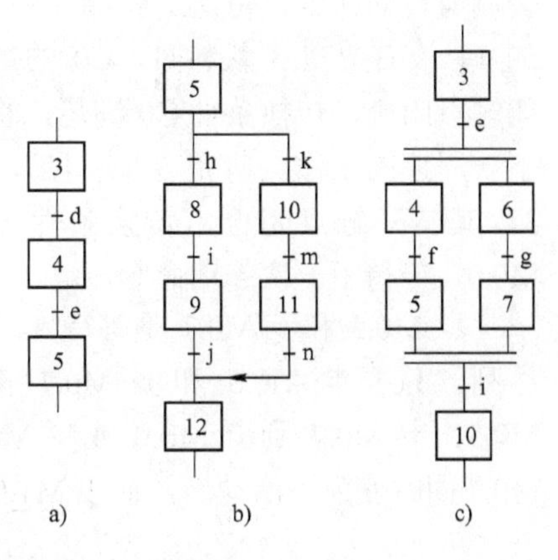

图 5-15　单序列、选择序列与并行序列

选择序列的结束称为合并（见图 5-15b），几个选择序列合并到一个公共序列时，用需要重新组合的序列相同数量的转换符号和水平连线来表

示，转换符号只允许标在水平连线之上。如果步 9 是活动步，并且转换条件 j 为 ON，则发生由步 9→步 12 的进展。如果步 11 是活动步，并且 n 为 ON，则发生由步 11→步 12 的进展。

3．并行序列

并行序列用来表示系统的几个同时工作的独立部分的工作情况。并行序列的开始称为分支（见图 5-15c），当转换的实现导致几个序列同时激活时，这些序列称为并行序列。当步 3 是活动步，并且转换条件 e 为 ON，步 4 和步 6 同时变为活动步，同时步 3 变为不活动步。为了强调转换的同步实现，水平连线用双线表示。步 4 和步 6 被同时激活后，每个序列中步的活动状态的进展将是独立的。在表示同步的水平双线之上，只允许有一个转换符号。

并行序列的结束称为合并（见图 5-15c），在表示同步的水平双线之下，只允许有一个转换符号。当直接连在双线上的所有前级步（步 5 和步 7）都处于活动状态，并且转换条件 i 为 ON 时，才会发生步 5 和步 7 到步 10 的进展，即步 5 和步 7 同时变为不活动步，而步 10 变为活动步。

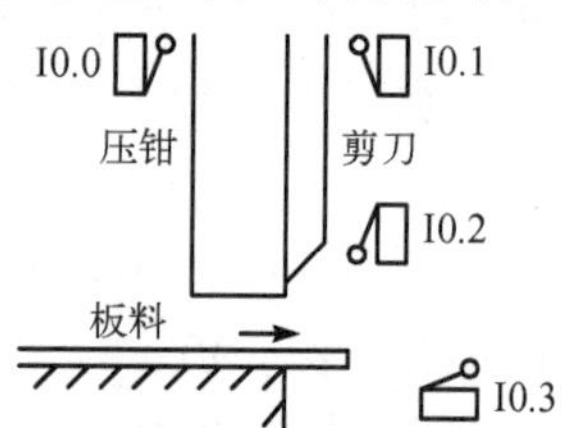

图 5-16　剪板机示意图

4．复杂的顺序功能图举例

图 5-16 是某剪板机的示意图，开始时压钳和剪刀在上限位置，限位开关 I0.0 和 I0.1 为 ON。按下起动按钮 I1.0，工作过程如下：首先板料右行（Q0.0 为 ON）至限位开关 I0.3 动作，然后压钳下行（Q0.1 为 ON），压紧板料后，压力继电器 I0.4 为 ON，压钳保持压紧，剪刀开始下行（Q0.2 为 ON）。剪断板料后，I0.2 变为 ON，压钳和剪刀同时上行（Q0.3 和 Q0.4 为 ON，Q0.1 和 Q0.2 为 OFF），它们分别碰到限位开关 I0.0 和 I0.1 后，分别停止上行，都停止后，又开始下一周期的工作，剪完 3 块料后停止工作并停在初始状态。

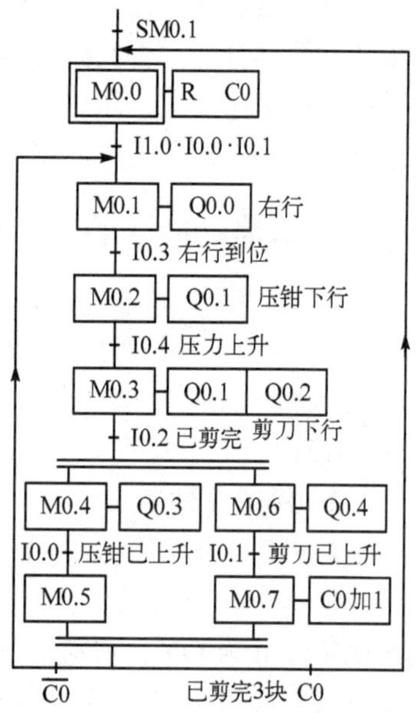

图 5-17　剪板机的顺序功能图

系统的顺序功能图如图 5-17 所示。图中有选择序列、并行序列的分支与合并。步 M0.0 是初始步，加计数器 C0 用来控制剪料的次数，每次工作循环中，C0 的当前值在步 M0.7 加 1。没有剪完 3 块料时，C0 的当前值小于预设值 3，其常闭触点闭合，转换条件 $\overline{C0}$ 满足，将返回步 M0.1，重新开始下一周期的工作。剪完 3 块料后，C0 的当前值等于预设值 3，其常开触点闭合，转换条件 C0 满足，将返回初始步 M0.0，等待下一次起动命令。

步 M0.5 和步 M0.7 是等待步，它们用来同时结束两个子序列。只要步 M0.5 和步 M0.7 都是活动步，就会发生步 M0.5、步 M0.7 到步 M0.0 或步 M0.1 的转换，步 M0.5、步 M0.7 同时变为不活动步，而步 M1.0 或步 M0.1 变为活动步。

5.2.4　顺序功能图中转换实现的基本规则

1．转换实现的条件

在顺序功能图中，步的活动状态的进展是由转换的实现来完成的。转换实现必须同时满足两个条件：

1）该转换所有的前级步都是活动步。

2）相应的转换条件得到满足。

这两个条件是缺一不可的。如果取消了第一个条件，假设因为误操作按了起动按钮，在任何情况下都将使以起动按钮作为转换条件的后续步变为活动步，造成设备的误动作，甚至会出现重大的事故。

2．转换实现应完成的操作

转换实现时应完成以下两个操作：

1）使所有由有向连线与相应转换符号相连的后续步都变为活动步。

2）使所有由有向连线与相应转换符号相连的前级步都变为不活动步。

以上规则可以用于任意结构中的转换，其区别如下：在单序列和选择序列中，一个转换仅有一个前级步和一个后续步。在并行序列的分支处，转换有几个后续步（见图 5-15c），在转换实现时应同时将它们对应的编程元件置位。在并行序列的合并处，转换有几个前级步，它们均为活动步时才有可能实现转换，在转换实现时应将它们对应的编程元件全部复位。

转换实现的基本规则是根据顺序功能图设计梯形图的基础，它适用于顺序功能图中的各种基本结构，以及本章后面将要介绍的顺序控制梯形图的编程方法。

3．绘制顺序功能图时的注意事项

下面是针对绘制顺序功能图时常见的错误提出的注意事项：

1）两个步绝对不能直接相连，必须用一个转换将它们分隔开。

2）两个转换也不能直接相连，必须用一个步将它们分隔开。

这两条要求可以作为检查顺序功能图是否正确的判据之一。

3）顺序功能图中的初始步一般对应于系统等待起动的初始状态，这一步可能没有什么输出处于 ON 状态，因此有的初学者在画顺序功能图时很容易遗漏这一步。初始步是必不可少的，一方面因为该步与它的相邻步相比，从总体上说输出变量的状态各不相同；另一方面如果没有该步，不能表示初始状态，系统也不能返回等待起动的停止状态。

4）自动控制系统应能多次重复执行同一个工艺过程，因此在顺序功能图中一般应有由步和有向连线组成的闭环，即在完成一次工艺过程的全部操作之后，应从最后一步返回初始步，系统停留在初始状态（单周期操作，见图 5-11），在连续循环工作方式时，应从最后一步返回下一工作周期开始运行的第一步（见图 5-17）。换句话说，在顺序功能图中不能有“到此为止”的死胡同或盲肠。

4．顺序控制设计法的本质

经验设计法实际上是试图用输入信号 I 直接控制输出信号 Q（见图 5-18a），如果无法直接控制，或者为了实现记忆和互锁等功能，只好被动地增加一些辅助元件和辅助触点。由于不同系统的输出量 Q 与输入量 I 之间的关系各不相同，以及它们对联锁、互锁的要求千变万化，不可能找出一种简单通用的设计方法。

顺序控制设计法则是用输入量 I 控制代表各步的编程元件（例如位存储器 M），再用它们控制输出量 Q（见图 5-18b）。步是根据输出量 Q 的状态划分的，M 与 Q 之间具有很

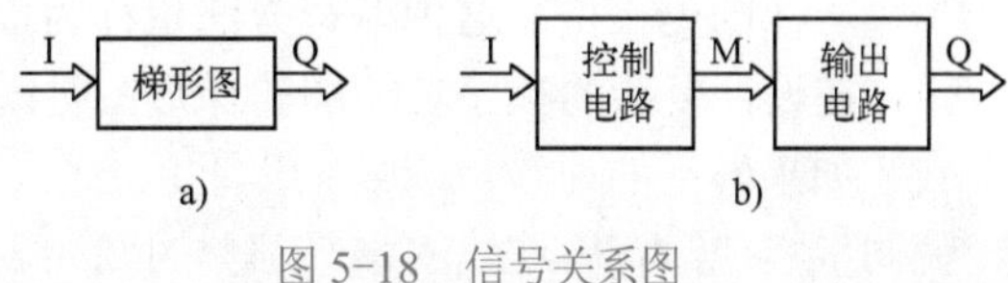

图 5-18　信号关系图

简单的“或”或者相等的逻辑关系，输出电路的设计极为简单。任何复杂系统的代表步的位存储器 M 的控制电路设计方法都是通用的，并且很容易掌握，所以顺序控制设计法具有简单、规范、通用的优点。由于代表步的 M 是依次变为 ON/OFF 状态的，实际上已经基本上解决了经验设计法中的记忆和联锁等问题。

5.3 使用置位复位指令的顺序控制梯形图设计方法

5.3～5.5 节介绍根据顺序功能图设计梯形图的方法，这些编程方法很容易掌握，用它们可以迅速地、得心应手地设计出任意复杂的数字量控制系统的梯形图。

控制系统的梯形图一般采用图 5-19 所示的典型结构，系统有自动和手动两种工作方式。SM0.0 的常开触点一直闭合，每次扫描都会执行公用程序。自动方式和手动方式都需要执行的操作放在公用程序中，公用程序还用于自动程序和手动程序相互切换的处理。I2.0 是自动/手动切换开关，当它为 ON 时调用手动程序，为 OFF 时调用自动程序。开始执行自动程序时，要求系统处于与自动程序的顺序功能图的初始步对应的初始状态。如果开机时系统没有处于初始状态，则应进入手动工作方式，用手动操作使系统进入初始状态后，再切换到自动工作方式，也可以设置使系统自动进入初始状态的工作方式（见 5.5 节）。

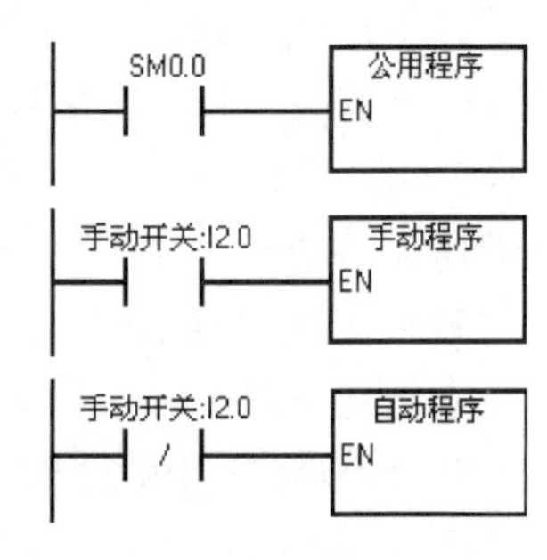

图 5-19 主程序

系统进入初始状态后，应将与顺序功能图的初始步对应的编程元件置为 ON，为转换的实现做好准备，并将其余各步对应的编程元件置为 OFF，这是因为在没有并行序列或并行序列未处于活动状态时，同时只能有一个活动步。

在 5.3 和 5.4 节中，假设刚开始执行用户程序时，系统已经处于要求的初始状态。用初始化脉冲 SM0.1 将初始步对应的编程元件置位，将其余的步复位，为转换的实现做好准备。

5.3.1 单序列的编程方法

1．步的控制电路的设计

在顺序功能图中，如果某一转换所有的前级步都是活动步，并且满足该转换对应的转换条件，将会实现转换。即该转换所有的后续步都应变为活动步，该转换所有的前级步都应变为不活动步。在梯形图中，用编程元件（例如位存储器 M）代表步，当某步为活动步时，该步对应的编程元件为 ON。当该步之后的转换条件满足时，转换条件对应的触点或电路接通，因此可以将该触点或电路与代表所有前级步的编程元件的常开触点串联，作为与转换实现的两个条件同时满足对应的电路。该电路接通时，将所有后续步对应的位存储器置位和将所有前级步对应的位存储器复位。在任何情况下，代表步的位存储器的控制电路都可以用这一原则来设计，每一个转换对应一个这样的控制置位和复位的电路块，有多少个转换就有多少个这样的电路块。这种编程方法也称为以转换为中心的编程方法。这种设计方法特别有规律，在设计复杂的顺序功能图的梯形图时既容易掌握，又不容易出错。

如果转换的前级步或后续步不止一个，转换的实现称为同步实现（见图 5-20）。为了强调同步实现，有向连线的水平部分用双线表示。

图 5-20 中转换条件的布尔代数表达式为 $\overline{\text{I0.1}}+\text{I0.3}$，它的两个前级步对应于 M1.0 和 M1.1，所以将 M1.0 和 M1.1 的常开触点组成的串联电路与 I0.1 的常闭触点和 I0.3 的常开触点组成的并联电路串联，作为转换实现的两个条件同时满足对应的电路。在梯形图中，该电路接通时，将代表前级步的 M1.0 和 M1.1 复位（变为 OFF 并保持），同时将代表后续步的 M1.2 和 M1.3 置位（变为 ON 并保持）。

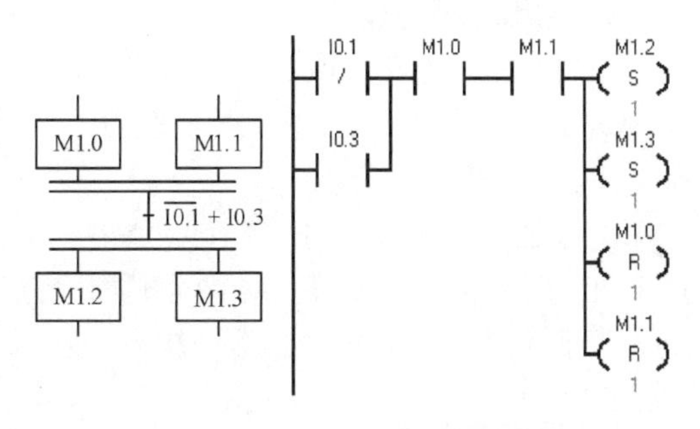

图 5-20　转换的同步实现

图 5-21 是图 5-11 中的鼓风机引风机控制系统的顺序功能图。首次扫描时，SM0.1 的常开触点闭合一个扫描周期，将初始步 M0.0 置位为活动步，将非初始步 M0.1～M0.3 复位为不活动步。

以初始步下面的 I0.0 对应的转换为例，要实现该转换，需要同时满足两个条件，即该转换的前级步是活动步（M0.0 为 ON）和转换条件满足（I0.0 为 ON）。在梯形图中，用 M0.0 和 I0.0 的常开触点组成的串联电路来表示上述条件。该电路接通时，两个条件同时满足。此时应将该转换的后续步变为活动步，即用置位指令（S 指令）将 M0.1 置位。还应将该转换的前级步变为不活动步，即用复位指令（R 指令）将 M0.0 复位。

图 5-22 是该项目的梯形图程序（见配套资源中的例程“鼓风机引风机控制”）。网络 1～5 是用上述方法编写的控制步 M0.0～M0.3 的置位复位电路，每一个转换对应一块这样的电路。

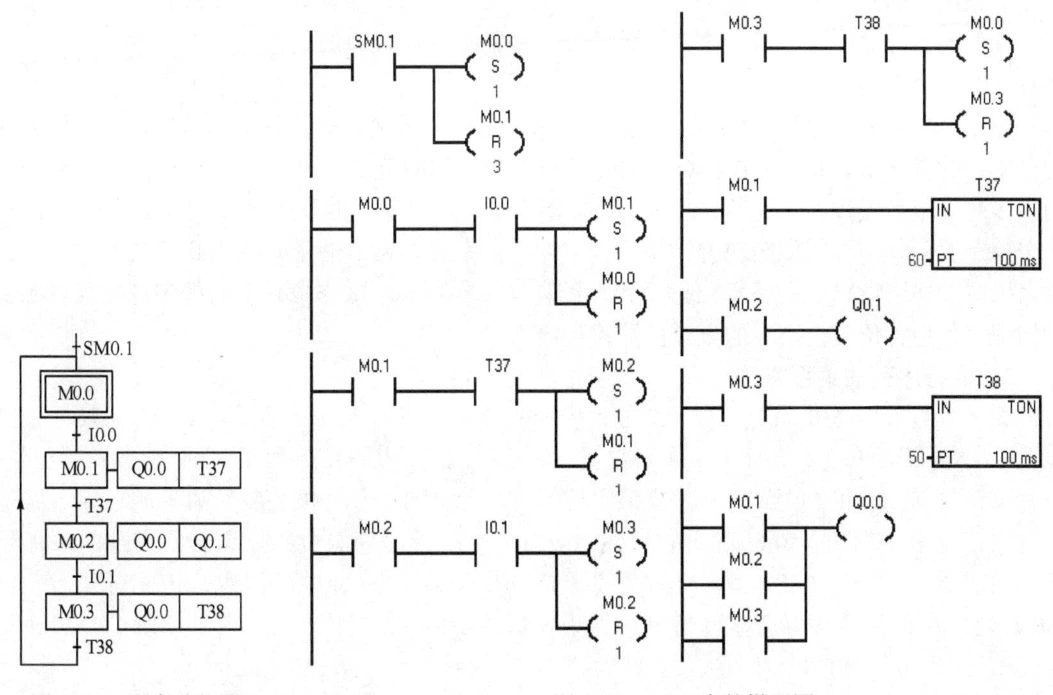

图 5-21　顺序功能图

图 5-22　OB1 中的梯形图

2．输出电路的设计

根据顺序功能图，用代表步的位存储器的常开触点或它们的并联电路来控制输出位的线圈。Q0.1 仅仅在步 M0.2 为 ON，它们的波形完全相同（见图 5-11）。因此用 M0.2 的常开触点直接控制 Q0.1 的线圈。

接通延时定时器 T37 仅在步 M0.1 为活动步时定时，因此用 M0.1 的常开触点控制 T37。由于同样的原因，用 M0.3 的常开触点控制 T38。Q0.0 的线圈在步 M0.1～M0.3 均为 ON，因此将 M0.1～M0.3 的常开触点并联后来控制 Q0.0 的线圈。

3．程序的调试

顺序功能图是用来描述控制系统的外部性能的，因此应根据顺序功能图而不是梯形图来调试顺序控制程序。

	地址	格式	当前值
1	MB0	二进制	2#0000_0010
2	QB0	二进制	2#0000_0001
3	IB0	二进制	2#0000_0000
4	T37	有符号	+74
5	T38	有符号	+0

图 5-23　状态表

用状态表监控包含所有步和动作的 MB0 和 QB0（见图 5-23）。使用二进制格式，可以用一行监控最多一个双字的 32 个位变量。此外还可以用状态表监控两个定时器的当前值和 IB0。附录 A.21 介绍了详细的调试过程。

视频“使用 SR 指令的顺控程序”可通过扫描二维码 5-3 播放。

二维码 5-3

5.3.2　选择序列与并行序列的编程方法

1．选择序列的编程方法

如果某一转换与并行序列的分支、合并无关，它的前级步和后续步都只有一个，需要复位、置位的位存储器也只有一个，因此选择序列的分支与合并的编程方法实际上与单序列的编程方法完全相同。

图 5-24 的顺序功能图中，除了 I0.3 与 I0.6 对应的转换以外，其余的转换均与并行序列的分支、合并无关，I0.0～I0.2 对应的转换与选择序列的分支、合并有关，它们都只有一个前级步和一个后续步。与并行序列的分支、合并无关的转换对应的梯形图是非常标准的，每一个控制置位、复位的电路块都由前级步对应的一个位存储器的常开触点和转换条件对应的触点组成的串联电路、一条置位指令和一条复位指令组成。图 5-24 中的程序见配套资源中的例程“使用置位复位指令的复杂的顺控程序”。

2．并行序列的编程方法

图 5-24 中步 M0.2 之后有一个并行序列的分支，当步 M0.2 是活动步，并且转换条件 I0.3 满足时，步 M0.3 与步 M0.5 应同时变为活动步，这是用 M0.2 和 I0.3 的常开触点组成的串联电路将 M0.3 和 M0.5 同时置位来实现的；与此同时，步 M0.2 应变为不活动步，这是用复位指令来实现的。I0.6 对应的转换之前有一个并行序列的合并，该转换实现的条件是所有的前级步（即步 M0.4 和 M0.6）都是活动步和转换条件 I0.6 满足。由此可知，应将 M0.4、M0.6 和 I0.6 的常开触点串联，作为使后续步 M0.0 置位和使前级步 M0.4、M0.6 复位的条件。

3．复杂的顺序功能图的调试方法

调试复杂的顺序控制程序时，应充分考虑各种可能的情况，对其中的每一条支路、各种可能的进展路线，都应逐一检查，不能遗漏。例如可以首先调试经过步 M0.1、最后返回初始步的流程，然后调试跳过步 M0.1、最后返回初始步的流程。

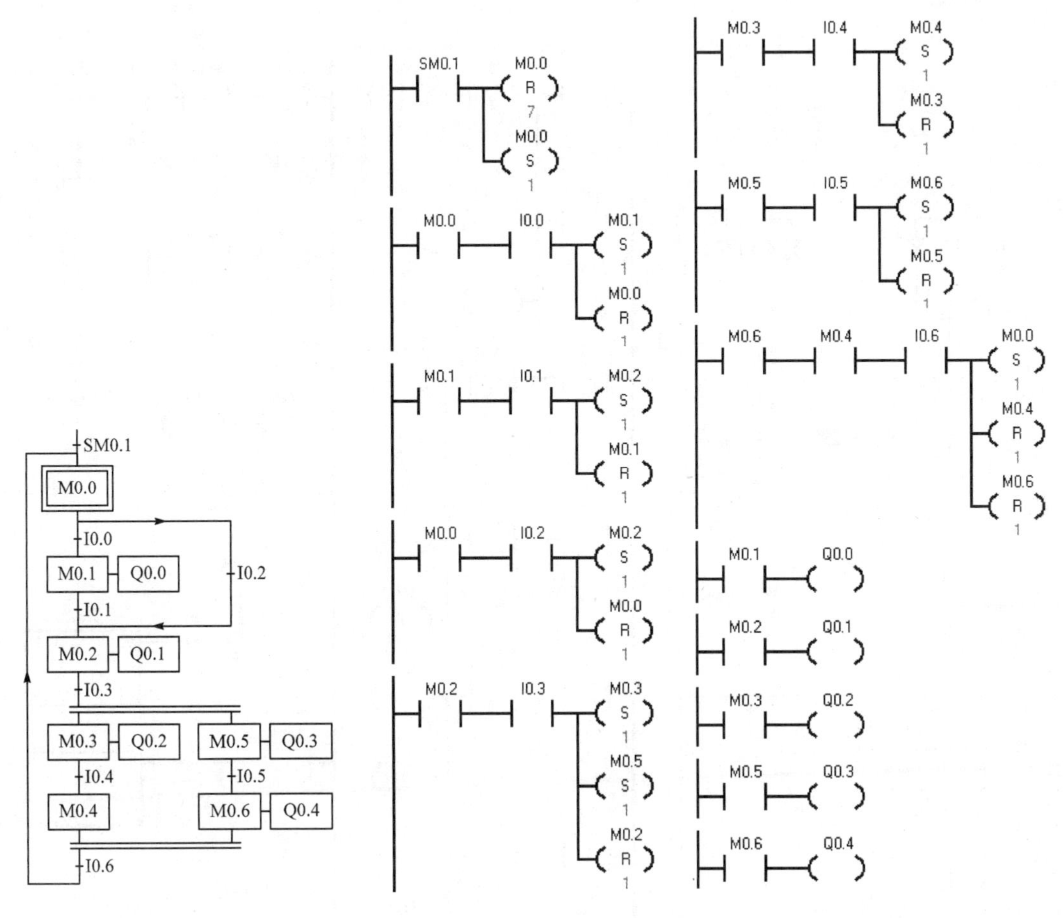

图 5-24　选择序列与并行序列的顺序功能图与梯形图

调试时应注意并行序列中各子序列的第一步（步 M0.3 和步 M0.5）是否同时变为活动步，各子序列的最后一步（步 M0.4 和步 M0.6）是否同时变为不活动步。

发现问题后及时修改程序，直到每一条进展路线上步的活动状态的顺序变化和输出点的状态的变化都符合顺序功能图的规定。

视频“复杂的顺控程序的调试”可通过扫描二维码 5-4 播放。

二维码 5-4

5.3.3　应用举例

1．液体混合控制系统

液体混合装置如图 5-25 所示，上限位、下限位和中限位液位传感器被液体淹没时为 ON，阀 A、阀 B 和阀 C 为电磁阀，线圈通电时阀门打开，线圈断电时关闭。在初始状态时容器是空的，各阀门均关闭，各液位传感器均为 OFF。按下起动按钮后，打开阀 A，液体 A 流入容器，中限位开关变为 ON 时，关闭阀 A，打开阀 B，液体 B 流入容器。液面升到上限位开关时，关闭阀 B，电动机 M 开始运行，搅拌液体，50s 后停止搅拌，打开阀 C，放出混合液，当液面降至下限位开关之后再过 6s，容器放空，关闭阀 C，打开阀 A，又开始下一周期的操作。按下停机按钮，当前工作周期的操作结束后，才停止操作，返回并停留在初始状态。

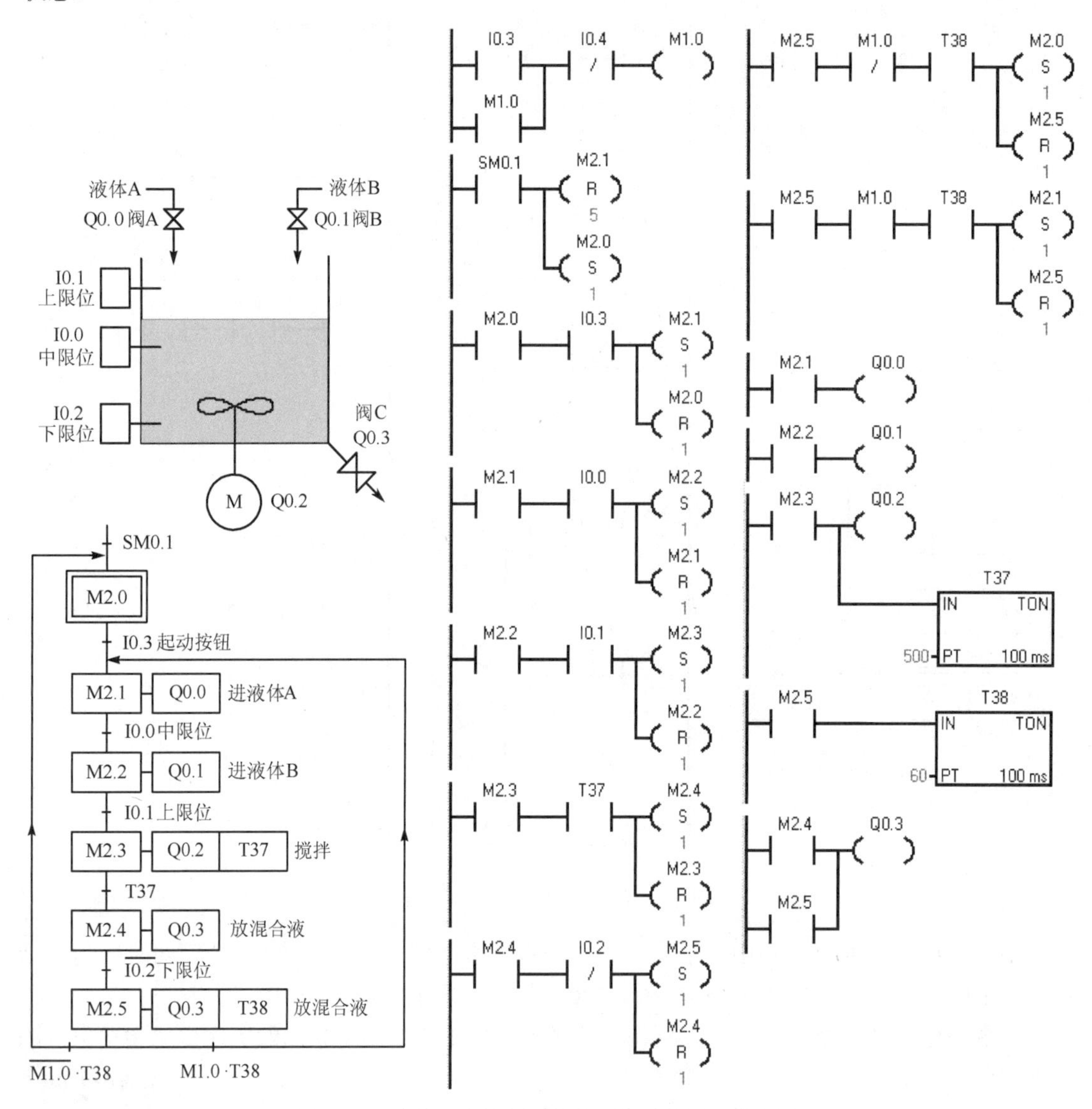

图 5-25　液体混合控制系统的顺序功能图和梯形图

图 5-25 中的“连续标志”M1.0 用起动按钮 I0.3 和停止按钮 I0.4 来控制（见配套资源中的例程“液体混合控制”）。它用来实现在按下停止按钮后不会马上停止工作，而是在当前工作周期的操作结束后，才停止运行。

步 M2.5 之后有一个选择序列的分支，梯形图右边上面两个网络用来实现选择序列分支的操作。放完混合液后，T38 的常开触点闭合。未按停止按钮 I0.4 时，M1.0 为 ON，此时转换条件 M1.0·T38 满足。所以用 M2.5 的常开触点和转换条件 M1.0·T38 对应的电路串联，作为对后续步 M2.1 置位和对前级步 M2.5 复位的条件。

按了停止按钮 I0.4 之后，M1.0 变为 OFF。要等系统完成最后一步 M2.5 的工作后，转换条件$\overline{\text{M1.0}}\cdot$T38满足，才能返回初始步，系统停止运行。所以用 M2.5 的常开触点和转换条件$\overline{\text{M1.0}}\cdot$T38对应的电路串联，作为对后续步 M2.0 置位和对前级步 M2.5 复位的条件。

步 M2.1 之前有一个选择序列的合并，只要正确地编写出每个转换条件对应的置位、复位电路，就会“自然地”实现选择序列的合并。

视频“液体混合程序的调试”可通过扫描二维码 5-5 播放。

二维码 5-5

2．剪板机控制系统

图 5-26 是前面介绍的剪板机的顺序功能图和以转换为中心的编程方法编制的梯形图程序（见配套资源中的例程“剪板机控制”）。

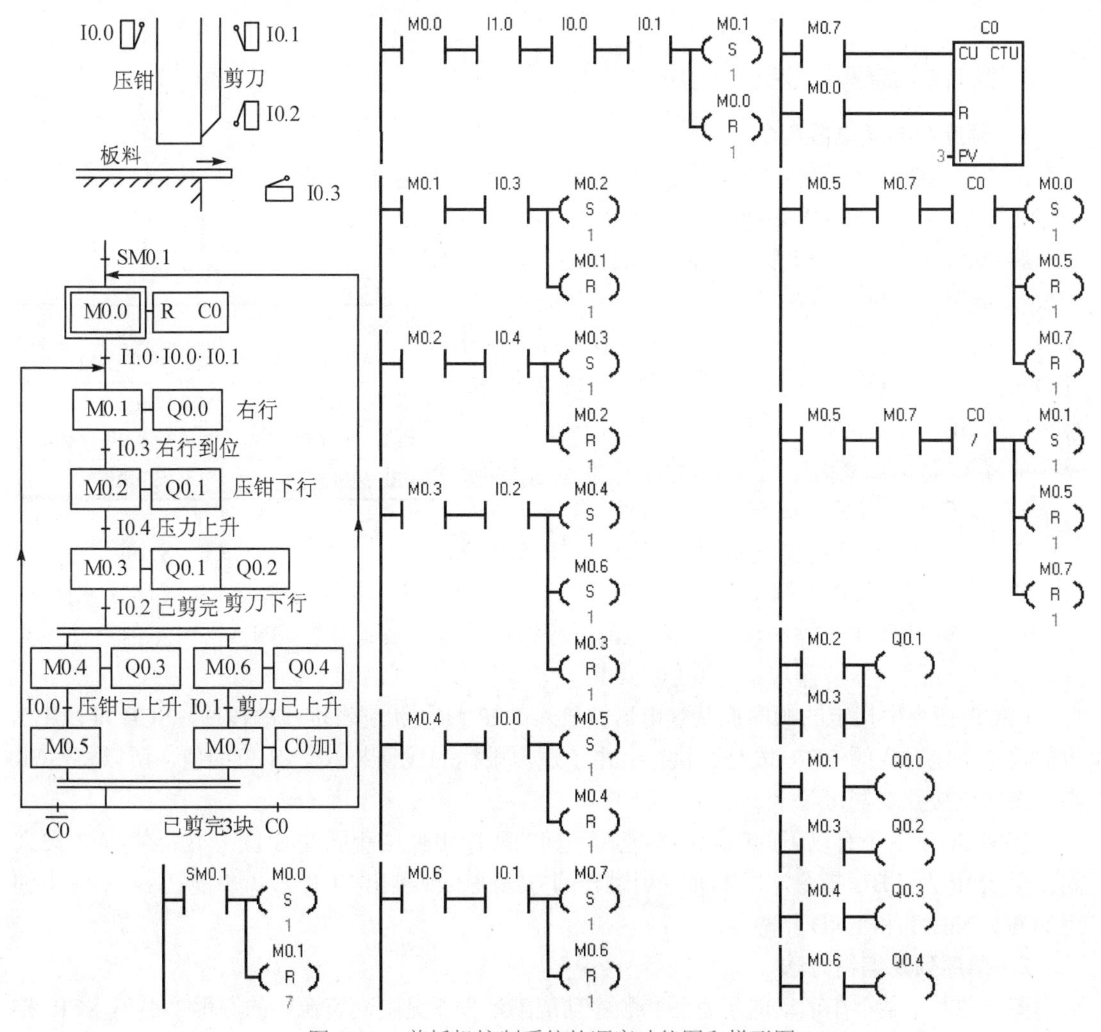

图 5-26 剪板机控制系统的顺序功能图和梯形图

顺序功能图中共有 9 个转换（包括 SM0.1），转换条件 SM0.1 将初始步 M0.0 置位，将其余各步对应的 M0.1～M0.7 复位。除了与并行序列的分支、合并有关的转换以外，其余的转换都只有一个前级步和一个后续步，对应的电路块均由代表转换实现的两个条件的触点组成的串联电路、一条置位指令和一条复位指令组成。

在并行序列的分支处，用 M0.3 和 I0.2 的常开触点组成的串联电路对两个后续步 M0.4 和 M0.6 置位，以及对前级步 M0.3 复位。在并行序列的合并处的水平双线之下，有一个选择序列的分支。剪完了计数器 C0 设定的块数时，C0 的常开触点闭合，应返回初始步 M0.0。所以将该转换之前的两个前级步 M0.5 和 M0.7 的常开触点和 C0 的常开触点串联，作为对后续步 M0.0 置位和对前级步 M0.5 和 M0.7 复位的条件。没有剪完计数器 C0 设定的块数时，C0 的常闭触点闭合，应返回步 M0.1，所以将两个前级步 M0.5 和 M0.7 的常开触点和 C0 的常闭触点串联，作为对后续步 M0.1 置位和对前级步 M0.5 和 M0.7 复位的条件。

5.4 使用 SCR 指令的顺序控制梯形图设计方法

5.4.1 顺序控制继电器指令的应用

1．顺序控制继电器指令

S7-200 中的顺序控制继电器（SCR）专门用于编制顺序控制程序。顺序控制程序被划分为 LSCR 与 SCRE 指令之间的若干个 SCR 段，一个 SCR 段对应于顺序功能图中的一步。

装载顺序控制继电器（Load Sequence Control Relay）指令 LSCR 用来表示一个 SCR 段的开始。指令中的操作数 S_bit（见表 5-2）为顺序控制继电器 S（BOOL 型）的地址，顺序控制继电器为 ON 时，执行对应的 SCR 段中的程序，反之则不执行。

表 5-2 顺序控制继电器指令

梯形图	语 句 表	描 述
SCR	LSCR S_bit	SCR 程序段开始
SCRT	SCRT S_bit	SCR 转换
SCRE	CSCRE	SCR 程序段条件结束
SCRE	SCRE	SCR 程序段结束

顺序控制继电器结束（Sequence Control Relay End）指令 SCRE 用来表示 SCR 段的结束。

顺序控制继电器转换（Sequence Control Relay Transition）指令“SCRT S_bit”用来实现 SCR 段之间的转换，即步的活动状态的转换。当 SCRT 线圈“得电”时，SCRT 指令用 S_bit 指定的顺序功能图中的后续步对应的顺序控制继电器被置位为 ON，同时当前活动步对应的顺序控制继电器被操作系统复位为 OFF，当前步变为不活动步。

LSCR 指令中指定的顺序控制继电器被放入 SCR 堆栈和逻辑堆栈的栈顶，SCR 堆栈中 S 位的状态决定对应的 SCR 段是否执行。由于逻辑堆栈的栈顶装入了 S 位的值，所以将 SCR 指令直接连接到左侧母线上。

使用 SCR 指令有以下的限制：不能在不同的程序中使用相同的 S 位；不能在 SCR 段之间使用 JMP 及 LBL 指令，即不允许用跳转的方法跳入或跳出 SCR 段；不能在 SCR 段中使用 FOR、NEXT 和 END 指令。

2．单序列的编程方法

图 5-27 是某小车运动的示意图和顺序功能图，程序见配套资源中的例程“小车 SCR 控制”。设小车在初始位置时停在左边，限位开关 I0.2 为 ON。按下起动按钮 I0.0 后，小车向右运动（简称右行），碰到右限位开关 I0.1 后，停在该处，10s 后开始左行。碰到左限位开关 I0.2 后返回初始步，停止运动。根据 Q0.0 和 Q0.1 状态的变化，显然一个工作周期可以分为右行、暂停和左行 3 步。另外还应设置等待起动的初始步，分别用 S0.0～S0.3 来代表这 4 步。起动按钮 I0.0 和限位开关 I0.1、I0.2 的常开触点、T37 延时接通的常开触点是各步之间的转换条件。

在设计梯形图时，用 LSCR（梯形图中为 SCR）和 SCRE 指令表示 SCR 段的开始和结束。在 SCR 段中用 SM0.0 的常开触点来驱动只在该步为 ON 的输出点（Q）的线圈，并用转换条件对应的触点或电路来驱动转换到后续步的 SCRT 指令。

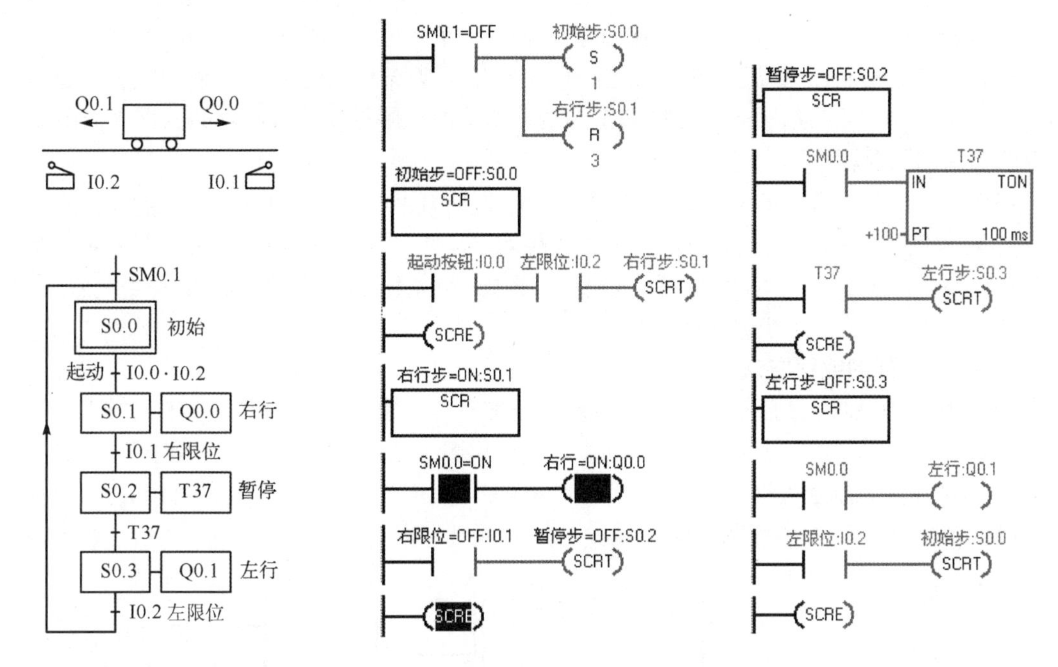

图 5-27　小车控制的顺序功能图与梯形图

如果用 STEP 7-Micro/WIN 的“程序状态”功能来监视处于运行模式的梯形图，可以看到因为直接接在左侧电源线上，每一个 SCR 方框都是蓝色的。

各 SCR 段内所有的线圈和指令实际上受到对应的顺序控制继电器的控制。图 5-27 的梯形图程序状态监控中步 S0.1 为活动步，只执行指令“SCR S0.1”开始的 SCR 段内的程序，该 SCR 段内控制 Q0.0 的 SM0.0 的常开触点闭合，SCRE 线圈通电。此时没有被执行的其他 SCR 段内的触点、线圈、定时器方框和 SCRE 指令均为灰色。

首次扫描时，SM0.1 的常开触点接通一个扫描周期，将顺序控制继电器 S0.0 置位，其他步对应的顺序控制继电器被复位。初始步变为活动步，只执行 S0.0 对应的 SCR 段。如果小车在最左边，I0.2 为 ON，此时按下起动按钮 I0.0，指令“SCRT S0.1”对应的线圈得电，使 S0.1 变为 ON，操作系统使 S0.0 变为 OFF，系统从初始步转换到右行步，只执行 S0.1 对应的 SCR 段。在该段中的 SM0.0 的常开触点闭合（见图 5-27），Q0.0 的线圈得电，小车右行。在操作系统没有执行 S0.1 对应的 SCR 段时，Q0.0 的线圈不会通电。

右行碰到右限位开关时，I0.1 的常开触点闭合，将实现右行步 S0.1 到暂停步 S0.2 的转换。定时器 T37 用来使暂停步持续 10s。延时时间到时 T37 的常开触点接通，使系统由暂停步转换到左行步 S0.3，直到碰到左限位开关 I0.2 后返回初始步。

二维码 5-6

视频“使用 SCR 指令的顺控程序”可通过扫描二维码 5-6 播放。

5.4.2 选择序列与并行序列的编程方法

1. 选择序列的编程方法

图 5-28 中步 S0.0 之后有一个选择序列的分支。当 S0.0 为 ON，它对应的 SCR 段被执行，此时若转换条件 I0.0 的常开触点闭合，该程序段中的指令“SCRT　S0.1”被执行，从步 S0.0 转换到步 S0.1。如果步 S0.0 为活动步，并且转换条件 I0.2 的常开触点闭合，将执行指令“SCRT　S0.2”，从步 S0.0 转换到步 S0.2。本节的程序见配套资源中的例程“使用 SCR 指令的复杂的顺控程序”。

在图 5-28 中，步 S0.3 之前有一个选择序列的合并，当步 S0.1 为活动步（S0.1 为 ON），并且转换条件 I0.1 满足，或步 S0.2 为活动步，并且转换条件 I0.3 满足，步 S0.3 都应变为活动步。在步 S0.1 和步 S0.2 对应的 SCR 段中，分别用 I0.1 和 I0.3 的常开触点驱动指令“SCRT　S0.3”，就能实现选择系列的合并。

2. 并行序列的编程方法

图 5-28 中步 S0.3 之后有一个并行序列的分支，当步 S0.3 是活动步，并且转换条件 I0.4 满足，步 S0.4 与步 S0.6 应同时变为活动步，这是用图 5-29 中 S0.3 对应的 SCR 段中 I0.4 的常开触点同时驱动指令“SCRT　S0.4”和“SCRT　S0.6”来实现的。与此同时，S0.3 被操作系统自动复位，步 S0.3 变为不活动步。

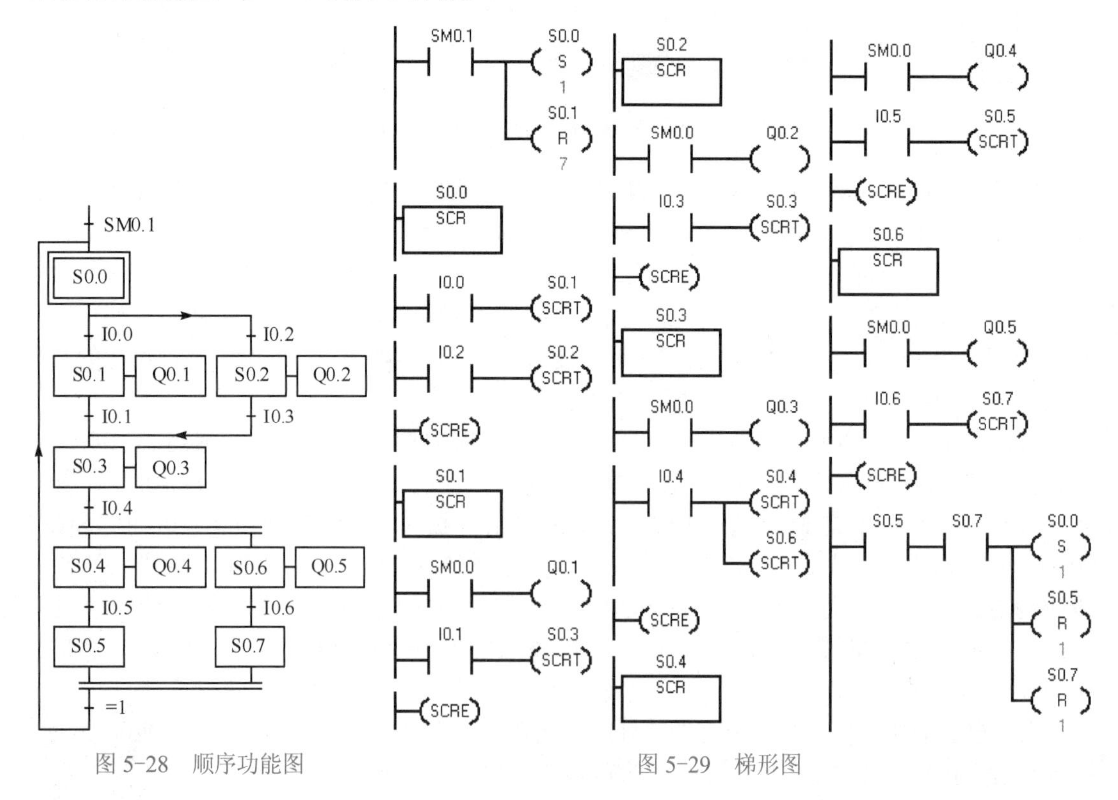

图 5-28　顺序功能图　　　　图 5-29　梯形图

步 S0.0 之前有一个并行序列的合并，因为转换条件为 1（即转换条件总是满足），转换实现的条件是所有的前级步（即步 S0.5 和 S0.7）都是活动步。图 5-29 将 S0.5 和 S0.7 的常开触点串联，来控制对 S0.0 的置位和对 S0.5、S0.7 的复位，从而使步 S0.0 变为活动步，步

S0.5 和步 S0.7 变为不活动步。在并行序列的合并处实际上局部地使用了基于置位复位指令的编程方法。

5.4.3 应用举例

1. 选择序列举例

某轮胎内胎硫化机控制系统的顺序功能图如图 5-30 所示。一个工作周期由初始、合模、反料、硫化、放汽和开模这 6 步组成，它们分别与 S0.0～S0.5 相对应。

在运行中发现“合模到位”和“开模到位”限位开关（I0.1 和 I0.2）的故障率较高，容易出现合模、开模已到位，但是相应电动机不能停机的现象，甚至可能损坏设备。为了解决这个问题，在程序中设置了诊断和报警功能。

在合模时（S0.1 为活动步）用 T40 延时。在正常情况下，当合模到位时，T40 的延时时间还没到就转换到步 S0.2，T40 因为 IN 输入断开被复位，所以它不起作用。“合模到位”限位开关出现故障时，T40 使系统进入报警步 S0.6，Q0.0 控制的合模电机断电，同时 Q0.4 接通报警装置，操作人员按复位按钮 I0.5 后解除报警。在开模过程中，用 T41 来实现保护延时。

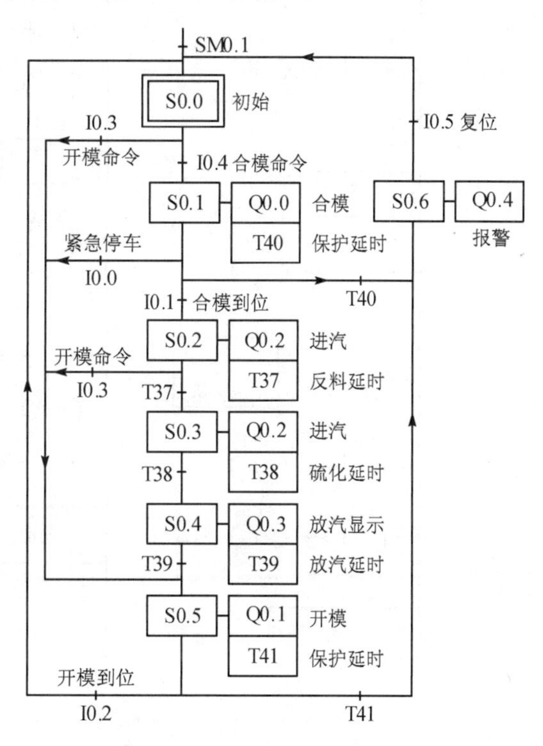

图 5-30 硫化机控制的顺序功能图

Q0.2 在步 S0.2 和步 S0.3 均应为 ON，不能在这两步的 SCR 区内分别设置一个 Q0.2 的线圈，必须在各 SCR 程序段之外，用 S0.2 和 S0.3 的常开触点的并联电路来控制一个 Q0.2 的线圈（见图 5-31 和配套资源中的例程“硫化机 SCR 控制”）。程序具体的调试方法见附录中的 A.24 节。

2. 并行序列应用举例

某专用钻床用两只钻头同时钻两个孔。开始自动运行之前两个钻头在最上面，上限位开关 I0.3 和 I0.5 为 ON。操作人员放好工件后，按下起动按钮 I0.0，转换到步 S0.1。工件被夹紧后两只钻头同时开始工作，钻到由限位开关 I0.2 和 I0.4 设定的深度时分别上行，回到由限位开关 I0.3 和 I0.5 设定的起始位置时分别停止上行。两个都到位后，工件被松开。松开到位后，加工结束，系统返回初始状态。程序见配套资源中的例程“专用钻床 SCR 控制”。

图 5-32 中系统的顺序功能图用 S0.0～S1.0 代表各步。两只钻头和各自的限位开关组成了两个子系统，这两个子系统在钻孔过程中同时工作，因此用并行序列中的两个子序列来分别表示这两个子系统的内部工作情况。

在步 S0.1，Q0.0 为 ON，夹紧电磁阀的线圈通电。工件被夹紧后，压力继电器 I0.1 的常开触点接通，使步 S0.1 变为不活动步，步 S0.2 和步 S0.5 同时变为活动步，Q0.1 和 Q0.3 为 ON，大、小钻头同时向下进给，开始钻孔。

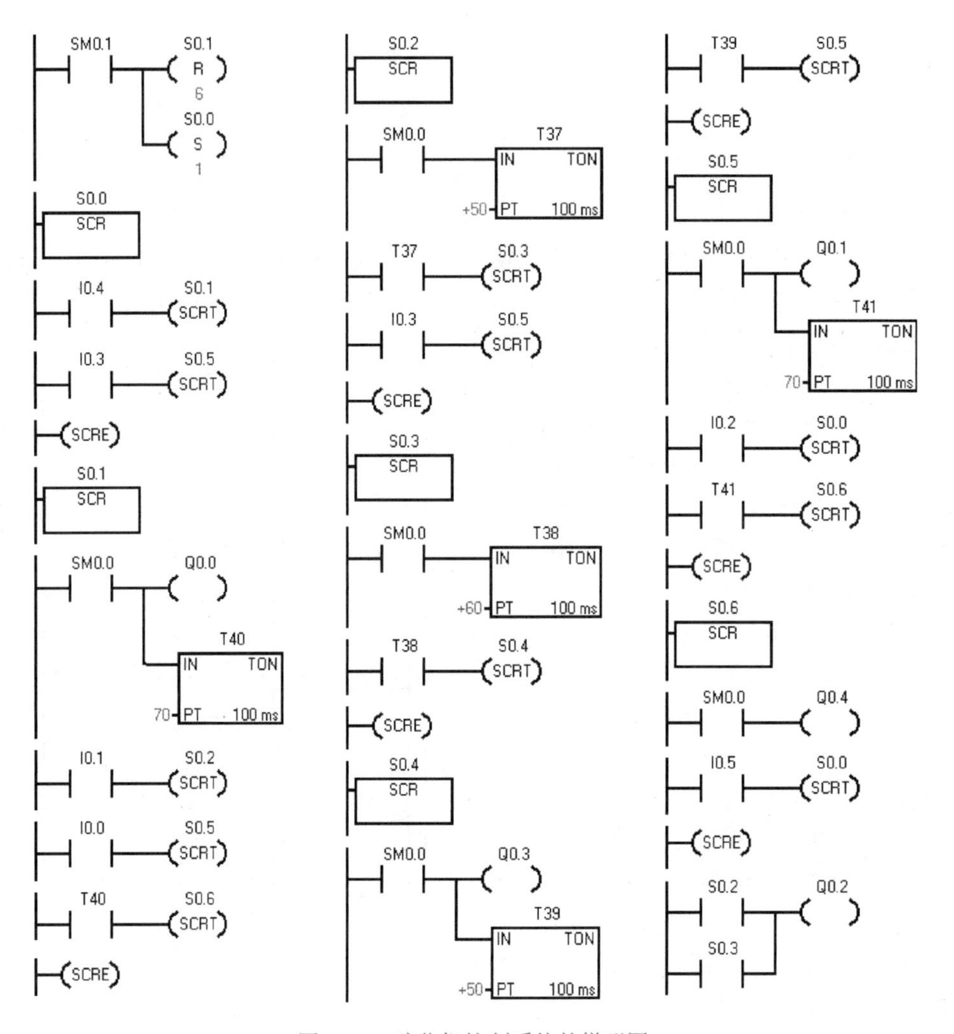

图 5-31　硫化机控制系统的梯形图

当大孔钻完后，碰到下限位开关 I0.2 时，从步 S0.2 转换到步 S0.3，Q0.1 变为 OFF，Q0.2 变为 ON，大钻头向上运动。返回初始位置后，上限位开关 I0.3 变为 ON，等待步 S0.4 变为活动步。

当小孔钻完后，碰到下限位开关 I0.4 时，从步 S0.5 转换到步 S0.6，Q0.3 变为 OFF，Q0.4 变为 ON，小钻头向上运动。返回初始位置后，上限位开关 I0.5 变为 ON，等待步 S0.7 变为活动步。

两个等待步之后的“=1”表示转换条件总是满足，即该转换条件等于二进制常数 1。只要 S0.4 和 S0.7 都变为活动步，就会实现从步 S0.4 和步 S0.7 到步 S1.0 的转换。所以只需将前级步 S0.4 和 S0.7 的常开触点串联，作为控制 S1.0 置位和 S0.4、S0.7 复位的条件。

步 S1.0 变为活动步后，控制工件松开的 Q0.5 为 ON，工件被松开后，限位开关 I0.7 为 ON，系统返回初始步 S0.0。

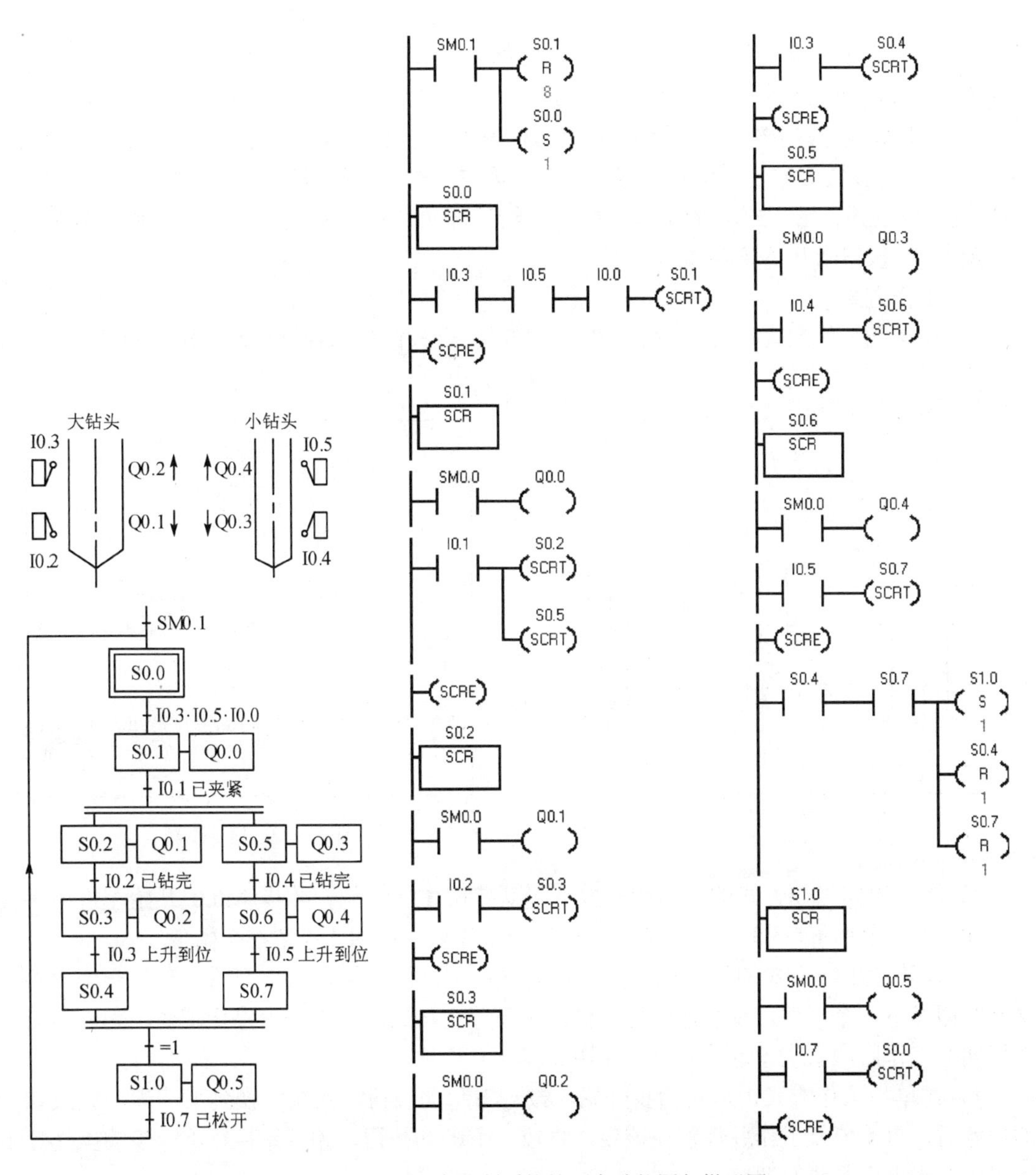

图 5-32　专用钻床控制系统的顺序功能图与梯形图

5.5　具有多种工作方式的系统的顺序控制梯形图设计方法

5.5.1　系统的硬件结构与工作方式

1．硬件结构

为了满足生产的需要，很多设备要求设置多种工作方式，例如手动方式和自动方式，后者包括连续、单周期、单步、自动返回原点几种工作方式。手动程序比较简单，一般用经验法设计，复杂的自动程序一般用顺序控制法设计。

图 5-33 中的机械手用来将工件从 A 点搬运到 B 点，操作面板如图 5-34 所示，图 5-35

是 PLC 的外部接线图。夹紧装置用单线圈电磁阀控制，输出点 Q0.1 为 ON 时工件被夹紧，为 OFF 时被松开。工作方式选择开关的 5 个位置分别对应于 5 种工作方式，操作面板左下部的 6 个按钮是手动按钮。为了保证在紧急情况下（包括 PLC 发生故障时）能可靠地切断 PLC 的负载电源，设置了交流接触器 KM（见图 5-35）。运行时按下“负载电源”按钮，使 KM 线圈得电并自锁，KM 的主触点接通，给外部负载提供交流电源，出现紧急情况时用“紧急停车”按钮断开负载电源。

2．工作方式

1）在手动工作方式，用 I0.5～I1.2 对应的 6 个按钮分别独立控制机械手的升、降、左行、右行和松开、夹紧。

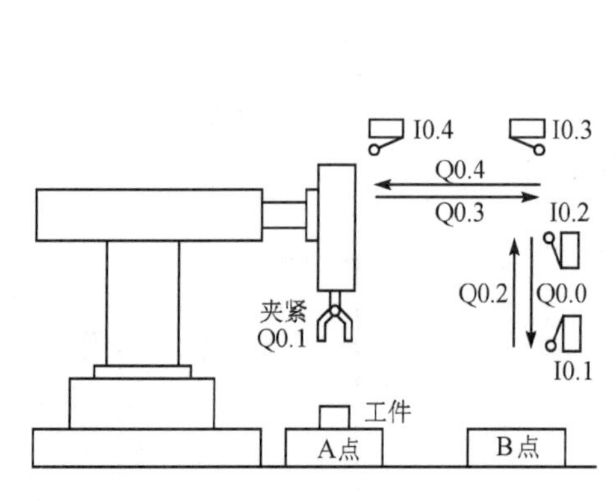

图 5-33　机械手示意图

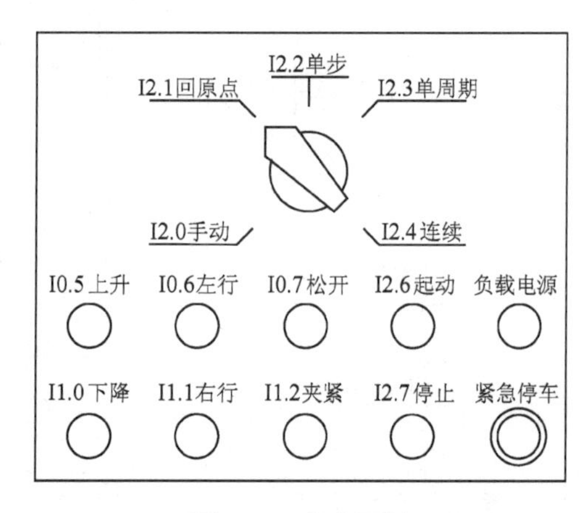

图 5-34　操作面板

2）在单周期工作方式的初始状态按下起动按钮 I2.6，从初始步 M0.0 开始，机械手按图 5-40 中的顺序功能图的规定完成一个周期的工作后，返回并停留在初始步。

3）在连续工作方式的初始状态按下起动按钮，机械手从初始步开始，工作一个周期后又开始搬运下一个工件，反复连续地工作。按下停止按钮，并不马上停止工作，完成最后一个周期的工作后，系统才返回并停留在初始步。

4）在单步工作方式，从初始步开始，按一下起动按钮，系统转换到下一步，完成该步的任务后，自动停止工作并停留在该步，再按一下起动按钮，才开始执行下一步的操作。单步工作方式用于系统的调试。

5）机械手在最上面和最左边且夹紧装置松开时，称为系统处于原点状态（或称初始状态）。在进入单周期、连续和单步工作方式之前，系统应处于原点状态。如果不满足这一条件，可以选择回原点工作方式，然后按起动按钮 I2.6，使系统自动返回原点状态。

二维码 5-7

视频“机械手工作方式的演示”可通过扫描二维码 5-7 播放。

3．程序的总体结构

项目的名称为“机械手控制”（见配套资源中的同名例程），在主程序 OB1 中，用调用子程序的方法来实现各种工作方式的切换（见图 5-36）。公用程序是无条件调用的，供各种工作方式公用。由外部接线图可知，工作方式选择开关是单刀五掷开关，同时只能选择一种工作方式。

方式选择开关在手动位置时调用手动程序，选择回原点工作方式时调用回原点程序。可以为连续、单周期和单步工作方式分别设计一个单独的子程序。考虑到这些工作方式使用相同的顺序功能图，程序有很多共同之处，为了减少程序设计的工作量，将单步、单周期和连续这 3 种工作方式的程序合并为自动程序。在自动程序中，应考虑用什么方法区分这 3 种工作方式。符号表见图 5-37。

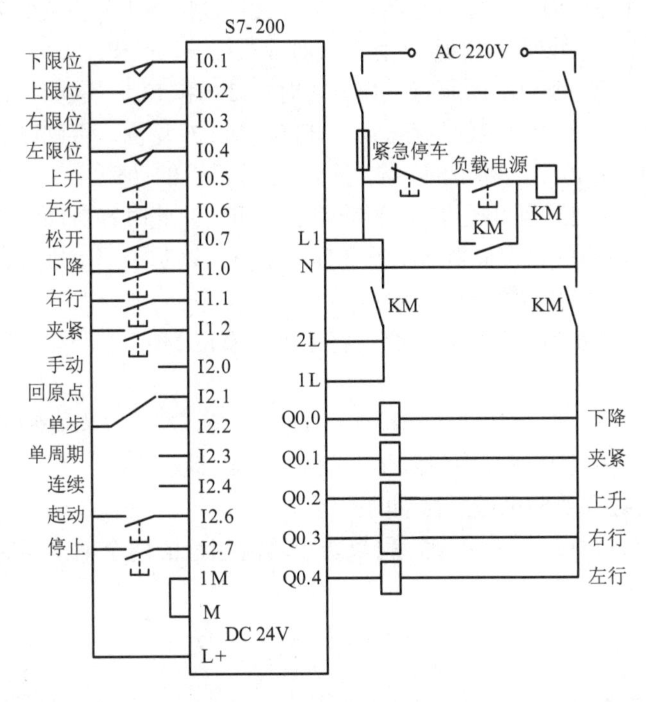

图 5-35 PLC 的外部接线图

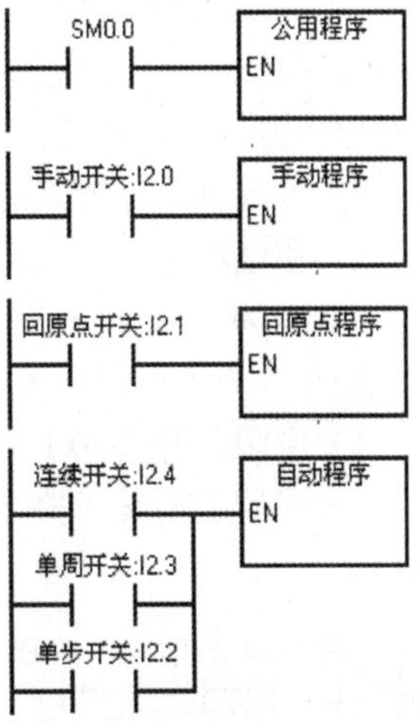

SM0.0 — 公用程序 EN

手动开关:I2.0 — 手动程序 EN

回原点开关:I2.1 — 回原点程序 EN

连续开关:I2.4 / 单周开关:I2.3 / 单步开关:I2.2 — 自动程序 EN

图 5-36 主程序 OB1

	符号	地址
1	下限位	I0.1
2	上限位	I0.2
3	右限位	I0.3
4	左限位	I0.4
5	上升按钮	I0.5
6	左行按钮	I0.6
7	松开按钮	I0.7
8	下降按钮	I1.0
9	右行按钮	I1.1
10	夹紧按钮	I1.2
11	手动开关	I2.0
12	回原点开关	I2.1
13	单步开关	I2.2
14	单周开关	I2.3
15	连续开关	I2.4
16	起动按钮	I2.6
17	停止按钮	I2.7
18	初始步	M0.0
19	原点条件	M0.5
20	转换允许	M0.6
21	连续标志	M0.7
22	A点降步	M2.0
23	夹紧步	M2.1
24	A点升步	M2.2
25	右行步	M2.3
26	B点降步	M2.4
27	松开步	M2.5
28	B点升步	M2.6
29	左行步	M2.7
30	下降阀	Q0.0
31	夹紧阀	Q0.1
32	上升阀	Q0.2
33	右行阀	Q0.3
34	左行阀	Q0.4

图 5-37 符号表

5.5.2 公用程序与手动程序

1. 公用程序

公用程序（见图 5-38）用于处理各种工作方式都要执行的任务，以及不同的工作方式之间相互切换的处理。

机械手在最上面和最左边的位置、夹紧装置松开时，系统处于规定的初始条件，称为“原点条件”，此时左限位开关 I0.4、上限位开关 I0.2 的常开触点和表示夹紧装置松开的 Q0.1 的常闭触点组成的串联电路接通，原点条件标志 M0.5 为 ON。

在刚开始执行用户程序（SM0.1 为 ON）、系统处于手动方式或自动回原点方式（I2.0 或

I2.1 为 ON）时，如果机械手处于原点状态（M0.5 为 ON），初始步对应的 M0.0 将被置位，为进入单步、单周期和连续工作方式做好准备。

如果此时 M0.5 为 OFF，M0.0 将被复位，初始步为不活动步，按下起动按钮也不能进入步 M2.0（见图 5-40），系统不能在单步、单周期和连续工作方式工作。

从一种工作方式切换到另一种工作方式时，应将有存储功能的位元件复位。工作方式较多时，应仔细考虑各种可能的情况，分别进行处理。在切换工作方式时应执行下列操作：

1）当系统从自动工作方式切换到手动或自动回原点工作方式时，I2.0 和 I2.1 为 ON，将图 5-40 的顺序功能图中除初始步以外的各步对应的位存储器 M2.0～M2.7 复位，否则以后返回自动工作方式时，可能会出现同时有两个活动步的异常情况，引起错误的动作。

2）在退出自动回原点工作方式时，回原点开关 I2.1 的常闭触点闭合。此时将自动回原点的顺序功能图（见图 5-42）中各步对应的位存储器 M1.0～M1.5 复位，以防止下次进入自动回原点方式时，可能会出现同时有两个活动步的异常情况。

3）非连续工作方式时，连续开关 I2.4 的常闭触点闭合，将连续标志位 M0.7 复位。

2．手动程序

图 5-39 是手动程序，手动操作时用 6 个按钮控制机械手的升、降、左行、右行和夹紧、松开。为了保证系统的安全运行，在手动程序中设置了一些必要的联锁：

1）用限位开关 I0.1～I0.4 的常闭触点限制机械手移动的范围。

2）设置上升与下降之间、左行与右行之间的互锁，用来防止功能相反的两个输出同时为 ON。

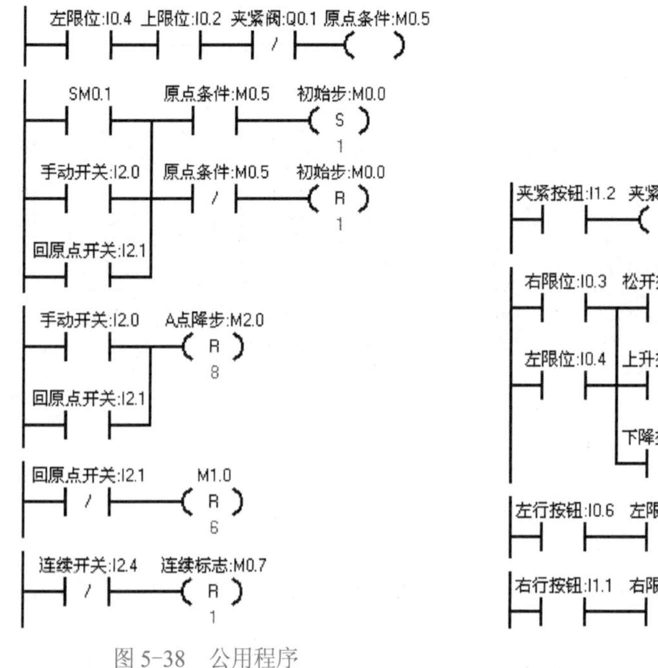

图 5-38　公用程序

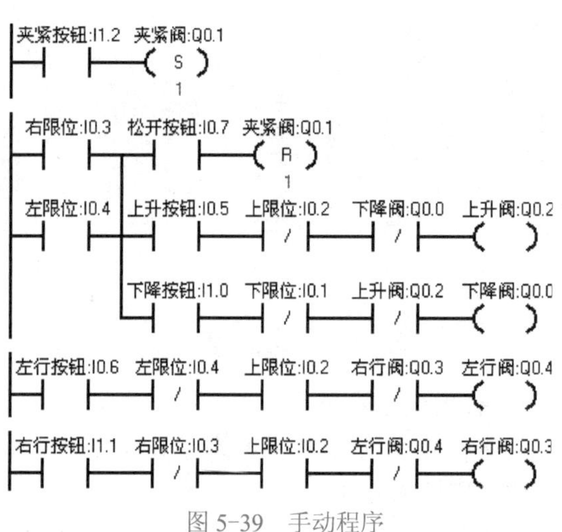

图 5-39　手动程序

3）上限位开关 I0.2 的常开触点与控制左、右行的 Q0.4 和 Q0.3 的线圈串联，机械手升到最高位置才能左、右移动，以防止机械手在较低位置运行时与别的物体碰撞。

4）机械手在最左边或最右边（左、右限位开关 I0.4 或 I0.3 为 ON）时，才允许进行松开工件（复位夹紧阀 Q0.1）、上升和下降的操作。

5.5.3 自动程序

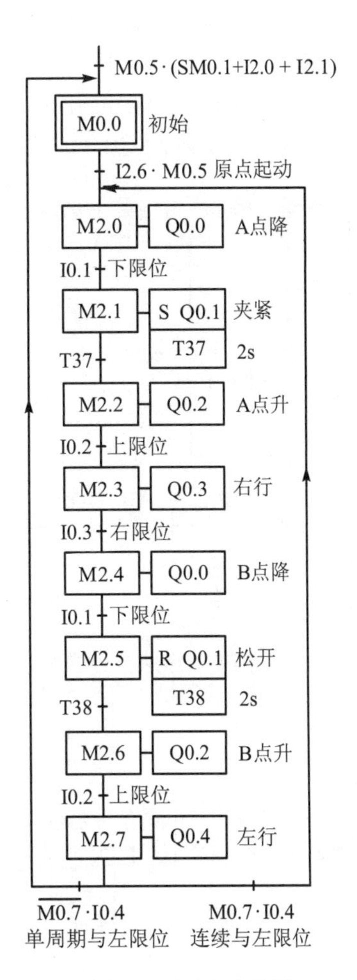

图 5-40 顺序功能图

图 5-40 是处理单周期、连续和单步工作方式的自动程序的顺序功能图，最上面的转换条件与公用程序有关。图 5-41 是用置位复位指令设计的程序。单周期、连续和单步这 3 种工作方式主要是用“连续”标志 M0.7 和“转换允许”标志 M0.6 来区分的。

1．单周期与连续的区分

PLC 上电后，如果原点条件不满足，应首先进入手动或回原点方式，通过相应的操作使原点条件满足，公用程序使初始步 M0.0 为 ON，然后切换到自动方式。

系统工作在连续和单周期（非单步）工作方式时，单步开关 I2.2 的常闭触点接通，转换允许标志 M0.6 为 ON，控制置位复位的电路中 M0.6 的常开触点接通，允许步与步之间的正常转换。

在连续工作方式，连续开关 I2.4 和“转换允许”标志 M0.6 为 ON。设初始步时系统处于原点状态，原点条件标志 M0.5 和初始步 M0.0 为 ON，按下起动按钮 I2.6，“A 点降步”M2.0 变为 ON，下降阀 Q0.0 的线圈“通电”，机械手下降。与此同时，连续标志 M0.7 的线圈“通电”并自保持（见图 5-41 左上角的网络 1）。

机械手碰到下限位开关 I0.1 时，转换到“夹紧”步 M2.1，夹紧阀 Q0.1 被置位，工件被夹紧。同时接通延时定时器 T37 开始定时，2s 后定时时间到，夹紧操作完成，定时器 T37 的常开触点闭合，“A 点升”步 M2.2 被置位为 1，机械手开始上升。以后系统将这样一步一步地工作下去。

当机械手在“左行”步 M2.7 返回最左边时，左限位开关 I0.4 变为 ON，因为“连续”标志位 M0.7 为 ON，转换条件 M0.7 · I0.4 满足，系统将返回“A 点降”步 M2.0，反复连续地工作下去。

按下停止按钮 I2.7 后，连续标志 M0.7 变为 OFF（见图 5-41 左上角的网络 1），但是系统不会立即停止工作，完成当前工作周期的全部操作后，在步 M2.7 机械手返回最左边，左限位开关 I0.4 为 ON，转换条件 $\overline{M0.7}$ · I0.4 满足，系统才返回并停留在初始步。

在单周期工作方式，连续标志 M0.7 一直为 OFF。当机械手在最后一步 M2.7 返回最左边时，左限位开关 I0.4 为 ON，因为连续标志 M0.7 为 OFF，转换条件 $\overline{M0.7}$ · I0.4 满足，系统返回并停留在初始步，机械手停止运动。按一次起动按钮，系统只工作一个周期。

2．单步工作方式

在单步工作方式，单步开关 I2.2 为 ON，它的常闭触点断开，“转换允许”标志 M0.6 在一般情况下为 OFF，不允许步与步之间的转换。设初始步时系统处于原点状态，按下起动按钮 I2.6，转换允许标志 M0.6 在一个扫描周期为 ON，“A 点降”步 M2.0 被置位为活动步，机械手下降。在起动按钮上升沿之后，M0.6 变为 OFF。

机械手碰到下限位开关 I0.1 时，与下降阀 Q0.0 的线圈串联的下限位开关 I0.1 的常闭触点断开，使下降阀 Q0.0 的线圈“断电”，机械手停止下降。

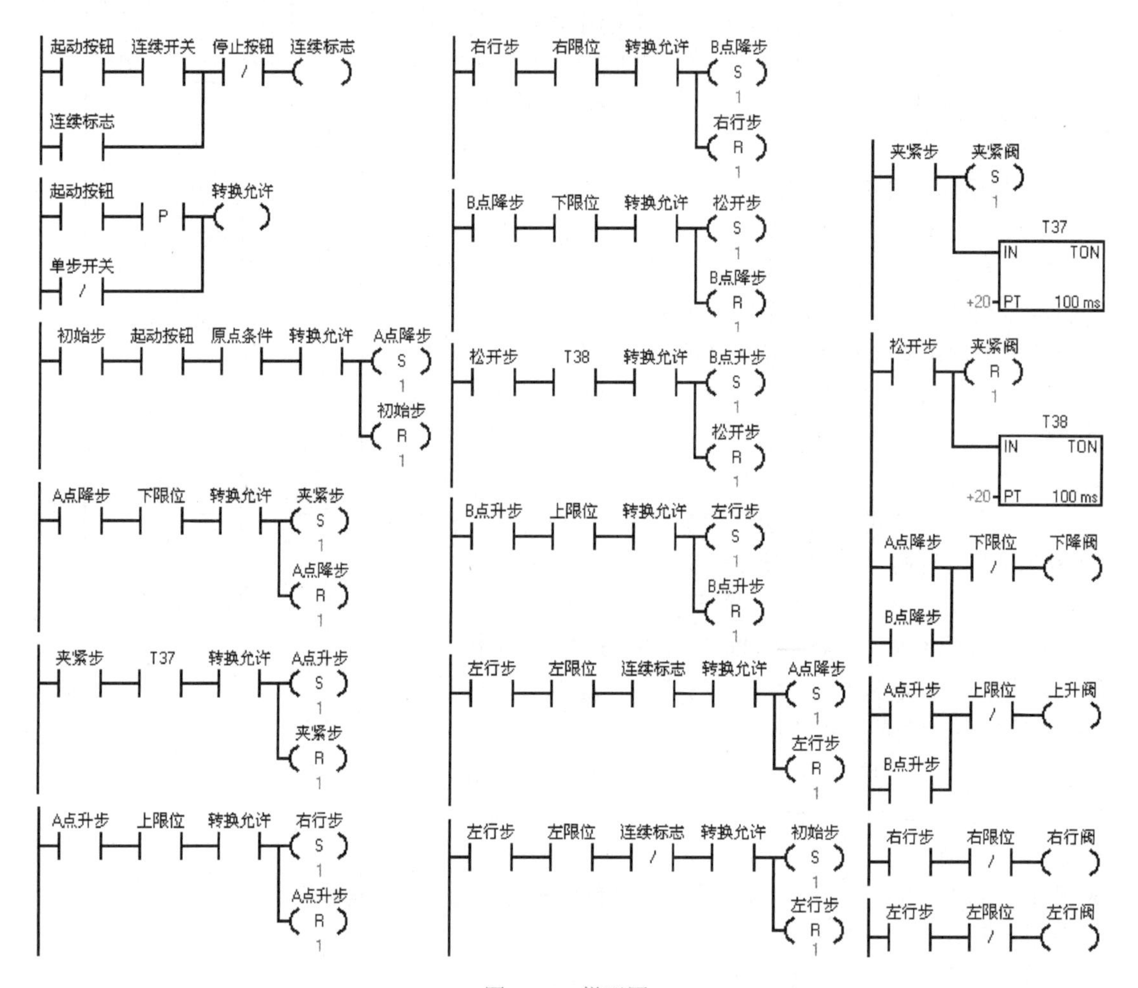

图 5-41　梯形图

此时图 5-41 左边第 4 个网络的下限位开关 I0.1 的常开触点闭合，如果没有按起动按钮，转换允许标志 M0.6 处于 OFF，不会转换到下一步。一直要等到按下起动按钮，M0.6 的常开触点接通，才能使转换条件 I0.1（下限位）起作用，“夹紧”步对应的 M2.1 被置位，才能转换到夹紧步。以后在完成每一步的操作后，都必须按一次起动按钮，使转换允许标志 M0.6 的常开触点接通一个扫描周期，才能转换到下一步。

3. 输出电路

图 5-41 的右边是输出电路，输出电路中 4 个限位开关 I0.1～I0.4 的常闭触点是为单步工作方式设置的。以右行为例，当机械手碰到右限位开关 I0.3 后，与“右行”步对应的位存储器 M2.3 不会马上变为 OFF，如果右行电磁阀 Q0.3 的线圈不与右限位开关 I0.3 的常闭触点串联，机械手不能停在右限位开关处，还会继续右行，对于某些设备，可能造成事故。

4．自动返回原点程序

图 5-42 是自动回原点程序的顺序功能图和用置位复位电路设计的梯形图。在回原点工作方式，回原点开关 I2.1 为 ON，在 OB1 中调用回原点程序。在回原点方式按下起动按钮 I2.6，机械手可能处于任意状态，根据机械手当时所处的位置和夹紧装置的状态，可以分为 3 种情况，采用不同的处理方法。

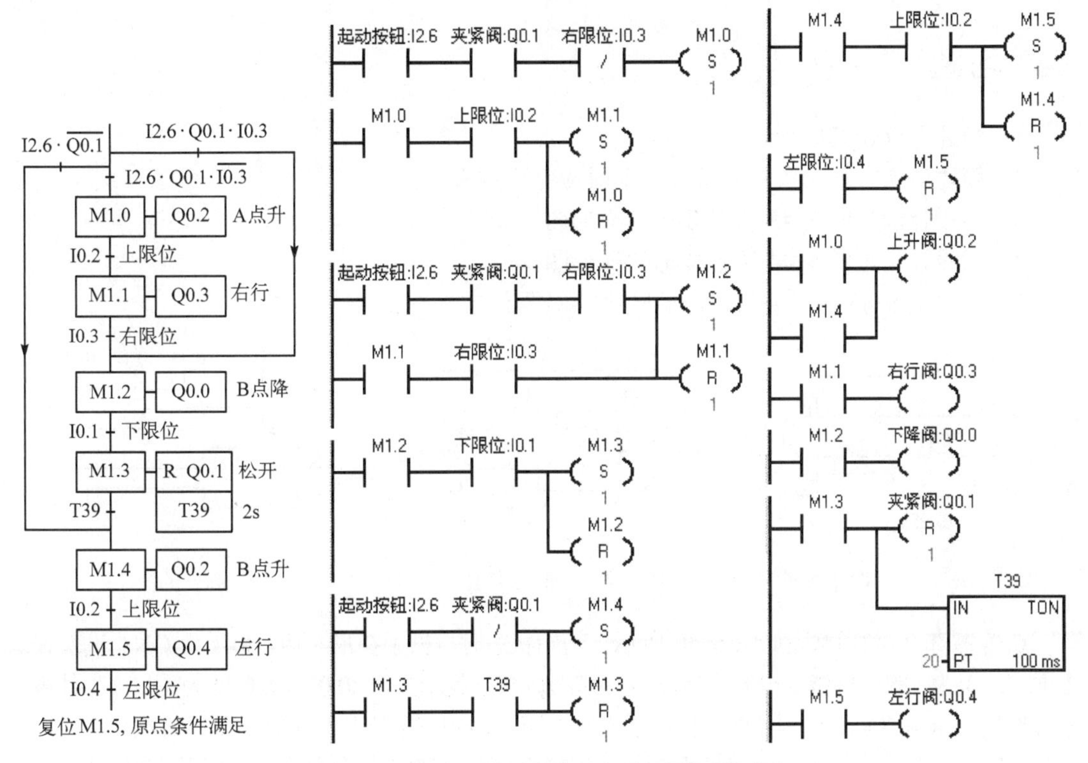

图 5-42　自动返回原点的顺序功能图与梯形图

（1）夹紧装置松开

如果 Q0.1 为 OFF，表示夹紧装置松开，没有夹持工件，机械手应上升和左行，直接返回原点位置。按下起动按钮 I2.6，应进入图 5-42 中的“B 点升”步 M1.4，转换条件为 $I2.6\cdot\overline{Q0.1}$。如果机械手已经在最上面，上限位开关 I0.2 为 ON，进入“B 点升”步后，因为转换条件满足，将马上转换到“左行”步。

自动返回原点的操作结束后，原点条件满足。公用程序中的原点条件标志 M0.5 变为 ON，顺序功能图中的初始步 M0.0 在公用程序中被置位，为进入单周期、连续或单步工作方式做好了准备，因此可以认为图 5-40 中的初始步 M0.0 是“左行”步 M1.5 的后续步。

（2）夹紧装置处于夹紧状态，机械手在最右边

此时夹紧电磁阀 Q0.1 和右限位开关 I0.3 均为 ON，应将工件放到 B 点后再返回原点位置。按下起动按钮 I2.6，机械手应进入“B 点降”步 M1.2，转换条件为 $I2.6\cdot Q0.1\cdot I0.3$。首先执行下降和松开操作，释放工件后，机械手再上升、左行，返回原点位置。如果机械手已经在最下面，下限位开关 I0.1 为 ON。进入“B 点降”步后，因为转换条件已经满足，将马上转换到“松开”步。

（3）夹紧装置处于夹紧状态，机械手不在最右边

此时夹紧电磁阀 Q0.1 为 ON，右限位开关 I0.3 为 OFF。按下起动按钮 I2.6，应进入“A 点升”步 M1.0，转换条件为 $I2.6 \cdot Q0.1 \cdot \overline{I0.3}$。机械手首先应上升，然后右行、下降和松开工件，将工件放到 B 点后再上升、左行，返回原点位置。如果机械手已经在最上面，上限位开关 I0.2 为 ON，进入“A 点升”步后，因为转换条件已经满足，将马上转换到“右行步”。

5.6 习题

1．简述划分步的原则。

2．简述转换实现的条件和转换实现时应完成的操作。

3．试设计满足图 5-43 所示波形的梯形图。

4．试设计满足图 5-44 所示波形的梯形图。

5．画出图 5-45 所示波形对应的顺序功能图。

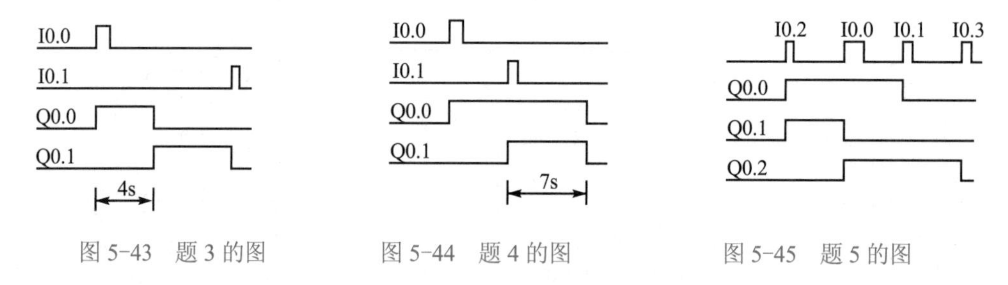

图 5-43 题 3 的图　　图 5-44 题 4 的图　　图 5-45 题 5 的图

6．冲床的运动示意图如图 5-46 所示。初始状态时机械手在最左边，I0.4 为 ON；冲头在最上面，I0.3 为 ON；机械手松开（Q0.0 为 OFF）。按下起动按钮 I0.0，Q0.0 变为 ON，工件被夹紧并保持。2s 后 Q0.1 变为 ON，机械手右行，直到碰到右限位开关 I0.1。以后将顺序完成以下动作：冲头下行，冲头上行，机械手左行，机械手松开（Q0.0 被复位），系统返回初始状态。各限位开关和定时器提供的信号是相应步之间的转换条件。画出控制系统的顺序功能图。

7．小车在初始状态时停在中间，限位开关 I0.0 为 ON。按下起动按钮 I0.3，小车开始右行，并按图 5-47 所示从上到下的顺序运动，最后返回并停在初始位置。画出控制系统的顺序功能图。

8．指出图 5-48 的顺序功能图中的错误。

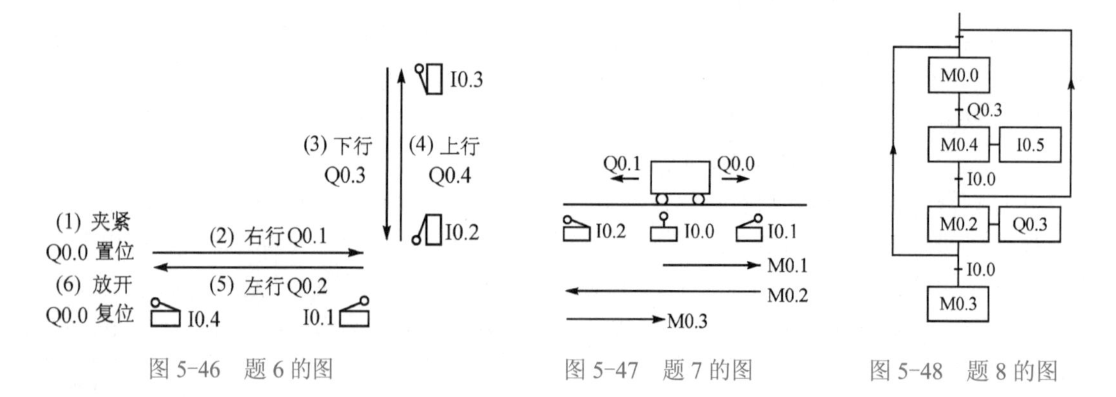

图 5-46 题 6 的图　　图 5-47 题 7 的图　　图 5-48 题 8 的图

9．某组合机床动力头进给运动示意图如图 5-49 所示。设动力头在初始状态时停在左边，限位开关 I0.1 为 ON。按下起动按钮 I0.0 后，Q0.0 和 Q0.2 为 ON，动力头向右快速进给（简称快进）。碰到限位开关 I0.2 后变为工作进给（简称工进），仅 Q0.0 为 ON。碰到限位开关 I0.3 后，暂停 5s。5s 后 Q0.2 和 Q0.1 为 ON，工作台快速退回（简称快退），返回初始位置后停止运动。画出控制系统的顺序功能图。

10．试画出图 5-50 所示信号灯控制系统的顺序功能图，I0.0 为起动信号。

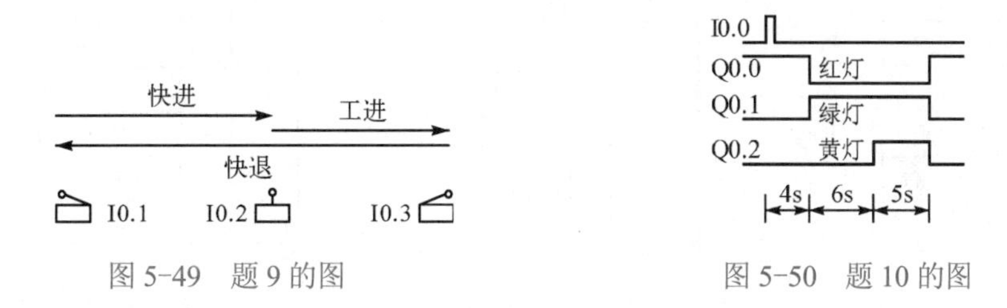

图 5-49　题 9 的图　　　图 5-50　题 10 的图

11．初始状态时某冲压机的冲压头停在上面，限位开关 I0.2 为 ON。按下起动按钮 I0.0，输出位 Q0.0 控制的电磁阀线圈通电并保持，冲压头下行。压到工件后压力升高，压力继电器动作，使输入位 I0.1 变为 ON。用 T37 保压延时 5s 后，Q0.0 变为 OFF，Q0.1 变为 ON，上行电磁阀线圈通电，冲压头上行。返回到初始位置时碰到限位开关 I0.2，系统回到初始状态，Q0.1 变为 OFF，冲压头停止上行。画出控制系统的顺序功能图。

12．某专用钻床用来加工圆盘状零件上均匀分布的 6 个孔（见图 5-51）。开始自动运行时两个钻头在最上面的位置，限位开关 I0.3 和 I0.5 为 ON。操作人员放好工件后，按下起动按钮 I0.0，Q0.0 变为 ON，工件被夹紧。夹紧后压力继电器 I0.1 为 ON，Q0.1 和 Q0.3 使两只钻头同时开始工作。分别钻到由限位开关 I0.2 和 I0.4 设定的深度时，Q0.2 和 Q0.4 使两只钻头分别上行。升到由限位开关 I0.3 和 I0.5 设定的起始位置时，分别停止上行，预设值为 3 的计数器 C0 的当前值加 1。

两个都上升到位后，若没有钻完 3 对孔，C0 的常闭触点闭合，Q0.5 使工件旋转 120°。旋转到位时限位开关 I0.6 变为 ON，又开始钻第 2 对孔。3 对孔都钻完后，计数器的当前值等于预设值 3，C0 的常开触点闭合，Q0.6 使工件松开。松开到位时，限位开关 I0.7 为 ON，系统返回初始状态。画出 PLC 的外部接线图和控制系统的顺序功能图。

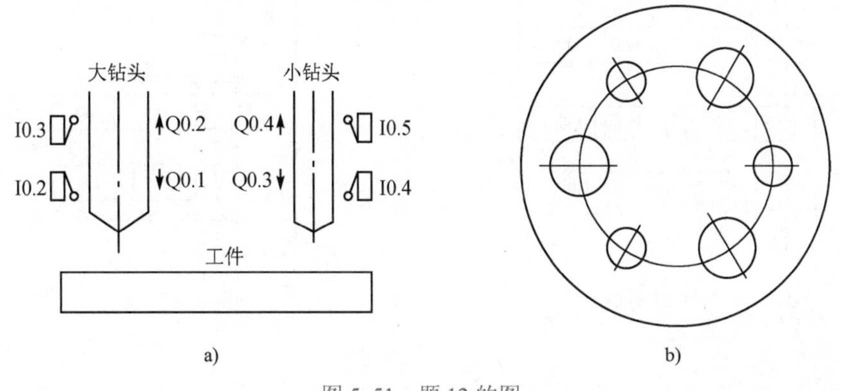

图 5-51　题 12 的图
a) 侧视图　b) 工件俯视图

13．设计出图 5-52 所示顺序功能图的梯形图程序，T37 的预设值为 5s。

14．用 SCR 指令设计图 5-53 所示顺序功能图的梯形图程序。

15．设计出图 5-54 所示顺序功能图的梯形图程序。

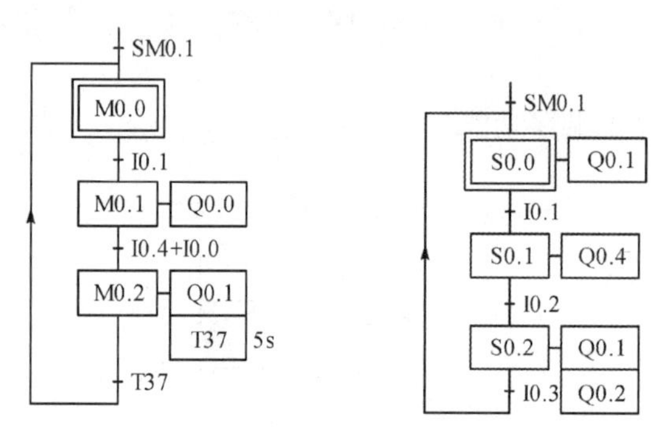

图 5-52　题 13 的图

图 5-53　题 14 的图

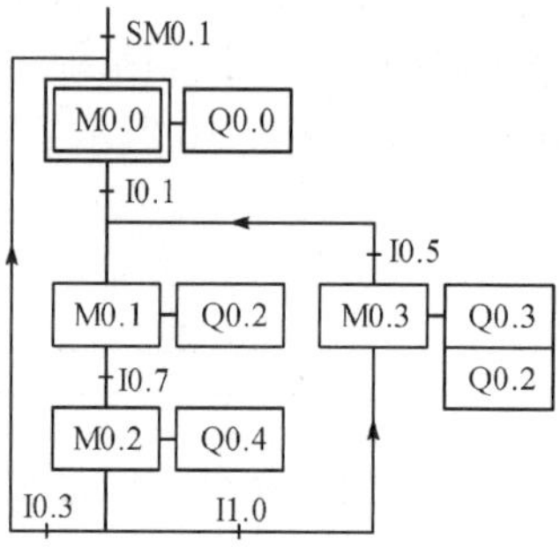

图 5-54　题 15 的图

16．设计出题 5-6 中冲床控制系统的梯形图。

17．设计出题 5-7 中小车控制系统的梯形图。

18．设计出题 5-9 中动力头控制系统的梯形图。

19．设计出题 5-10 中信号灯控制系统的梯形图。

20．设计出题 5-11 中冲压机控制系统的梯形图。

21．小车开始停在左边，限位开关 I0.0 为 ON。按下起动按钮后，小车开始右行，以后按图 5-55 所示从上到下的顺序运行，最后返回并停在限位开关 I0.0 处。画出顺序功能图和梯形图。

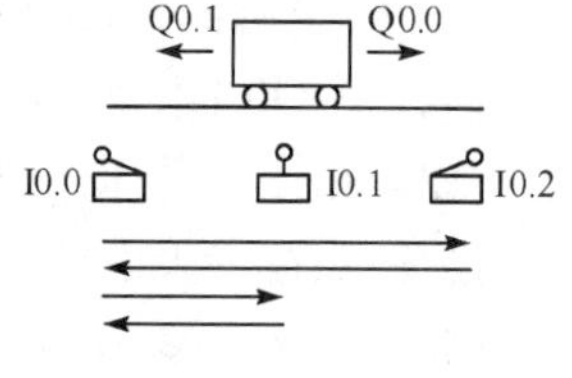

图 5-55　题 21 的图

22．设计出图 5-56 所示顺序功能图的梯形图程序。

23．设计出图 5-57 所示顺序功能图的梯形图程序。

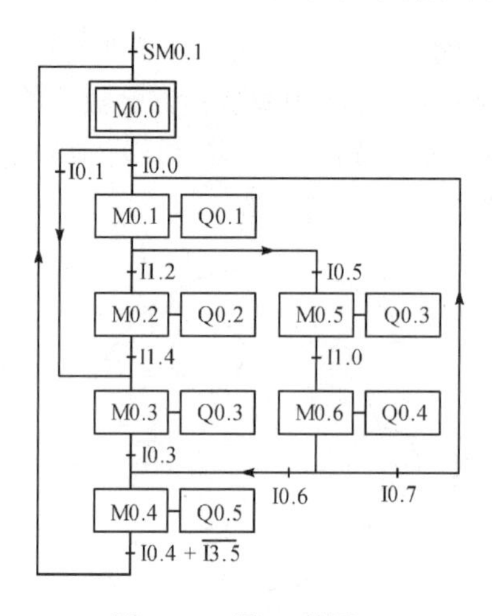

图 5-56　题 22 的图

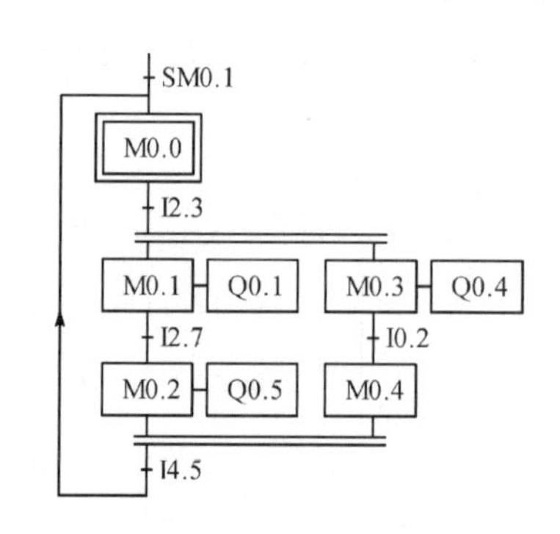

图 5-57　题 23 的图

第6章　PLC的通信与自动化通信网络

6.1　计算机通信概述

6.1.1　串行通信

1．串行通信与异步通信

控制系统通信中广泛使用的串行数据通信是以二进制的位（bit）为单位的数据传输方式，每次只传送1位。串行通信最少只需要两根线就可以连接多台设备，组成控制网络，可用于距离较远的场合。通信的传输速率（又称波特率）的单位为波特，即每秒传送的二进制位数，其符号为bit/s或bps。

在串行通信中，接收方和发送方应使用相同的传输速率，但是实际的发送速率与接收速率之间总是有一些微小的差别。在连续传送大量的数据时，将会因为积累误差造成发送和接收的数据错位，使接收方收到错误的信息。为了解决这一问题，需要使发送过程和接收过程同步。按同步方式的不同，串行通信分为异步通信和同步通信。

异步通信采用字符同步方式，其字符信息格式如图6-1所示，发送的字符由一个起始位、7个或8个数据位、1个奇偶校验位（可以没有）、1个或2个停止位组成。通信双方需要对采用的信息格式和数据的传输速率作相同的约定。接收方检测到停止位和起始位之间的下降沿后，将它作为接收的起始点，在每一位的中点接收信息。由于1个字符信息格式仅有十来位，即使发送方和接收方的收发频率略有不同，也不会因为两台设备之间的时钟周期差异产生的积累误差而导致信息的发送和接收错位。

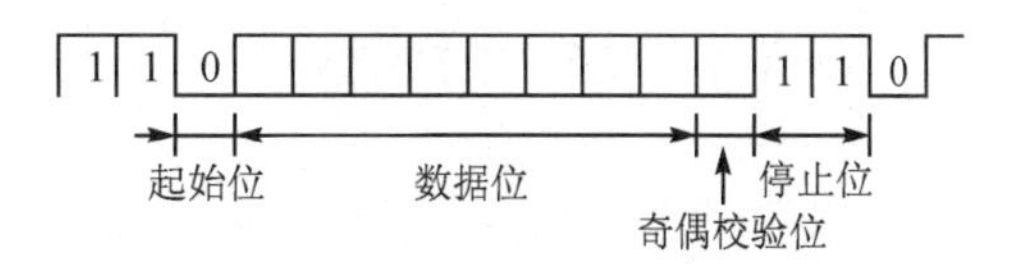

图6-1　异步通信的字符信息格式

奇偶校验用来检测接收到的数据是否出错。如果采用偶校验，用硬件保证发送方发送的每一个字符的数据位和奇偶校验位中“1”的个数为偶数。如果数据位包含偶数个“1”，奇偶校验位将为0；如果数据位包含奇数个“1”，奇偶校验位将为1。

接收方对接收到的每一个字符的奇偶性进行校验，如果奇偶校验出错，SM3.0为ON。如果选择不进行奇偶校验，传输时没有校验位，不进行奇偶校验。

2．串行通信的端口标准

（1）RS-232

RS-232是美国电子工业联合会1969年公布的通信标准，现在已基本上被USB取代。RS-232使用单端驱动、单端接收电路（见图6-2），是一种共地的传输方式，容易受到公共地线上的电位差和外部引入的干扰信号的影响。RS-232的最大通信距离为15m，最高传输速率为20kbit/s，只能进行一对一的通信。

（2）RS-422

RS-422 采用平衡驱动、差分接收电路（见图 6-3），利用两根导线之间的电位差传输信号。这两根导线称为 A 线和 B 线。当 B 线的电压比 A 线高时，一般认为传输的是数字“1”；反之认为传输的是数字“0”。能够有效工作的差动电压从零点几伏到接近十伏。

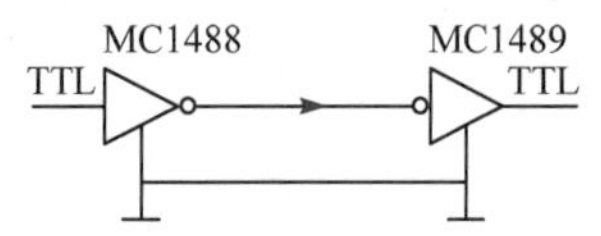

图 6-2　单端驱动单端接收

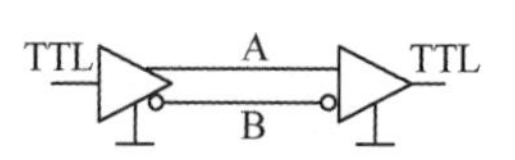

图 6-3　平衡驱动差分接收

平衡驱动器有一个输入信号，两个输出信号互为反相信号，图中的小圆圈表示反相。两根导线相对于通信对象信号地的电位差称为共模电压，外部输入的干扰信号主要以共模方式出现。两根传输线上的共模干扰信号相同，因为接收器是差分输入，两根线上的共模干扰信号互相抵消。只要接收器有足够的抗共模干扰能力，就能从干扰信号中识别出驱动器输出的有用信号，从而克服外部干扰的影响。

在最大传输速率 10Mbit/s 时，RS-422 允许的最大通信距离为 12m。传输速率为 100kbit/s 时，最大通信距离为 1200m，一台驱动器可以连接 10 台接收器。RS-422 是全双工，用 4 根导线传送数据（见图 6-4），两对平衡差分信号线可以同时分别用于发送数据和接收数据。

（3）RS-485

RS-485 是 RS-422 的变形，RS-485 为半双工，只有一对平衡差分信号线，通信的某一方在同一时刻只能发送数据或接收数据。使用 RS-485 通信端口和双绞线可以组成串行通信网络（见图 6-5），构成分布式系统，总线上最多可以有 32 个站。

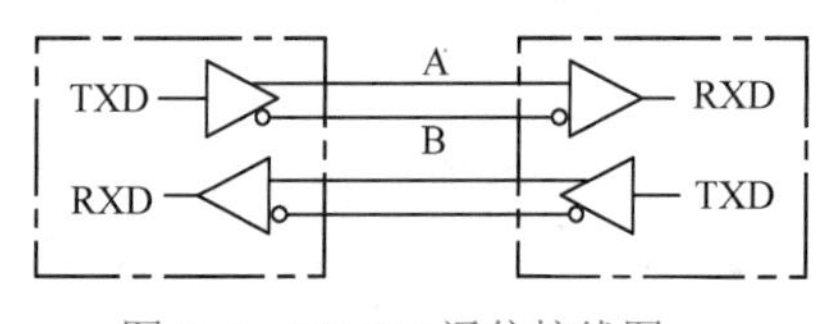

图 6-4　RS-422 通信接线图

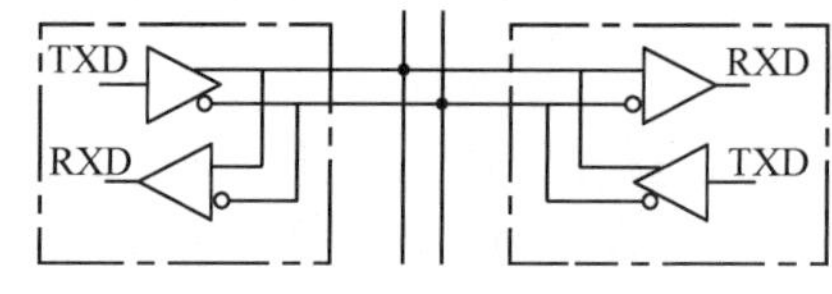

图 6-5　RS-485 网络

6.1.2　开放系统互连模型

如果没有计算机网络通信标准，不可能实现不同厂家生产的智能设备之间的通信。国际标准化组织 ISO 提出了开放系统互连模型（OSI），作为通信网络国际标准化的参考模型，它详细描述了通信过程的 7 个层次（见图 6-6）。7 层模型分为两类，一类是面向用户的第 5～7 层，另一类是面向网络的第 1～4 层。前者给用户提供适当的方式去访问网络系统，后者描述数据怎样从一个地方传输到另一个地方。

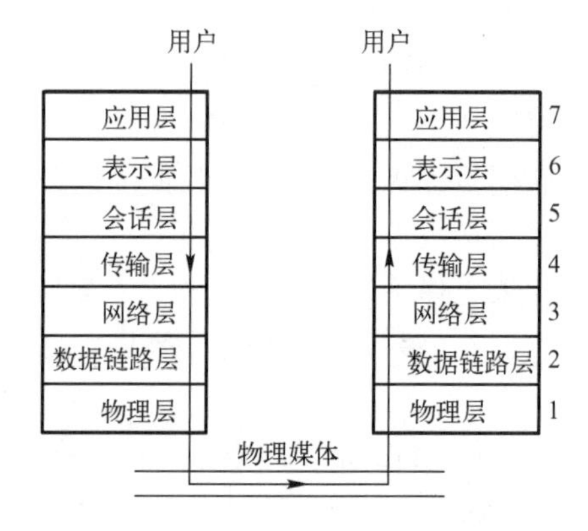

图 6-6　开放系统互连模型

发送方发送给接收方的数据，实际上是经过发送方各层从上到下传递到物理层，通过物理媒体（媒体又称为介质）传输到接收方后，再经过从下到上各层的传递，最后到达接收方的应用程序。发送方的每一层协议都要在数据报文前增加一个报文头，报文头包含完成数据传输所需的控制信息，控制信息只能被接收方的同一层识别和使用。接收方的每一层只阅读本层的报文头的控制信息，并进行相应的协议操作，然后删除本层的报文头，最后得到发送方发送的数据。下面介绍各层的功能：

1）物理层的下面是物理媒体，例如双绞线、同轴电缆和光纤等。物理层为用户提供建立、保持和断开物理连接的功能，定义了传输媒体端口的机械、电气功能和规程的特性。RS-232、RS-422 和 RS-485 等就是物理层标准的例子。

2）数据链路层的数据以帧（Frame）为单位传送，每一帧包含一定数量的数据和必要的控制信息，例如同步信息、地址信息和流量控制信息。通过校验、确认和要求重发等方法实现差错控制。数据链路层负责在两个相邻节点间的链路上，实现差错控制、数据成帧和同步控制等。

3）网络层的主要功能是报文包的分段、报文包阻塞的处理和通信子网中路径的选择。

4）传输层的信息传送单位是报文（Message），它的主要功能是流量控制、差错控制、连接支持，传输层向上一层提供一个可靠的端到端（end-to-end）的数据传送服务。

5）会话层的功能是支持通信管理和实现最终用户应用进程之间的同步，按正确的顺序收发数据，进行各种对话。

6）表示层用于应用层信息内容的形式变换，例如数据加密/解密、信息压缩/解压和数据兼容，把应用层提供的信息变成能够共同理解的形式。

7）应用层作为 OSI 的最高层，为用户的应用服务提供信息交换，为应用接口提供操作标准。

不是所有的通信协议都需要 OSI 模型中的全部 7 层，有的现场总线通信协议只有 7 层协议中的第 1、2 和 7 层。

6.1.3 IEEE 802 通信标准

IEEE（电工与电子工程师学会）的 802 委员会于 1982 年颁布了一系列计算机局域网分层通信协议标准草案，总称为 IEEE 802 标准。它把 OSI 参考模型的数据链路层分解为逻辑链路控制层（LLC）和媒体访问控制层（MAC）。数据链路层是一条链路（Link）两端的两台设备进行通信时必须共同遵守的规则和约定。

媒体访问控制层对应于 3 种当时已建立的标准，即带冲突检测的载波侦听多路访问（CSMA/CD）通信协议、令牌总线（Token Bus）和令牌环（Token Ring）。

1．CSMA/CD

CSMA/CD 通信协议的基础是 Xerox 等公司研制的以太网（Ethernet）。CSMA/CD 各站共享一条广播式的传输总线，每个站都是平等的，采用竞争方式发送信息到传输线上，也就是说，任何一个站都可以随时发送广播报文，并被其他各站接收。当某个站识别到报文上的接收站名与本站的站名相同时，便将报文接收下来。由于没有专门的控制站，两个或多个站可能因为同时发送报文而产生冲突，造成报文作废。

为了防止冲突，发送站在发送报文之前，首先监听一下总线是否空闲，如果空闲，则发送报文到总线上，称之为“先听后讲”。但是这样做仍然有产生冲突的可能，这是因为从组织报文到报文在总线上传输需要一段时间，在这段时间内，另一个站通过监听也可能会认为总线空闲，并发送报文到总线上，这样就会因为两个站同时发送而产生冲突。

为了解决这一问题，在发送报文开始的一段时间，继续监听总线，采用边发送边接收的方法，把接收到的数据和本站发送的数据相比较，若相同则继续发送，称之为“边听边讲”；若不相同则说明发生了冲突，立即停止发送报文，并发送一段简短的冲突标志（阻塞码序列），来通知总线上的其他站点。为了避免产生冲突的站同时重发它们的帧，采用专门的算法来计算重发的延迟时间。通常把这种“先听后讲”和“边听边讲”相结合的方法称为CSMA/CD（带冲突检测的载波侦听多路访问技术），其控制策略是竞争发送、广播式传送、载体监听、冲突检测、冲突后退和再试发送。

以太网首先在个人计算机网络系统，例如办公自动化系统和管理信息系统（MIS）中得到了极为广泛的应用。

在以太网发展的初期，通信速率较低。如果网络中的设备较多，信息交换比较频繁，可能会经常出现竞争和冲突，影响信息传输的实时性。随着以太网传输速率的提高（100M 或 1Gbit/s）和采用了相应的措施，这一问题已经解决。以太网在工业控制中得到了广泛的应用，大型工业控制系统最上层的网络几乎全部采用以太网，以太网也越来越多地在底层网络使用。使用以太网很容易实现管理网络和控制网络的一体化。

2．令牌总线

IEEE802 标准中的工厂媒体访问技术是令牌总线。在令牌总线中，媒体访问控制是通过传递一种称为令牌的控制帧来实现的。按照逻辑顺序，令牌从一个装置传递到另一个装置，传递到最后一个装置后，再传递给第一个装置，如此周而复始，形成一个逻辑环。令牌有“空”和“忙”两种状态，令牌网开始运行时，由指定的站产生一个空令牌沿逻辑环传送。任何一个要发送报文的站都要等到令牌传给自己，判断为空令牌时才能发送报文。发送站首先把令牌置为“忙”，并写入要传送的报文、发送站名和接收站名，然后将载有报文的令牌送入环网传输。令牌沿环网循环一周后返回发送站时，如果报文已被接收站复制，则发送站将令牌置为“空”，送上环网继续传送，以供其他站使用。如果在传送过程中令牌丢失，则由监控站向网内注入一个新的令牌。

令牌传递式总线能在很重的负荷下提供实时同步操作，传输效率高，适于频繁、少量的数据传送，因此它最适合于需要进行实时通信的工业控制网络系统。

3．主从通信方式

主从通信方式是 PLC 常用的一种通信方式，有不少通信协议采用主从通信方式。主从通信网络只有一个主站，其他的站都是从站。在主从通信中，主站是主动的，主站首先向某个从站发送请求帧（轮询报文），该从站接收到后才能向主站返回响应帧。主站按事先设置好的轮询表的排列顺序对从站进行周期性的查询，并分配总线的使用权。每个从站在轮询表中至少要出现一次，对实时性要求较高的从站可以在轮询表中出现几次。

6.1.4　现场总线及其国际标准

1．现场总线

IEC（国际电工委员会）对现场总线（Fieldbus）的定义是“安装在制造和过程区域的现场装置与控制室内的自动控制装置之间的数字式、串行、多点通信的数据总线”。现场总线以开放的、独立的、全数字化的双向多变量通信取代 4～20mA 现场模拟量信号。现场总线 I/O 集检测、数据处理、通信为一体，可以代替变送器、调节器、记录仪等模拟仪表。它不需要框架、机柜，可以直接安装在现场导轨槽上。现场总线 I/O 的接线极为简单，只需一根电缆，从主站开始，沿数据链从一个现场总线 I/O 连接到下一个现场总线 I/O。

使用现场总线后，可以节约配线、安装、调试和维护等方面的费用，现场总线 I/O 与 PLC 可以组成高性能价格比的 DCS（集散控制系统）。通过现场总线，操作员可以在中央控制室实现远程监控，对现场设备进行参数调整和故障诊断。

2. 现场总线的国际标准

由于历史的原因，有多种现场总线标准并存。为了满足实时性应用的需要，各大公司和标准化组织纷纷提出了各种提升工业以太网实时性的解决方案，从而产生了实时以太网。2007 年 7 月出版的 IEC 61158 第 4 版采纳了经过市场考验的 20 种现场总线，大约有一半属于实时以太网。其中的类型 3（PROFIBUS）和类型 10（PROFINET）由西门子公司支持。

IEC 62026 是供低压开关设备与控制设备使用的控制器电气接口标准，于 2000 年 6 月通过。西门子公司支持其中的执行器传感器接口（Actuator Sensor Interface，AS-i）。

6.2 西门子的工业自动化通信网络

1. SIMATIC NET

西门子的工业自动化通信网络 SIMATIC NET 的顶层为工业以太网（见图 6-7），它是基于国际标准 IEEE 802.3 的开放式网络，可以集成到互联网。网络规模可达 1024 站，距离可达 1.5km（电气网络）或 200km（光纤网络）。S7-200 通过以太网模块 CP 243-1 或互联网模块 CP-243-1 IT 接入以太网。

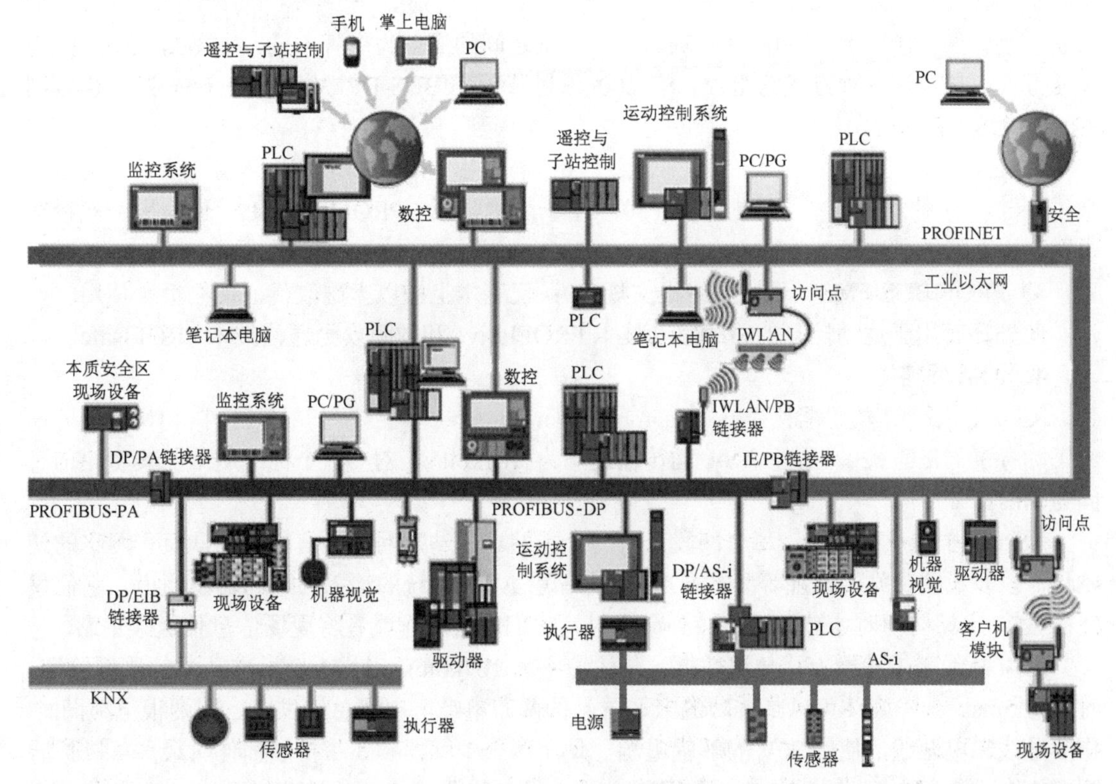

图 6-7　西门子工业自动化通信网络

PROFIBUS 用于少量和中等数量数据的高速传送，AS-i 是底层的低成本网络，底层的通用总线系统 KNX 用于楼宇自动控制，IWLAN 是工业无线局域网。各个网络之间用链接器或有路由器功能的 PLC 连接。

MPI（多点接口）是 SIMATIC 产品使用的内部通信协议，可以用于建立传送少量数据的低成本网络。PPI（点对点接口）是用于 S7-200 和 S7-200 SMART 的通信协议。点对点（PtP）通信是用于特殊协议的串行通信。

2．PROFINET

PROFINET 是基于工业以太网的开放的现场总线（IEC 61158 的类型 10），可以将分布式 I/O 设备直接连接到工业以太网。

PROFINET 使用以太网和 TCP/IP/UDP 协议作为通信基础，对快速性没有严格要求的数据使用 TCP/IP 协议，响应时间在 100ms 数量级，可以满足工厂控制级的应用。

PROFINET 的实时（Real-Time，RT）通信功能适用于对信号传输时间有严格要求的场合，例如用于传感器和执行器的数据传输。典型的更新循环时间为 1～10ms。

PROFINET 的同步实时功能用于高性能的同步运动控制，响应时间小于 1ms。

3．PROFIBUS

西门子通信网络的中间层为工业现场总线 PROFIBUS，它已被纳入现场总线的国际标准 IEC 61158。传输速率最高 12Mbit/s，响应时间的典型值为 1ms，使用屏蔽双绞线电缆（最长 9.6km）或光缆（最长 90km），最多可以接 127 个从站。

PROFIBUS 提供了下列 3 种通信协议：

1）PROFIBUS-DP（分布式外部设备）用得最多，特别适合于 PLC 与现场级分布式 I/O 设备（例如西门子的 ET 200）之间的通信。主站之间的通信为令牌方式，主站与从站之间为主从方式，以及这两种方式的组合。S7-200 通过 PROFIBUS-DP 从站模块 EM 277 连接到 PROFIBUS-DP 网络。

2）PROFIBUS-PA（过程自动化）用于 PLC 与过程自动化的现场传感器和执行器的低速数据传输，特别适合于过程工业使用，可以用于防爆区域。PROFIIBUS-PA 使用屏蔽双绞线电缆，由总线提供电源。

3）PROFIBUS-FMS（现场总线报文规范）：已基本上被以太网取代，现在很少使用。

此外还有用于运动控制的总线驱动技术 PROFIdrive 和故障安全通信技术 PROFIsafe。

4．AS-i 网络

AS-i 是执行器-传感器接口（Actuator Sensor Interface）的缩写，是传感器和执行器通信的国际标准（IEC 62026-2），AS-i 的传输速率为 167kbit/s，对 31 个标准从站的典型轮询时间为 5ms。

AS-i 属于主从式网络，每个网段只有一个主站。主站是网络通信的中心，负责网络的初始化，以及设置从站的地址等参数。AS-i 从站是 AS-i 系统的输入通道和输出通道，它们仅在被 AS-i 主站访问时才被激活。接到命令时，它们触发动作或者将现场信息传送给主站。

AS-i 总线采用轮循方式传送数据，传输速率为 167kbit/s，对 31 个标准从站的典型轮询时间为 5ms。传输媒体可以是屏蔽的或非屏蔽的两芯电缆，支持总线供电，即两根电缆同时作信号线和电源线，使用 30V 的解耦电源。使用两个中继器和 3 个扩展插件时最多可以扩展到 600m。AS-i 网络由铜质电缆、中继器、AS-i 供电装置、AS-i 从站等组成，可以使用总线型、树形和星形拓扑。AS-i 从站可以是集成有 AS-i 接口的传感器、执行器或 AS-i 模块。西门子提供多种多样的 AS-i 产品。

S7-200 最多可以接两个 CP 243-2 AS-i 主站通信处理器。每个 CP 243-2 最多可以连接 62 个 AS-i 从站，最多 248 点数字量输入和 186 点数字量输出。

可以用 STEP 7-Micro/WIN 中的“AS-i 向导”对 AS-i 网络组态。

6.3 S7-200 的通信功能与串行通信网络

6.3.1 S7-200 的网络通信协议

S7-200 支持多种通信协议（见表 6-1）。点对点接口（PPI）、多点接口（MPI）和 PROFIBUS 协议的物理层均为 RS-485，通过一个令牌环网来实现通信。它们都是基于字符的异步通信协议，带有起始位、8 个数据位、一个偶校验位和一个停止位。通信帧由起始字符、结束字符、源和目的站地址、帧长度和数据完整性校验和组成。

表 6-1 S7-200 支持的通信协议简表

协议类型	端口位置	端口类型	传输介质	通信速率	备注
PPI	EM 241 模块	RJ11	模拟电话线	33.6kbit/s	
	CPU 端口 0 和端口 1	DB-9 针	RS-485	9.6kbit/s, 19.2kbit/s, 187.5kbit/s	主站或从站
MPI				19.2kbit/s, 187.5kbit/s	仅作从站
	EM 277	DB-9 针	RS-485	19.2kbit/s～12Mbit/s	通信速率自适应，仅作从站
PROFIBUS-DP				9.6kbit/s～12Mbit/s	
S7	CP 243-1/CP 243-1 IT	RJ45	以太网	10Mbit/s 或 100Mbit/s	通信速率自适应
AS-i	CP 243-2	接线端子	AS-i 网络	循环周期 5ms/10ms	主站
USS	CPU 端口 0 和端口 1，Modbus RTU 从站协议只能用于端口 0	DB-9 针	RS-485	1200bit/s～115.2kbit/s	主站，自由端口库指令
Modbus RTU					主站/从站，自由端口库指令
	EM 241	RJ11	模拟电话线	33.6kbit/s	
自由端口	CPU 端口 0 和端口 1	DB-9 针	RS-485	1200bit/s～115.2kbit/s	

如果波特率相同，3 个协议可以在一个 RS-485 网络中同时运行，不会相互干扰。一个网络中有 127 个地址（0～126），最多可以有 32 个主站，网络中各设备的地址不能重叠。运行 STEP 7-Micro/WIN 的计算机、HMI（人机界面）和 PLC 默认的地址分别为 0、1 和 2。

CPU 244XP 和 CPU 226 有两个 RS-485 端口，分别称为端口 0 和端口 1，它们可以在不同的模式和通信速率下工作。其他 CPU 只有一个通信端口（端口 0）。

这些协议定义了主站和从站，网络中的主站向从站发出请求，从站只能对主站发出的请求作出响应，自己不能发出请求。主站也可以对网络中的其他主站的请求作出响应，从站不能访问其他从站。安装了 STEP 7-Micro/WIN 的计算机和 HMI（人机界面）是主站，与 S7-200 通信的 S7-300/400 一般也作为主站。多数情况下，S7-200 在通信中作为从站。

1. 点对点接口协议（PPI）

PPI（Point to Point）是主/从协议，网络中的 S7-200 CPU 均为从站，其他 CPU、编程用

的计算机或 HMI 为主站。PPI 协议用于 S7-200 CPU 与编程计算机之间、S7-200 CPU 之间、S7-200 CPU 与 HMI 之间的通信。

多主站网络中有多台主站。如果使用 PPI 多主站电缆，该电缆作为主站，并且使用 STEP 7-Micro/WIN 提供给它的地址，S7-200 CPU 作为从站。对于多主站网络，应选中“多主站网络”和“高级 PPI”多选框（见图 2-8）。如果使用 PPI 多主站电缆，可以忽略这两个多选框。

如果在用户程序中激活了 PPI 主站模式，CPU 在 RUN 模式下可以作主站，用网络读指令 NETR 和网络写指令 NETW 读写其他 CPU 中的数据。S7-200 作 PPI 主站时，仍然可以作为从站响应来自其他主站的通信请求。

高级 PPI 功能允许在 PPI 网络中与一个或多个设备建立逻辑连接，S7-200 CPU 的每个通信口支持 4 个连接，EM 277 仅支持 PPI 高级协议，每个模块支持 6 个连接。

2．多点接口协议（MPI）

MPI（Multipoint interface）是西门子公司的 PLC、HMI 和编程器的通信端口使用的通信协议，用于建立小型通信网络。MPI 网络最多 32 个站，一个网段的最长通信距离为 50m，可以通过 RS-485 中继器扩展通信距离。

MPI 的通信速率为 19.2kbit/s～12Mbit/s，连接 S7-200 CPU 集成的通信口时，最高速率为 187.5kbit/s。MPI 允许主/主通信和主/从通信，S7-200 CPU 只能作 MPI 从站，S7-300/400 CPU 作为网络的主站，可以用 XGET/XPUT 指令来读写 S7-200 的 V 存储区，通信数据包最大 76B。S7-200 不需要编写通信程序，它通过主站指定的 V 存储区与 S7-300/400 交换数据。

3．PROFIBUS 协议

PROFIBUS-DP 协议通信主要用于与分布式 I/O 设备（远程 I/O）的高速通信。S7-200 CPU 需要通过 EM 277 PROFIBUS-DP 从站模块接入 PROFIBUS 网络，EM 277 只能作从站。主站初始化网络并核对网络中的从站设备是否与设置的相符。主站周期性地将输出数据写到从站，并读取从站的数据。

4．TCP/IP

S7-200 配备了以太网模块 CP 243-1 或互联网模块 CP-243-1 IT 后，支持 TCP/IP 以太网通信协议，计算机应安装以太网网卡。安装了 STEP 7-Micro/WIN 之后，计算机上会有一个标准的浏览器，可以用它来访问 CP 243-1 IT 模块的主页。

5．用户定义的协议（自由端口模式）

在自由端口模式，由用户自定义与其他设备通信的协议。自由端口模式通过使用接收中断、发送中断、字符中断、发送指令 XMT 和接收指令 RCV，实现 CPU 的通信口与其他设备的通信。Modbus RTU 协议和 USS 协议就是建立在自由端口模式基础上的通信协议。

6.3.2　S7-200 的通信功能

图 6-8 是 S7-200 的通信功能示意图。

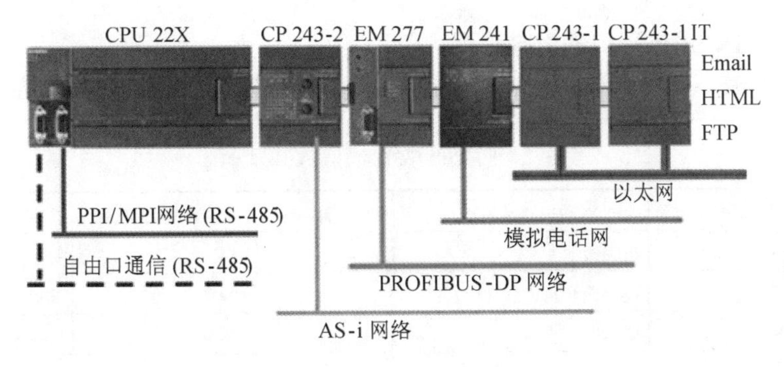

图 6-8　S7-200 的通信功能

1．西门子 PLC 之间的通信

S7-200 之间可以通过 RS-485 端口，用 PPI 协议和 Modbus RTU 协议通信，S7-200 和其他 S7 系列 PLC 之间可以用 Modbus RTU 协议、PROFIBUS-DP（S7-200 仅作从站）通信。S7-200 可以通过以太网和 S7 协议与其他 S7 系列 PLC 通信，但是以太网模块 EM 241-1 的价格太高。S7-200 作为 MPI 从站，可以与 S7-300/400 通信。通过电话网和无线电的通信很少使用。

2．S7-200 与西门子驱动装置之间的通信

S7-200 与西门子 MicroMaster 系列和 V20 系列变频器之间可以使用指令库中的 USS 通信指令，简单方便地实现通信。S7-200 和 V20 之间还可以使用 Modbus RTU 协议通信。

3．S7-200 与第三方设备和组态软件之间的通信

S7-200 支持 PPI、PROFIBUS-DP、MPI、Modbus RTU 通信协议，如果第三方厂商的设备、HMI（人机界面）和组态软件也支持这些协议，就可以和 S7-200 通信。

有的第三方厂商的组态软件也可以通过 OPC 软件 PC Access 与 S7-200 通信。

S7-200 也可以采用自由端口模式，使用自定义协议，与第三方的仪表、条码扫描枪等通信。如果对方是 RS-485 端口，可以直接连接；如果对方是 RS-232 端口，需要用硬件转换。

6.3.3　S7-200 的串行通信网络

1．网络中继器

中继器（见图 6-9）用来将网络分段，使用中继器可以增加接入网络的设备，一个网络段最多有 32 个设备。中继器还可以隔离不同的网络段，延长网络总的距离。向网络增加一台中继器可将网络再扩展 50m，如果两台相邻的中继器中间没有其他节点，波特率为 9600bit/s 时，一个网络段最长距离为 1000m；3M～12Mbit/s 时为 100m。一个网络最多可以串联 9 个中继器，但是网络的总长度不能超过 9600m。中继器为网络段提供偏置和终端匹配电阻。

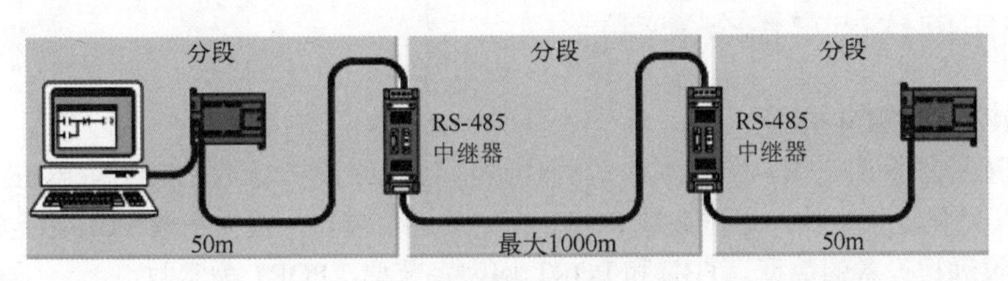

图 6-9　带中继器的 PPI 网络

2．S7-200 CPU 通信端口的引脚分配

S7-200 CPU 集成的 RS-485 通信口是 9 针 D 形连接器，表 6-2 给出了它的引脚分配。

表 6-2　S7-200 CPU 通信口引脚分配

针	PROFIBUS 名称	端口 0/端口 1	针	PROFIBUS 名称	端口 0/端口 1
1	屏蔽	机壳接地	6	+5V	+5V，100Ω串联电阻
2	24V 返回	逻辑地（24V 公共端）	7	+24V	+24V
3	RS-485 信号 B	RS-485 信号 B	8	RS-485 信号 A	RS-485 信号 A
4	发送申请	RTS（TTL）	9	不用	10 位协议选择
5	5V 返回	逻辑地（5V 公共端）	连接器外壳	屏蔽	机壳接地

3．网络连接器和终端电阻

网络连接器用于把设备连接到网络中。网络连接器的两组螺钉端子分别用来连接网络的输入线和输出线。

除了标准的网络连接器，图 6-10 左边的连接器增加了一个编程器端口。这种连接器可以把编程计算机或 HMI 设备接到网络中，而不用改动现有的网络连接。带编程端口的连接器把从 CPU 来的所有信号传到编程端口，这种连接器对于连接从 CPU 获取电源的设备（例如文本显示器 TD 400C）很有用。

网络连接器有网络偏置和终端匹配的选择开关，该开关在 On 位置时的内部接线图如图 6-11 所示。图中 A、B 线之间是终端电阻，选择开关在 Off 位置时未接终端电阻。根据传输线理论，终端电阻可以吸收网络上的反射波，有效地增强信号强度。390Ω 的偏置电阻用于在电气情况复杂时确保 A、B 信号的相对关系，以保证 0、1 信号的可靠性。

网络终端处的连接器上的开关应放在 On 位置，网络中间的连接器上的开关应放在 Off 位置（见图 6-10）。

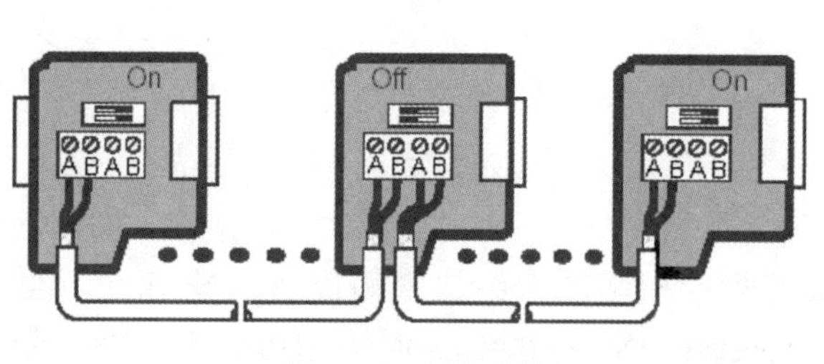

图 6-10　网络连接器

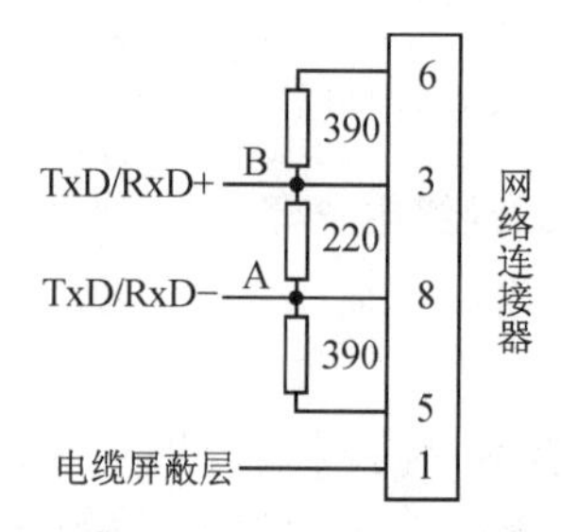

图 6-11　终端连接器接线图

6.4　使用网络读写指令的通信

1．NETR/NETW 指令

网络读写指令用于 S7-200 PLC 之间的通信。网络读指令 NETR（Network Read，见表 6-3）初始化通信操作，通过参数 PORT 指定的通信端口，根据参数 TBL 指定的表格中的参数，接收远程设备的数据。TBL 和 PORT 均为字节型，PORT 为常数。

表 6-3 通信指令

梯形图	语句表	描 述	梯形图	语句表	描 述
NETR	NETR TBL, PORT	网络读	RCV	RCV TBL, PORT	接收
NETW	NETW TBL, PORT	网络写	GET_ADDR	GPA ADDR, PORT	读取端口地址
XMT	XMT TBL, PORT	发送	SET_ADDR	SPA ADDR, PORT	设置端口地址

网络写指令 NETW（Network Write）初始化通信操作，通过参数 PORT 指定的端口，根据参数 TBL 指定的表格中的参数，向远程设备写入数据。

NETR 和 NETW 指令分别可以读、写远程站点最多 16B 的数据。可以在程序中使用任意条数的 NETR/NETW 指令，但是在任意时刻最多只能同时激活 8 条 NETR/NETW 指令。

在网络读写通信中，只有主站需要调用 NETR/NETW 指令，应将主站的通信口设置为通信主站模式。主站 CPU 可以读/写网络中任何其他 CPU 的数据。S7-200 作为 PPI 主站时，仍然可以作为从站响应其他主站的通信请求。

2．用网络读/写指令向导生成网络读/写程序

可以在 S7-200 的系统手册查找到 TBL 表中各参数的定义，需要通过程序或数据块来设置 TBL 表中各参数的值，然后再调用网络读/写指令。用 STEP 7-Micro/WIN 中的网络读/写指令向导来生成网络读/写程序，比直接调用 NETR/NETW 指令更为简单方便，向导允许用户最多配置 24 个网络操作。

【例 6-1】 要求主站（2 号站）读取从站（3 号站）的 VB204～VB207 的值，存放到本站的 VB104～VB107（见图 6-12）；2 号站将本站的 VB100～VB103 的值写入 3 号站的 VB200～VB203（见图 6-13）。用网络读写指令向导实现上述网络读/写功能。

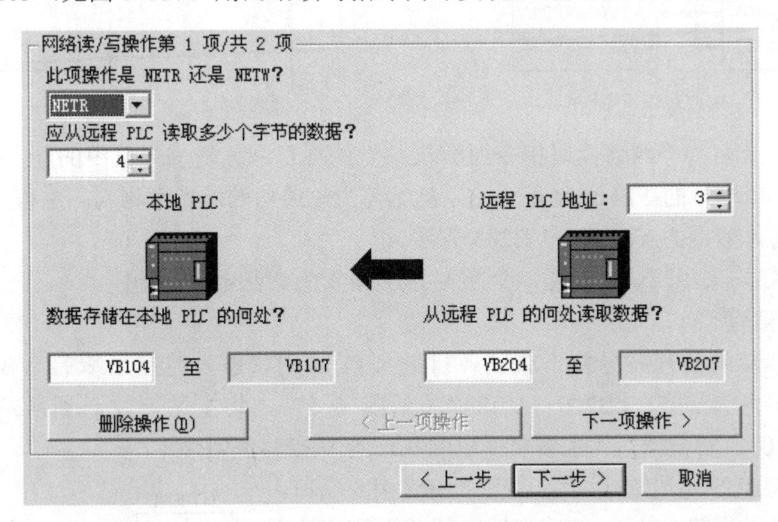

图 6-12 网络读写向导

生成一个名为“网络读写指令通信主站”的项目（见配套资源中的同名例程）。用系统块设置其通信端口的 PPI 站地址为 2，波特率为 19.2kbit/s。下面是用网络读/写指令向导生成网络读/写程序的操作过程。

1）双击指令树的“向导”文件夹中的“NETR/NETW”，打开 NETR/NETW 指令向导，设置网络操作的项数为 2。每一页的操作完成后单击“下一步>”按钮。

2）在第 2 页选择使用 PLC 的通信端口 0，采用默认的子程序名称“NET_EXE”。

3）在第 3 页（网络读/写操作第 1 项/共 2 项）采用默认的操作“NETR”（见图 6-12），从 3 号站读取 4B 的数据，本地和远程 PLC 的起始地址分别为 VB104 和 VB204。每次最多可以读、写 16B。

4）单击“下一项操作>”按钮，在第 4 页（网络读/写操作第 2 项/共 2 项），设置操作为“NETW”，将 4B 数据写入 3 号站，本地和远程 PLC 的起始地址分别为 VB100 和 VB200。单击“下一步>”按钮，进入第 5 页。

5）在第 5 页设置保存组态数据的 V 存储区的起始地址为 VB200。

6）单击第 6 页的“完成”按钮，生成子程序 NET_EXE，以及名为 NET_SYMS 的符号表，它给出了操作 1 和操作 2 的状态字节的地址，以及超时错误标志的地址。编译程序后，可以看到交叉引用表中向导使用的存储器。

3．调用子程序 NET_EXE

在 2 号站的主程序中，首次扫描时用指令 FILL_N 将 VB104～VB107 清零。此外调用指令树的文件夹“\程序块\向导”中的 NET_EXE（见图 6-14），该子程序执行用 NETR/NETW 向导设置的网络读写功能。INT 型参数“Timeout”（超时）为 0 表示不设置超时定时器，为 1～32767 是以秒为单位的定时器时间。每次完成所有的网络操作时，都会切换 BOOL 变量“Cycle”（周期）的状态。BOOL 变量“Error”（错误）为 0 表示没有错误，为 1 时有错误，错误代码在 NETR/ NETW 的状态字节中。

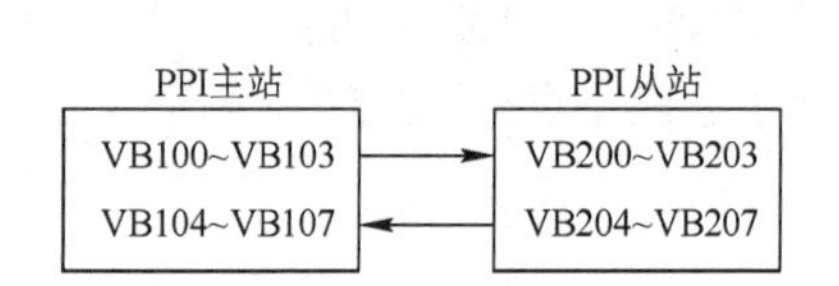

图 6-13 数据传送示意图

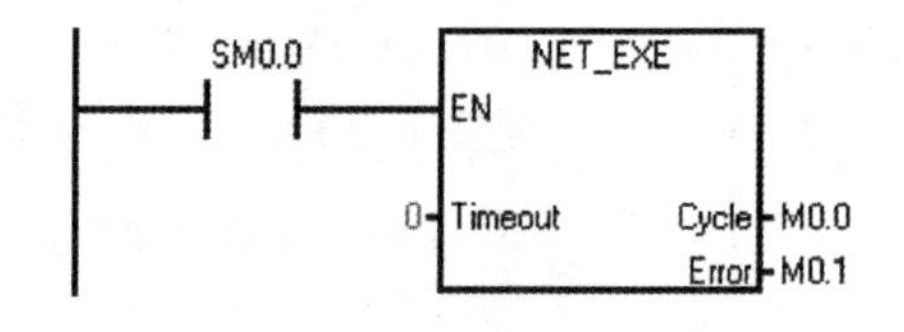

图 6-14 调用子程序 NET_EXE

生成另一个名为“网络读写指令通信从站”的项目（见随书光盘中的同名例程），用系统块设置其通信端口的 PPI 站地址为 3，从站与主站通信的波特率相同。主程序在首次扫描时将主站要写入数据的 VB200～VB203 清零。

两块 CPU 均采用默认的设置，全部 V 区被设置为有断电保持功能。

4．通信实验

将主站和从站的程序分别下载到各自的 CPU。用状态表监控主站的 VB100～VB107（见图 6-16）和从站的 VB200～VB207（见图 6-17）。将主站要发送到从站的数据写入 VB100～VB103。将数据写入主站要读取的从站的 VB204～VB207。

用 PROFIBUS 电缆连接两块 CPU 的 RS-485 端口。做实验时也可以用普通的 9 针连接器来代替网络连接器（见图 6-15），不用接终端电阻。

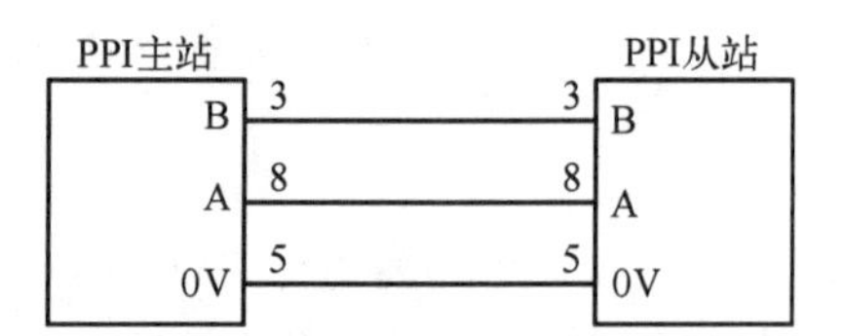

图 6-15 通信的硬件接线图

通电后将两块 CPU 切换到 RUN 模式，主站执行网络读/写指令，读、写从站的地址区。

将两块 CPU 切换到 STOP 模式后，断开两块 PLC 的电源，拔掉连接它们的通信线。先后用 USB/PPI 电缆连接它们。图 6-16 和图 6-17 分别是 CPU

通电后在 STOP 模式用状态表读取的主站和从站的通信数据区，可见通信是成功的。

	地址	格式	当前值
1	VB100	无符号	11
2	VB101	无符号	22
3	VB102	无符号	33
4	VB103	无符号	44
5	VB104	无符号	12
6	VB105	无符号	34
7	VB106	无符号	56
8	VB107	无符号	78

图 6-16　主站的状态表

	地址	格式	当前值
1	VB200	无符号	11
2	VB201	无符号	22
3	VB202	无符号	33
4	VB203	无符号	44
5	VB204	无符号	12
6	VB205	无符号	34
7	VB206	无符号	56
8	VB207	无符号	78

图 6-17　从站的状态表

6.5　自由端口模式通信

6.5.1　自由端口模式通信的参数设置

1．自由端口模式

自由端口模式为计算机或其他有串行通信端口的设备与 S7-200 CPU 之间的通信提供了一种廉价的和灵活的方法。在自由端口模式，串行通信由用户程序控制，用户自定义与其他设备通信的协议。可以用接收完成中断、字符接收中断、发送完成中断、发送指令和接收指令来控制通信过程。

Modbus RTU 协议和与变频器通信的 USS 协议就是基于自由端口模式的通信协议。

可以用发送指令（XMT，见表 6-3）从 COM 端口最多发送 255 个字符。在发送完成时用发送完成中断通知用户程序。接收字符中断通知用户程序已在 COM 端口上接收到一个字符，用户程序将根据采用的协议对该字符进行处理。

接收指令（RCV）从 COM 端口接收到完整的消息（Message）时，将会产生接收完成中断。Message 也被翻译为报文。需要用特殊存储器来定义开始接收和停止接收消息的条件。

2．自由端口模式的参数设置

只有当 CPU 处于 RUN 模式时，才能使用自由端口模式，此时 CPU 不能与 STEP 7-Micro/WIN 通信。CPU 处于 STOP 模式时，自由端口模式被禁止，自动进入 PPI 模式，可以与编程设备或人机界面通信。

SMB30 和 SMB130 分别用于设置端口 0 和端口 1 通信的波特率和奇偶校验等参数（见表 6-4）。SMB30 或 SMB130 的协议选择域 mm 为 2#01 时，将端口设置为自由端口模式。mm 为 2#00 时，为 PPI 从站模式。

若已启用奇偶校验，SM3.0 为 ON 指示端口 0 或端口 1 收到奇偶校验错误、帧错误、中断错误或超限错误。奇偶校验出错时应丢弃接收到的消息，或产生一个出错的返回信号。

3．发送指令

发送指令 XMT（Transmit）用于在自由端口模式下，通过参数 PORT 指定的通信端口，将参数 TBL 指定的数据缓冲区中的消息发送出去。

表 6-4　自由端口模式的控制字节

<table>
<tr><th>端口 0</th><th>端口 1</th><th colspan="9">描　述</th></tr>
<tr><td>SMB30 的格式</td><td>SMB130 的格式</td><td colspan="9">MSB 7 … LSB 0
| p | p | d | b | b | b | m | m |　自由端口模式的控制字节</td></tr>
<tr><td>SM30.6 和 SM30.7</td><td>SM130.6 和 SM130.7</td><td colspan="9">pp：奇偶校验选择，00 和 10 为不校验，01 为偶校验，11 为奇校验</td></tr>
<tr><td>SM30.5</td><td>SM130.5</td><td colspan="9">d：每个字符的数据位，0 为 8 位/字符，1 为 7 位/字符</td></tr>
<tr><td rowspan="3">SM30.2～SM30.4</td><td rowspan="3">SM130.2～SM130.4</td><td colspan="9">bbb：自由端口的波特率（bit/s）</td></tr>
<tr><td>bbb</td><td>000</td><td>001</td><td>010</td><td>011</td><td>100</td><td>101</td><td>110</td><td>111</td></tr>
<tr><td>波特率/（bit/s）</td><td>38400</td><td>19200</td><td>9600</td><td>4800</td><td>2400</td><td>1200</td><td>115.2k</td><td>57.6k</td></tr>
<tr><td>SM30.0 和 SM30.1</td><td>SM130.0 和 SM130.1</td><td colspan="9">mm：协议选择，00 为 PPI 从站模式，01 为自由端口模式，
10 或 11 为保留（默认设置为 PPI 从站模式）</td></tr>
</table>

XMT 指令可以发送 1～255 个字符，如果有中断程序连接到发送结束事件上，在发送完缓冲区中的最后一个字符时，CPU 集成的 RS-485（端口 0）会产生中断事件 9。发送完成状态位 SM4.5 和 SM4.6 为 ON 分别表示端口 0 和端口 1 的发送器空闲，为 OFF 表示正在发送。

TBL 指定的发送缓冲区的格式见图 6-18。第一个字节是要发送的字节数，它本身并不发送出去。起始字符和结束字符是可选项。

字节数	起始字符	消息的数据区	结束字符

图 6-18　缓冲区格式

如果将字符数设置为 0 并执行发送指令，将产生一个以当前波特率传输 16 位数据所需时间的 BREAK（断开）状态。BREAK 发送完后，会产生发送完成中断。

4．接收指令

接收指令 RCV（Receive）用于启动或终止接收消息的服务。通过用 PORT 指定的通信端口，将接收到的消息存储在 TBL 指定的数据缓冲区中。数据缓冲区的第一个字节用来累计接收到的字节数，它本身不是接收到的，起始字符和结束字符是可选项。

RCV 指令可以接收 1～255 个字符。如果有中断程序连接到接收结束事件上，在接收完最后一个字符时，端口 0 产生中断事件 23，端口 1 产生中断事件 24。

可以不使用中断，而是通过监视接收消息状态字节 SMB86（端口 0）或 SMB186（端口 1）的变化（见表 6-5）来接收消息。SMB86 或 SMB186 为非零时，RCV 指令未被激活或接收已结束。正在接收消息时，它们为 0。出现超时或奇偶校验错误时，自动终止消息接收功能。必须为消息接收功能定义一个启动条件和一个结束条件。如果出现组帧错误、奇偶校验错误、超时错误或断开错误，接收消息功能将自动终止。

表 6-5　消息接收的状态字节

端口 0	端口 1	描　述
SMB86	SMB186	MSB 7 … LSB 0 | n | r | e | 0 | 0 | t | c | p |　消息接收的状态字节 n =1：用户发出禁止命令，终止接收消息功能 r = 1：接收消息功能终止，输入参数错误、没有起始条件或结束条件 e =1：接收到结束字符　　t = 1：接收消息功能终止，定时时间到 c =1：接收消息功能终止，达到最大字符数　　p = 1：接收消息功能终止，奇偶校验错误

5．接收指令开始接收数据的条件

RCV 指令允许选择消息开始和消息结束的条件。SMB87～SMB94（见表 6-6）用于端口 0，SMB187～SMB194 用于端口 1。通过它们，可以分别设置端口 0 和端口 1 消息接收的启动条件、结束条件和有关的参数。

表 6-6　与消息接收有关的特殊存储器

SMB87	SMB187	MSB 7 … LSB 0 | en | sc | ec | il | c/m | tmr | bk | 0 |　消息接收的控制字节 en：0＝禁用消息接收功能，1＝启用消息接收功能，每次执行 RCV 指令时都要检查该位 sc：0＝忽略 SMB88 或 SMB188，1＝使用 SMB88 或 SMB188 中的起始字符检测消息的开始 ec：0＝忽略 SMB89 或 SMB189，1＝使用 SMB89 或 SMB189 中的结束字符检测消息的结束 il：0＝忽略 SMW90 或 SMW190，1＝使用 SMW90 或 SMW190 中的空闲线时间检测消息的开始 c/m：0＝定时器为字符间定时器，1＝定时器为消息定时器 tmr：0＝忽略 SMW92 或 SMW192，1＝如果超过 SMW92 或 SMW192 中的时间（ms），则终止接收 bk：0＝忽略 BREAK（断开）条件，1＝使用 BREAK 条件来检测消息的开始
SMB88	SMB188	消息的起始字符
SMB89	SMB189	消息的结束字符
SMW90	SMW190	以 ms 为单位的空闲线时间间隔，空闲线时间结束后接收的第一个字符是新消息的开始
SMW92	SMW192	以 ms 为单位的字符间/消息定时器超时值，如果超出该时间段，停止接收消息
SMB94	SMB194	要接收的最大字符数（1～255B）。即使不用字符计数来终止消息，也应按它来设置希望的最大缓冲区

执行 RCV 指令时，有以下几种判别消息起始条件的方法，详情见系统手册。

1）空闲线检测，设置 il＝1，sc＝0，bk＝0，SMW90/SMW190＞0。

空闲线时间的典型值为以指定波特率传送 3 个字符所需要的时间。传输速率为 19200bit/s 时，可以设置空闲线时间为 2ms。

2）起始字符检测，设置 il＝0，sc＝1，bk＝0，忽略 SMW90/SMW190。

以 SMB88/SMB188 中的起始字符作为接收到的消息开始的标志。

3）空闲线和起始字符检测，设置 il＝1，sc＝1，bk＝0，SMW90/SMW190＞0。

4）BREAK 检测，设置 il＝0，sc＝0，bk＝1。

以接收到的 BREAK（断开）作为接收消息的开始。当接收到的数据保持为零的时间大于完整字符传输的时间，表示检测到 BREAK。

5）BREAK 和起始字符检测，设置 il＝0，sc＝1，bk＝1，忽略 SMW90/SMW190。

6）任意字符开始接收，设置 il＝1，sc＝0，bk＝0，SMW90/SMW190＝0。忽略起始字符，空闲线时间为零。接收指令一经执行，便将立即开始强制接收所有的任意字符。

6．接收指令终止接收的方式

接收指令支持多种终止消息的方式，可以采用以下一种方式或几种方式的组合。

1）检测结束字符，设置 ec＝1，SMB89/SMB189 中的结束字符用于指示消息结束。

对于所有消息均以特定字符结束的 ASCII 协议，可以使用结束字符检测。

2）使用字符间定时器，设置 c/m＝0，tmr＝1。

字符间时间是指从一个字符结束（停止位）到下一个字符结束（停止位）的时间。如果实际的字符间时间大于字符间定时器 SMW92/SMW192 设置的最大间隔时间，消息接收将终止。如果协议没有特定的消息结束字符，可以使用字符间定时器终止消息。

3）使用消息定时器，设置 c/m = 1，tmr = 1。

若消息接收时间大于 SMW92/SMW192 设置的以 ms 为单位的时间，将强制终止接收。消息定时器的典型值为在指定的波特率下接收最长消息所需时间值的 1.5 倍。

4）最大字符计数，当接收到的字符数大于等于 SMB94/SMB194 设置的最大字符数时，接收消息功能结束。即使最大字符计数没有被用作结束条件，可以用它来保证消息缓冲区之后的用户数据不会被接收到的消息覆盖。

最大字符计数总是与结束字符检测、字符间定时器或者消息定时器组合使用。

5）奇偶校验错误：当硬件发出信号指示接收的字符有奇偶校验错误、组帧错误或超限错误时，或在消息开始后检测到断开条件时，接收指令自动终止。

6）用户终止：用户程序可以通过将 SMB87 或 SMB187 的最高位（en 位）设置为零的另一条接收指令来立即终止接收消息功能。

6.5.2 使用接收完成中断的通信程序设计

1．PLC 接收消息的过程

1）在逻辑条件满足时，启动 RCV（接收）指令，进入接收等待状态。

2）CPU 监视通信端口，在设置的消息起始条件满足时，进入消息接收状态。

3）如果满足了设置的消息结束条件，CPU 结束消息的接收，退出接收状态。

2．异或校验

异或校验是提高通信可靠性的重要措施之一。发送方将每一帧中的第一个字符（不包括起始字符）到该帧中正文的最后一个字符作异或运算，并将异或的结果（异或校验码）作为消息的一部分发送到接收方。接收方计算出接收到的数据的异或校验码，并与发送方传送过来的校验码比较。如果二者不同，可以判定通信有误，将校验错误标志位置为 ON；没有传输错误则将校验错误指示位复位为 OFF。

3．电缆切换时间的处理

如果使用半双工的 RS-485 进行通信，应确保不会同时执行 XMT 和 RCV 指令，在用户程序中应考虑电缆的切换时间。CPU 接收到主站的请求消息，到它发送响应消息的延迟时间必须大于等于电缆的切换时间。波特率为 9600bit/s 和 19200bit/s 时，电缆的切换时间分别为 2ms 和 1ms。可以用定时中断实现切换延时。

如果 S7-200 CPU 作为主站发送请求消息，在接收到从站的响应消息后，CPU 下一次发送请求消息的延迟时间也必须大于等于电缆的切换时间。

【例 6-2】 用 RCV 指令和接收完成中断接收数据。接收缓冲区的数据格式如表 6-7 所示，用空闲线条件和初始字符作为消息开始的条件。用串口通信调试软件计算发送的消息中数据区各字节的异或校验码（见下一节）。

因为接收方可能将消息中的数据误认为是结束字符，本例没有使用结束字符，而是用消息定时器来结束消息接收。最大字符数（包括异或校验码）为 20，每个字符信息格式包含一个起始位、8 个数据位和一个停止位。传输速率为 19200bit/s 时，20 个字符的传输时间为 10.4ms，设置消息定时器的定时时间为 16ms（实际的传输时间的 1.5 倍）。

项目名称为“接收完成中断通信”（见配套资源中的同名例程）。系统块中设置的波特率用于PPI协议通信，与自由端口通信无关。

RCV指令的数据缓冲区的第一个字节VB100用来累计接收到的字节数，它本身不是接收到的。数据区的字节数等于VB100的值（接收到的字节数）减2（不包括起始字符和校验码）。主程序对通信和中断初始化，并启动接收。

在接收完成中断程序INT_0中计算校验码，如果异或校验正确，用定时中断延时5ms后向计算机回送接收到的消息。程序中计算校验码的子程序“异或运算”见4.4.2节。

为了保证程序有较好的可移植性，在中断程序INT_0中尽量使用临时局部变量（见图6-19）。程序的调试方法将在下一节介绍。

表6-7 接收缓冲区的数据格式

VB100	VB101	VB102～	
接收到的字节数	起始字符	数据区	校验码

	符号	变量类型	数据类型	注释
LD0	PNT	TEMP	DINT	数据区首地址指针
LD4	NUMB	TEMP	DINT	数据的字节数
LB8	SUM1	TEMP	BYTE	接收到的校验码
LB9	SUM2	TEMP	BYTE	计算出的校验码

图6-19 INT_0的变量表

```
//主程序
LD      SM0.1              //在首次扫描时
MOVB    5, SMB30           //设置为19200bit/s，8个数据位，无奇偶校验位，1个停止位
MOVB    16#DC, SMB87       //允许接收，空闲线时间和起始字符作为消息接收的开始条件
MOVW    +2, SMW90          //空闲线时间为2ms
MOVB    16#FF, SMB88       //起始字符为16#FF
MOVW    +16, SMW92         //消息定时器的定时时间为16ms
MOVB    20, SMB94          //接收的最大字符数为20
ATCH    INT_0, 23          //接收完成事件连接到中断程序INT_0
ATCH    INT_2, 9           //发送完成事件连接到中断程序INT_2
ENI                        //允许用户中断
RCV     VB100, 0           //启动接收，端口0的接收缓冲区指针指向VB100
//接收完成中断程序INT_0
LD      SM0.0
MOVD    0, #NUMB                          //将存放数据字节数的LD4清零
MOVB    VB100, LB7                        //接收到的数据的字节数存放在LD4最低字节
MOVD    &VB100, #PNT                      //接收缓冲区的首地址送给地址指针
+D      #NUMB, #PNT                       //求校验码地址
MOVB    *#PNT, #SUM1                      //保存接收到的校验码
DECB    LB7
DECB    LB7                               //减2后得到需要校验的数据区字节数
CALL    异或运算, &VB102, LB7, #SUM2      //计算校验码，结果送SUM2
LDB=    #SUM1, #SUM2                      //如果接收到的校验码等于计算出的校验码
R       Q1.0, 1                           //复位校验错误指示位
MOVB    5, SMB34                          //设置PPI电缆的接收/发送切换时间为5ms
ATCH    INT_1, 10                         //启动定时中断0
CRETI                                     //中断返回
```

```
NOT                          //如果接收到的校验码不等于计算出的校验码
S        Q1.0, 1             //将校验错误指示位置 1
RCV      VB100, 0            //启动新的接收

//定时中断程序 INT_1
LD       SM0.0
DTCH     10                  //断开定时中断 0
XMT      VB100, 0            //通过端口 0 向计算机回送接收到的消息

//发送完成中断程序 INT_2
LD       SM0.0
RCV      VB100, 0            //启动新的接收
```

6.5.3 自由端口模式通信实验

1．对编程电缆的要求

西门子的 USB/PPI 电缆和 CP 卡（通信处理器）不支持自由端口通信。作者使用的是将 USB 映射为 COM 口的国产 USB/PPI 电缆。安装它的驱动程序以后，在计算机的设备管理器的“端口”文件夹中，可以看到“USB-SERIAL CH340（COM3）”，计算机的 USB 端口被映射为 RS-232 端口 COM3（COM 口的编号与使用哪个 USB 端口有关）。

在“设置 PG/PC 接口”对话框中，选中“PC/PPI cable.PPI.1”，在它的“属性”对话框的“本地连接”选项卡，设置连接到 COM3。

2．串口通信调试软件

作者针对 PLC 常用通信协议的帧格式和常见的校验方式开发的串口通信调试软件，能够方便灵活地生成与 PLC 通信的各种格式的帧，又能直观地显示和保存通信记录。配套资源中的该软件不用安装，双击其中的“PLC 串口通信调试 1.0.exe”，出现图 6-20 左图中的界面。为减少篇幅，通信记录列表的高度被缩小。

可以选择用字符串、十进制或十六进制这 3 种数据格式，输入要发送的帧和显示收、发的帧，各数据格式可以相互转换。软件具有记忆功能，能保存上次退出时的工作状态（包括通信记录）。能按时间间隔划分和显示接收到的帧，间隔时间可以修改。

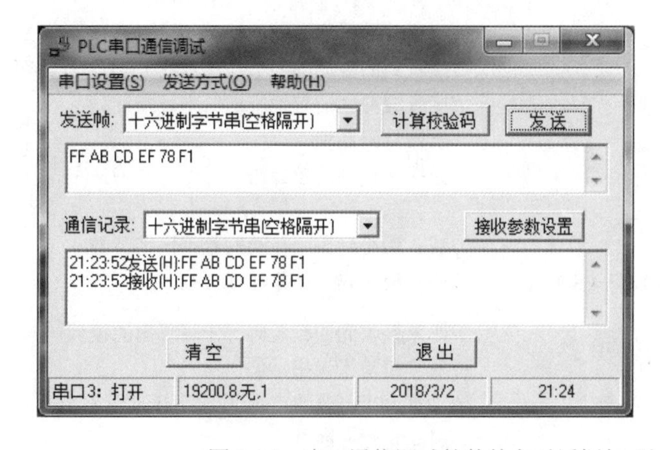

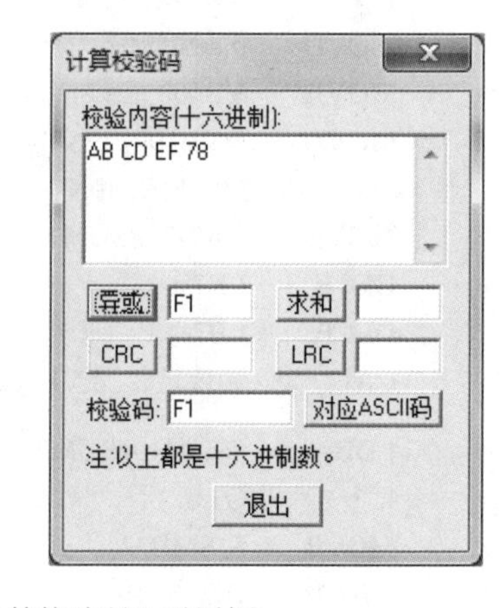

图 6-20 串口通信调试软件的主对话框与“计算校验码”对话框

3．实验过程

1）用国产的USB/PPI电缆连接计算机的USB端口和CPU的RS-485端口。将配套资源中的例程“接收完成中断通信”下载到CPU，用模式选择开关将CPU切换到RUN模式后关闭STEP 7-Micro/WIN。

2）打开串口通信调试软件，执行“串口设置”菜单中的“串口属性”命令，设置端口为COM3（COM口的编号与使用哪个USB端口有关）、波特率为19200bit/s、数据位为8位、无奇偶校验位、1位停止位（应与例程中用SMB30设置的参数相同）。串口的状态与设置的参数显示在窗口下面的状态栏中（见图6-20）。

3）用“发送方式”菜单中的命令设置发送方式为单次发送，发送帧和通信记录的数据格式均为十六进制字节串。“接收超时时间”和“接收事件最大间隔时间”分别为默认的100ms和20ms。

4）将要发送的4B十六进制数AB CD EF 78（用空格隔开）输入“发送帧”文本框。单击“计算校验码”按钮，在“计算校验码”对话框中单击“异或”按钮（见图6-20的左图），得到异或校验码16#F1，将它附在数据字节之后。添加起始字符16#FF后，要发送的消息（十六进制字节串）为FF AB CD EF 78 F1。

5）单击“发送”按钮，计算机的串口被自动打开，数据被发送出去。在“通信记录”文本框中，出现发送的消息。如果通信过程正确完成，将会接收到PLC返回的内容相同的消息（见图6-20）。

为了模拟通信故障，可以将上述消息中的校验码改为其他值，故意发送一个错误的消息。发送后串口通信调试软件弹出的对话框显示“接收超时”，校验错误指示位Q1.0被置为ON。发送正确的消息后，Q1.0被复位为OFF。

串口被调试软件打开后，必须用“串口设置”菜单中的命令关闭串口，或关闭该软件，STEP 7-Micro/WIN才能用该串口与PLC通信。

	地址	格式	当前值
1	VD100	十六进制	16#00FFABCD
2	VD104	十六进制	16#EF78F100

图6-21　接收缓冲区

6）关闭串口通信调试软件，用模式选择开关将CPU切换到STOP模式。打开STEP 7-Micro/WIN，在项目“接收完成中断通信”的状态表中，可以看到从VB100开始的接收缓冲区中的数据（见图6-21）。

视频“自由端口模式通信”可通过扫描二维码6-1播放。

二维码6-1

4．条码扫描枪通信的实验

【例6-3】条码扫描枪通常为RS-232端口，它与S7-200的RS-485端口连接时，需要使用RS-232/485转换器或RS-232/PPI多主站电缆。

条码扫描枪接收到条码信号后，通过RS-232端口自动发送消息，S7-200 CPU调用RCV指令接收消息，并在接收完成中断中再次启动RCV指令，循环接收消息。

下面是配套资源中的例程“条码扫描枪通信”OB1中的通信程序。

```
LD      SM0.1                    //首次扫描时
MOVB    5, SMB30                 //设置为自由端口模式、19200bit/s、8个数据位、无奇偶校验
MOVB    2#10010100, SMB87        //允许接收，用空闲线检测作为接收的起始条件
                                 //字符间超时为接收的结束条件
LD      SM0.1                    //首次扫描时
```

```
MOVW    5, SMW90            //设置空闲线时间间隔为 5ms
MOVW    5, SMW92            //字符间超时时间为 5ms
MOVB    50, SMB94           //允许接收的最大字符个数为 50

LD      SM0.1               //首次扫描时
ATCH    INT_0, 23           //端口 0 的接收完成事件连接到中断程序 INT_0
ENI                         //允许用户中断
RCV     VB100, 0            //启动接收，端口 0 的接收缓冲区指针指向 VB100
```

下面是通信端口 0 的接收完成中断程序 INT_0：

```
LD      SM86.2              //如果检测到字符间超时，则认为接收结束
SCPY    VB100, VB300        //接收成功时将接收到字符串复制到 VB300 开始的字符串

LD      SM0.0
RCV     VB100, 0            //启动新的接收
```

做实验时用串口通信调试软件模拟条码扫描枪，向 PLC 发送数据。将例程“条码扫描枪通信”下载到 PLC，关闭 STEP 7-Micro/WIN，将 PLC 切换到 RUN 模式。打开串口通信调试软件，发送十六进制数据“AB CD EF 12 34 56 78”给 PLC。因为 PLC 没有发送消息给计算机，串口通信调试软件弹出显示“接收超时”的对话框。关闭该软件，将 PLC 切换到 STOP 模式。打开 STEP 7-Micro/WIN 以后，打开项目“条码扫描枪通信”的状态表。启动监控，可以看到从接收缓冲区第二个字节 VB101 开始存放的接收到的 7B 数据（见图 6-22），以及保存到 VB300 开始的数据区的数据。VB300 中是接收到的字节个数。

	地址	格式	当前值
1	VD100	十六进制	16#00ABCDEF
2	VD104	十六进制	16#12345678
3	VD300	十六进制	16#07ABCDEF
4	VD304	十六进制	16#12345678

图 6-22　状态表

6.6 Modbus 协议通信

6.6.1 Modbus RTU 通信协议

1．Modbus 通信协议

Modbus 通信协议是 Modicon 公司提出的一种消息传输协议，Modbus 协议在工业控制中得到了广泛的应用，它已经成为一种通用的工业标准。许多工控产品，例如 PLC、变频器、人机界面、DCS 和自动化仪表等，都在广泛地使用 Modbus 协议。

Modbus 通信协议分为串行链路上的 Modbus 协议和基于 TCP/IP 协议的 Modbus 协议。Modbus 串行链路协议是一个主-从协议，采用请求-响应方式，主站发出带有从站地址的请求消息，具有该地址的从站接收到后发出响应消息进行应答。

串行总线上只有一个主站，可以有 1～247 个从站。Modbus 通信只能由主站发起，从站在没有收到来自主站的请求时，不会发送数据，从站之间也不会互相通信。

Modbus 协议有 ASCII 和 RTU（远程终端单元）这两种消息传输模式，S7-200 采用 RTU 模式。消息以字节为单位进行传输，采用循环冗余校验（CRC）进行错误检查，消息最长为

256B。Modbus 网络上所有的站都必须使用相同的传输速率和串口参数。

S7-200 可以通过 Modbus RTU 协议，实现相互之间、与其他品牌的 PLC 或变频器之间的通信。

2．使用 Modbus RTU 协议的要求

使用 Modbus 协议通信需要安装配套资源中的 STEP 7-Micro/WIN V32 指令库，安装后在指令树的“库”文件夹中，可以看到用于 Modbus 主站协议通信的文件夹“Modbus Master Port 0”和“Modbus Master Port 1”，以及用于 Modbus 从站协议通信的文件夹“Modbus Slave Port 0”。Port 0 是 CPU 的第一个 RS-485 端口，Port 1（端口 1）是 CPU 224XP 和 CPU 226 的第二个 RS-485 端口。端口 1 只能作 Modbus 主站。在程序中使用 Modbus 指令时，一个或多个相关的子程序将会被自动地添加到项目中。

调用 Modbus 指令时，将会占用下列的 CPU 资源：

1）通信端口 0 或端口 1 被 Modbus 通信占用时，不能用于其他用途，包括与 HMI 的通信。为了将 CPU 的端口 0 切换回 PPI 模式，以便与 STEP 7-Micro/WIN 通信，应将 Modbus 的初始化指令的参数 Mode 设置为 0，或将 S7-200 CPU 上的模式开关切换到 STOP 模式。

2）Modbus 指令影响与分配给它的端口和自由端口通信有关的所有特殊存储器 SM。

3）Modbus 主站指令使用 3 个子程序和 1 个中断程序，1620B 的程序空间和 284B 的 V 存储器。其起始地址由用户指定，保留给 Modbus 变量使用。

4）Modbus 从站指令使用 3 个子程序和两个中断程序，1857B 的程序空间和 779B 的 V 存储器。

6.6.2 Modbus RTU 从站协议通信的编程

1．Modbus 从站协议的初始化和执行时间

Modbus 通信使用 CRC（循环冗余校验）确保通信消息的完整性。Modbus 从站协议使用预先计算数值的表格减少处理消息的时间，初始化该 CRC 表格大约需要 240ms。通常在进入 RUN 模式后首次扫描程序时调用 MBUS_INIT 指令来完成初始化操作（见图 6-23）。如果 MBUS_INIT 指令和其他用户初始化操作需要的时间超过 500ms 的扫描监视时间，应复位监控定时器（见 4.4.3 节）。

当 MBUS_SLAVE 子程序执行请求服务时，扫描时间会延长。由于大多数时间用于计算 Modbus CRC，对于请求和响应中的每个字节，扫描时间会延长约 420μs。最大的请求/响应（读取或写入 120 个字）使扫描时间延长约 100ms。

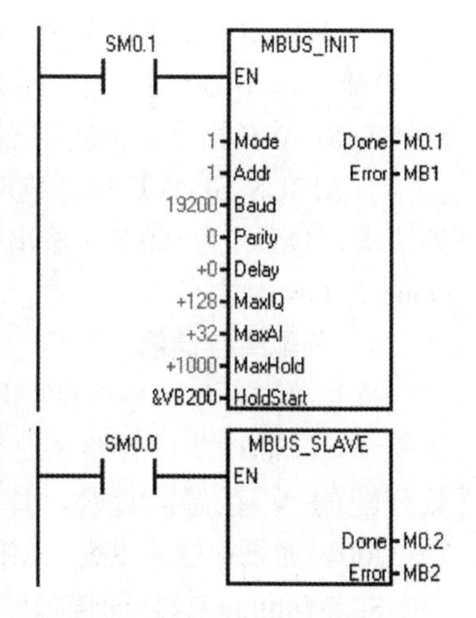

图 6-23　Modbus 从站通信程序

2．MBUS_INIT 指令

图 6-23 是使用 Modbus 从站协议通信的 PLC 程序（见配套资源中的例程“Modbus 从站协议通信”），主站是 S7 系列 PLC。Modbus 从站指令在指令树的“\指令\库\Modbus Slave Port 0”文件夹中。插入 MBUS_INIT 指令时，自动添加了几个隐藏的子程序和中断程序。

MBUS_INIT 指令用于启用、初始化或禁用 Modbus 通信。一般在首次扫描时用 SM0.1 的常开触点调用 MBUS_INIT 指令，对 Modbus 通信初始化。应当在每次改变通信状态时执行一次 MBUS_INIT 指令。

输入参数 Mode（模式）用来选择通信协议，Mode 为 1 时将 Modbus 协议指定给端口 0 并启用该协议；Mode 为 0 时将 PPI 协议指定给端口 0 并禁用 Modbus 协议。

Addr（地址）用于设置从站地址（1～247）。

Baud（波特率）可以设为 1200、2400、4800、9600、19200、38400、57600 或 115200bit/s。

Parity（奇偶校验）应与 Modbus 主设备的奇偶校验方式相同。数值 0、1、2 分别对应无奇偶校验、奇校验和偶校验。

Delay（延时）是以 ms 为单位（0～32767ms）的 Modbus 消息结束的延迟时间，在有线网络上运行时，该参数的典型值为 0。

MaxIQ 是 Modbus 主设备可以访问的 I 和 Q 的点数（0～128），建议设置为 128。

MaxAI 是 Modbus 主设备可以访问的模拟量输入字（AIW）的个数（0～32）。建议值如下：CPU 221 为 0，CPU 222 为 16，其他 CPU 为 32。

MaxHold 是主设备可以访问的保持寄存器（V 存储器字）的最大个数。

HoldStart 是 V 存储区内保持寄存器的起始地址，Modbus 主设备可以访问 V 存储区内地址从 HoldStart 开始的 MaxHold 个 V 存储器字。

MBUS_INIT 指令如果被成功地执行，输出位 Done（完成）为 ON。

Error（错误）输出字节包含指令执行后的错误代码，为 0 表示没有错误。

图 6-23 中 OB1 的程序在首次扫描时执行一次 MBUS_INIT 指令，初始化 Modbus 从站协议。设置从站地址为 1，端口 0 的波特率为 19200bit/s，无奇偶校验，延迟时间为 0，允许访问所有的 I、Q 和 AI，允许访问从 VB200 开始的 1000 个保持寄存器字（2000B）。

3．MBUS_SLAVE 指令

MBUS_SLAVE 指令用于处理来自 Modbus 主站的请求服务，用 SM0.0 的常开触点调用 MBUS_SLAVE 指令，每次扫描都调用该指令。程序中只能使用一条 MBUS_SLAVE 指令。

当 MBUS_SLAVE 指令响应 Modbus 请求时，输出位 Done（完成）为 ON。如果没有服务请求，Done 为 OFF。输出字节 Error（错误）包含执行该指令的结果，该输出只有在 Done 为 ON 时才有效。

4．分配库存储器

执行“文件”菜单中的“库存储区”命令，打开“库存储区分配”对话框，为 Modbus 指令分配 780B 的 V 存储区地址。为了不与 MBUS_INIT 指令中用 HoldStart 和 MaxHold 参数分配的 V 存储区重叠，库存储区的起始地址应在该 V 存储区之外，本例程设置为 VB2200。如果存储区重叠，MBUS_INIT 指令的输出参数 Error 返回错误代码 5。

5．Modbus RTU 通信帧的结构与 Modbus 从站协议功能

本节下面的内容主要供上位计算机软件的编程人员编写 Modbus 主站通信程序时使用，属于 Modbus 通信比较高层次的内容。

图 6-24 是 Modbus RTU 通信帧的基本结构，从站地址为 0～247，它和功能码均占一个字节，主站发出的命令帧中 PLC 地址区的起始地址和 CRC 各占一个字，数据以字或字节为

单位（与功能码有关）。以字为单位时高字节在前，低字节在后。但是值得注意的是，消息中 CRC 的低字节在前，高字节在后（见图 6-24）。表 6-8 给出了 S7-200 支持的 Modbus 从站协议功能。

站地址	功能码	数据1	…	数据n	CRC低字节	CRC高字节

图 6-24　RTU 通信帧的基本结构

表 6-8　S7-200 支持的 Modbus 从站协议功能

功　能	描　述
1	读单个或多个线圈（数字量输出）的状态，返回任意数量输出点（Q）的 ON/OFF 状态
2	读单个或多个触点（数字量输入）的状态，返回任意数量输入点（I）的 ON/OFF 状态
3	读单个或多个保持寄存器，返回 V 存储区的内容。保持寄存器以字为单位，在一次请求中最多读 120 个字
4	读单个或多个模拟量输入寄存器，返回模拟量输入值
5	写单个线圈（数字量输出），将数字量输出置为指定的值，用户程序可以改写 Modbus 请求写入的值
6	写单个保持寄存器，将单个保持寄存器的值写入 S7-200 的 V 存储区
15	写多个线圈，将数字量输出值写入 Q 映像寄存器区。起始输出点必须是一个字节的最低位（例如 Q0.0 或 Q2.0），写入的输出点数必须是 8 的整数倍。这些点不是被强制，用户程序可以改写 Modbus 请求写入的值
16	将多个保持寄存器的值写入 S7-200 的 V 存储区，在一个请求中最多可以写 120 个字

6.6.3　Modbus RTU 主站协议通信的编程与调试

1．主站协议的初始化和执行时间

主站协议在每次扫描时都需要用少量的时间来执行初始化主设备指令 MBUS_CTRL。首次扫描时 MBUS_CTRL 指令初始化 Modbus 主站的时间约为 1.11ms，以后每次扫描时需要约 0.41ms 的时间来执行 MBUS_CTRL 指令。

主站向 Modbus 从站发送请求消息（简称为请求），然后处理从站返回的响应消息（简称为响应）。MBUS_MSG 指令执行请求时，扫描时间将会延长。大多数时间用于计算请求和响应的 Modbus CRC。对于请求和响应中的每个字，扫描时间会延长约 1.85ms。最大的请求/响应（读取或写入 120 个字）使扫描时间延长约 222ms。

2．MBUS_CTRL 指令

生成一个名为“Modbus 主站协议通信”的项目（见配套资源中的同名例程），OB1 中的程序如图 6-25 所示。

MBUS_CTRL 指令用于初始化、监视或禁用 Modbus 通信。每个扫描周期都应执行该指令，否则 Modbus 主站协议将不能正确工作。调用 MBUS_CTRL 指令时，将会自动添加几个受保护的用于 Modbus 通信的子程序和中断程序。

输入参数 Mode（模式）、Baud（波特率）、Parity（奇偶校验）和输出参数 Done（完成）、Error（错误）的意义与 Modbus 从站协议的指令 MBUS_INIT 的同名参数相同。参数 Timeout（超时）是等待从站作出响应的时间（1～32767ms），典型值为 1000ms。

图 6-25 中的 MBUS_CTRL 指令设置端口 0 的波特率为 19200bit/s，无奇偶校验，超时时间为 1s。

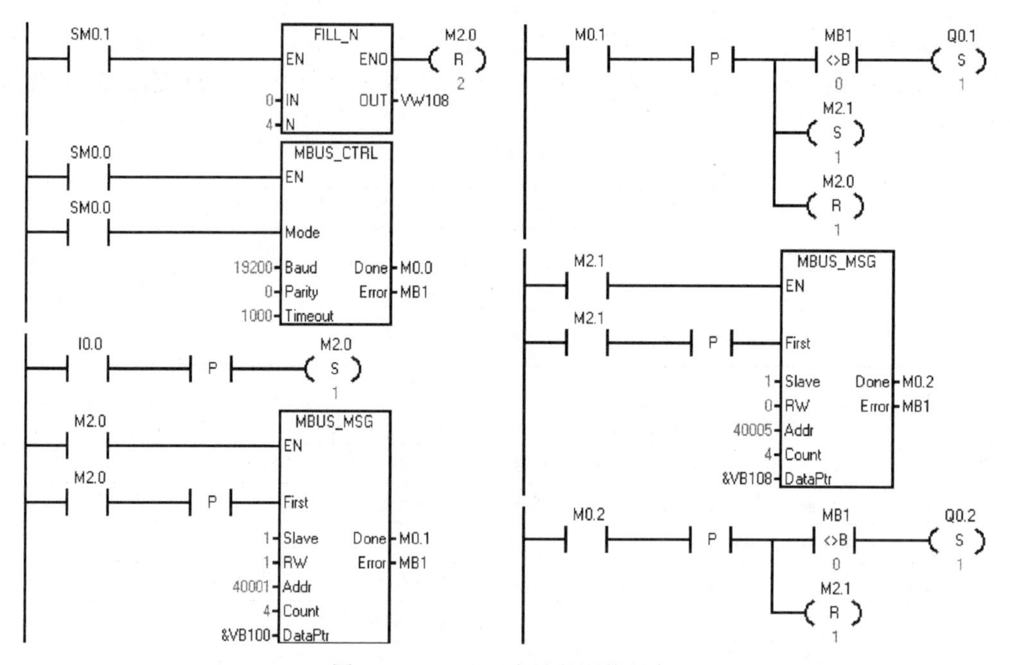

图 6-25　Modbus 主站的通信程序

3．MBUS_MSG 指令

MBUS_MSG 指令用于向 Modbus 从站发送请求消息，以及处理从站返回的响应消息。

使能输入 EN 和输入参数 First（首次）同时接通时，MBUS_MSG 指令向 Modbus 从站发送主站请求。发送请求、等待响应和处理响应通常需要多个 PLC 扫描周期。EN 输入必须接通才能启用请求的发送，并且应该保持接通状态，直到 Done（完成）位被置位。

参数 Slave 是 Modbus 从站的地址（0～247），地址 0 是广播地址，只能用于写请求。S7-200 Modbus 从站库不支持广播地址。

参数 RW（读写）为 0 时为读取，为 1 时为写入。数字量（或称离散量）输出（线圈）和保持寄存器支持读请求和写请求。数字量输入（触点）和输入寄存器仅支持读请求。

参数 Addr（地址）是起始的 Modbus 地址。Modbus 主站指令支持的 Modbus 地址见表 6-9，地址的最高位是地址区的信息。实际的有效地址范围取决于从站设备支持的地址。

Modbus 同类元件的首地址为 1，而 S7-200 同类元件的首地址为 0。

表 6-9　地址映射关系

Modbus 地址	S7-200 的地址	Modbus 地址	S7-200 的地址
00001～00128	Q0.0～Q15.7	30001～30032	AIW0～AIW62
10001～10128	I0.0～I15.7	40001～4xxx	HoldStart + 2(xxxx -1)

参数 Count（计数）用于设置请求中要读取或写入的数据元素的个数（位数据类型的位数或字数据类型的字数）。MBUS_MSG 指令最多读取或写入 120 个字或 1920 个位（240 个字节的数据）。实际的上限与从站有关。

参数 DataPtr 是间接寻址的地址指针，指向主站 CPU 中保存与读/写请求有关的数据的 V 存储区。Modbus 地址表中的保持寄存器对应于 S7-200 的变量存储器（V 存储器），保持寄存器以字为单位寻址。例如要写入 Modbus 从站设备的数据的起始地址为 VW100 时，DataPtr 的值为 &VB100（VB100 的地址）。对于读请求，DataPtr 指向用于存储从 Modbus 从站读取的数据的第一个 CPU 存储单元。对于写请求，DataPtr 指向要发送到 Modbus 从站的数据的第一个 CPU 存储单元。

CPU 在发送请求和接收响应时，Done（完成）输出为 OFF。响应完成或 MBUS_MSG 指令因为错误中止时，Done（完成）输出为 ON。字节 Error 中为错误代码。

程序中可以有多条 MBUS_MSG 指令，但是某一时刻只能有一条 MBUS_MSG 指令处于激活状态。如果同时启用多条 MBUS_MSG 指令，将处理执行的第一条 MBUS_MSG 指令，所有后续的 MBUS_MSG 指令将中止，并返回错误代码 6。

执行“文件”菜单中的“库存储区”命令，打开“库存储器分配”对话框，为 Modbus 指令分配 284B 的 V 存储区地址。可以直接输入 V 存储区的起始地址。

4．从站的程序

用 S7-200 作 Modbus 从站，其程序如图 6-23 所示（见配套资源中的例程“Modbus 从站协议通信”）。其 V 存储区（保持寄存器）的起始地址 HoldStart 为 VB200，库存储区的起始地址为 VB2200。图 6-25 中 MBUS_MSG 指令的 Modbus 地址 40001 对应于从站的 VW200；40005 对应于 VW208。

5．程序的执行过程

每一条 MBUS_MSG 指令可以用上一条 MBUS_MSG 指令的 Done 完成位来激活，以保证所有读写指令顺序进行。下面是图 6-25 中程序的工作过程：

1）首次扫描时，用内存填充指令 FILL_N 将保存读取的数据的地址区 VW108～VW114 清零，复位两条 MBUS_MSG 指令的使能标志 M2.0 和 M2.1。

2）在 I0.0 的上升沿置位 M2.0（见图 6-26），开始执行第一条 MBUS_MSG 指令。该指令将主站的 VW100～VW106 的值写入保持寄存器 40001～40004，即从站的 VW200～VW206（见图 6-27）。从站的 MBUS_INIT 指令的输入参数 HoldStart 为&VB200（见图 6-23），保持寄存器 40001 的实际地址为 VW200。

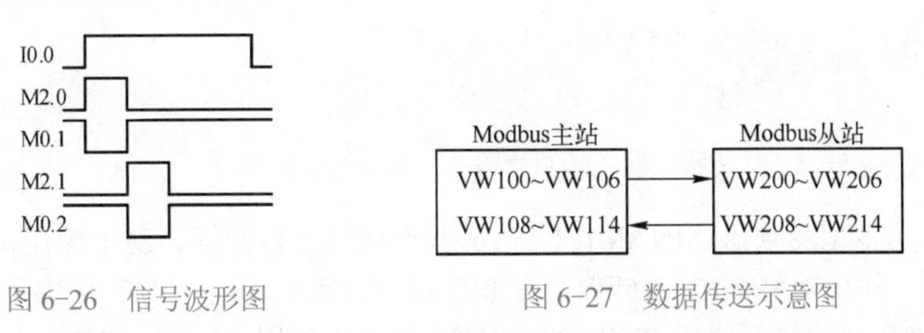

图 6-26　信号波形图　　　图 6-27　数据传送示意图

3）第一条 MBUS_MSG 指令执行完时，它的输出参数 Done（M0.1）变为 ON（见图 6-26），M2.0 被复位，停止执行第一条 MBUS_MSG 指令。M2.1 被置位，开始执行第二条 MBUS_MSG 指令，读取保持寄存器 40005～40008。保持寄存器 40005 对应于从站的 VW208，即读取从站从 VW208 开始的 4 个字（见图 6-27），保存到主站从 VW108 开始的 4 个字。指令执行出错则置位 Q0.1。

4）第二条 MBUS_MSG 指令执行完时，它的输出参数 Done（M0.2）变为 ON（见图 6-26），M2.1 被复位，停止执行第二条 MBUS_MSG 指令。指令执行出错则置位 Q0.2。

6．通信实验

用 USB/PPI 电缆将用户程序和组态信息分别下载到作为 Modbus 主站和从站的两台 CPU 224。用状态表为待发送数据的地址区（主站的 VW100～VW106 和从站的 VW208～VW214）赋新值，并将新值写入 CPU。做实验时应采用默认的设置，全部 V 区被设置为有断电保持功能。

断开 PLC 的电源，用 PROFIBUS 电缆连接两块 CPU 的 RS-485 端口。做实验时也可以用普通的 9 针连接器来代替网络连接器，不用接终端电阻。

接通两台 PLC 的电源，令它们运行在 RUN 模式。接通和断开主站的 I0.0 外接的小开关，先后执行图 6-25 中的两条 MBUS_MSG 指令，将主站的 VW100～VW106 的值写入从站的 VW200～VW206（见图 6-27）。读取从站的 VW208～VW214 的值，保存到主站的 VW108～VW114。

关闭两台 PLC 的电源，断开连接它们之间的通信线。先后用 USB/PPI 电缆连接它们，图 6-28 和图 6-29 分别是重新通电后在 STOP 模式用状态表读取的主站和从站的通信数据区，可见通信是成功的。

Modbus 通信基于自由端口模式，RUN 模式时 CPU 采用自由端口模式通信。必须切换到 STOP 模式，STEP 7-Micro/WIN 才能通过 PPI 协议通信监控 PLC。

	地址	格式	当前值
1	VW100	有符号	+1000
2	VW102	有符号	+2000
3	VW104	有符号	+3000
4	VW106	有符号	+4000
5	VW108	有符号	+5000
6	VW110	有符号	+6000
7	VW112	有符号	+7000
8	VW114	有符号	+8000

图 6-28　作主站的 S7-200 的状态表

	地址	格式	当前值
1	VW200	有符号	+1000
2	VW202	有符号	+2000
3	VW204	有符号	+3000
4	VW206	有符号	+4000
5	VW208	有符号	+5000
6	VW210	有符号	+6000
7	VW212	有符号	+7000
8	VW214	有符号	+8000

图 6-29　作从站的 S7-200 的状态表

6.7　S7-200 与变频器的 USS 协议通信

6.7.1　硬件接线与 V20 变频器参数设置

西门子的基本型变频器 SINAMICS V20 具有调试过程快捷、易于操作、稳定可靠、经济高效的特点。输出功率 0.12～15kW，有 PID 参数自整定功能。V20 可以通过 RS-485 通信端口，使用 USS 协议与西门子 PLC 通信。V20 还可以使用 Modbus RTU 协议，与 PLC 和 HMI（例如 SMART 700 IE）通信。

1．连接宏和应用宏

V20 的功能很强，可以采用多种控制方式。需要用参数来设置接线端子的功能，有的端子可设置 20 多种功能。初学者面对变频器需要设置的大量的参数，都会感到茫然不知所措。

在 V20 的手册中，变频器常用的控制方式被归纳总结为 12 种连接宏和 5 种应用宏，供用户选用。使用连接宏和应用宏，无需直接面对冗长复杂的参数列表，可以避免因参数设置不当而导致的错误。

连接宏类似于配方，给出了完整的解决方案。配套资源中的手册《SINAMICS V20 变频器操作说明》的 5.5.1 节提供了每种连接宏的外部接线图，以及每种连接宏所有需要设置的参数的默认设置值。选中某种连接宏后，有关的参数被自动设置为该连接宏的默认值，用户只需按自己的要求修改少量的参数值。

应用宏针对某种特定的应用提供一组相应的参数设置。选择了一个应用宏后，变频器会自动应用该应用宏的参数设置，从而简化调试过程。默认的应用宏为 AP000（采用出厂时默认的全部参数设置）。此外有水泵、风机、压缩机和传送带这 4 个应用宏。用户可以选择与其控制要求最为接近的应用宏，然后根据需要进一步地更改参数。

2．硬件接线

USS 是用于西门子变频器与 S7 系列 PLC 通信的协议。S7-200 CPU 的端口 0 与 V20 变频器的硬件接线见图 6-30。接线时应满足下面的要求，否则可能毁坏通信端口。

1）应确保与变频器连接的所有控制设备（例如 S7-200 CPU）的信号公共点均用短粗电缆连接到变频器的接地点或星点。S7-200 侧的 RS-485 连接器的 5 脚（5V 电压的公共端）必须与 V20 的模拟量的 0V 端子相连。

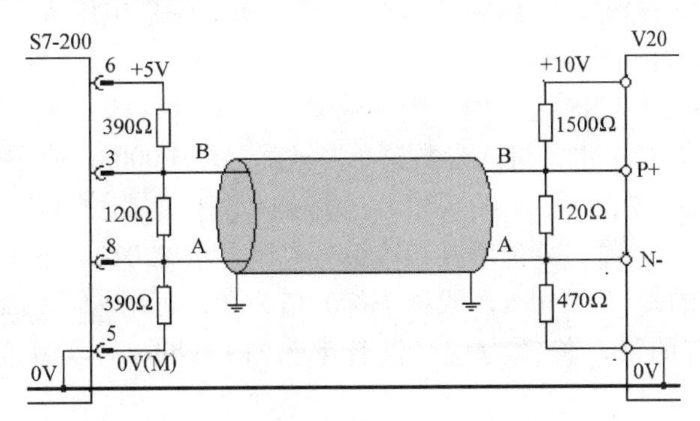

图 6-30　USS 通信的硬件接线图

2）两侧的 0V 端子不能就近通过保护接地网络相连，否则可能因为烧电焊烧毁通信设备。

RS-485 电缆应与其他电缆（特别是电动机的主回路电缆）保持一定的距离，并将 RS-485 电缆的屏蔽层接地。总线电缆的长度大于 2m 时，应在网络两端的站点设置总线终端电阻。

3．设置电动机参数

使用 USS 协议进行通信之前，应使用 V20 内置的基本操作面板（简称为 BOP，见图 6-31）来设置变频器有关的参数。首次上电或变频器被工厂复位后，进入 50/60Hz 选择菜单，显示“50？”（50Hz）。按 OK 键的时间小于 2s 时（以下简称为单击），进入设置菜单，显示参数编号 P0304（电动机额定电压）。单击 OK 键，显示原来的电压值 400。可以用 ▲、▼ 键增减参数值，长按这两个按钮参数值将会快速变化。单击 OK 键确认参数值后返回参数编号显示，按 ▲ 键显示下一个参数编号 P0305。用同样的方法分别设置 P0305[0]、P0307[0]、P0310[0]和 P0311[0]（电动机的额定电流、额定功率、额定频率和额定转速）。

4．设置连接宏、应用宏和其他参数

单击 M 键，显示“-Cn000”，设置连接宏。按 ▲ 键，直到显示“Cn010”时按 OK 键，显示“-Cn010”，表示选中了 USS 连接宏 Cn010。单击 M 键显示“-AP000”，采用默认的应用宏 AP000（出厂默认设置，不更改任何参数设置）。

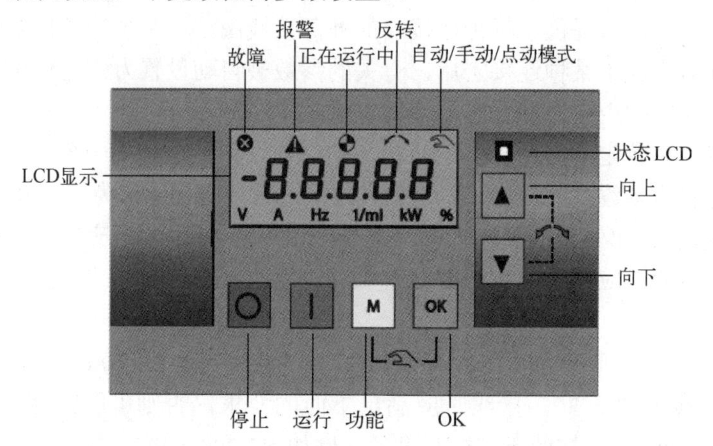

图 6-31　V20 变频器的内置基本操作面板

在设置菜单方式长按 M 键（按键时间大于 2s）或下一次上电时，进入显示菜单方式，显示 0.00Hz。多次单击 OK 键，将循环显示输出频率 Hz、输出电压 V、电动机电流 A、直流母线电压 V 和设定频率值。

连接宏 Cn010 预设了 USS 通信的参数（见表 6-10），使调试过程更加便捷。

在显示菜单方式单击 M 键，进入参数菜单方式，显示 P0003。令参数 P0003 的值为 3，允许读/写所有的参数。按表 6-10 的要求，用 OK 键和 ▲、▼ 键检查和修改参数值。例如为了设置参数 P2010[0]，用 ▲、▼ 键增减参数编号直至显示 P2010。单击 OK 键显示“in000”，表示该参数方括号内的索引（Index，或称下标）值为 0，可用 ▲、▼ 键修改索引值。按 OK 键显示 P2010[0]原有的值，修改为 7（波特率为 19.2kbit/s）以后按 OK 键确认。将参数 P2014[0]修改为 0ms。

表 6-10　USS 通信的参数设置

参　数	描　述	Cn010 默认值	实际设置值	备　注
P0700[0]	选择命令源	5	5	命令来自 RS-485
P1000[0]	选择频率设定源	5	5	频率设定值来自 RS-485
P2023	RS-485 协议选择	1	1	USS 协议
P2010[0]	USS/Modbus 波特率	8	7	波特率为 19.2 kbit/s
P2011[0]	USS 从站地址	1	1	变频器的 USS 地址
P2012[0]	USS 协议的过程数据 PZD 长度	2	2	PZD 部分的字数
P2013[0]	USS 协议的参数标示符 PKW 长度	127	127	PKW 部分的字数可变
P2014[0]	USS/Modbus 报文间断时间	500	0	设为 0 看门狗被禁止（ms）

基准频率 P2000[0]采用默认值 50.00Hz，它是串行链路或模拟量输入的满刻度频率设定值。在参数菜单方式长按 M 键，将进入显示菜单方式，显示 0.00Hz。

5．变频器恢复出厂参数

在更改上次的连接宏设置前，应对变频器进行工厂复位，令 P0010 的值为 30（工厂的设定值），P0970 为 1（参数复位），按 OK 键将变频器恢复到工厂设定值。令参数 P0003 为 3，允许读/写所有的参数。更改连接宏 Cn010 中的参数 P2023 后，变频器应重新上电。在变频器断电后确保 LED 灯熄灭或显示屏空白后方可再次接通电源。

6.7.2 USS 通信的编程

1．USS 指令

安装配套资源中的 STEP 7-Micro/WIN V32 指令库后，在指令树的“库”文件夹中可以看到用于 USS 协议通信的文件夹“USS protocol Port 0”和“USS protocol Port 1”。它们分别用于 CPU 的 RS-485 端口 0 和 CPU 224XP、CPU 226 的端口 1。

在 USS 通信中，PLC 作主站，变频器作从站。从站只有在接收到主站的请求消息后才可以立即向主站发送响应消息，从站之间不能直接传输数据。用指令库中的 USS 指令来监控变频器和读/写变频器参数，USS 指令不能在中断程序中使用。调用 USS_INIT 指令时，将会自动添加几个隐藏的子程序和中断程序。

某个端口使用 USS 协议与变频器通信时，不能再作他用，包括与 HMI 进行通信。

USS 指令将使用户程序所需的存储器数量增加 2150～3500B。USS 指令还要占用由用户指定的 400B 的 V 存储区。有些 USS 指令还要求 16B 的通信缓存区。

USS 协议是一种中断驱动的应用程序。最差情况下，接收消息中断程序的执行最多需要 2.5ms。在此期间，所有其他中断事件都需要排队，等待接收消息中断程序执行完毕后再进行处理。USS 指令会影响与分配的端口的自由端口通信有关的所有 SM 地址。

通信速率为 19200bit/s 时，USS 主站的轮询时间为 35ms 乘以从站数。

在 STEP 7-Micro/WIN 中生成一个名为“USS 通信”的项目（见配套资源中的同名例程）。

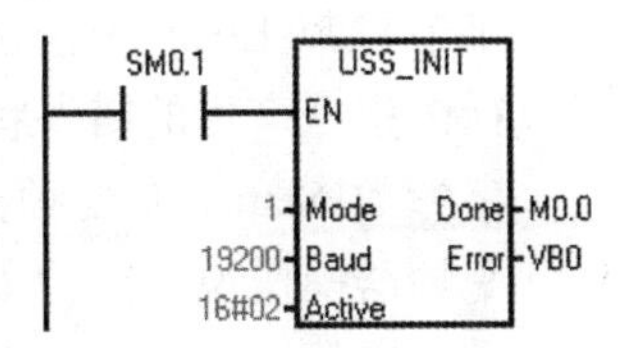

图 6-32 USS_INIT 指令

2．调用 USS_INIT 指令

USS_INIT 指令（见图 6-32）用于启用、初始化或禁用与西门子变频器的通信。在使用其他 USS 指令之前，必须成功地执行 USS_INIT 指令。该指令执行完后，Done（完成）输出位被立即置位，然后继续执行下一条指令。端口 1 的 USS 指令附加了“_P1”，例如 USS_INIT_P1。

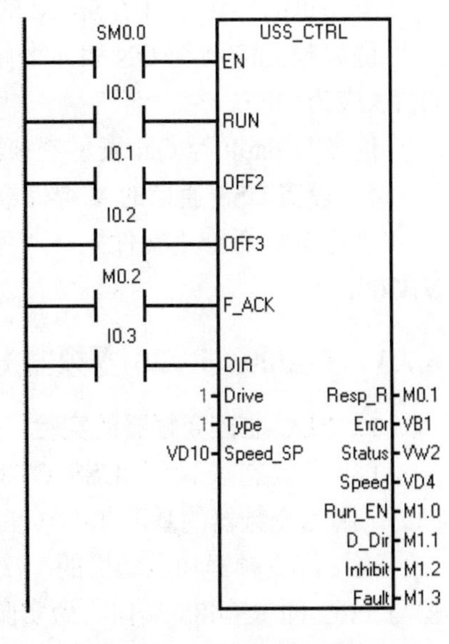

图 6-33 USS_CTRL 指令

一般在首次扫描时执行一次 USS_INIT 指令。如果要更改通信参数，需要执行新的 USS_INIT 指令，用边沿检测指令使 EN 输入以脉冲方式接通。

参数 Mode 用来选择通信协议，为 1 时将端口分配给 USS 协议并启用该协议，为 0 时将端口分配给 PPI 协议并禁用 USS 协议。

参数 Baud 用于设置波特率，单位为 bit/s，应与变频器设置的波特率相同。

双字参数 Active 用于设置要激活的变频器。要激活的变频器的地址为 N（N = 0～31）时，令 Active 的第 N 位为 1。同时可以激活多台变频器，未激活的变频器对应的位为 0。例如要激活地址为 0～2 的变频器时，Active 为 16#07（Active 的第 0～2 位为 1）。图 6-33 仅激活了 1 号变频器。

输出字节 Error 中为协议执行的错误代码。

3．调用 USS_CTRL 指令

USS_CTRL 指令（见图 6-33）用于控制一台激活的西门子变频器。USS_CTRL 指令将它的命令参数放置到通信缓冲区，如果用 Drive 参数定义的变频器已被 USS_INIT 指令的 Active 参数激活，USS_CTRL 指令的命令参数随后将发送给该变频器。每台变频器只能分配一条 USS_CTRL 指令。必须用一直为 ON 的 SM0.0 的常开触点控制该指令的 EN 输入位。

输入参数 RUN 用于控制电动机的起动和转速匀速下降的停车（见下一节）。输入参数 OFF2 和 OFF3 分别用于电动机的惯性自然停车和快速停车。

位参数 Resp_R（接收到响应）确认来自变频器的响应。系统轮询所有被激活的变频器，以获取最新的变频器状态信息。每次 CPU 收到来自变频器的响应时，该位将接通一个扫描周期，以下的参数值将被更新。

在故障确认位 F_ACK 的上升沿，复位变频器的故障位 Fault，确认变频器发生的故障。

方向控制位 DIR 用于控制电动机的旋转方向。

参数 Drive 用于设置接收 USS_CTRL 命令的变频器的地址（0～31）。

参数 Type 用于设置变频器的类型，V20 系列变频器的类型号为 1。

实数参数 Speed_SP 是用组态的基准频率（P2000）的百分数表示的频率设定值（-200.0%～200.0%）。负的设定值将使变频器反方向旋转。

字节参数 Error 中包含对变频器的最新通信请求的结果。USS 协议的执行错误代码定义了执行该指令产生的错误状况。

字参数 Status 是变频器返回的状态字。V20 变频器的状态字各位的意义见《SINAMICS V20 变频器操作说明》的参数列表中的参数 r0052。

实数参数 Speed 是以组态的基准频率（P2000）的百分数表示的变频器输出频率的实际值。

位参数 Run_EN 为 ON 表示变频器正在运行。

电动机的旋转方向用 Speed 的正负来表示，也可以用正值和 D_Dir（方向）位来表示。

位参数 Inhibit 为 ON 表示变频器已被禁止。为了清除 Inhibit 位，Fault、RUN、OFF2 和 OFF3 应为 OFF。

位参数 Fault 为 ON 表示变频器有故障，故障消失后，可以用 F_ACK 位来清除此位。

4．设置 USS 通信的 V 存储器区

执行菜单命令“文件”→“库存储区”，设置 USS 库所需的 V 存储器的起始地址为 VB200。

6.7.3 S7-200 与 V20 变频器 USS 通信的实验

1．PLC 监控变频器的实验

1）用状态表设置 USS_CTRL 指令的参数 Speed_SP（VD10，见图 6-33）为 20.0（%）。因为变频器的基准频率（参数 P2000）为默认的 50.0Hz，频率设定值为 10.0Hz。

连接好变频器和电动机的一次回路接线，将程序下载到 PLC 后，按图 6-30 连接好变频器与 PLC 的 RS-485 端口。做实验时如果通信线很短，可以不接终端电阻。接通变频器的电源，设置好变频器的参数，令 PLC 运行在 RUN 模式，用 BOP 显示变频器的频率。

2）用接在 PLC 输入端的小开关令 USS_CTRL 指令的参数 OFF2（I0.1）和 OFF3（I0.2）为 OFF，参数 RUN（I0.0）为 ON，电动机起动运行。BOP 显示的频率值从 0.00Hz 逐渐增大到 10.00Hz 后不再变化。

3）令参数 RUN 为 OFF，电动机减速停车。BOP 显示的频率值从 10.00Hz 逐渐减少到 0.00Hz。

4）在电动机运行时，用 I0.1（OFF2）外接的小开关发一个脉冲，电动机自然停车。

5）在电动机运行时，用 I0.2（OFF3）外接的小开关发一个脉冲，电动机快速停车。参数 OFF2 和 OFF3 发出的脉冲使电动机停机后，需要将参数 RUN 由 ON 变为 OFF，然后再变为 ON，才能再次起动电动机运行。

6）在电动机运行时，令控制方向的输入参数 DIR（I0.3）变为 ON，电动机减速后反向旋转，反向升速至-10.00Hz 后不再变化，BOP 显示图标。令 DIR 变为 OFF，电动机减速后返回最初的旋转方向，升速至 10.00Hz 后不再变化，图标消失。

7）断电后用编程电缆连接 PLC 的通信端口，在 STOP 模式用状态表将图 6-33 中的频率设定值 Speed_SP 修改为-50.0（%），然后下载到 PLC。断电时连接好变频器与 PLC 的 RS-485 端口，通电后将 PLC 切换到 RUN 模式。令参数 DIR（I0.3）为 OFF，参数 RUN（I0.0）为 ON，电动机反向起动，频率最后稳定在-25.00Hz。

实际的频率输出值受到参数“最大频率”（P1082）和“最小频率”（P1080）的限制。

2．读/写变频器参数的指令

S7-200 有 6 条读、写变频器参数的指令（见表 6-11），分别用来读、写无符号字、无符号双字和实数（即浮点数）参数。

图 6-34 中两条指令的 EN 位分别为 ON 才能发送请求，并且应保持接通，直至 Done（完成）位变为 ON，读/写过程完成。输入参数 XMT_REQ 检测到 EN 输入的上升沿时，发送一个读/写请求。Drive 为变频器地址（0～31），Param 为变频器参数的编号，Index 为参数的索引值，DB_Ptr 用来设置大小为 16B 的缓冲区的地址。

表 6-11　读写变频器参数的指令

读取参数的指令	描　述	写入参数的指令	描　述
USS_RPM_W	读取无符号字参数	USS_WPM_W	写入无符号字参数
USS_RPM_D	读取无符号双字参数	USS_WPM_D	写入无符号双字参数
USS_RPM_R	读取浮点数参数	USS_WPM_R	写入浮点数参数

图 6-34 分别用指令 USS_WPM_R 和 USS_RPM_R 改写和读取 1 号变频器的参数 P1082[0]（最高频率），应在 OB1 中调用这两条指令。用户程序可以使用多条变频器参数读/写指令，但是同时只能激活其中的一条指令。不能在变频器运行时改写其参数。

USS_WPM_x 指令的参数 Value 是要写入变频器的参数值。位输出变量 Done 为 ON 时，USS_RPM_x 的参数 Value 指定的地址中是读取到的参数值。

USS_WPM_x 的输入参数 EEPROM 为 1 时，参数值将被写入变频器的 EEPROM 和 RAM。如果为 0，只写入 RAM，写操作是临时的，改写的参数仅能在断电之前使用。应尽可能地减少写 EEPROM 的次数，以延长 EEPROM 的寿命。

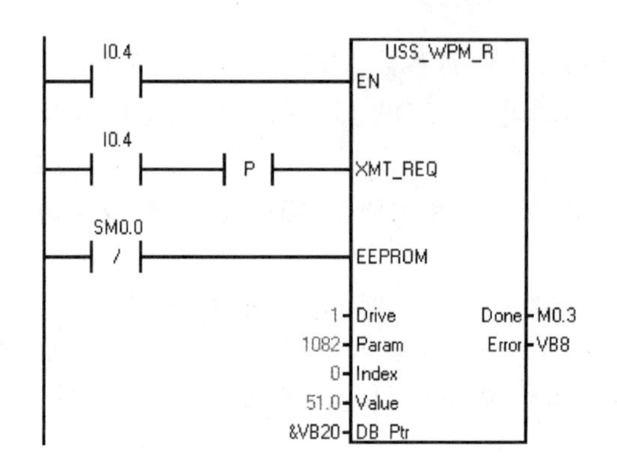

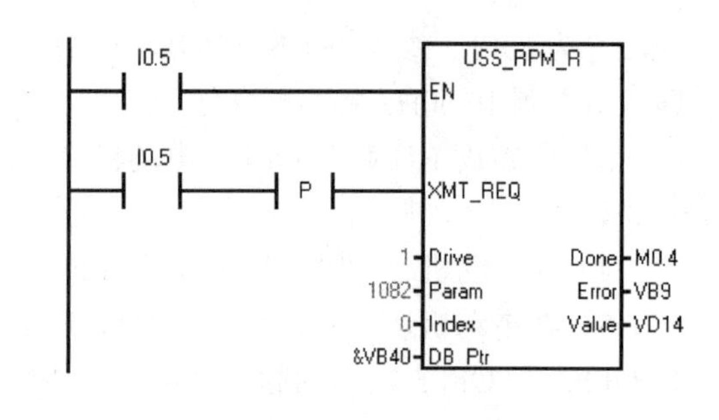

图 6-34 USS 参数读写指令

3．读/写变频器参数的实验

用指令读、写参数之前，在电动机未运行时，单击基本操作面板 POB 的M键，从显示菜单方式切换到参数菜单方式。用基本操作面板 POB 读取变频器中的参数 P1082[0]的值，如果该值为 51.0，将它修改为其他的值，按OK键将修改值写入变频器。

扳动 I0.4 对应的小开关，将参数 P1082[0]改写为 51.0。用 BOP 看到修改后的参数 P1082[0]变为 51.0Hz。扳动 I0.5 对应的小开关，读取变频器的参数 P1082[0]的值，将它保存到 VD14。

	地址	格式	当前值
1	VD14	浮点数	51.0

图 6-35 状态表

VD14 有默认的断电保持功能。断开 PLC 的电源，连接好计算机与 PLC 的 RS-485 端口。接通 PLC 的电源，将 PLC 切换到 STOP 模式。用状态表可以看到 VD14 中读取的变频器的 P1082[0]的参数值与指令 USS_WPM_R 写入的值相同（见图 6-35）。

6.8 PROFIBUS-DP 通信

1．PROFIBUS-DP 从站模块 EM 277

PROFIBUS-DP 从站模块 EM 277 用于将 S7-200 CPU 连接到 PROFIBUS-DP 网络，波特率为 9.6k～12Mbit/s。PROFIBUS-DP 通信所有的组态工作由主站完成，主站读写 S7-200 的 V 存储区，每次可以与 EM 277 交换 1～128B 的数据。S7-200 作为从站，在通信中是被动的。EM 277 是智能模块，能自适应通信速率，其 RS-485 端口是隔离型的。

EM 277 在网络中除了作 DP 从站外，还能作 MPI 从站，与同一网络中的编程计算机或 S7-300/S7-400 CPU 等其他主站进行通信。STEP 7-Micro/WIN 可以通过 EM 277 对 S7-200 编程。模块共有 6 个连接，其中的两个分别保留给编程器（PG）和操作员面板（OP）。EM 277 实际上是通信端口的扩展，可以用于连接人机界面（HMI）等设备。

2．组态 S7-300 站

在下面的例子中，S7-300 与 S7-200 通过 EM 277 进行 PROFIBUS-DP 通信，需要在 S7-300/400 的编程软件 STEP 7 中对 S7-300 和 EM 277 组态。

打开 STEP 7 V5.5，用“新建项目”向导创建一个项目（见配套资源中的 S7-300 例程“EM277”），CPU 为 CPU 315-2DP。打开硬件组态工具 HW Config，双击“DP”所在的行，单击打开的对话框的“常规”选项卡中的“属性”按钮，采用默认的网络地址（2 号站）。单击“新建”按钮，生成一条 PROFIBUS-DP 网络。单击“确定”按钮确认。

3．安装 EM 277 的 GSD 文件

EM 277 的相关参数是以 GSD 文件的形式保存的。在 STEP 7 对 EM 277 组态之前，需要安装它的 GSD 文件。执行图 6-36 中的“选项”菜单中的“安装 GSD 文件”命令，用选择框选中“来自目录”，导入配套资源的文件夹\Project 中的文件 siem089d.gsd，安装 EM 277 从站配置文件。安装 GSD 文件之前，应关闭所有包含 DP 从站的项目。

读者如果打开配套资源中的例程“EM277”，在硬件组态中能看到网络上的 EM 277，但是在硬件目录中看不到它。需要安装 EM 277 的 GSD 后，才能在硬件目录中看到它。

4．组态 EM 277 从站

导入 GSD 文件后，在右侧的设备列表窗口中找到 EM 277 从站“EM 277 PROFIBUS-DP”（见图 6-36），用鼠标左键将它“拖放”到左边窗口中的 PROFIBUS-DP 网络上。

用鼠标选中 EM 277 从站，打开右边的设备列表窗口中的“EM 277 PROFIBUS-DP”文件夹，根据实际系统的需要选择传送的通信字节数。将图 6-36 中的“8 Bytes Out/8 Bytes In”（8B 输入/8B 输出）拖放到下面的窗口中表格的第一行。STEP 7 自动分配给 EM 277 模块的输入、输出字节地址分别为 IB2～IB9 和 QB6～QB13。分配的地址与在此之前已组态的模块的型号和数量有关。

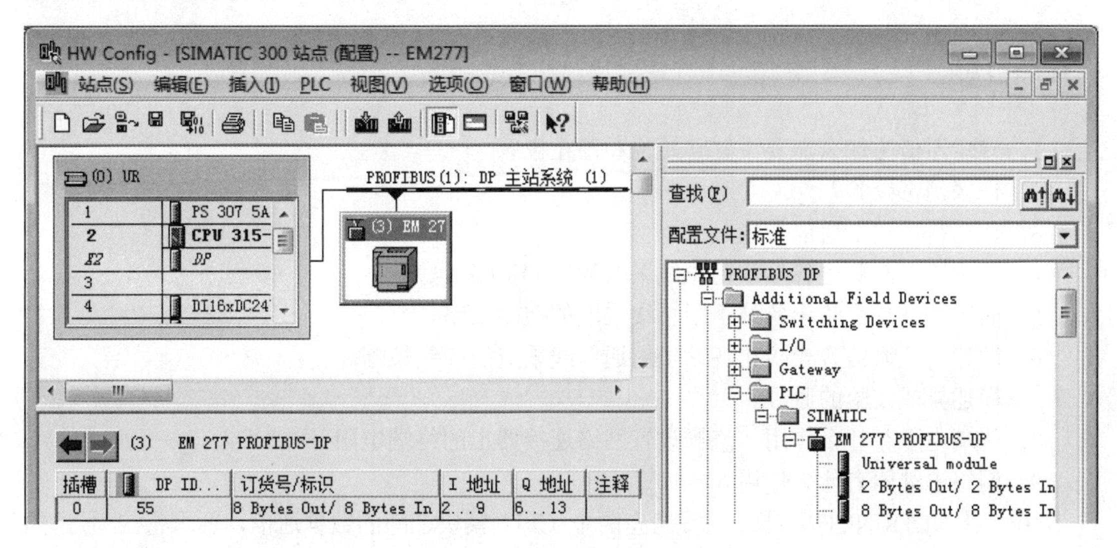

图 6-36 S7-300 的硬件组态

双击 DP 网络上的 EM 277 从站，打开 DP 从站属性对话框。单击“常规”选项卡中的“PROFIBUS…”按钮，在打开的端口属性对话框中，设置 EM 277 的站地址为 3。用 EM 277 上的拨码开关设置的站地址应与 STEP 7 中设置的站地址相同。

在“分配参数”选项卡中（见图 6-37），设置“I/O Offset in the V-memory”（V 存储区中的 I/O 偏移量）为 100，即用 S7-200 的 VB100～VB115 与 S7-300 的 IB2～IB9 和 QB6～QB13 交换数据（见图 6-38）。

组态完系统的硬件配置后，应将硬件组态信息下载到 S7-300 的 CPU 模块。

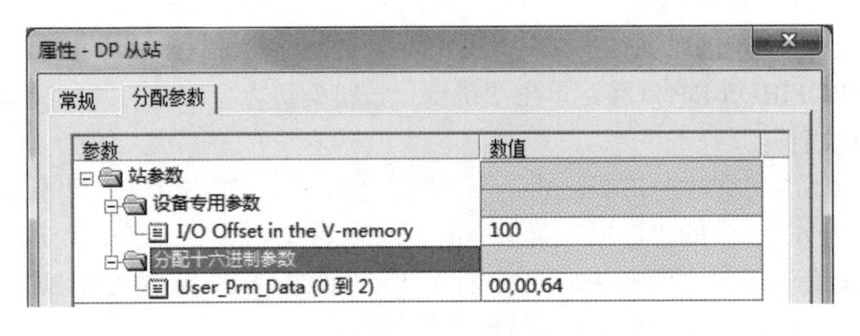

图 6-37　设置 DP 从站的参数

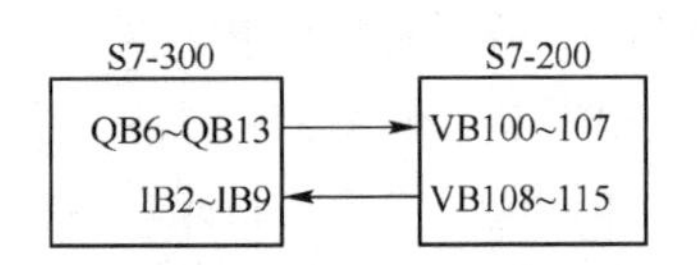

图 6-38　数据交换示意图

5．S7-200 的编程

本例中 S7-200 通过 VB100～VB115 与主站交换数据。S7-300 通过 QB6～QB13 将数据写入 S7-200 的 VB100～VB107（见图 6-38）；通过 IB2～IB9 读取 S7-200 的 VB108～VB115 中的数据。S7-200 需要把 S7-300 要读取的数据传送到组态时指定的 VB108～VB115，可以使用组态时指定的 VB100～VB107 中 S7-300 写入的数据。

例如要把 S7-200 的 MB3 的值传送给 S7-300 的 MB10，应在 S7-200 的程序中，用 MOVB 指令将 MB3 传送到 VB108～VB115 中的某个字节，例如 VB108。通过通信，VB108 的值传送给 S7-300 的 IB2，在 S7-300 的程序中将 IB2 的值传送给 MB10。

可以用 STEP 7 的变量表和 STEP 7-Micro/Win 的状态表来监控通信的数据。

6.9　习题

1．异步通信为什么需要设置起始位和停止位？

2．什么是奇校验？

3．什么是半双工通信方式？

4．简述以太网防止各站争用总线采取的控制策略。

5．简述令牌总线防止各站争用总线采取的控制策略。

6．简述主从通信方式防止各站争用通信线采取的控制策略。

7．简述异或校验的原理。

8．终端电阻有什么作用，怎样设置网络连接器上的终端电阻开关？

9．网络中继器有什么作用？

10．用 NETR/NETW 指令向导组态两个 CPU 模块之间的数据通信，要求将 2 号站的 VB10～VB17 发送给 3 号站的 VB10～VB17，将 3 号站的 VB20～VB27 发送给 2 号站的 VB20～VB27。

11．在自由端口模式下用接收完成中断接收数据，波特率为 9600bit/s，8 个数据位，偶校验，一个停止位，无起始字符。用检测空闲线条件作为消息接收的开始条件，用字符间定时器结束消息接收。可以接收的最大字符数为 200，接收缓冲区的起始地址为 VB200，在例 6-2 的基础上设计 PLC 通信程序。

12．PLC 与变频器的硬件接线应注意什么问题？

13．假设 USS 网络有 5 台地址为 1～5 的变频器，确定 USS_INIT 的 Active 参数。

14．USS_CTRL 指令怎样控制变频器的起动、停车和旋转方向？

第 7 章　PLC 在模拟量闭环控制中的应用

7.1　闭环控制与 PID 控制器

7.1.1　模拟量闭环控制系统

在工业生产中，一般用闭环控制方式来控制温度、压力、流量这一类连续变化的模拟量，使用得最多的是 PID 控制（即比例-积分-微分控制），这是因为 PID 控制具有以下优点：

1）即使没有控制系统的数学模型，也能得到比较满意的控制效果。

2）通过调用 PID 指令来编程，程序设计简单，参数调整方便。

3）有较强的灵活性和适应性，根据被控对象的具体情况，可以采用 P、PI、PD 和 PID 等方式，S7-200 的 PID 指令还采用了一些改进的控制方式。

1．模拟量闭环控制系统

典型的 PLC 模拟量闭环控制系统如图 7-1 所示，点划线中的部分是用 PLC 实现的。

在模拟量闭环控制系统中，被控量 $c(t)$被传感器和变送器转换为标准量程的直流电流、电压信号 PV(t)，PLC 用模拟量输入模块中的 A-D 转换器，将它们转换为时间上离散的多位二进制数过程变量（又称为反馈值）PV_n。

模拟量与数字量之间的相互转换和 PID 程序的执行都是周期性的操作，其间隔时间称为采样周期 T_S。各数字量中的下标 n 表示该变量是第 n 次采样计算时的数字量。

图 7-1 中的 SP_n 是给定值，PV_n 为过程变量，误差 $e_n = SP_n - PV_n$。模拟量输出模块的 D-A 转换器将 PID 控制器的整数输出值 M_n 转换为模拟量（直流电压或直流电流）$M(t)$，再去控制执行机构。

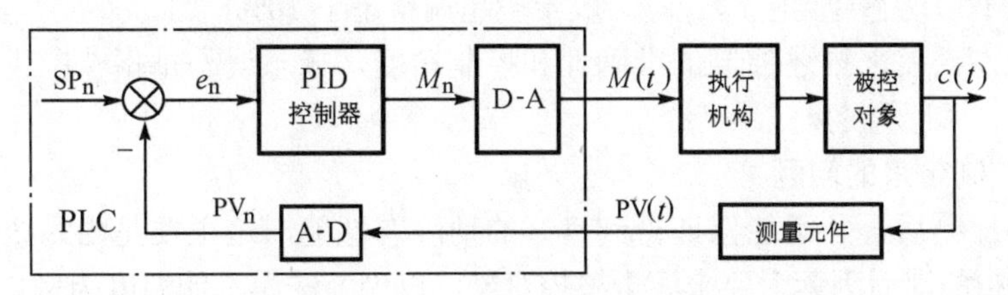

图 7-1　PLC 闭环控制系统方框图

例如在加热炉温度闭环控制系统中，被控对象为加热炉，被控制的物理量 $c(t)$为温度。用热电偶检测炉温，温度变送器将热电偶输出的微弱的电压信号转换为标准量程的电流或电压，然后送给模拟量输入模块，经 A-D 转换后得到与温度成比例的数字量 PV_n。CPU 将它与温度给定值 SP_n 比较，以误差值 e_n 为输入量，进行 PID 控制运算。将整数运算结果 M_n 送给模拟量输出模块，经 D-A 转换后变为电流信号或电压信号 $M(t)$，用来控制电动调节阀的开度。通过它控制加热用的天然气的流量，实现对温度的闭环控制。

2．闭环控制的工作原理

闭环负反馈控制可以使过程变量 PV_n 等于或跟随给定值 SP_n。以炉温控制系统为例，假设被控量温度值 $c(t)$低于给定的温度值，过程变量 PV_n 小于给定值 SP_n，误差 e_n 为正，控制器的输出值 $M(t)$将增大，使执行机构（电动调节阀）的开度增大，进入加热炉的天然气流量增加，加热炉的温度升高，最终使实际温度接近或等于给定值。

天然气压力的波动、工件进入加热炉，这些因素称为扰动量，它们会破坏炉温的稳定，有的扰动量很难检测和补偿。闭环控制具有自动减小和消除误差的功能，可以有效地抑制闭环中各种扰动量对被控量的影响，使过程变量 PV_n 等于或跟随给定值 SP_n。

闭环控制系统的结构简单，容易实现自动控制，因此在各个领域得到了广泛的应用。

3．闭环控制系统主要的性能指标

由于给定输入信号或扰动输入信号的变化，使系统的输出量发生变化，在系统输出量达到稳态值之前的过程称为过渡过程或动态过程。系统的动态过程的性能指标用阶跃响应的参数来描述（见图 7-2）。阶跃响应是指系统的输入信号阶跃变化（例如从 0 突变为某一恒定值）时系统的响应。

一个系统要正常工作，阶跃响应曲线应该是收敛的，最终能趋近于某一个稳态值 $c(\infty)$。系统进入并停留在 $c(\infty)$上下±5%（或 2%）的误差带内的时间 t_S 称为调节时间，到达调节时间表示过渡过程已基本结束。被控量 $c(t)$从 0 上升，第一次到达稳态值 $c(\infty)$的时间称为上升时间 t_r。

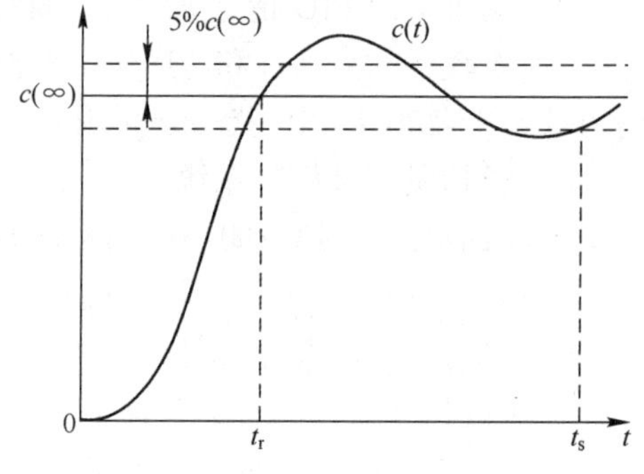

图 7-2　被控对象的阶跃响应曲线

系统的相对稳定性可以用超调量来表示。设动态过程中输出量的最大值为 $c_{max}(t)$，如果它大于输出量的稳态值 $c(\infty)$，定义超调量

$$\sigma\% = \frac{c_{max}(t) - c(\infty)}{c(\infty)} \times 100\%$$

超调量越小，动态稳定性越好。一般希望超调量小于 10%。

通常用稳态误差来描述控制的准确性和控制精度，稳态误差是指响应进入稳态后，输出量的期望值与实际值之差。

4．闭环控制带来的问题

使用闭环控制后，并不能保证得到良好的动静态性能，这主要是由系统中的滞后因素造成的，闭环中的滞后因素主要来源于被控对象。以调节洗澡水的温度为例，我们用皮肤检测水的温度，人的大脑是闭环控制器。假设水温偏低，往热水增大的方向调节阀门后，因为从阀门到人的皮肤有一段距离，需要经过一定的时间延迟，才能感觉到水温的变化。如果阀门开度调节量过大，将会造成水温忽高忽低，来回振荡。如果没有滞后，调节阀门后马上就能感觉到水温的变化，那就很好调节了。

图 7-3 和图 7-4 中的方波是给定值曲线，其幅值为 70%和 20%。$PV(t)$是过程变量曲线，$M(t)$是 PID 控制器的输出值曲线。图 7-3 中的 $PV(t)$曲线的超调量小，调节时间短，$M(t)$

的调节作用恰到好处，是比较理想的曲线。

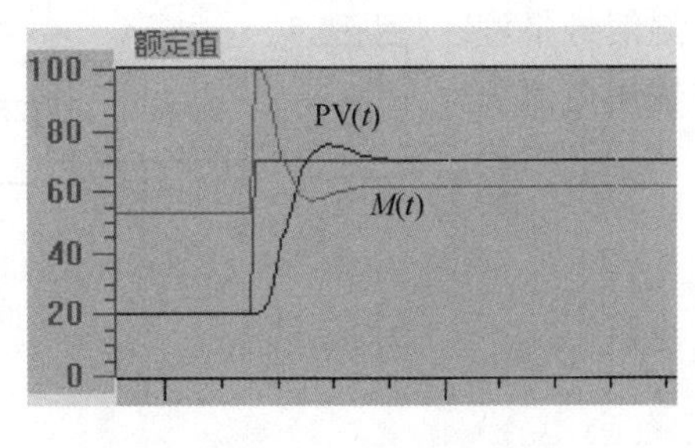

图 7-3 阶跃响应曲线

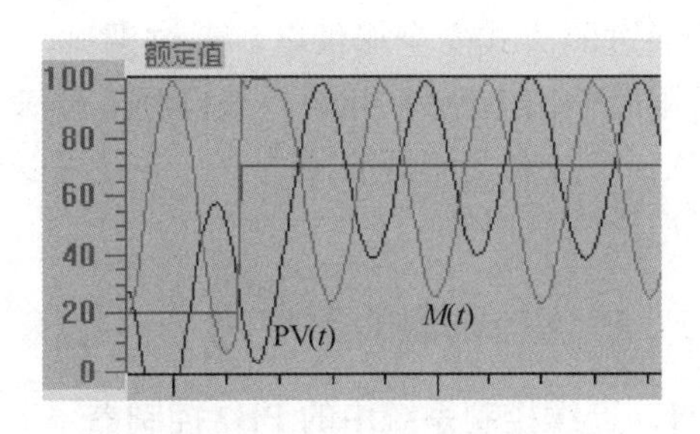

图 7-4 阶跃响应曲线

如果 PID 控制器的参数整定得不好，阶跃响应曲线将会产生很大的超调量，系统甚至会不稳定，响应曲线出现等幅振荡（见图 7-4）或振幅越来越大的发散振荡。其主要原因是 PID 控制器的参数整定得不好，$M(t)$的变化幅度过大，调节过头。

5．闭环控制反馈极性的确定

闭环控制必须保证系统是负反馈（误差 = 设定值 - 过程变量），而不是正反馈（误差 = 设定值 + 过程变量）。如果系统接成了正反馈，将会失控，被控量会往单一方向增大或减小，给系统的安全带来极大的威胁。

闭环控制系统的反馈极性与很多因素有关，例如因为接线改变了变送器输出电流或输出电压的极性，或改变了绝对式位置传感器的安装方向，都会改变反馈的极性。

可以用下述的方法来判断反馈的极性：在调试时断开模拟量输出模块与执行机构之间的连线，在开环状态下运行 PID 控制程序。如果控制器有积分环节，因为反馈被断开了，不能消除误差，模拟量输出模块的输出电压或电流会向一个方向变化。这时如果假设接上执行机构，能减小误差，则为负反馈，反之为正反馈。

以温度控制系统为例，假设开环运行时给定值大于过程变量，若模拟量输出模块的输出值 $M(t)$不断增大，如果形成闭环，将使电动调节阀的开度增大，闭环后温度测量值将会增大，使误差减小，由此可以判定系统是负反馈。

6．变送器的选择

变送器用来将电量或非电量转换为标准量程的电流或电压，然后送给模拟量输入模块。

变送器分为电流输出型变送器和电压输出型变送器。电压输出型变送器具有恒压源的性质，PLC 模拟量输入模块的电压输入端的输入阻抗很高，例如电压输入时模拟量输入模块 EM 231 的输入阻抗大于或等于 2MΩ。如果变送器距离 PLC 较远，微小的干扰信号电流将在模块的输入阻抗上产生很高的干扰电压。例如 5μA 干扰电流在 2MΩ 输入阻抗上将产生 10V 的干扰电压信号，所以远程传送的模拟量电压信号的抗干扰能力很差。

电流输出型变送器具有恒流源的性质，恒流源的内阻很大。PLC 的模拟量输入模块的输入为电流时，输入阻抗较低，例如电流输入时 EM231 的输入阻抗为 250Ω。线路上的干扰信号在模块的输入阻抗上产生的干扰电压很低，所以模拟量电流信号适用于远程传送。电流信号的传送距离比电压信号的传送距离远得多，使用屏蔽电缆信号线时可达数百米。

电流输出型变送器分为二线制和四线制两种，四线制变送器有两根电源线和两根信号线。二线制变送器只有两根外部接线，它们既是电源线，也是信号线（见图 7-5），输出 4～

20mA 的信号电流，直流电源串接在回路中，有的二线制变送器通过隔离式安全栅供电。通过调试，在被检测信号量程的下限时输出电流为 4mA，被检测信号满量程时输出电流为 20mA。二线制变送器的接线少，信号可以远传，在工业中得到了广泛的应用。

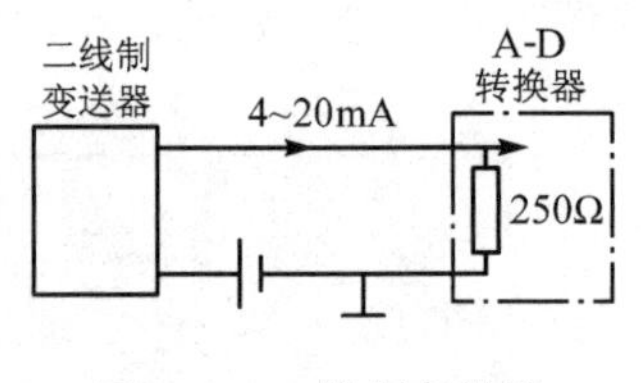

图 7-5　二线制变送器

7.1.2　PID 控制器的数字化

1．连续控制系统中的 PID 控制器

典型的 PID 模拟量控制系统如图 7-6 所示。图中的各物理量均为模拟量，SP(t)是给定值，PV(t)为过程变量，$c(t)$为被控量，PID 调节器的输入输出关系式为

$$M(t)=K_{\mathrm{C}}\left[e(t)+\frac{1}{T_{\mathrm{I}}}\int_{0}^{t}e(t)\mathrm{d}t+T_{\mathrm{D}}\frac{\mathrm{d}e(t)}{\mathrm{d}t}\right]+M_{\mathrm{initial}} \tag{7-1}$$

式中，误差信号 $e(t)$ = SP(t) － PV(t)；$M(t)$是 PID 控制器的输出值；K_{C} 是控制器的增益；T_{I} 和 T_{D} 分别是积分时间和微分时间；M_{initial} 是 $M(t)$的初始值。PID 控制程序的主要任务就是实现式（7-1）中的运算，因此有人将 PID 控制器称为 PID 控制算法。

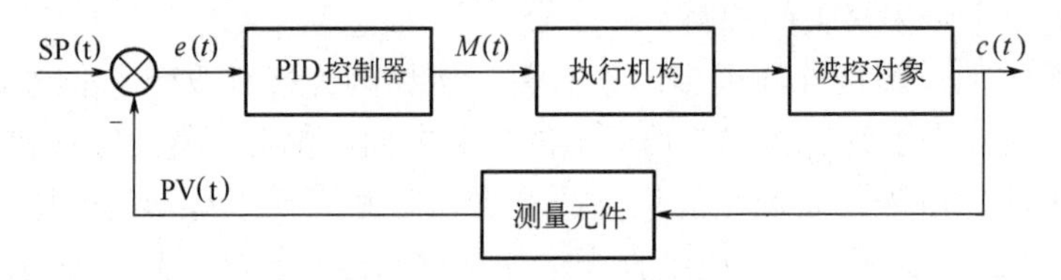

图 7-6　模拟量闭环控制系统框图

式（7-1）中等号右边前 3 项分别是输出量中的比例（P）部分、积分（I）部分和微分（D）部分，它们分别与误差 $e(t)$、误差的积分和误差的一阶导数成正比。如果取其中的一项或两项，可以组成 P、PD 或 PI 控制器。需要较好的动态品质和较高的稳态精度时，可以选用 PI 控制方式；控制对象的惯性滞后较大时，应选择 PID 控制方式。

2．PID 控制器的数字化

（1）积分的几何意义与近似计算

式（7-1）中的积分 $\int_{0}^{t}e(t)\mathrm{d}t$ 对应于图 7-7 中误差曲线 $e(t)$ 与坐标轴包围的面积（图中的灰色部分）。PID 程序是周期性执行的，执行 PID 程序的时间间隔为 T_{S}（即 PID 控制的采样周期）。我们只能使用连续的误差曲线上间隔时间为 T_{S} 的一些离散的点的值来计算积分，因此不可能计算出准确的积分值，只能对积分作近似计算。

一般用图 7-7 中的矩形面积之和来近似精确积分，每块矩形的面积为 $e_{j}T_{\mathrm{S}}$。各小块矩形面积累加后的总面积为 $T_{\mathrm{S}}\sum_{j=1}^{n}e_{j}$。当 T_{S} 较小时，积分的误差不大。

（2）微分部分的几何意义与近似计算

在误差曲线 $e(t)$上作一条切线（见图 7-8），该切线与 x 轴正方向的夹角 α 的正切值 $\tan\alpha$ 即为该点处误差的一阶导数 $\mathrm{d}e(t)/\mathrm{d}t$。PID 控制器输出表达式（7-1）中的导数用下式来近似：

$$\frac{\mathrm{d}e(t)}{\mathrm{d}t} \approx \frac{\Delta e(t)}{\Delta t} = \frac{e_n - e_{n-1}}{T_\mathrm{S}}$$

式中，e_{n-1}是第 n–1 次采样时的误差值（见图 7-8）。将积分和导数的近似表达式代入式（7-1），第 n 次采样时控制器的输出为

$$M_n = K_\mathrm{C}\left[e_n + \frac{T_\mathrm{S}}{T_\mathrm{I}}\sum_{j=1}^{n} e_j + \frac{T_\mathrm{D}}{T_\mathrm{S}}(e_n - e_{n-1})\right] + M_{\mathrm{initial}} \tag{7-2}$$

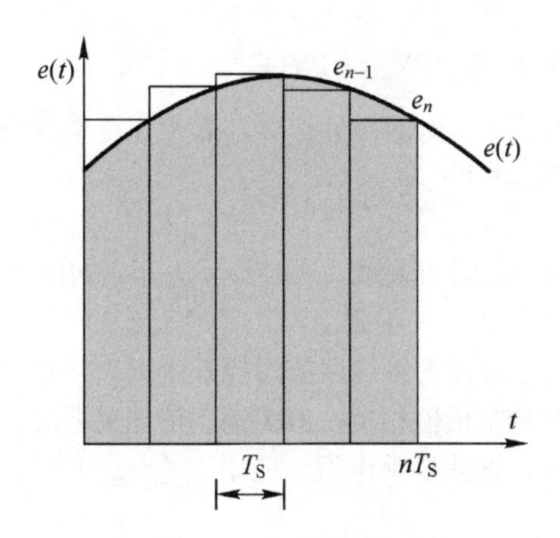

图 7-7　积分的近似计算

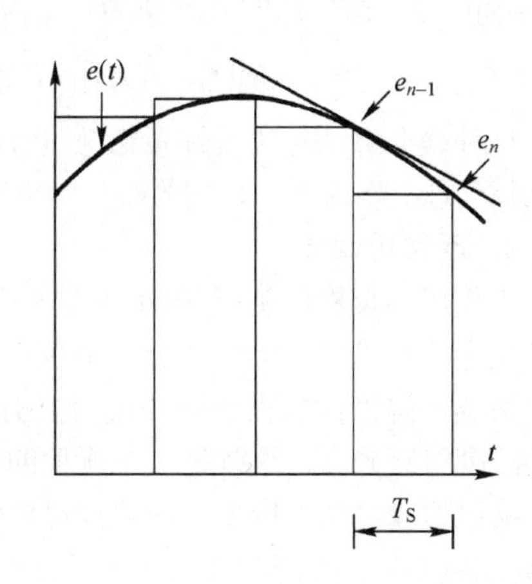

图 7-8　导数的近似计算

式（7-2）也可以改写为式（7-3）

$$M_n = K_\mathrm{C} e_n + K_\mathrm{I}\sum_{j=1}^{n} e_j + M_{\mathrm{initial}} + K_\mathrm{D}(e_n - e_{n-1}) \tag{7-3}$$

式中，e_n 是第 n 次采样时的误差值；e_{n-1}是第$n-1$次采样时的误差值；K_C、K_I和 K_D分别是 PID 回路的增益、积分项的系数和微分项的系数。

将式（7-3）改写为式（7-4），其中的 MX 是上一次计算的积分项。

$$M_n = K_\mathrm{C} e_n + (K_\mathrm{I} e_n + \mathrm{MX}) + K_\mathrm{D}(e_n - e_{n-1}) \tag{7-4}$$

每一次计算结束后需要保存e_n和积分项，作为下一次计算的e_{n-1}和 MX。

CPU 实际使用的改进型 PID 算法的算式为

$$M_n = \mathrm{MP}_n + \mathrm{MI}_n + \mathrm{MD}_n$$

式中右边 3 项依次是比例项、积分项和微分项。

（3）比例项

$$\mathrm{MP}_n = K_\mathrm{C} e_n = K_\mathrm{C}(\mathrm{SP}_n - \mathrm{PV}_n)$$

式中，SP_n和 PV_n分别是第 n 次采样时的给定值和过程变量值（即反馈值）。

（4）积分项

积分项与误差的累加和成正比，其计算公式为

$$\mathrm{MI}_n = K_{\mathrm{I}}e_n + \mathrm{MX} = K_{\mathrm{C}}(T_{\mathrm{S}} / T_{\mathrm{I}})(\mathrm{SP}_n - \mathrm{PV}_n) + \mathrm{MX}$$

式中，T_{S} 是采样时间间隔；T_{I} 是积分时间；MX 是上一次计算的积分项。每次计算出 MI_n 后，需要用它去更新 MX。第一次计算时 MX 的初值为控制器输出的初值 M_{initial}。

（5）微分项

微分项与误差的变化率成正比，其计算公式为

$$\mathrm{MD}_n = K_{\mathrm{D}}(e_n - e_{n-1}) = K_{\mathrm{C}}(T_{\mathrm{D}} / T_{\mathrm{S}})[(\mathrm{SP}_n - \mathrm{PV}_n) - (\mathrm{SP}_{n-1} - \mathrm{PV}_{n-1})]$$

为了避免给定值变化引起微分部分的突变对系统的干扰，可以令给定值不变（即 $\mathrm{SP}_n = \mathrm{SP}_{n-1}$），微分项的算式变为

$$\mathrm{MD}_n = K_{\mathrm{C}}(T_{\mathrm{D}} / T_{\mathrm{S}})(\mathrm{PV}_{n-1} - \mathrm{PV}_n) = K_{\mathrm{D}}(\mathrm{PV}_{n-1} - \mathrm{PV}_n)$$

这种微分算法称为反馈量微分 PID 算法。为了下一次的微分计算，必须保存本次的过程变量 PV_n，作为下一次的 PV_{n-1}。初始化时令 $\mathrm{PV}_{n-1} = \mathrm{PV}_n$。

3．反作用调节

正作用与反作用是指 PID 的输出值与过程变量之间的关系。在开环状态下，PID 输出值控制的执行机构的输出增加使被控量增大的是正作用；使被控量减小的是反作用。

加热炉温度控制系统的 PID 输出值如果增大，将使天然气调节阀的开度增大，被控对象的温度将会升高，这就是一个典型的正作用。制冷则恰恰相反，PID 输出值如果增大，空调压缩机的输出功率增加，使被控对象的温度降低，这就是反作用。把 PID 回路的增益 K_{C} 设为负数，就可以实现 PID 反作用调节。

7.1.3 PID 指令向导的应用

1．用 PID 指令向导生成 PID 程序

PID 指令“PID TBL，LOOP”中的 TBL 是回路表的起始地址，LOOP 是回路的编号（0～7）。不同的 PID 指令应使用不同的回路编号。

编写 PID 控制程序时，首先要把数据类型为 INT 的过程变量 PV 转换为 0.00～1.00 之间的标准化的实数。PID 运算结束后，需要将回路输出（0.00～1.00 之间的标准化的实数）转换为送给模拟量输出模块的整数。为了让 PID 指令以稳定的采样周期工作，应在定时中断程序中使用 PID 指令。综上所述，如果直接使用 PID 指令，编程的工作量和难度都较大。

为了减少编写 PID 控制程序的难度，可以使用 STEP 7-Micro/WIN 的 PID 指令向导。下面通过一个例子介绍 PID 指令向导的使用方法。

首先创建一个名为“PID 闭环控制”的项目（见配套资源中的同名例程）。

双击指令树“向导”文件夹中的“PID”，打开“PID 指令向导”对话框，完成下面每一步的操作后，单击“下一步>”按钮。以后在依次出现的对话框中设置以下内容：

1）设置 PID 回路的编号（0～7）为 0。

2）设置回路给定值范围和回路参数（见图 7-9）。

如果设置微分时间为 0，则为 PI 控制器。如果不需要积分作用，可以将积分时间设为无穷大（“INF”）。因为有积分的初值 MX，即使没有积分运算，积分项的数值也可能不为零。

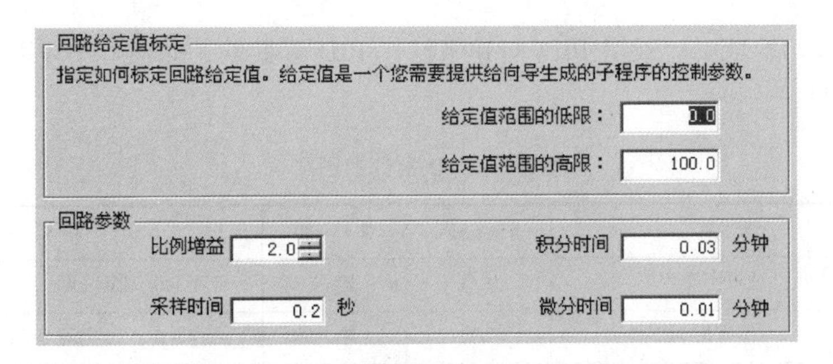

图 7-9　设置 PID 回路参数

3）设置回路输入量（即反馈值）PV 的极性为默认的单极性（见图 7-10），范围为默认的 0～32000。根据变送器的量程范围，输入类型可以选择单极性、双极性（默认范围 −32000～32000）或单极性 20%偏移量（默认范围为 6400～32000，不可修改），后者适用于输入为 4～20mA 的变送器，因为 S7-200 的模拟量输入模块只有 0～20mA 的量程。

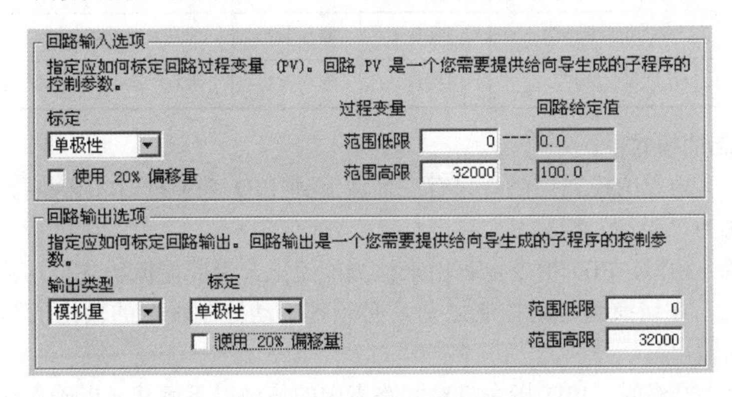

图 7-10　设置 PID 的回路输入输出参数

设置回路输出量的极性为默认的单极性，范围为默认的 0～32000。

输出类型可以选择模拟量单极性、双极性或单极性 20%偏移量。如果选择输出类型为数字量，需要设置以秒为单位的输出脉冲的占空比周期。

4）在“回路报警选项”页设置启用过程变量 PV 的上限报警功能，上限值为 95%。未启用下限报警和模拟量输入错误报警。

5）在“为配置分配存储区”页设置用来保存组态数据的 120B 的 V 存储区的起始地址为 VB200。

6）采用默认的初始化子程序和中断程序的名称，选中“增加 PID 手动控制”复选框。

完成了向导中的设置工作后，将会自动生成第 x（0～7）号回路的初始化子程序 PIDx_INIT、中断程序 PID_EXE、符号表 PIDx_SYM 和数据块 PIDx_DATA。应在主程序中用 SM0.0 调用 PIDx_INIT（见图 7-15），初始化 PID 控制中使用的变量，启动 PID 中断程序。

2. 回路表

S7-200 的 PID 指令使用一个存储回路参数的回路表，该表原来的长度为 36B（见表 7-1），包括回路的基本参数。增加了 PID 自整定后，扩展到 80B。在 PID 指令中用输入参数 TBL

指定回路表的起始地址。一般用 PID 向导来设置 PID 参数的初始值，用 PID 调节控制面板来修改 PID 参数。

表 7-1　PID 指令的回路表

偏移地址	变量名	格式	类型	描述
0	过程变量 PV_n	实数	输入	应在 0.0～1.0 之间
4	给定值 SP_n	实数	输入	应在 0.0～1.0 之间
8	输出值 M_n	实数	输入/输出	应在 0.0～1.0 之间
12	增益 K_C	实数	输入	比例常数，可正可负
16	采样时间 T_S	实数	输入	单位为 s，必须为正数
20	积分时间 T_I	实数	输入	单位为 min，必须为正数
24	微分时间 T_D	实数	输入	单位为 min，必须为正数
28	上一次的积分值 MX	实数	输入/输出	应在 0.0～1.0 之间
32	上一次过程变量 PV_{n-1}	实数	输入/输出	最近一次运算的过程变量值

3．PID 控制的模式

PID 回路没有内置的模式控制，只有在能流流到 PID 功能框时才会执行 PID 运算。不执行 PID 运算时为“手动”模式。

与计数器指令相似，PID 指令也有用来检测能流上升沿的能流历史位。为了实现无扰动切换到自动模式，在切换到自动控制之前，必须把手动控制设置的输出值写入回路表中的 M_n（PID 指令的输出）。

检测到能流上升沿时，PID 指令将对回路表中的值做以下运算，以确保在检测到使能位的上升沿时，无扰动地从手动控制切换到自动控制：

1）设置给定值 SP_n= 过程变量 PV_n。

2）设置上一次的过程变量 PV_{n-1}= 过程变量 PV_n。

3）设置上一次的积分值 MX = 输出值 M_n。

7.2　PID 参数的整定方法

7.2.1　PID 参数的物理意义

1．对比例控制作用的理解

控制器输出量中的比例、积分、微分部分都有明确的物理意义。了解它们的物理意义，有助于我们调整控制器的参数。PID 的控制原理可以用人对炉温的手动控制来理解。

人工控制实际上也是一种闭环控制，操作人员用眼睛读取数字仪表检测到的炉温的测量值，并与炉温的给定值比较，得到温度的误差值。用手操作电位器，调节加热的电流，使炉温保持在给定值附近。有经验的操作人员通过手动操作可以得到很好的控制效果。

操作人员知道使炉温稳定在给定值时电位器的位置（我们将它称为位置 L），并根据当时的温度误差值调整电位器的转角。炉温小于给定值时，误差为正，在位置 L 的基础上顺时针调节电位器的转角，以增大加热的电流；炉温大于给定值时，误差为负，在位置 L 的基础上逆时针减小电位器的转角，以减小加热的电流。令调节后的电位器转角与位置 L 的差值与误差成正比，误差绝对值越大，调节的角度越大。上述控制策略就是比例控制，即 PID 控制器输出中的比例部分与误差成正比，增益（即比例系数）为式（7-1）中的 K_C。

闭环中存在着各种各样的延迟作用。例如调节电位器转角后，到温度上升到新的转角对应的稳态值时有较大的延迟。加热炉的热惯性、温度的检测、模拟量转换为数字量和 PID 的周期性计算都有延迟。由于延迟因素的存在，调节电位器转角后不能马上看到调节的效果，闭环控制系统调节困难的主要原因是系统中的延迟作用。

如果增益太小，即调节后电位器转角与位置 L 的差值太小，调节的力度不够，使温度的变化缓慢，调节时间过长。如果增益过大，即调节后电位器转角与位置 L 的差值过大，调节力度太强，造成调节过度，可能使温度忽高忽低，来回振荡。

如果闭环系统没有积分作用（即系统为自动控制理论中的 0 型系统），由理论分析可知，单纯的比例控制有稳态误差，稳态误差与增益成反比。图 7-11 和图 7-12 中的方波是比例控制的给定值曲线，图 7-11 中的系统增益小，超调量和振荡次数少，或者没有超调，但是稳态误差大。增益增大几倍后，启动时被控量的上升速度加快（见图 7-12），稳态误差减小，但是超调量增大，振荡次数增加，调节时间加长，动态性能变坏，增益过大甚至会使闭环系统不稳定。因此单纯的比例控制很难兼顾动态性能和静态性能。

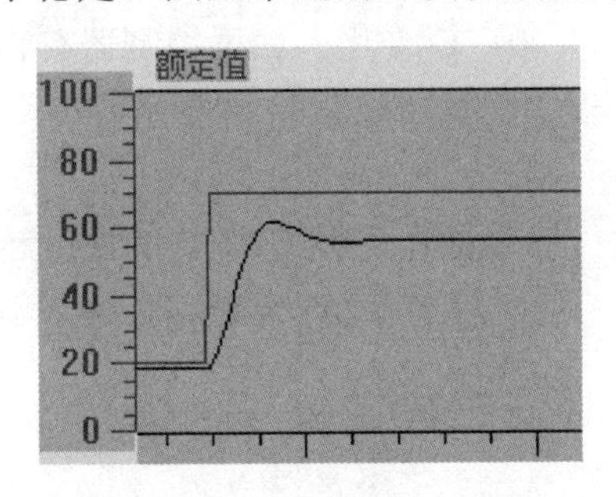

图 7-11　比例控制的阶跃响应曲线

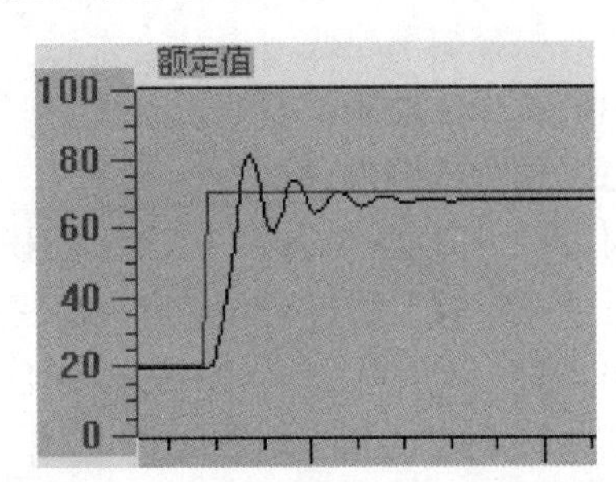

图 7-12　比例控制的阶跃响应曲线

2．对积分控制作用的理解

（1）积分控制的物理意义

每次 PID 运算时，积分运算是在原来的积分值（矩形面积的累加值）的基础上，增加一个与当前的误差值成正比的微小部分（$K_I e_n$）。误差 e_n 为正时，积分项增大。误差为负时，积分项减小。

（2）积分控制的作用

在上述的温度控制系统中，积分控制相当于根据当时的误差值，每个采样周期都要微调电位器的角度。温度低于给定值时误差为正，积分项增大，使加热电流增加；反之积分项减小。因此只要误差不为零，控制器的输出就会因为积分作用而不断变化。积分这种微调的“大方向”是正确的，只要误差不为零，积分项就会向减小误差的方向变化。在误差很小的时候，比例部分和微分部分的作用几乎可以忽略不计，但是积分项仍然不断变化，用“水滴石穿”的力量，使误差趋近于零。

在系统处于稳定状态时，误差恒为零，比例部分和微分部分均为零，积分部分不再变化，并且刚好等于稳态时需要的控制器的输出值，对应于上述温度控制系统中电位器转角的位置 L。因此积分部分的作用是消除稳态误差，提高控制精度，积分作用一般是必需的。在纯比例控制的基础上增加积分控制，将使被控量最终等于给定值（见图 7-13），稳态误差被消除。

（3）积分控制的缺点

积分虽然能消除稳态误差，但是如果参数整定得不好，积分也有负面作用。如果积分作用太强，相当于每次微调电位器的角度值过大，累积为积分项后，其作用与增益过大相同，会使系统的动态性能变差，超调量增大，甚至使系统不稳定。积分作用太弱，则消除误差的速度太慢。

比例控制作用与误差同步，是没有延迟的。只要误差变化，比例部分就会立即跟着变化，使被控制量朝着误差减小的方向变化。

积分项则不同，它由当前误差值和过去的历次误差值累加而成。因此积分运算本身具有严重的滞后特性，对系统的稳定性不利。如果积分时间设置得不好，其负面作用很难通过积分作用本身迅速地修正。

（4）积分控制的应用

具有滞后特性的积分作用很少单独使用，它一般与比例控制和微分控制联合使用，组成 PI 或 PID 控制器。PI 和 PID 控制器既克服了单纯的比例调节有稳态误差的缺点，又避免了单纯的积分调节响应慢、动态性能不好的缺点，因此被广泛使用。如果控制器有积分作用（采用 PI 或 PID 控制），积分能消除阶跃输入的稳态误差，这时可以将增益调得小一些。

（5）积分部分的调试

因为积分时间 T_I 在式（7-1）的积分项的分母中，T_I 越小，积分项变化的速度越快，积分作用越强。综上所述，积分作用太强（即 T_I 太小），系统的稳定性变差，超调量增大。积分作用太弱（即 T_I 太大），系统消除误差的速度太慢；T_I 的值应取得适中。图 7-17 和图 7-19 分别是积分时间为 0.03min 和 0.12min 的响应曲线。增大积分时间后，超调量减小了好几倍。

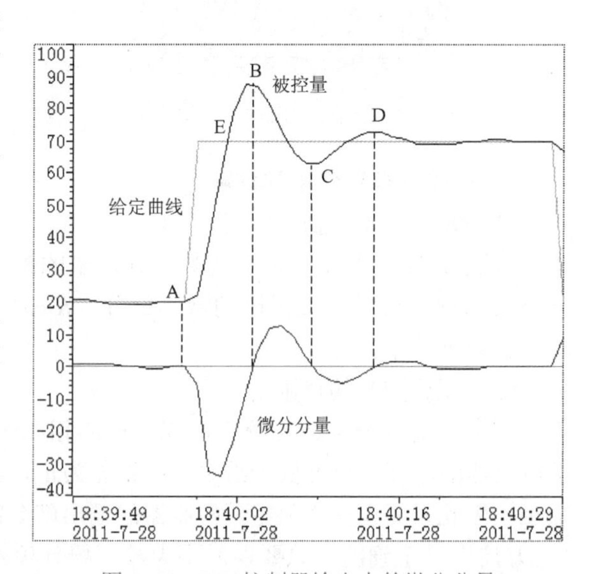

图 7-13　PID 控制器输出中的微分分量

3．对微分控制作用的理解

（1）微分分量的物理意义

PID 输出的微分分量与误差的变化速率（即导数）成正比，误差变化越快，微分项的绝对值越大。微分项的符号反映了误差变化的方向。在图 7-13 的 A 点和 B 点之间、C 点和 D 点之间，误差不断减小，微分项为负；在 B 点和 C 点之间，误差不断增大，微分项为正。控制器输出量的微分部分反映了被控量变化的趋势。

有经验的操作人员在温度上升过快，但是尚未达到给定值时，根据温度变化的趋势，预感到温度将会超过给定值而导致出现超调。于是调节电位器的转角，提前减小加热的电流，以减小超调量。这相当于士兵射击远方的移动目标时，考虑到子弹运动的时间，需要一定的提前量一样。

在图 7-13 中启动过程的上升阶段（A 点到 E 点），被控量尚未超过其稳态值，超调还没有出现。但是因为被控量不断增大，误差 $e(t)$不断减小，控制器输出量的微分分量为负，使控制器的输出量减小，相当于减小了温度控制系统加热的功率，提前给出了制动作用，以阻止温度上升过快，所以可以减少超调量。因此微分控制具有超前和预测的特性，在温度尚未超过稳态值之前，根据被控量变化的趋势，微分作用就能提前采取措施，以减小超调量。在图 7-13 中的 E 点和 B 点之间，被控量继续增大，控制器输出量的微分分量仍然为负，继续起制动作用，以减小超调量。

闭环控制系统的振荡甚至不稳定的根本原因在于有较大的滞后因素，微分控制的超前作用可以抵消滞后因素的影响。适当的微分控制作用可以使超调量减小，调节时间缩短，增加系统的稳定性。对于有较大惯性或滞后的被控对象，控制器输出量变化后，要经过较长的时间才能引起过程变量的变化。如果 PI 控制器的控制效果不理想，可以考虑在控制器中增加微分作用，以改善闭环系统的动态特性。作者在使用 PI 控制器调试某转速控制系统时，不管怎样调节参数，超调量老是压不下去。增加微分控制作用后，超调量很快就降到了期望的范围。

（2）微分部分的调试

微分时间 T_D 与微分作用的强弱成正比，T_D 越大，微分作用越强。微分作用的本质是阻碍被控量的变化，如果微分作用太强（T_D 太大），将会使响应曲线变化迟缓，超调量反而可能增大（见图 7-21）。综上所述，微分控制作用的强度应适当，太弱则作用不大，过强则有负面作用。如果将微分时间设置为 0，微分部分将不起作用。

4．采样周期的确定

PID 控制程序是周期性执行的，执行的周期称为采样周期 T_S。采样周期越小，采样值越能反映模拟量的变化情况。但是 T_S 太小会增加 CPU 的运算工作量，相邻两次采样的差值几乎没有什么变化，将使 PID 控制器输出的微分部分接近为零，所以也不宜将 T_S 取得过小。

确定采样周期时，应保证在被控量迅速变化的区段（例如启动过程的上升阶段），能有足够多的采样点。将各采样点的过程变量 PV_n 连接起来，应能基本上复现模拟量过程变量 $PV(t)$曲线，以保证不会因为采样点过稀而丢失被采集的模拟量中的重要信息。

表 7-2 给出了过程控制中采样周期的经验数据，表中的数据仅供参考。以温度控制为例，一个很小的恒温箱的热惯性比几十立方米的加热炉的热惯性小得多，它们的采样周期显然也应该有很大的差别。实际的采样周期需要经过现场调试后确定。S7-200 中 PID 的采样周期的精度用定时中断来保证。

表 7-2　采样周期的经验数据

被控制量	流　量	压　力	温　度	液　位	成　份
采样周期/s	1～5	3～10	15～20	6～8	15～20

7.2.2 PID 参数整定的规则

STEP 7-Micro/WIN 内置了一个“PID 调节控制面板”工具，用于 PID 参数的调试，可以同时显示给定值 SP、过程变量 PV 和调节器输出 M 的波形。还可以用 PID 调节控制面板实现 PID 参数的手动整定或自动整定。

1．PID 参数的整定方法

PID 调节器有 4 个主要的参数 T_S、K_C、T_I、T_D 需要整定，如果使用 PI 控制器，也有 3 个主要的参数需要整定。如果参数整定得不好，系统的动静态性能达不到要求，甚至会使系统不能稳定运行。

可以根据上一节介绍的控制器的参数与系统动静态性能之间的定性关系，用实验的方法来调节控制器的参数。在调试中最重要的问题是在系统性能不能令人满意时，知道应该调节哪一个或哪些参数，参数应该增大还是减小。有经验的调试人员一般可以较快地得到较为满意的调试结果。可以按以下规则来整定 PID 控制器的参数：

1）为了减少需要整定的参数，可以首先采用 PI 控制器。给系统输入阶跃给定信号，观察过程变量 PV 的波形。由此可以获得系统性能的信息，例如超调量和调节时间。

2）如果阶跃响应的超调量太大（见图 7-27），经过多次振荡才能进入稳态或者根本不稳定，应减小控制器的增益 K_C 或增大积分时间 T_I。

如果阶跃响应没有超调量，但是被控量上升过于缓慢（见图 7-29），过渡过程时间太长，应按相反的方向调整上述参数。

3）如果消除误差的速度较慢，应适当减小积分时间，增强积分作用。

4）反复调节增益和积分时间，如果超调量仍然较大，可以加入微分作用，即采用 PID 控制。微分时间 T_D 从 0 逐渐增大，反复调节 K_C、T_I 和 T_D，直到满足要求。需要注意的是在调节增益 K_C 时，同时会影响到积分分量和微分分量的值，而不是仅仅影响到比例分量。

5）如果被控量第一次达到稳态值的上升时间太长（上升缓慢），可以适当增大增益 K_C。如果因此使超调量增大，可以通过增大积分时间和调节微分时间来补偿。

总之，PID 参数的整定是一个综合的、各参数相互影响的过程，实际调试过程中的多次尝试是非常重要的，也是必需的。

2．怎样确定 PID 控制器的初始参数

如果调试人员熟悉被控对象，或者有类似的控制系统的资料可供参考，PID 控制器的初始参数比较容易确定。反之，控制器的初始参数的确定相当困难，随意确定的初始参数可能比最后调试好的参数相差数十倍甚至数百倍。很多书籍介绍了确定 PID 控制器初始参数的扩充临界比例法和扩充响应曲线法。第一种方法需要用闭环比例控制使系统出现等幅振荡，但是有的系统不允许这样做。第二种方法需要做被控对象的开环阶跃响应实验，然后根据响应曲线的特征参数，查表得到 PID 控制器的初始参数。

作者建议采用下面的方法来确定 PI 控制器的初始参数。为了保证系统的安全，避免在首次投入运行时出现系统不稳定或超调量过大的异常情况，在第一次试运行时设置尽量保守的参数，即增益不要太大，积分时间不要太小，以保证不会出现较大的超调量。此外还应制订被控量响应曲线上升过快、可能出现较大超调量的紧急处理预案，例如迅速关闭系统或马上切换到手动方式。试运行后根据响应曲线的特征和上述调整 PID 控制器参数的规则，来修改控制器的参数。

7.2.3 PID 参数整定的实验

1．硬件闭环 PID 控制实验

为了学习整定 PID 控制器参数的方法，必须做闭环实验，开环运行 PID 程序没有任何意义。用硬件组成一个闭环需要 S7-200 的 CPU 模块、模拟量输入模块和模拟量输出模块，此外还需要被控对象、检测元件、变送器和执行机构。例如可以用电热水壶作为被控对象，用热电阻检测温度，用温度变送器将温度转换为标准电压，用移相控制的交流固态调压器作执行机构。

2．被控对象仿真的 S7-200 PID 控制程序

本节介绍的 PID 闭环实验只需要一块 S7-200 的 CPU，广义被控对象（包括检测元件和执行机构）用作者编写的名为“被控对象”的子程序来模拟，被控对象的数学模型为 3 个串联的惯性环节，其增益为 GAIN，惯性环节的时间常数分别为 TIM1～TIM3。其传递函数为

$$\frac{\text{GAIN}}{(\text{TIM1}s+1)(\text{TIM2}s+1)(\text{TIM3}s+1)}$$

分母中的“s”为自动控制理论中拉式变换的拉普拉斯算子。将某一时间常数设为 0，可以减少惯性环节的个数。图 7-14 中被控对象的输入值 INV 是 PID 控制器的输出值，DISV 是系统的扰动输入值。被控对象的输出值 OUTV 作为 PID 控制器的过程变量（反馈值）PV_I。

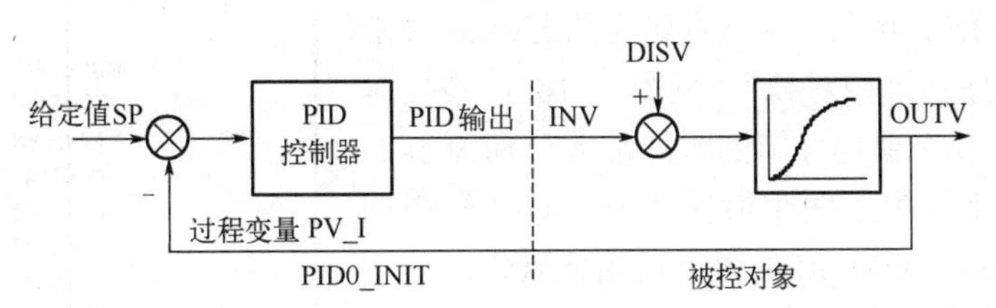

图 7-14　使用模拟的被控对象的 PID 闭环示意图

图 7-15 和图 7-16 是配套资源中的例程“PID 闭环控制”的主程序和中断程序。可以用这个例程和 PID 调节控制面板来学习 PID 的参数整定方法。

图 7-15 中的 T37 和 T38 组成了方波振荡器，用来提供周期为 60s、幅值为浮点数 20.0%和 70.0%的方波给定值。

PID_EXE 占用了定时中断 0，模拟被控对象的中断程序使用定时中断 1。两个定时中断的时间间隔均为 200ms。首次扫描时将定时中断 1 的时间间隔 200ms 送给 SMB35，用 ATCH 指令连接中断程序 INT_0 和编号为 11 的定时中断 1 的中断事件。

用一直闭合的 SM0.0 的常开触点调用 PID 向导生成的子程序 PID0_INIT，后者初始化 PID 控制使用的变量，CPU 按 PID 向导中组态的采样时间，周期性地调用 PID 中断程序 PID_EXE，在 PID_EXE 中执行 PID 运算。

PIDx_INIT 指令中的 PV_I 是数据类型为 INT 的过程变量（反馈值），Setpoint_R 是以百分比为单位的实数给定值（SP）。

BOOL 变量 Auto_Manual 为 ON 时该回路为自动模式（PID 闭环控制），反之为手动模

式。ManualOutput 是手动模式时标准化的实数输入值（0.00～1.00）。

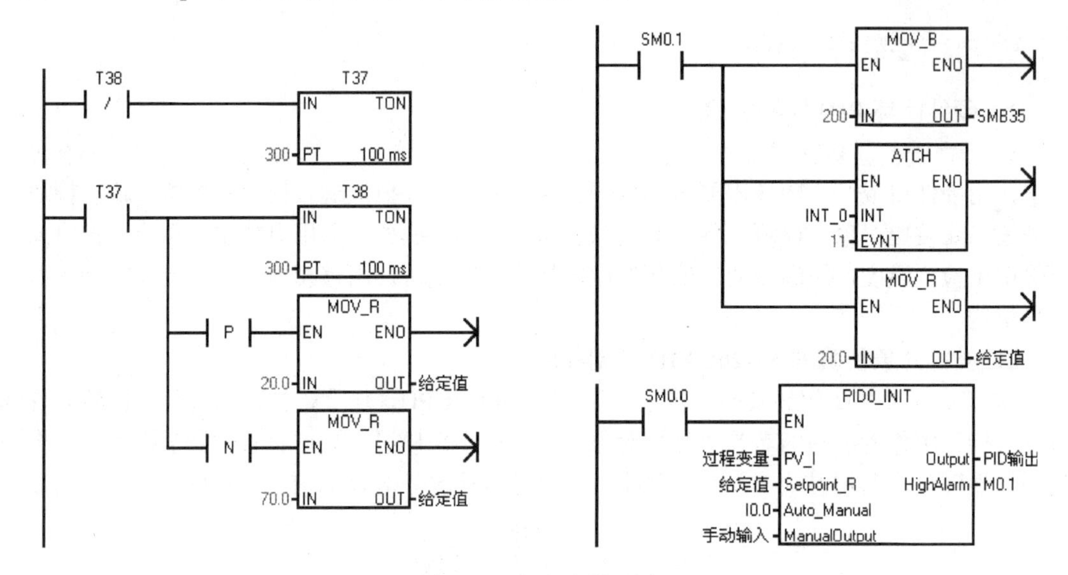

图 7-15　主程序梯形图

Output 是 PID 控制器的 INT 型输出值，HighAlarm 是上限报警。如果组态了启用下限报警和模拟量模块故障报警，方框右边将会出现输出参数 LowAlarm 和 ModuleErr。

在中断程序 INT_0 中，用一直闭合的 SM0.0 的常开触点调用子程序“被控对象”（见图 7-16），被控对象的增益为 3.0，3 个惯性环节的时间常数分别为 5s、2s 和 0s，实际上只用了两个惯性环节。其采样周期 CYCLE 为 200ms，COM_RST 用于初始化操作。

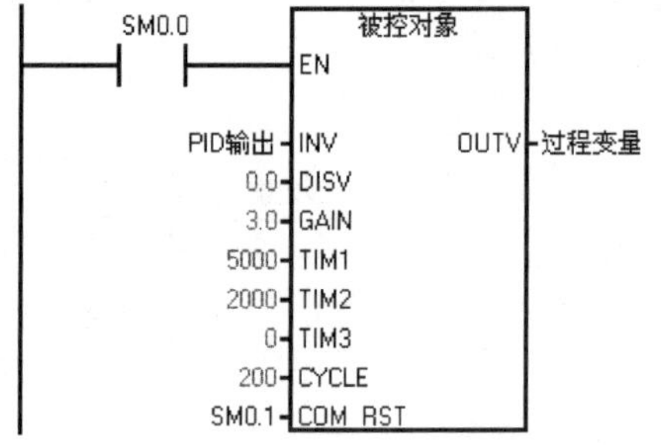

图 7-16　中断程序 INT_0

3．PID 调节控制面板

STEP 7-Micro/WIN 的 PID 调节控制面板用图形方式监视 PID 回路的运行情况（见图 7-17），还可以用于 PID 参数自整定或手动调节参数。

将例程“PID 闭环控制”下载到 CPU，令 PLC 处于 RUN 模式。双击指令树的“工具”文件夹中的“PID 调节控制面板”，打开控制面板。面板左上角的“远程地址”显示连接的 PLC 的站地址，右上角显示 PLC 的型号和版本号。远程地址下面是过程变量的条形图、实际值和用百分数表示的相对值。

过程变量区右边的“当前值”区显示回路设定值、采样时间、增益、积分时间和微分时间的数值。PID 的输出值用带数字值的水平条形图来表示。

“当前值”区右边的图形显示区用不同的颜色显示过程变量 PV、给定值 SP 和 PID 输出量 Out 相对于时间的曲线。左侧纵轴的刻度是用百分数表示的 PV 和 SP 的相对值，右侧纵轴的刻度是 PID 输出的实际值。

窗口左下角的“调节参数”区用于显示和修改增益、积分时间和微分时间。用单选框选择自动调节或手动调节。

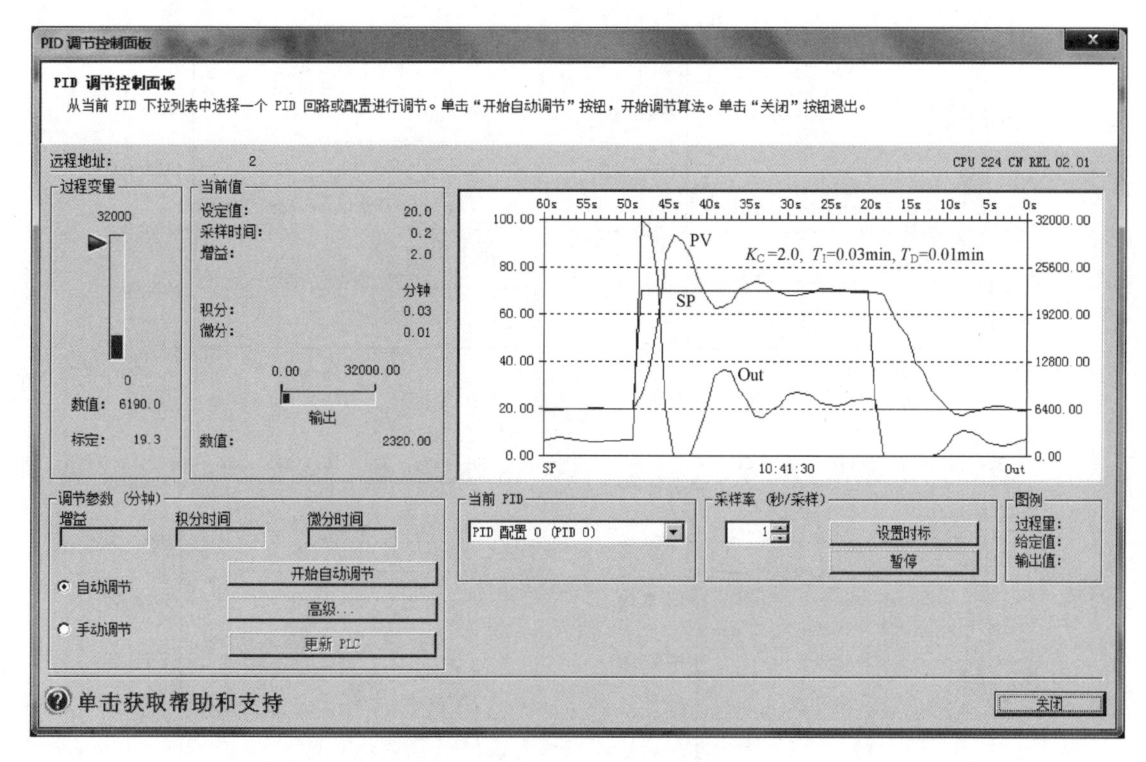

图 7-17　PID 调节控制面板

可以用图形显示窗口下面的“当前 PID”选择框来选择希望在控制面板中监视的 PID 回路。在“采样率”区，可以设置图形显示的采样时间间隔（1～480s），用“设置时标”按钮来使修改后的采样速率生效。可以用“暂停”按钮冻结和恢复曲线图的显示。在图形区单击鼠标右键，执行快捷菜单中的“clear”（清除）命令，可以清除图形。

“图例”区标出了过程变量、给定值和输出值曲线的颜色。

4．PID 闭环控制仿真结果介绍

图 7-17～图 7-25 是用配套资源中的例程“PID 闭环控制”和 PID 调节控制面板得到的曲线，图中给出了 PID 控制器的主要参数。图 7-17 中的 PV 曲线的超调量过大，有多次振荡。

用单选框选中 PID 调节控制面板中的“手动调节”，在“调节参数”区将积分时间由 0.03min 改为 0.06min，单击“更新 PLC”按钮，将键入的参数值下载到 CPU。增大积分时间（减弱积分作用）后，图 7-18 中 PV 曲线的超调量和振荡次数明显减小。

将积分时间再增大一倍（0.12min），与图 7-18 中积分时间为 0.06min 的曲线相比，图 7-19 的超调量变得更小。

将图 7-18 中的微分时间由 0.01min 改为 0.0min，其他参数不变，图 7-20 中响应曲线的超调量和振荡次数增大。可见适当的微分时间对减小超调量有明显的作用。

微分时间也不是越大越好，保持图 7-18 中的增益和积分时间不变，微分时间增大一倍（0.02min），超调量略有减小。微分时间增大为 0.08min 时（见图 7-21），超调量反而增大，曲线也变得很迟缓。由此可见微分时间需要“恰到好处”，才能发挥它的正面作用。改变 PID 调节器的增益时，同时会影响到 PID 输出量中比例、积分、微分这 3 个分量的值。响应曲线的形状是 3 个分量共同作用的结果。

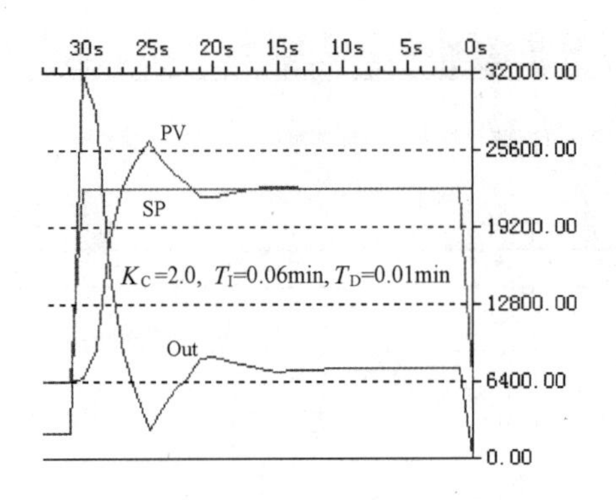

图 7-18 PID 控制阶跃响应曲线

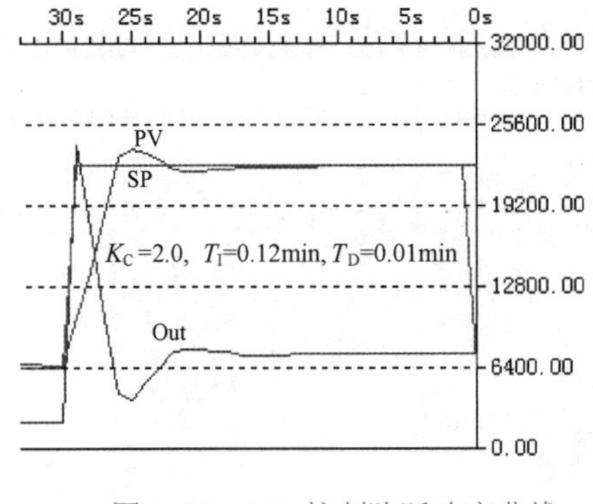

图 7-19 PID 控制阶跃响应曲线

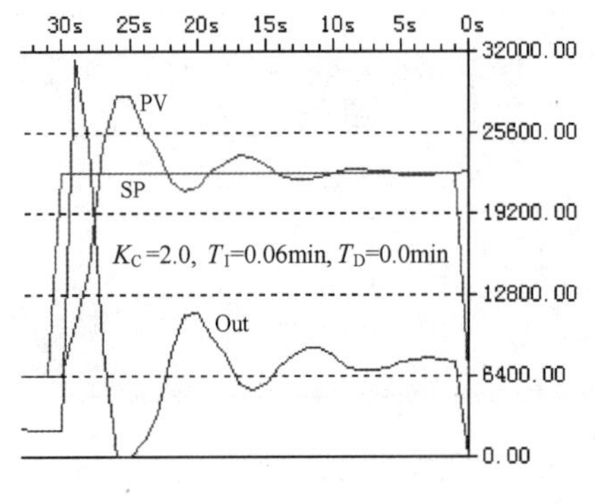

图 7-20 PI 控制阶跃响应曲线

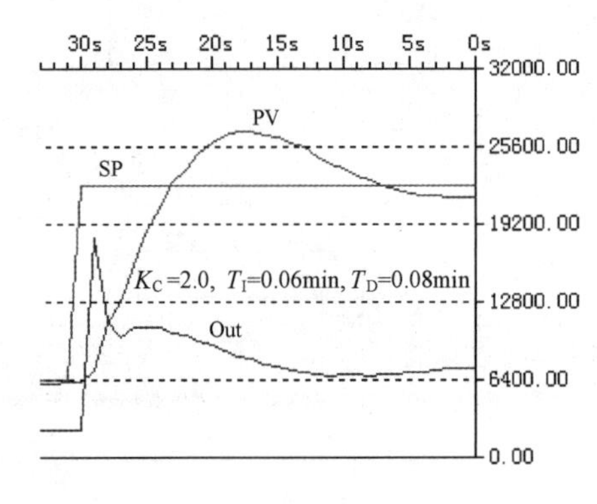

图 7-21 PID 控制阶跃响应曲线

图 7-22 和图 7-23 的微分时间均为 0（即采用 PI 控制），积分时间均为 0.10min。增益 K_C 分别为 2.5 和 0.7，减小了增益后，同时减弱了比例作用和积分作用。可以看出，减小增益能降低超调量。但是付出的代价是过程变量第一次达到 70%的给定值的上升时间增大了一倍。

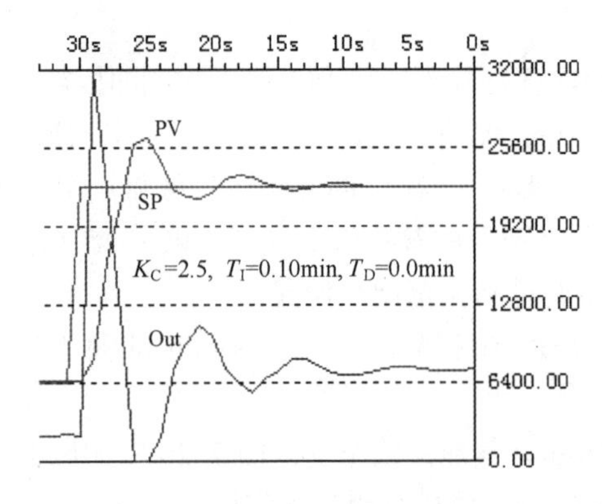

图 7-22 PI 控制阶跃响应曲线

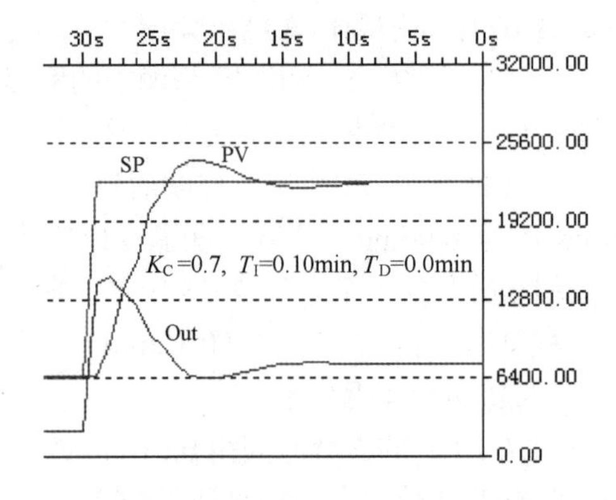

图 7-23 PI 控制阶跃响应曲线

将增益增大到 1.5，减少了上升时间，但是超调量增大到 16%。将积分时间增大到 0.3min，超调量减小到 13%。但是因为减弱了积分作用，在给定值减小后，过程变量下降的速度（即消除误差的速度）太慢（见图 7-24）。

为了加快消除稳态误差的速度，只好将积分时间减小到 0.15min，超调量为 12%。为了减小超调量，引入了微分时间。反复调节微分时间，0.01min 时效果较好，超调量为 6%，上升时间和消除误差的速度也比较理想（见图 7-25）。

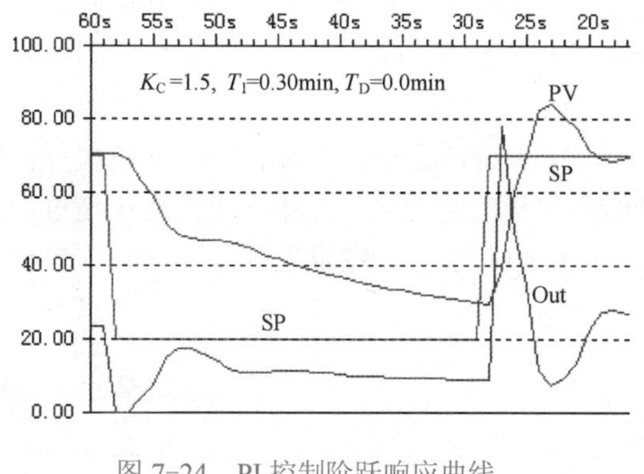

图 7-24　PI 控制阶跃响应曲线

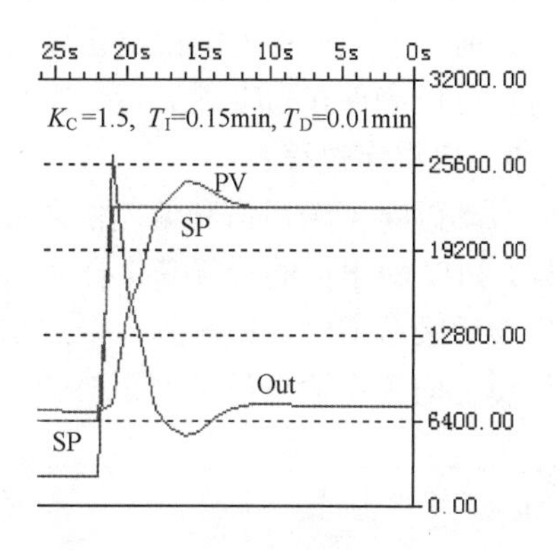

图 7-25　PID 控制阶跃响应曲线

从上面的例子可以看出，为了兼顾超调量、上升时间和消除误差的速度这些指标，有时需要多次反复调节控制器的 3 个参数，直到最终获得比较好的控制效果。

除了调节增益、积分时间和微分时间，做实验时也可以修改采样周期，了解采样周期与控制效果之间的关系。

视频“PID 参数手动整定实验”可通过扫描二维码 7-1 播放。

二维码 7-1

7.3　PID 参数自整定

S7-200 具有 PID 参数自整定功能，STEP 7-Micro/WIN 有 PID 调节控制面板。这两项功能相结合，使用户能轻松地实现 PID 的参数自整定。PID 自整定算法向用户推荐接近最优的增益、积分时间和微分时间。

用 PID 调节控制面板可以启动、中止自整定过程。控制面板用图形方式监视整定的结果，还可以显示可能产生的错误或警告。

7.3.1　自整定的基本方法与自整定过程

1．自整定的条件

要进行自整定的回路必须处于自动模式，初始化程序 PID0_INIT 的输入参数 Auto_Manual（I0.0）应为 ON，即回路的输出由 PID 指令来控制。

启动自整定之前，控制过程应处于稳定状态，过程变量接近给定值。开始自整定时，理想的情况是回路输出值在控制范围的中点附近。

自整定过程在回路输出中加入一些小的阶跃变化，使控制过程产生振荡。如果回路输出值接近其控制范围的任何一端，自整定过程引入的阶跃变化可能使输出值超出上限或下限。如果出现这种情况，将使自整定产生错误，不能得到理想的推荐值。

2．自动确定滞后和偏差

参数“滞后”（Hysteresis）指定了过程变量相对于给定值的正负偏移量，过程变量在这个偏移范围内时，不会使继电控制器改变输出值。

参数“偏差”（Deviation）指定了希望的过程变量围绕给定值的峰-峰值波动量。

自整定除了推荐整定值外，还可以自动确定滞后值和过程变量峰值偏差值。在启动自整定之前，控制过程处于稳定状态是至关重要的。这样可以使滞后值计算得到更好的结果，同时也可以确保在自动滞后运算过程中，控制过程不会失控。

3．自整定过程

自动确定了滞后值和偏差值之后，将初始阶跃施加到 PID 的输出量，开始执行自整定过程。PID 输出值的阶跃变化会使过程变量值产生相应的变化。当输出值的变化使过程变量超出滞后区范围时，检测到一个过零（Zero-Crossing）事件。在发生过零事件时，自整定将向相反方向改变输出值（见图 7-26）。

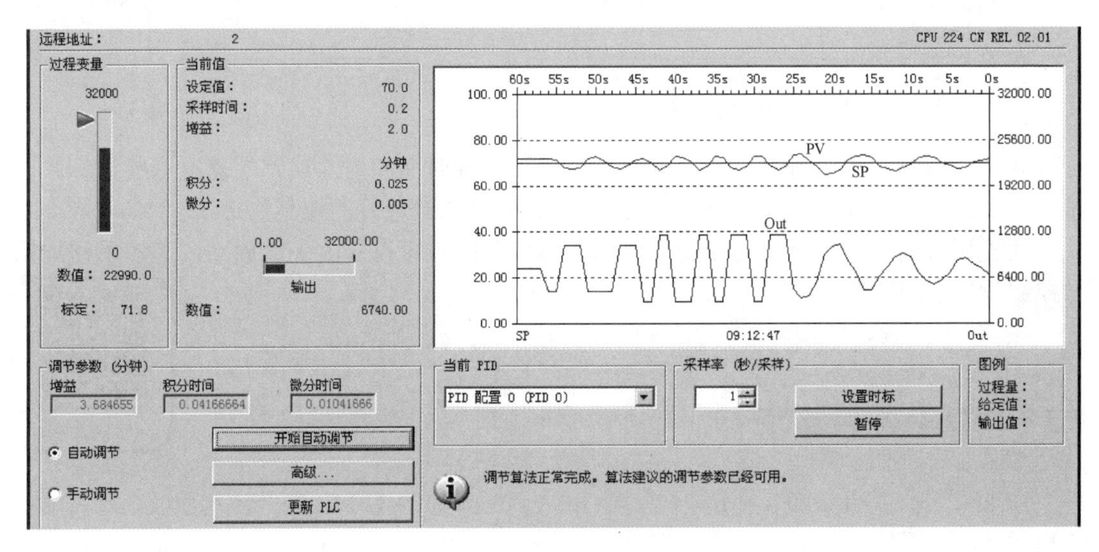

图 7-26　PID 参数自整定过程

自整定继续对过程变量进行采样，并等待下一个过零事件，该过程总共需要 12 次过零才能完成。过程变量的峰-峰值（峰值偏差）和过零事件产生的速率都与控制过程的动态特性直接相关。在自整定过程初期，会适当调节输出阶跃值，从而使过程变量的峰-峰值更接近希望的偏差值。如果两次过零之间的时间超出过零看门狗间隔时间，自整定过程将以错误告终，过零看门狗间隔时间的默认值为 2h。

过程变量振荡的频率和幅度代表了控制过程的增益和自然频率。根据在自整定过程中采集的控制过程的增益和自然频率的相关信息，计算出最终的增益和频率值，由此可以计算出 PID 控制器的增益值、积分时间和微分时间的推荐值。

自整定过程完成后，回路的输出将恢复到初始值，在下一扫描周期开始正常的 PID 计算。

7.3.2　PID 参数自整定实验

1．实验的准备工作

配套资源中的“PID 参数自整定”与“PID 闭环控制”这两个例程都是用作者编写的子程序“被控对象”来实现对被控对象的仿真。两个例程的 OB1 的区别在于“PID 参数自整定”的给定值不是方波，而是用 I0.3 来控制给定值。I0.3 为 ON 时给定值为 70.0%，为 OFF 时给定值为 0。

将例程“PID 参数自整定”下载到 CPU，令 PLC 处于 RUN 模式。打开 PID 调节控制面板，采用默认的“自动调节”模式。单击左下角“调节参数”区的“高级”按钮（见图 7-26），出现“高级 PID 自动调节参数”对话框。采用该对话框中所有默认的参数设置。

2．第一次 PID 参数自整定实验

被控对象的增益为 3.0（见图 7-16），两个惯性环节的时间常数为 2s 和 5s。PID 向导中设置的采样周期为 0.2s，PID 控制器的增益为 2.0，积分时间为 0.025min，微分时间为 0.005min（见图 7-26 中“当前值”区的参数）。令 I0.0 为 ON，PID 控制为“自动”模式。

用 I0.3 外接的小开关使给定值 SP 从 0.0%跳变到 70.0%，响应曲线如图 7-27 所示，过程变量 PV 曲线的超调量太大，衰减震荡的时间太长。

在过程变量曲线 PV 沿给定值 SP 曲线上下小幅波动，这两条曲线几乎重合时，单击“开始自动调节”按钮，启动参数自动整定过程。面板的右下部的区域显示“PLC 正在计算滞后死区值和偏差”。

滞后计算结束后，显示“PLC 正在调节 PID0”。PID 的输出值按方波变化，PV 的波形沿 SP 水平线上下波动（见图 7-26 中 PV 和 SP 曲线左边的部分）。

显示“调节算法正常完成，算法建议的调节参数已经可用”时，进入正常的 PID 控制，PID 输出 Out 的波形由方波变为平滑的曲线，PV 的波形逐渐趋近于给定值 SP（见图 7-26 中 PV 和 Out 曲线右边的部分）。“调节参数”区给出了 PID 参数的建议值。

单击“更新 PLC”按钮，出现的对话框显示“你想要将这些数值写入 PLC 吗？”，单击“是”按钮确认，将图 7-26 中的“调节参数”区的自整定得到的推荐的参数（增益为 3.685，积分时间为 0.0417min，微分时间为 0.0104min）写入 CPU。图 7-28 是使用自整定推荐的参数的响应曲线，超调量显著减小。

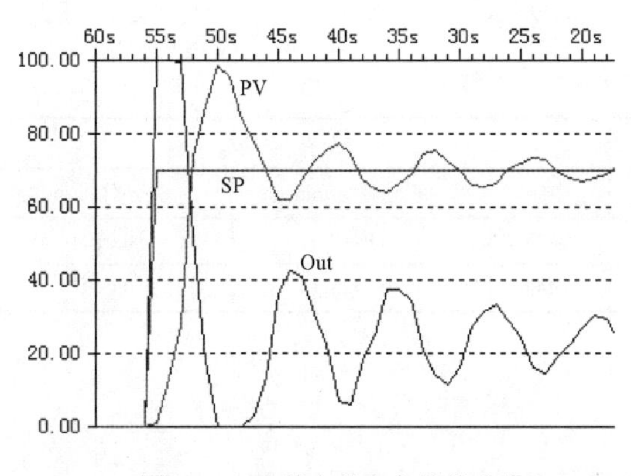

图 7-27　参数自整定之前的曲线

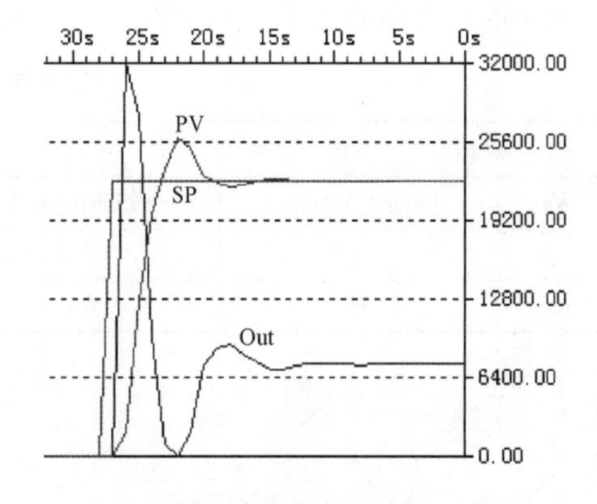

图 7-28　使用自整定的参数的响应曲线

如果使用自整定推荐的参数不能完全满足要求，可以手动调节参数（例如将积分时间增大一倍）。用单选框选中左下角“调节参数”区的“手动调节”，在“调节参数”区键入 PID 参数后，单击“更新 PLC”按钮，将设置的参数值传送到 CPU。

3．第二次 PID 参数自整定实验

用单选框选中“手动调节”，修改 PID 参数的初始值，设置增益为 0.5，积分时间为

0.5min，微分时间为 0.1min。参数自整定之前的阶跃响应曲线见图 7-29，虽然没有超调，但是响应过于迟缓。

图 7-30 是使用自整定推荐的参数（增益为 3.442，积分时间为 0.0428min，微分时间为 0.0107min）的响应曲线。

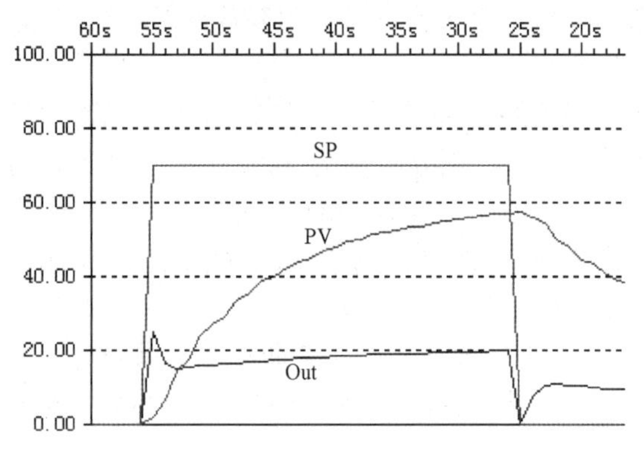

图 7-29　参数自整定之前的曲线

图 7-30　使用自整定的参数的响应曲线

由表 7-3 可知，两次实验的初始参数相差甚远（有的相差在 10 倍以上），图 7-27 和图 7-29 中的响应曲线也是天差地别。自整定得到的推荐参数值却相差很小，分别使用两次自整定推荐的参数得到的阶跃响应曲线基本上相同（见图 7-28 和图 7-30）。由此可见，即使初始参数在较大范围变化，自整定都能提供较好的推荐参数。

视频“PID 参数自整定实验”可通过扫描二维码 7-2 播放。

二维码 7-2

在关闭 PID 调节控制面板时，出现的对话框显示“您已经改动 PID 配置，您希望将这些改动保存至项目吗？”对话框。单击“是”按钮确认，参数被保存到项目的 PID 向导的回路参数区。断电后重新上电，打开 PID 调节控制面板，可以看到下载到 CPU 中的 PID 参数值未变。

表 7-3　PID 指令的参数

初 始 参 数			推 荐 参 数		
增益	积分时间/min	微分时间/min	增益	积分时间/min	微分时间/min
2.0	0.025	0.005	3.685	0.0417	0.0104
0.5	0.5	0.1	3.442	0.0428	0.0107

7.4　习题

1. 为什么在模拟量信号远传时应使用电流信号，而不是电压信号？
2. 怎样判别闭环控制中反馈的极性？
3. PID 控制为什么会得到广泛的使用？
4. 超调量反映了系统的什么特性？
5. 反馈量微分 PID 算法有什么优点？
6. 什么是反作用调节？怎样实现反作用调节？

7．增大增益对系统的动态性能有什么影响？

8．PID 输出中的积分部分有什么作用？增大积分时间对系统的性能有什么影响？

9．PID 输出中的微分部分有什么作用？

10．如果闭环响应的超调量过大，应调节哪些参数，怎样调节？

11．阶跃响应没有超调，但是被控量上升过于缓慢，应调节哪些参数，怎样调节？

12．消除误差的速度太慢，应调节什么参数？

13．上升时间过长应调节什么参数，怎样调节？

14．怎样确定 PID 控制的采样周期？

15．怎样确定 PID 调节器参数的初始值？

16．启动 PID 参数自整定应满足什么条件？

第 8 章　PLC 应用中的一些问题

8.1　PLC 控制系统的硬件可靠性措施

PLC 是专门为工业环境设计的控制装置，一般不需要采取什么特殊措施，就可以直接在工业环境使用。但是如果环境过于恶劣，电磁干扰特别强烈，或安装使用不当，都不能保证系统的正常安全运行。干扰可能会使 PLC 接收到错误的信号，造成误动作，或使 PLC 内部的数据丢失，严重时甚至会使系统失控。在系统设计时，应采取相应的可靠性措施，以消除或减小干扰的影响，保证系统的正常运行。

1．电源的抗干扰措施

电源是干扰进入 PLC 的主要途径之一，电源干扰主要是通过供电线路的分布电容和分布电感的耦合产生的，各种大功率用电设备是主要的干扰源。

在干扰较强或对可靠性要求很高的场合，可以在 PLC 的交流电源输入端加接带屏蔽层的隔离变压器和低通滤波器。

隔离变压器可以抑制从电源线窜入的外来干扰，提高抗高频共模干扰的能力。高频干扰信号不是通过变压器绕组的耦合，而是通过一次、二次绕组间的分布电容传递的。在一次、二次绕组之间加绕屏蔽层，并将它和铁心一起接地，可以减少绕组间的分布电容，提高抗高频干扰的能力。可以在互联网上搜索“电源滤波器”“抗干扰电源”和“净化电源”等关键词，选用相应的抗电源干扰的产品。

2．布线的抗干扰措施

PLC 不能与高压电器安装在同一个开关柜内，在柜内 PLC 应远离动力线，二者之间的距离应大于 200mm。中性线与相线、公共线与信号线应成对布线。I/O 线与电源线应分开走线，数字量、模拟量 I/O 线应分开敷设，交流信号与直流信号应分别使用不同的电缆。不同类型的导线应分别装入不同的电缆管或电缆槽中，并使其有尽可能大的空间距离。距离较长的数字量 I/O 线应采用屏蔽线。应为可能遭雷电冲击的线路安装合适的浪涌抑制设备，干扰较严重时也应设置浪涌抑制设备。

信号线和它的返回线绞合在一起，能减少感性耦合引起的干扰，绞合越靠近端子效果越好。S7-200 的交流电源线和 I/O 点之间的隔离电压为 AC 1500V，可以作为交流线和低压电路之间的安全隔离。

3．模拟量信号的处理

模拟量信号和高速脉冲信号的传输线应使用双屏蔽的双绞线（每对双绞线和整个电缆都有屏蔽层）。不同的模拟量信号线应独立走线，它们有各自的屏蔽层，以减少线间的耦合。不要把不同的模拟量信号置于同一个公共返回线。

如果模拟量输入/输出信号距离 PLC 较远，应采用 4～20mA 的电流传输方式，而不是易受干扰的电压传输方式。干扰较强的环境应选用有光隔离的模拟量 I/O 模块，使用分布电容小、干扰抑制能力强的配电器为变送器供电，以减少对 PLC 的模拟量输入信号的干扰。应短接未使用的 A-D 通道的输入端，以防止干扰信号进入 PLC，影响系统的正常工作。模拟量输入信号的数字滤波是减轻干扰影响的有效措施。

4．PLC 的接地

（1）控制设备的两种地

1）安全保护地（或称电磁兼容性地）。车间里一般有保护接地网络。为了保证操作人员的安全，应将电动机的外壳和控制屏的金属屏体连接到安全保护地。CPU 模块上的 PE（保护接地）端子应连接到大地或者柜体上。

2）信号地（或称控制地、仪表地）。它是电子设备的电位参考点，例如 CPU 模块的传感器电源输出端子中的 M 端子应接到信号地。PLC 和变频器通信时，应将 PLC 的 RS-485 端口的第 5 脚（5V 电源的负极）与变频器的模拟量输入信号的 0V 端子连接到信号地。

（2）控制地应一点接地

控制系统中所有的控制设备需要接信号地的端子应保证一点接地。首先以控制屏为单位，将屏内各设备需要接信号地的端子用电缆夹连接到等电位母线上，然后用规定面积的等电位连接导线将各个屏的信号地端子连接到接地网络的某一点。西门子推荐的等电位连接导线的截面积为 $16mm^2$。信号地最好采用单独的接地装置。

连接参考电位不同设备的通信口，可能导致在连接电缆中产生预想不到的电流。这种电流可能导致通信错误或设备损坏。应确保用通信电缆连接的所有设备都共用一个公共电路参考点或者进行隔离，以防止出现意外电流。S7-200 的 RS-485 通信端口没有绝缘隔离，可以使用有隔离的 RS-485 中继器来连接具有不同地电位的设备。

（3）屏蔽电缆屏蔽层的接地

一般情况下，屏蔽电缆的屏蔽层应两端接金属机壳，并确保大面积接触金属表面，以便能承受高频干扰。为了减少屏蔽层的电流，两端接地的屏蔽层应与等电位连接导线并联。

在少数情况下，模拟量电缆的屏蔽层可以在控制柜一端接地，另一端通过一个高频小电容接地。如果屏蔽层两端的差模电压不高，并且连接到同一地线上时，也可以将屏蔽层的两端直接接地。

不要使用金属箔屏蔽层电缆，它的屏蔽效果仅有编织物屏蔽层电缆的五分之一。

（4）信号地不要通过保护接地网络连接

如果将各控制屏或设备的信号地就近连接到当地的安全保护地网络上，强电设备的接地电流可能在两个接地点之间产生较大的电位差，干扰控制系统的工作，严重时可能烧毁设备。

有不少企业因为在车间烧电焊，烧毁了控制设备的通信端口和通信设备。电焊机的副边电压很低，但是焊接电流很大。焊接线的“地线”一般搭在与保护接地网络连接的设备的金属构件上。如果电焊机的接地线的接地点离焊接点较远，焊接电流通过保护接地网络形成回路。如果各设备的信号地不是一点接地，而是就近接到安全保护地网络上，焊接电流有可能窜入通信网络，烧毁设备的通信端口或通信模块。

5．防止变频器干扰的措施

现在 PLC 越来越多地与变频器一起使用，经常会遇到变频器干扰 PLC 正常运行的故障，变频器已经成为 PLC 最常见的干扰源。

变频器的主电路为交-直-交变换电路，工频电源被整流为直流电压，输出的是基波频率可变的高频脉冲信号，载波频率可能超过 10kHz。变频器的输入电流为含有丰富的高次谐波的脉冲波，它会通过电力线干扰其他设备。高次谐波电流还通过电缆向空间辐射，干扰邻近的电气设备。

可以在变频器输入侧与输出侧串接电抗器，或安装谐波滤波器（见图 8-1），以吸收谐波、抑制高频谐波电流。

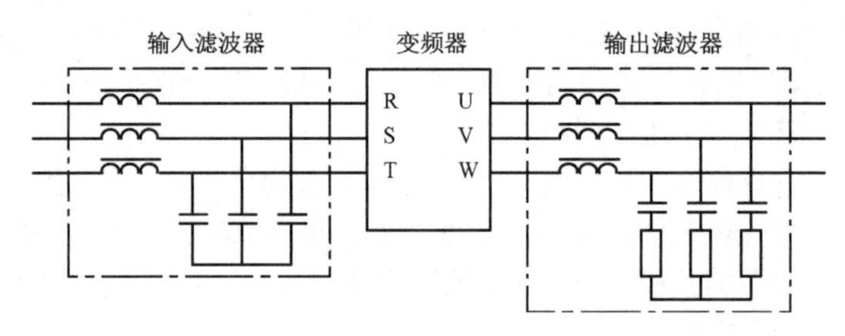

图 8-1　变频器的输入滤波器与输出滤波器

将变频器放在控制柜内，并将其金属外壳接地，对高频谐波有屏蔽作用。变频器的输入、输出电流（特别是输出电流）中含有丰富的谐波，所以主电路也是辐射源。PLC 的信号线和变频器的输出线应分别穿管敷设，变频器的输出线一定要使用屏蔽电缆或穿钢管敷设，以减轻对其他设备的辐射干扰和感应干扰。

变频器应使用专用接地线，并且用粗短线接地，其他邻近电气设备的接地线必须与变频器的接地线分开。

可以对受干扰的 PLC 采取屏蔽措施，在 PLC 的电源输入端串入滤波电路或安装隔离变压器，以减小谐波电流的影响。

6．强烈干扰环境中的隔离措施

一般情况下，PLC 的输入/输出信号采用内部的隔离措施就可以保证系统的正常运行。因此一般没有必要在 PLC 外部再设置抗干扰隔离器件。

在发电厂等工业环境，空间极强的电磁场和高电压、大电流断路器的通断将会对 PLC 产生强烈的干扰。由于现场条件的限制，有时很长的强电电缆和 PLC 的低压控制电缆只能敷设在同一个电缆沟内，强电干扰在 PLC 的输入线上产生的感应电压和感应电流相当大，可能使 PLC 输入端的光耦合器中的发光二极管发光，使 PLC 产生误动作。可以用小型继电器来隔离用长线引入 PLC 的数字量信号。S7-200 的数字量输入的逻辑 1 信号的最小电流为 2.5mA，而小型继电器的线圈吸合电流为数十毫安，强电干扰信号通过电磁感应产生的能量一般不会使隔离用的继电器误动作。来自开关柜内和距离开关柜不远的输入信号一般没有必要用继电器来隔离。

为了提高抗干扰能力，对长距离的串行通信信号，可以考虑用光纤来传输和隔离，或使用带光耦合器的通信端口。

7．PLC 输出的可靠性措施

如果用 PLC 驱动交流接触器，应将额定电压为 AC 380V 的交流接触器的线圈换成 220V 的。在负载要求的输出功率超过 PLC 的允许值时，应设置外部继电器。PLC 输出电路内的小型继电器的触点小，断弧能力差，不能直接用于 DC 220V 的电路，必须通过外部继电器驱动 DC 220V 的负载。

8．感性负载的处理

感性负载（例如继电器、接触器的线圈）具有储能作用，PLC 内控制它的触点或场效应晶体管断开时，电路中的感性负载会产生高于电源电压数倍甚至数十倍的反电势。触点接通时，会因触点的抖动产生电弧，它们都会对系统产生干扰。对此可以采取下述的措施。

输出端接有直流感性负载时，应在它两端并联一个续流二极管。如果需要更快的断开时间，可以串接一个稳压管（见图 8-2 的左图），二极管可以选 IN4001，场效应晶体管输出可以选 8.2V/5W 的稳压管，继电器输出可以选 36V 的稳压管。

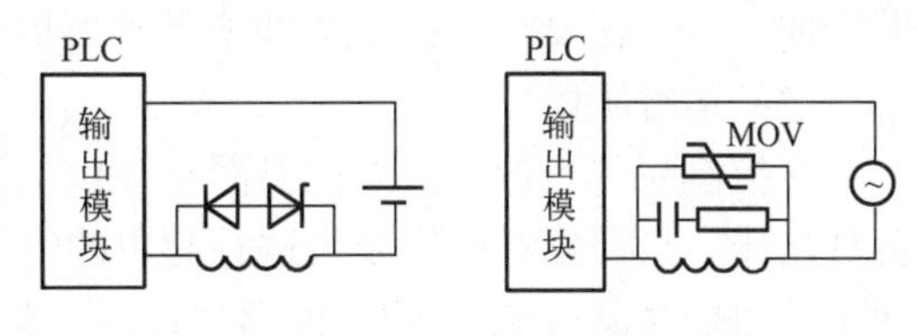

图 8-2　输出电路感性负载的处理

输出端接有 AC 220V 感性负载时，应在它两端并联 RC 串联电路（见图 8-2 的右图），可以选 0.1μF 的电容和 100～120Ω的电阻。电容的额定电压应大于电源峰值电压。要求较高时，还可以在负载两端并联压敏电阻，其压敏电压应大于额定电压有效值的 2.2 倍。

为了减小电动机和电力变压器投切时产生的干扰，可以在 PLC 的电源输入端设置浪涌电流吸收器。

8.2　触摸屏的组态与应用

8.2.1　人机界面与触摸屏

1．人机界面

人机界面（Human Machine Interface）简称为 HMI，是操作人员与控制系统之间进行对话和相互作用的专用设备。人机界面可以在恶劣的工业环境中长时间连续运行，是 PLC 的最佳搭档。

人机界面用字符、图形和动画动态地显示现场数据和状态，操作员可以通过人机界面来控制现场的被控对象和修改工艺参数。此外人机界面还有报警、用户管理、数据记录、趋势图、配方管理、显示和打印报表、通信等功能。

随着技术的发展和应用的普及，近年来人机界面的价格已经大幅下降，西门子的 SMART 700 IE V3 触摸屏具有很高的性价比，一个大规模应用人机界面的时代正在到来，人机界面已经成为现代工业控制领域广泛使用的设备之一。

2．触摸屏

触摸屏是人机界面的发展方向，用户可以在触摸屏的屏幕上生成满足自己要求的触摸式按键。触摸屏使用直观方便，易于操作。画面上的按钮和指示灯可以取代相应的硬件元件，减少 PLC 需要的 I/O 点数，降低系统的成本，提高设备的性能和附加价值。

3．人机界面的工作原理

人机界面最基本的功能是显示现场设备（通常是 PLC）中位变量的状态和存储器中数字变量的值，用监控画面上的按钮向 PLC 发出各种命令，修改 PLC 存储器中的参数。

（1）对监控画面组态

首先需要用计算机上运行的组态软件对人机界面组态，生成满足用户要求的人机界面的画面，实现人机界面的各种功能。画面的生成是可视化的，一般不需要用户编程，组态软件的使用简单方便，很容易掌握。

（2）编译和下载项目文件

编译项目文件是指将用户生成的画面和设置的信息转换成人机界面可以执行的文件。编译成功后，需要将可执行文件下载到人机界面的存储器中。

（3）运行阶段

在控制系统运行时，人机界面与 PLC 之间通过通信来交换信息，从而实现人机界面的各种功能。只需要对通信参数进行简单的组态，就可以实现人机界面与 PLC 的通信。将画面上的图形对象与 PLC 的存储器地址联系起来，就可以实现控制系统运行时 PLC 与人机界面之间的自动数据交换。

人机界面具有很强的通信功能，西门子现在的人机界面都有以太网端口，有的还有串行通信端口和 USB 端口。人机界面能与各主要生产厂家的 PLC 通信，也能与运行它的组态软件的计算机通信。

4．精彩系列面板

V3 版的精彩系列面板包括 Smart 700 IE V3 和 SMART 1000 IE V3，它们是专门与 S7-200 和 S7-200 SMART 配套的触摸屏。显示器的对角线分别为 7in 和 10in，其分辨率分别为 800×480 和 1024×600，64K 色真彩色显示；节能的 LED 背光，高速外部总线；数据存储器 128MB；程序存储器 256MB；电源电压为 DC 24V；支持硬件实时时钟、趋势视图、配方管理、报警、数据记录和报警记录等功能；支持 32 种语言，其中 5 种可以在线转换。Smart 700 IE V3 的价格便宜，具有很高的性能价格比。

精彩系列面板用 WinCC flexible 的精简版 WinCC flexible SMART 组态。

集成的以太网端口和串口（RS-422/485）可以自适应切换，用以太网下载项目文件方便快速。串口通信速率最高为 187.5kbit/s，通过串口可以连接 S7-200 和 S7-200 SMART，串口还支持三菱、欧姆龙、Modican 和台达的 PLC。集成的 USB 2.0 host 端口可以连接鼠标、键盘和 Hub，还可以通过 U 盘对人机界面的数据记录和报警记录进行归档。

本节通过一个简单的例子，介绍用 Smart 700 IE V3 控制和显示 PLC 中的变量的方法。西门子人机界面组态和应用更多的内容见作者编写的《西门子人机界面（触摸屏）组态与应用技术 第 3 版》。

8.2.2 生成项目与组态变量

1．PLC 的程序

图 8-3 是 S7-200 的主程序和符号表（见配套资源中的例程“HMI 例程”），M0.0 和 M0.1 是触摸屏上的按钮产生的启动信号和停止信号。PLC 进入 RUN 模式时，将 T37 的预设值 100（即 10s）传送给 VW2，定时器 T37 和它的常闭触点组成了一个锯齿波发生器，T37 的当前值按锯齿波变化。用触摸屏显示 T37 的当前值 VW0，以及修改保存 T37 预设值的 VW2。用画面上的指示灯显示 Q0.0 的状态。

2．创建 WinCC flexible SMART 的项目

安装好 WinCC flexible SMART V3 后，双击桌面上的图标，打开 WinCC flexible SMART 项目向导，选中其中的选项“创建一个空项目”。在出现的“设备选择”对话框中，双击文件夹“Smart Line”中 7in 的 Smart 700 IE V3，创建一个名为“项目.hmismart”的文件。

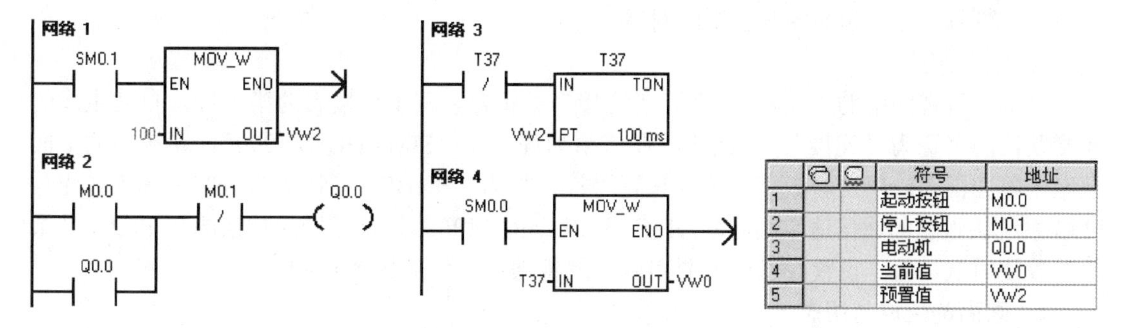

			符号	地址
1			起动按钮	M0.0
2			停止按钮	M0.1
3			电动机	Q0.0
4			当前值	VW0
5			预置值	VW2

图 8-3　梯形图与符号表

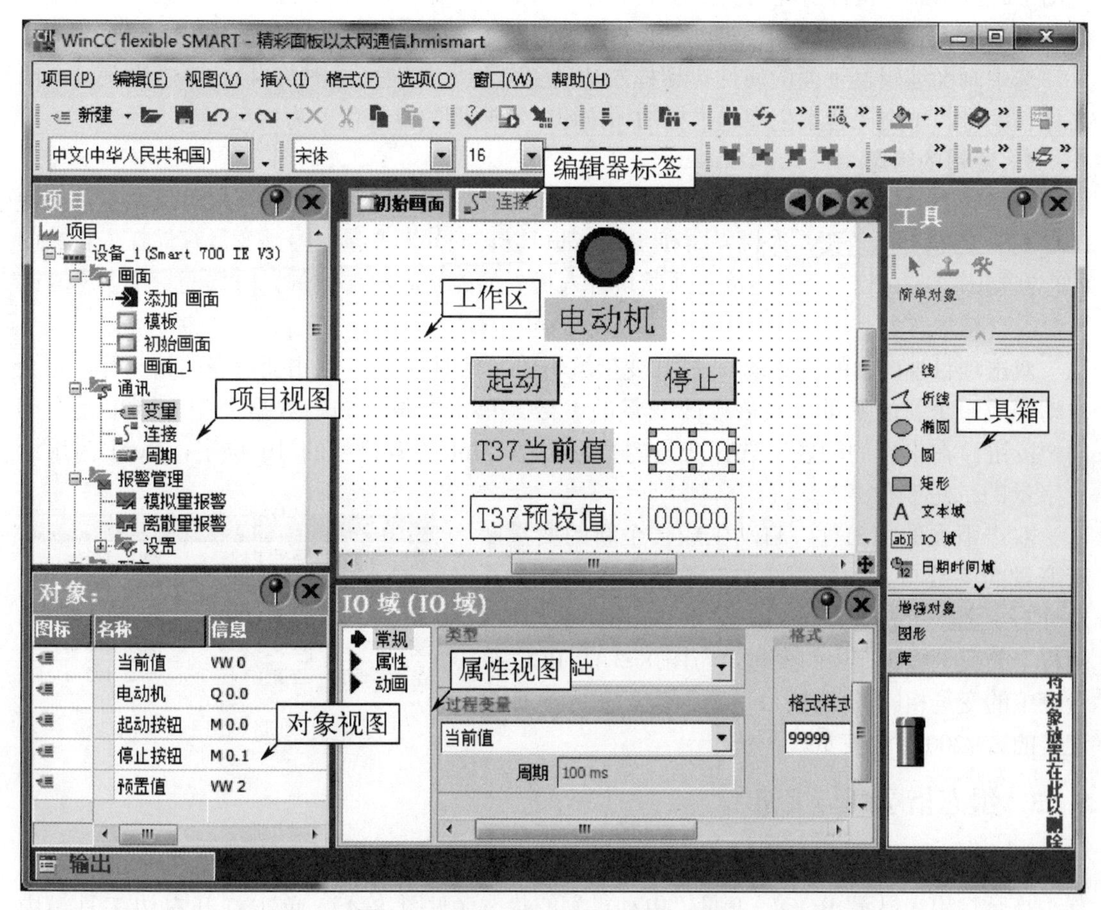

图 8-4　WinCC flexible SMART 的界面

在某个指定的位置生成一个名为“HMI 例程”的文件夹。执行菜单命令“项目”→

“另存为”，打开“将项目另存为”对话框，键入项目名称“HMI 例程”（见配套资源中的同名例程），将生成的项目文件保存到生成的文件夹中。

图 8-4 是 WinCC flexible SMART 的界面，双击项目视图中的某个对象，将会在中间的工作区打开对应的编辑器。单击工作区上面的某个编辑器标签，将会显示对应的编辑器。

单击右边工具箱中的“简单对象”“增强对象”“图形”和“库”，将打开对应的文件夹。工具箱包含过程画面经常使用的对象。

3．组态连接

单击项目视图中的“连接”，打开“连接”编辑器，双击连接表的第一行，自动生成的连接默认的名称为“连接_1”，默认的通信驱动程序为“SIMATIC S7-200”。连接表的下面是连接属性视图，用“参数”选项卡设置“接口”为“IF1B”，波特率为 19.2 kbit/s（应与 PLC 系统块设置的通信速率相同）。HMI 和 PLC 的 MPI 站地址分别为默认的 1 和 2，其余的参数使用默认值。设置好以后需要用以太网将项目文件下载到 HMI。

4．画面的生成与组态

生成项目后，自动生成和打开一个名为“画面_1”的空白画面。用鼠标右键单击项目视图中的该画面，执行出现的快捷菜单中的“重命名”命令，将该画面的名称改为“初始画面”。打开画面后，可以使用工具栏上的按钮和来放大或缩小画面。

选中画面编辑器下面的属性对话框左边的“常规”类别（见图 8-4），可以设置画面的名称和编号。单击“背景色”选择框的按钮，将画面的背景色改为白色。

5．变量的组态

HMI 的变量分为外部变量和内部变量。外部变量是 PLC 的存储单元的映像，其值随 PLC 程序的执行而改变。人机界面和 PLC 都可以访问外部变量。内部变量存储在人机界面的存储器中，与 PLC 没有连接关系，只有人机界面能访问内部变量。内部变量用名称来区分，没有地址。

双击项目视图中的“变量”，打开变量编辑器（见图 8-5）。双击变量表的第一行，将会自动生成一个新的变量，然后修改变量的参数。单击变量表的“数据类型”列单元右侧的按钮，在出现的列表中选择变量的数据类型。Int 为有符号的 16 位字，Bool 为用于数字量的二进制位。

双击下面的空白行，自动生成一个新的变量，新变量的参数与上一行变量的参数基本上相同，其地址与上面一行按顺序排列。图 8-5 是项目“HMI 例程”的变量编辑器中的变量，与图 8-3 的 PLC 符号表中的变量相同。“连接_1”表示该变量是与 HMI 连接的 S7-200 中的变量。

名称	连接	数据类型	地址	采集周期
当前值	连接_1	Int	VW 0	100 ms
起动按钮	连接_1	Bool	M 0.0	100 ms
停止按钮	连接_1	Bool	M 0.1	100 ms
电动机	连接_1	Bool	Q 0.0	100 ms
预设值	连接_1	Int	VW 2	100 ms

图 8-5　变量编辑器中的变量

8.2.3　组态指示灯与按钮

1．组态指示灯

指示灯用来显示 BOOL 变量“电动机”的状态（见图 8-4）。单击打开右边工具箱中的“简单对象”，单击选中其中的“圆”，按住鼠标左键并移动鼠标，将它拖拽到画面上希望的位置。松开左键，对象被放在当前所在的位置。这个操作称为“拖拽”。

用画面下面的属性视图设置其边框为黑色（见图 8-6 上面的图），边框宽度为 6 个像素点（与指示灯的大小有关），填充色为深绿色。通过动画功能（见图 8-6 下面的图），使指示灯在位变量“电动机”的值为 0 和 1 时的背景色分别为深绿色和浅绿色。

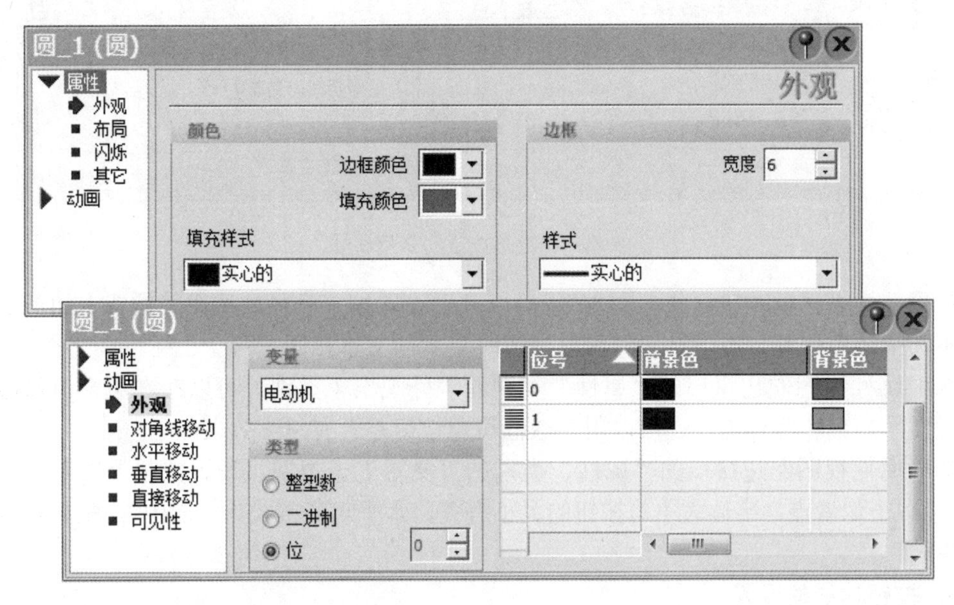

图 8-6　组态指示灯

2．用鼠标改变对象的位置和大小

用鼠标左键单击图 8-7a 的按钮，它的四周出现 8 个小正方形。将鼠标的光标放到按钮上，光标变为图中的十字箭头图形。按住鼠标左键并移动鼠标，将选中的对象拖到希望的位置。松开左键，对象被放在当前所在的位置。

用鼠标左键选中某个角的小正方形，鼠标的光标变为 45° 的双向箭头（见图 8-7b），按住左键并移动鼠标，可以同时改变对象的长度和宽度。

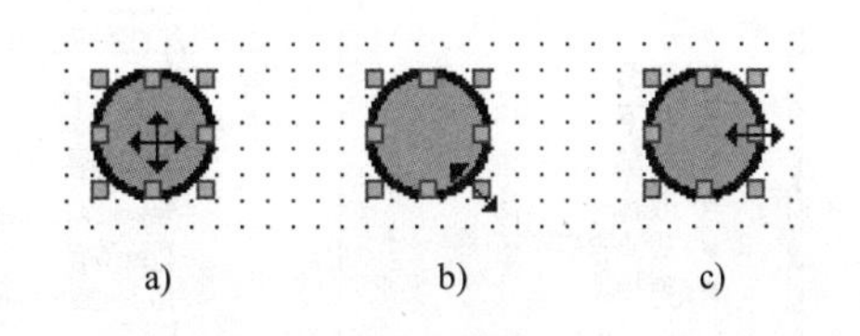

图 8-7　对象的移动与缩放

用鼠标左键选中 4 条边中点的某个小正方形，鼠标的光标变为水平或垂直方向的双向箭头（见图 8-7c），按住左键并移动鼠标，可以将选中的对象沿水平方向或垂直方向放大或缩小。可以用类似的方法放大或缩小窗口。

3．生成按钮

画面上的按钮与接在 PLC 输入端的物理按钮的功能相同，用来将操作命令发送给 PLC，通过 PLC 的用户程序来控制生产过程。

单击打开工具箱中的“简单对象”，将其中的“按钮”拖拽到画面上。用前面介绍的鼠标使用方法来调整按钮的位置和大小。

4．设置按钮的属性

单击选中生成的按钮，选中属性视图左边的“常规”类别，用单选框选中“按钮模式”域和“文本”域的“文本”（见图 8-8）。将“‘OFF’状态文本”中的“Text”修改为“起动”。

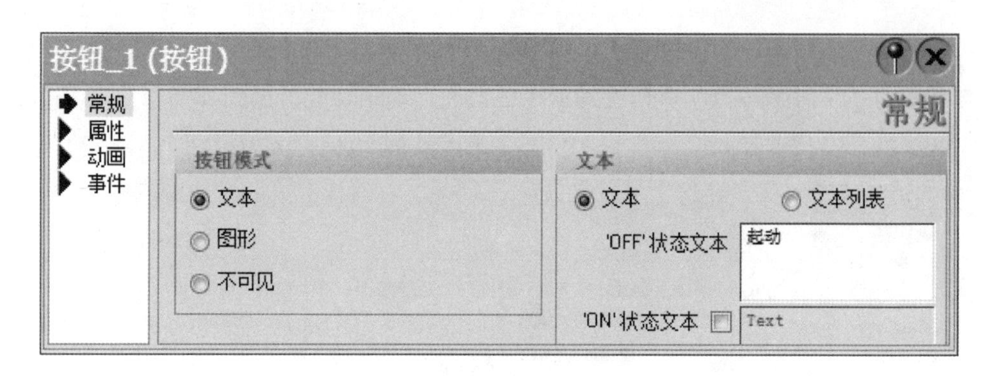

图 8-8　组态按钮的常规属性

如果选中多选框“ON 状态文本”，可以分别设置按下和释放按钮时按钮上面的文本。一般不选中该多选框，按下按钮和释放按钮时显示的文本相同。

选中属性视图左边窗口的“属性”类别的“外观”子类别，可以在右边窗口修改它的前景（文本）色和背景色。还可以用多选框设置按钮是否有三维效果。

选中属性视图左边窗口的“属性”类别的“文本”子类别，设置按钮上文本的字体为宋体、24 个像素点，字体大小与按钮的大小有关。水平对齐方式为“居中”，垂直对齐方式为“中间”。

5．按钮功能的设置

选中属性视图的“事件”类别中的“按下”子类别（见图 8-9），单击右边窗口最上面一行右侧的▾按钮，再单击系统函数列表的“编辑位”文件夹中的函数“SetBit”（置位）。

图 8-9　组态按钮按下时执行的函数

直接单击表中第 2 行右侧隐藏的▾按钮，打开出现的对话框中的变量表，单击其中的变量“起动按钮”（M0.0）。在运行时按下该按钮，将变量“起动按钮”置位为 ON。

用同样的方法，设置在释放该按钮时调用系统函数“ResetBit”，将变量“起动按钮”复位为 OFF。该按钮具有点动按钮的功能，按下按钮时 PLC 中的变量“起动按钮”被置位；放开按钮时，它被复位。

单击画面上组态好的起动按钮，先后执行“编辑”菜单中的“复制”和“粘贴”命令，生成一个相同的按钮。用鼠标调节它在画面上的位置，选中属性视图的“常规”类别，将按钮上的文本修改为“停止”。打开“事件”类别，组态在按下和释放按钮时分别将变量

“停止按钮”置位和复位。

8.2.4 组态文本域与IO域

1．生成与组态文本域

将工具箱中的“文本域”（见图 8-4）拖拽到画面上，默认的文本为“Text”。单击生成的文本域，选中属性视图的“常规”类别，在右边窗口的文本框中键入“T37 当前值”。选中属性视图左边窗口“属性”类别中的“外观”子类别（见图 8-10 上面的图），可以在右边窗口修改文本的颜色、背景色和填充样式。可以用“边框”域中的“样式”选择框，选择“无”（没有边框）或“实心”（有边框），还可以设置边框以像素点为单位的宽度和颜色，用多选框设置是否有三维效果。

单击“属性”类别中的“布局”子类别（见图 8-10 下面的图），选中右边窗口中的“自动调整大小”多选框。如果设置了边框，或者文本的背景色与画面背景色不同，建议设置以像素点为单位的四周的“边距”相等。

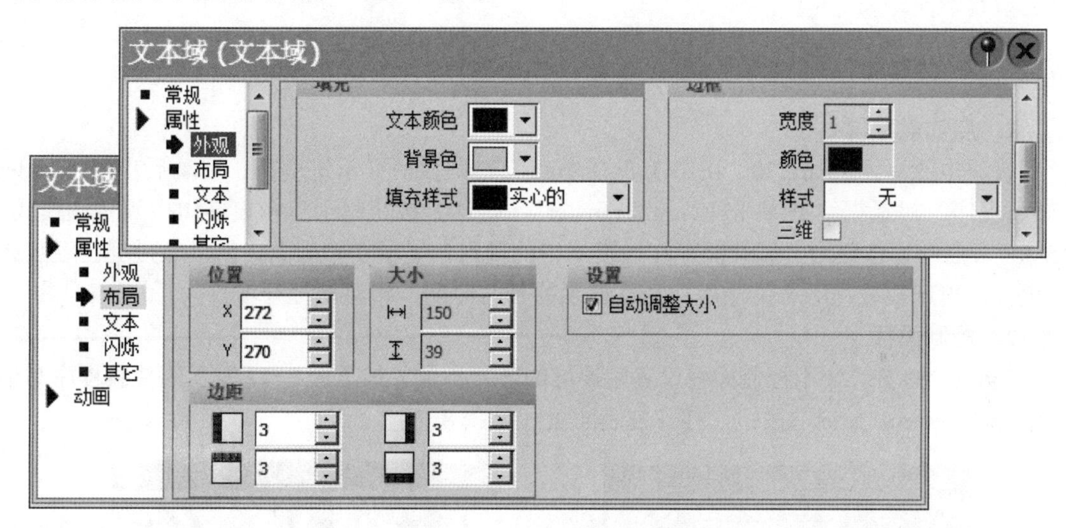

图 8-10 组态文本域的外观和布局

选中左边窗口“属性”类别中的“文本”子类别，设置文字的大小和对齐方式。

选中画面上生成的文本域，执行复制和粘贴操作，生成文本域“T37 预设值”和“电动机”（见图 8-4），然后修改它们的边框和背景色。

2．生成与组态 IO 域

IO 域有 3 种模式：

1）输出域：用于显示变量的数值。

2）输入域：用于操作员键入数字或字母，并将它们保存到指定的 PLC 的变量中。

3）输入/输出域：同时具有输入域和输出域的功能，操作员可以用它来修改 PLC 中变量的数值，并将修改后 PLC 中的数值显示出来。

将工具箱中的“IO 域”（见图 8-4）拖放到画面上，选中生成的 IO 域。单击属性视图的“常规”类别（见图 8-11），用“模式”选择框设置 IO 域为输出域，连接的过程变量为“当前值”。采用默认的格式类型“十进制”，设置“格式样式”为 99999（5 位整数）。

图 8-11　组态 IO 域

IO 域属性视图的“外观”“布局”和“文本”子类别的参数设置与文本域的基本上相同，将外观设置为有边框，背景色为白色。

选中画面上生成的 IO 域，执行复制和粘贴操作。放置好新生成的 IO 域后选中它，单击属性视图的“常规”类别，设置该 IO 域连接的变量为“预设值”，模式为输入/输出，其余的参数不变。

8.2.5　用控制面板设置触摸屏的参数

1．启动触摸屏

接通电源后，Smart 700 IE V3 的屏幕点亮，几秒后显示进度条。启动后出现 Loader（装载程序）对话框（见图 8-12）。“Transfer”（传送）按钮用于将触摸屏切换到传输模式。“Start”（启动）按钮用于打开保存在触摸屏中的项目，显示初始画面。如果触摸屏已经装载了项目，出现装载程序对话框后，经过设置的延时时间，将自动打开项目。

2．控制面板

Smart 700 IE V3 用控制面板设置触摸屏的各种参数。按下图 8-12 所示的装载程序对话框中的“Control Panel”按钮，打开控制面板（见图 8-13）。

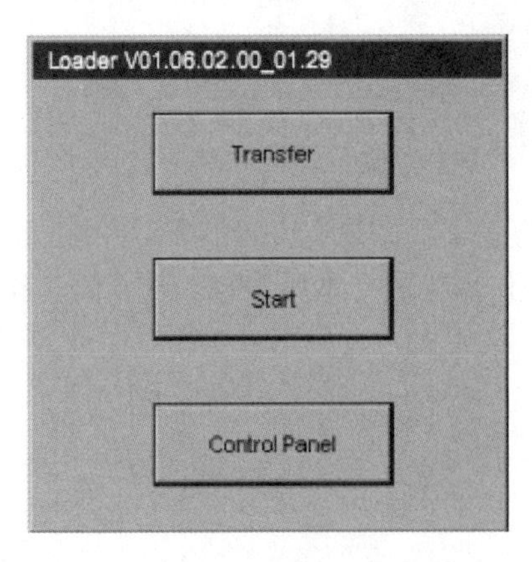

图 8-12　装载程序对话框

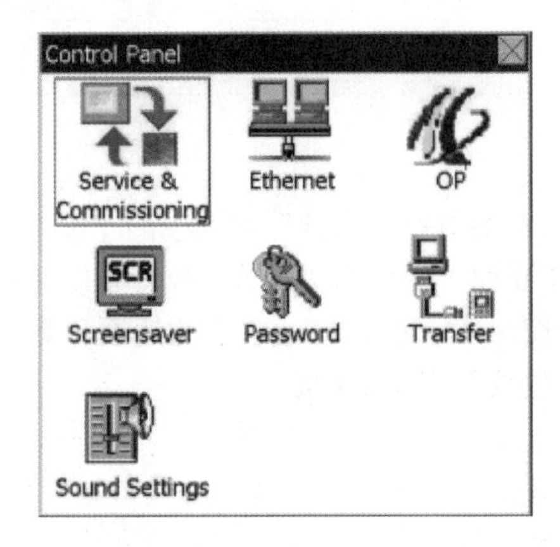

图 8-13　触摸屏的控制面板

3．设置以太网端口的通信参数

下面组态 Smart 700 IE V3 以太网端口的参数。按下控制面板的“Ethernet”图标，打开“Ethernet Settings”（以太网设置）对话框（见图 8-14）。用单选框选中“Specify an IP address”（指定 IP 地址）。用屏幕键盘在“IP Address”文本框中输入 IP 地址 192.168.1.3（应与 WinCC flexible SMART 的连接表中设置的相同)，“Subnet Mask”（子网掩码）是自动生成的。如果没有使用网关，不用输入“Def. Gateway”（网关）。

打开“Mode”（模式）选项卡，采用“Speed”文本框默认的以太网的传输速率（10Mbit/s）和默认的通信连接“Half-Duplex”（半双工）。选中多选框“Auto Negotiation”（多选框中出现×），将自动检测和设置以太网的连接模式和传输速率。

按下“OK”按钮，关闭对话框并保存设置。

4. 启用传输通道

按下控制面板中的“Transfer”图标，打开图 8-15 中的“Transfer Settings”（传输设置）对话框，选中以太网（Ethernet）的“Enable Channel”（启用通道）多选框。如果勾选了“Remote Control”（远程控制）多选框，自动传输被启用，下载时自动关闭正在运行的项目，传送新的项目。传送结束后新项目被自动启动。

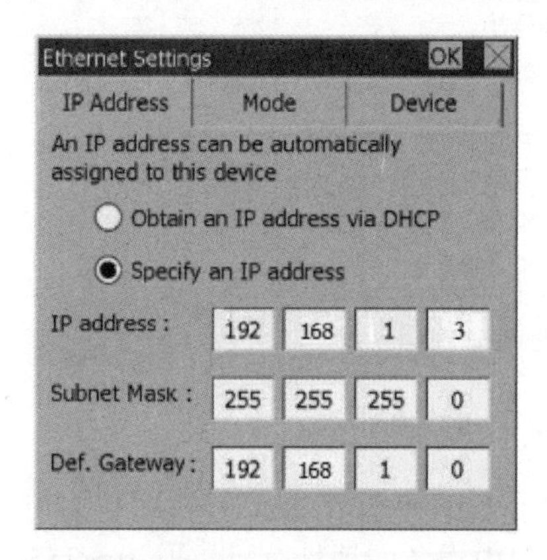

图 8-14　以太网设置对话框

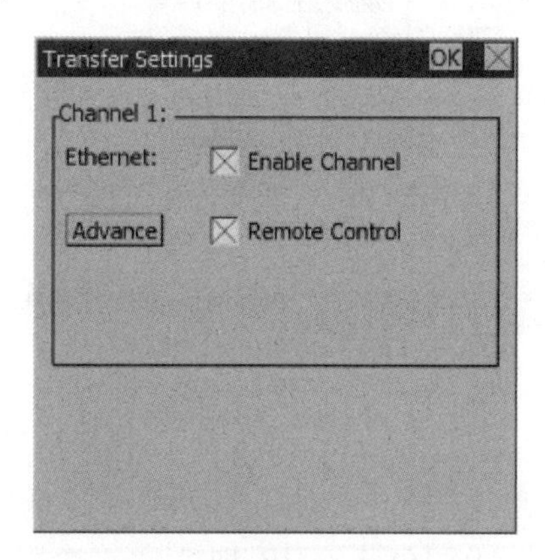

图 8-15　传输设置对话框

按下“Advanced”按钮，可以切换到以太网设置对话框。

完成项目传送后，可以通过锁定数据通道来保护 HMI 设备，以避免无意中覆盖项目数据和 HMI 设备的操作系统。

5. 控制面板的其他功能

1）按下图 8-13 中的“Service & Commissioning”（服务与调试）图标，在打开对话框的“Backup”选项卡，可以将设备数据保存到 USB 存储设备（例如 U 盘）中。在“Restore”选项卡，可以从 USB 存储设备中加载备份文件。

2）按下“OP”图标，可以更改显示方向、启动的延迟时间（0～60s）和校准触摸屏。

3）按下“Password”图标，可以设置控制面板的密码保护。

4）按下“Screensaver”图标，可以设置屏幕保护程序的等待时间。输入“0”将禁用屏幕保护。屏幕保护程序有助于防止出现残影滞留，建议使用屏幕保护程序。

5）按下“Sound Settings”图标，可以设置在触摸屏幕或显示消息时是否有声音反馈。

8.2.6　PLC 与触摸屏通信的实验

1. 设置计算机的以太网端口参数

如果操作系统是 Windows 7，用以太网电缆连接计算机和 CPU，打开计算机的“控制面板”，单击“查看网络状态和任务”。再单击“本地连接”，打开“本地连接状态”对话框。单击其中的“属性”按钮，在“本地连接属性”对话框中（见图 8-16 的左图），双击“此连接使用下列项目”列表框中的“Internet 协议版本 4（TCP/IPv4）”，打开“Internet 协议版本 4（TCP/IPv4）属性”对话框。

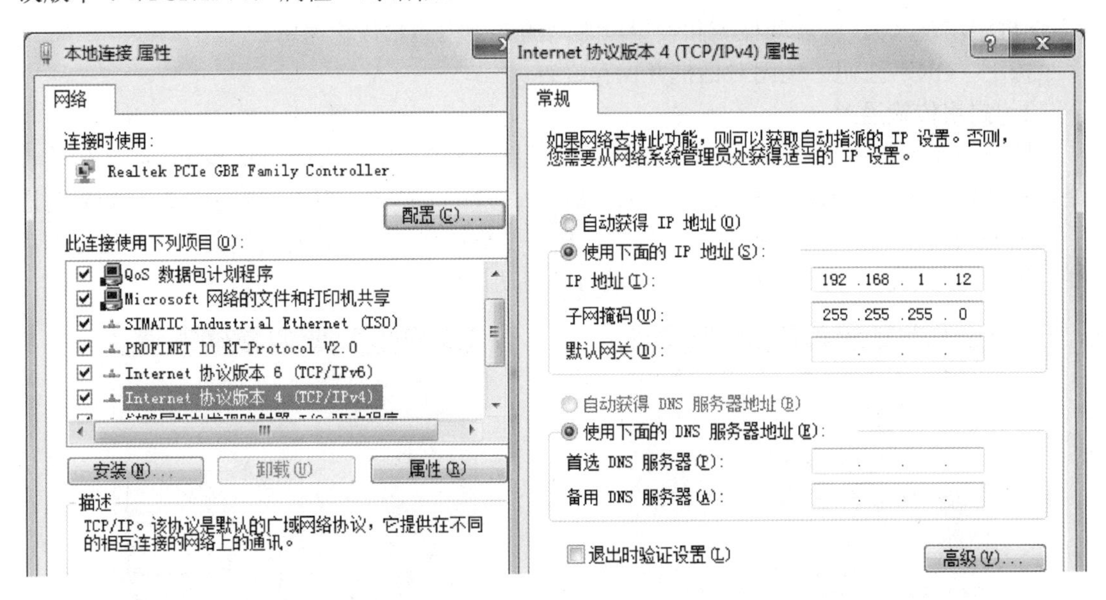

图 8-16 设置计算机网卡的 IP 地址

用单选框选中“使用下面的 IP 地址”（见图 8-16 的右图），键入计算机以太网端口的 IP 地址 192.168.1.x，IP 地址第 4 个字节 x 是子网内设备的地址，可以取 0～255 的某个值，但是不能与 HMI 的 IP 地址重叠。单击“子网掩码”输入框，自动出现默认的子网掩码 255.255.255.0。不用设置网关的 IP 地址。设置结束后，单击各级对话框中的“确定”按钮，最后关闭控制面板。

2．设置 WinCC flexible SMART 与触摸屏通信的参数

用 WinCC flexible SMART 打开例程“HMI 例程”，单击工具栏上的按钮，打开“选择设备进行传送”对话框，“通信模式”为默认的“以太网”。设置 Smart 700 IE V3 的 IP 地址为 192.168.1.3，应与 Smart 700 IE V3 的控制面板中设置的相同。

3．将项目文件下载到 HMI

用以太网电缆连接计算机和 Smart 700 IE V3 的以太网接口，单击“选择设备进行传送”对话框中的“传送”按钮，首先自动编译项目，如果没有编译错误和通信错误，该项目将被传送到触摸屏。如果勾选了图 8-15 中的“Remote Control”（远程控制）复选框，Smart 700 IE V3 正在运行时，将会自动切换到传输模式，出现“Transfer”对话框，显示下载的进程。下载成功后，Smart 700 IE V3 自动返回运行状态，显示下载的项目的初始画面。

4．将程序下载到 PLC

打开 STEP 7-Micro/WIN，用系统块设置端口 0 的传输速率为 19.2kbit/s，站地址采用默认的 2 号站（应与 WinCC flexible SMART 的“连接”编辑器中组态的相同）。用 USB/PPI 电缆连接 PLC 和计算机，将程序下载到 S7-200。

5．系统运行试验

关闭 Smart 700 IE V3 和 S7-200 的电源，用 MPI 通信电缆连接它们的 RS-485 通信端口。接通它们的电源，令 S7-200 进入运行模式。

触摸屏显示出初始画面后（见图 8-17），可以看到 PLC 中 T37 的预设值 100 和不断变化的 T37 的当前值，在达到预设值时又从 0 开始增大。

单击画面上“T37 预设值”右侧的输入/输出域，画面上出现一个数字键盘（见图 8-18）。其中的“ESC”是取消键，单击它以后数字键盘消失，退出键入过程，键入的数字无效。“BSP”是退格键，与计算机键盘上的〈Backspace〉键的功能相同，单击该键，将删除光标左侧的数字。“+/-”键用于改变输入的数字的符号。←和→分别是光标左移键和光标右移键，↵是确认（回车）键，单击它确认键入的数字有效，将在输入/输出域中显示它，同时关闭键盘。

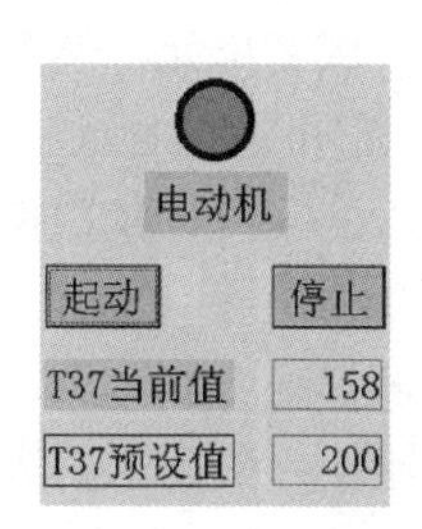

图 8-17　运行中的画面

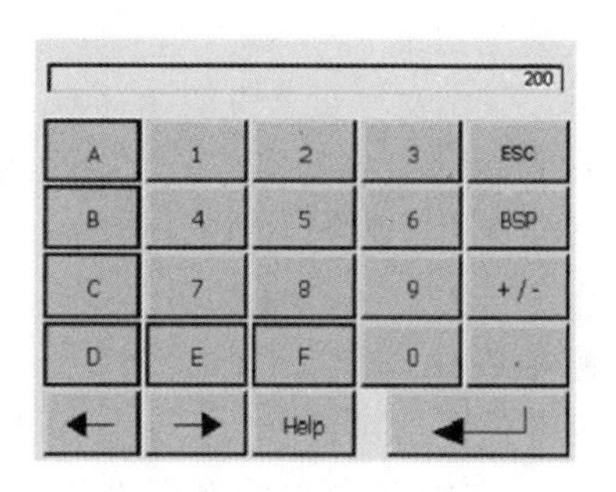

图 8-18　数字键盘

用弹出的小键盘键入 200（见图 8-18），按确认键后传送给 PLC 中保存 T37 预设值的 VW2。屏幕显示的 T37 的当前值在 0～200 之间变化。

单击画面上的“起动”按钮，PLC 的位存储器 M0.0（起动按钮）变为 ON 以后又变为 OFF，由于图 8-3 中 PLC 程序的运行，变量“电动机”（Q0.0）变为 ON，画面上与该变量连接的指示灯点亮。单击画面上的“停止”按钮，PLC 的位存储器 M0.1（停止按钮）变为 ON 后又变为 OFF，其常闭触点断开后又接通，由于 PLC 程序的运行，变量“电动机”变为 OFF，画面上的指示灯熄灭。

8.3　数据记录与存储卡应用

S7-200 的配方和数据记录功能需要使用一块额外配置的 64KB 或 256KB 的存储卡。与 S7-200 配套的触摸屏 SMART 700 IE V3 的价格便宜，其配方功能使用直观方便，因此建议用它来实现配方功能。这类低档触摸屏一般没有数据记录功能，可以用带存储卡的 S7-200 来实现数据记录功能。

1．什么是数据记录

数据记录（Date Log）又称为数据归档或数据日志。数据记录是按日期时间排序的一组记录，每条记录代表一个过程事件，数据记录功能用 EEPROM 存储卡永久性地保存工艺测量数据。

2．用数据记录向导定义数据记录

执行菜单命令“工具”→“数据记录向导”，或双击指令树的“向导”文件夹中的“数据记录”，打开数据记录向导。在向导中单击“下一步>”按钮，进入下一页。

（1）设置数据记录选项

在“数据记录选项”页，可以用多选框选择下列选项：

1）每条记录是否包含 3 个字节的时间标记。

2）每条记录是否包含 3 个字节的日期标记。

3）上载后是否自动清除存储卡中的数据记录。

在该对话框中还需要指定存储卡中保存的数据记录的最大数目（1～65535），默认值为 1000。数据记录是一个循环缓冲区，存储卡中的数据记录个数达到设定的最大值后，新的记录将覆盖最老的记录。

（2）定义数据记录

在“数据记录定义”页（见图 8-19），用鼠标单击选取某个域名单元，然后键入域名，域名将作为向导自动生成的符号表 DAT0_SYM 中的符号名，它不能与已定义的符号名相同。用下拉式列表设置数据类型，可以为记录中的每个域名输入注释。一条数据记录可以包含最多 203 个字节的数据。图 8-19 定义的一条数据记录占用 8B。

（3）分配 V 存储区

在“分配存储区”页设置数据记录在 V 存储区中的起始地址，数据区的大小取决于定义的数据记录。在配套资源的例程“数据记录”中分配的 V 存储区的地址为 VB300～VB307。单击“建议地址”按钮，推荐的地址将会根据一条数据记录的字节数递增。在用数据记录子程序写入数据记录时，将使用设置的 V 存储区。

（4）生成项目组件

“项目组件”页列出了向导将为新定义的数据记录生成的项目组件，包括子程序、符号表、数据页中 V 存储区的地址和最多可能使用的存储卡字节数。单击“完成”按钮，生成上述组件。

3．数据记录的编程

DATx_WRITE 是数据记录向导创建的子程序，数据记录的编号 x = 0～3。图 8-20 中 I1.0 为 ON 时，在秒时钟脉冲 SM0.5 的上升沿，该子程序将一条数据记录写入存储卡。访问存储卡失败时，输出变量 Error 返回错误代码 132。

	域名	数据类型	注释
1	过程变量值	INT	
2	PID输出值	INT	
3	回路给定值	REAL	

图 8-19　定义数据记录

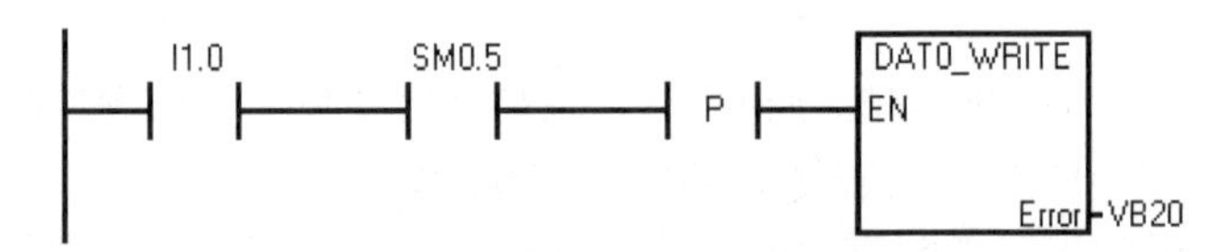

图 8-20　数据记录写入指令

EEPROM 存储卡的写操作是有次数限制的，典型值为一百万次。一旦超出限制，EEPROM 将会失效。如果在每个扫描周期都调用一次 DATx_WRITE 指令，在很短的时间内，存储卡就会损坏。

在图 7-15 的“PID 闭环控制”例程的 OB1 程序的基础上，在网络 5 添加下面的程序。

I1.0 为 ON 时，在秒时钟脉冲 SM0.5 的上升沿，将 PID 控制器的过程变量、PID 输出和给定值写入数据记录缓冲区 VB300～VB307。然后调用子程序 DAT0_WRITE，将缓冲区中的数据写入存储卡。

```
网络 5
LD      I1.0                      // I1.0 为 ON 时
A       SM0.5                     //SM0.5 产生周期为 1s 的时钟脉冲
EU                                //上升沿检测
MOVW    VW0,VW300                 //过程变量送数据记录缓冲区
MOVW    VW2,VW302                 //PID 输出量送数据记录缓冲区
MOVD    VD8,VD304                 //回路给定值送数据记录缓冲区
CALL    DAT0_WRITE, VB20          //将缓冲区中的数据写入存储卡
```

4．写入数据记录的操作

将存储卡插入 CPU 上的插槽，下载项目文件时应选中“下载”对话框中的“数据记录配置”多选框（见图 2-10），下载后存储卡内原有的数据记录被清除。执行菜单命令“PLC”→“存储卡擦除”，也可以清除存储卡中的数据。

为了保证数据记录中日期时间的正确性，应使用“PLC”菜单中的“实时时钟”命令校正 PLC 的实时时钟的日期和时间。

将 CPU 切换到 RUN 模式，打开 PID 调节控制面板，接通 I0.0 对应的小开关，启动 PID 闭环控制。接通 I1.0 对应的小开关，启动数据记录写入功能，每 1s 写入一个数据记录。写入了一定个数的数据记录后，断开 I1.0 对应的小开关，停止记录数据。

5．用 S7-200 浏览器上载数据记录

PLC 与计算机建立通信连接后，双击 STEP 7-Micro/WIN 指令树的“工具”文件夹中的“S7-200 Explorer”，打开 S7-200 浏览器（见图 8-21）。选中左边窗口的“64K 存储器盒”，双击右边窗口的“DAT 配置 0”，可以用打开的“另存为”对话框设置保存数据记录的文件夹。保存文件的默认的文件夹为 C:\Program Files\SIEMENS\MicroSystems\Data Logs。单击“保存”按钮，将存储卡内的数据记录的内容上载到计算机的 Excel 格式的*.CSV 文件中。保存结束后出现显示“上传完成！”的对话框。默认的*.CSV 文件的名称为“DAT 配置 0”。

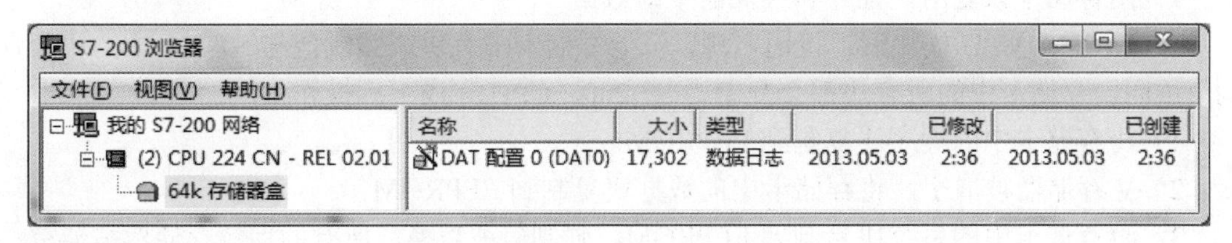

图 8-21　S7-200 浏览器

图 8-22 是一个保存数据记录的 CSV 文件的例子（见配套资源文件夹“Project”中的“DAT 配置 0 (DAT0).csv”）。

6．用存储卡保存用户程序

可以用存储卡将用户程序复制到其他 CPU。如果用户文件太大，没有足够的存储空间，可

以用菜单命令“PLC”→“存储卡擦除”来清空存储卡，或打开 S7-200 浏览器（见图 8-23），移除不需要的文件。将程序复制到存储卡的步骤如下：

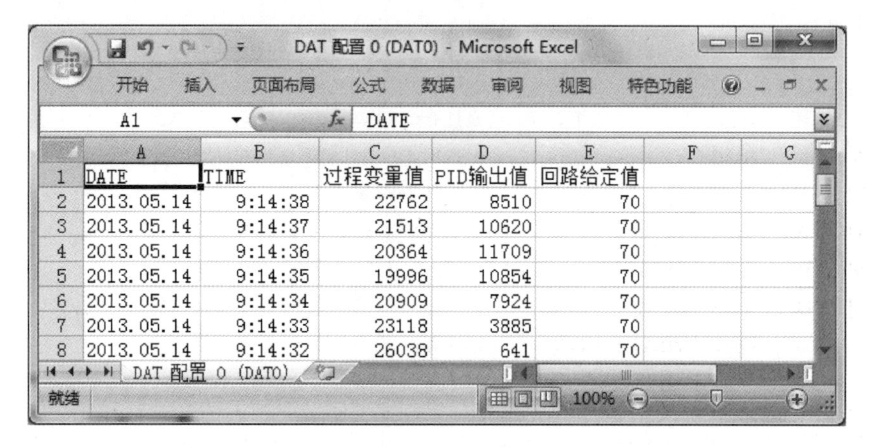

	A	B	C	D	E
1	DATE	TIME	过程变量值	PID输出值	回路给定值
2	2013.05.14	9:14:38	22762	8510	70
3	2013.05.14	9:14:37	21513	10620	70
4	2013.05.14	9:14:36	20364	11709	70
5	2013.05.14	9:14:35	19996	10854	70
6	2013.05.14	9:14:34	20909	7924	70
7	2013.05.14	9:14:33	23118	3885	70
8	2013.05.14	9:14:32	26038	641	70

图 8-22　保存数据记录的 CSV 文件

1）插入存储卡，将 CPU 置于 STOP 模式。

2）执行 STEP 7-Micro/WIN 的菜单命令“PLC”→“存储卡编程”，在出现的类似于“上载”对话框的“存储卡编程”对话框中，选择需要复制的内容，将所选项复制到存储卡，未选择的项将从存储卡中清除。如果选中了系统块，则强制值也会被复制。单击“编程”按钮，进行复制。图 8-23 是用 S7-200 浏览器看到的存储卡中保存的程序块、系统块和数据块。

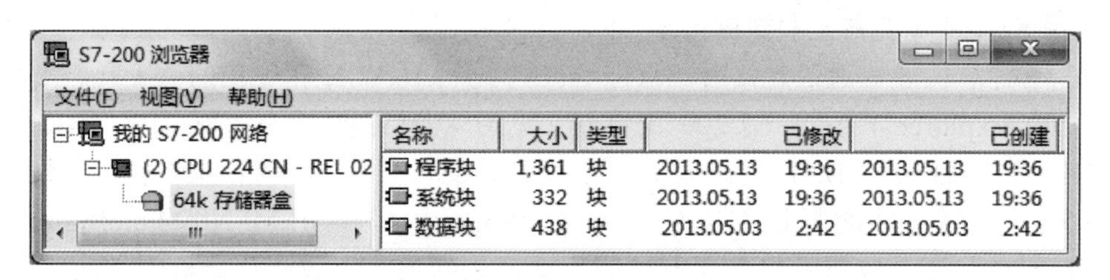

图 8-23　S7-200 浏览器中复制了程序的存储卡

7. 用存储卡恢复用户程序和存储器中的数据

存储卡插入 CPU 模块后，接通电源，只要存储卡中有块或强制值与 S7-200 中的块和强制值不同，存储卡中的所有块都会复制给 S7-200。CPU 完成下列操作：

1）将存储卡中的程序块复制到 EEPROM。

2）V 存储器被清空，将存储卡中的数据块复制到 EEPROM。

3）将存储卡中的系统块复制到 EEPROM，强制值被替换，所有的保持存储器被清空。

复制完成后可以取下存储卡，如果存储卡内有配方和数据记录，它应一直安装在 CPU 上。

8.4　习题

1. 布线时应采取哪些抗干扰措施？

2. 分布很广的系统在接地时应注意哪些问题？
3. 防止变频器干扰应采取哪些措施？
4. 在有强烈干扰的环境下，可以采取什么可靠性措施?
5. 对 PLC 的感性负载应采取什么抗干扰措施?
6. 什么是人机界面？它的英文缩写是什么？
7. 触摸屏有什么优点？
8. 人机界面的内部变量和外部变量各有什么特点？
9. 在画面上组态一个指示灯，用来显示 PLC 中 Q0.0 的状态。
10. 在画面上组态两个按钮，分别用来将 PLC 中的 Q0.0 置位和复位。
11. 在画面上组态一个输出域，用 5 位整数显示 PLC 中 VW10 的值。
12. 在画面上组态一个输入输出域，用 5 位整数格式修改 PLC 中 VW12 的值。
13. 怎样用控制面板设置 Smart 700 IE V3 的 IP 地址？
14. 数据记录有什么作用？

第9章　组态软件在PLC控制系统中的应用

9.1　组态软件概述

1．组态软件的特点

PLC 具有极高的可靠性，一般用来执行现场的控制任务，但是它的人机界面（HMI）功能较差。个人计算机（PC）的价格便宜，软件资源丰富，人机界面功能极强。PLC 与个人计算机通过通信连接起来，用 PC 实现系统的监控、人机界面和与上一级网络（例如工业以太网）的通信等功能，可以充分发挥二者的优势，实现分散控制和集中管理。

上位计算机主要完成数据通信、网络管理、人机界面和数据处理等功能。数据的采集和设备的控制一般由 PLC 等现场设备来完成。

编写上位机与种类繁多的现场设备的通信程序是相当困难的，设计包括动画功能在内的上位机人机界面程序也很复杂。

为了解决上述问题，供上位计算机使用的组态软件应运而生。组态（Configuration）是指用软件工具对计算机及软件的各种资源进行配置，使计算机或软件按照配置自动地执行特定的任务，以满足使用者的要求。

组态软件安装了计算机与各主要厂家的 PLC、变频器等现场设备通信的驱动程序后，用户只需要设置少量的通信参数就可以实现计算机与现场设备的通信。用户可以用鼠标和键盘迅速地生成与现场设备交换信息的漂亮美观的画面，画面上可以设置各种按钮、指示灯、显示或输入数字字符的元件。还可以用指针表、拨码开关、趋势图等形象直观的元件来设置或显示 PLC 中的数据和曲线，可以实现各种动画功能。给这些元件指定 PLC 中变量的地址后，就建立起了它们之间的动态连接关系。

使用组态软件可以显著地减少设计上位计算机程序的工作量，缩短开发周期，提高系统的可靠性。

组态软件通过通信从现场 I/O 设备获得实时数据，对数据进行必要的加工后，一方面以图形方式直观地显示在计算机屏幕上；另一方面按照组态的要求和操作人员的指令将控制数据送给 I/O 设备，对执行机构实施控制或调整控制参数。

北京亚控公司的“组态王”（KingView）是应用较广的国产组态软件之一，其 V6.60 SP2 演示版软件可以在该公司的网站下载，网址为 http://www.kingview.com。

2．组态王的安装

双击软件中的文件 Setup.exe 开始安装，单击出现的安装对话框中的“安装组态王程序”，选择安装类型为“典型”，开始安装组态王。安装结束后，单击安装对话框中的“安装组态王驱动程序”。安装结束后，重新启动计算机。演示版不用安装加密锁的驱动程序。

9.2 组态软件在 PLC 控制系统监控中的应用

9.2.1 新建工程与组态变量

1．创建新工程

双击桌面上的“组态王 6.60 SP2”图标，启动“组态王”工程管理器（见图 9-1），单击工具栏上的“新建”按钮，在出现的“新建工程向导”中，输入工程名称“小车监控”。单击“浏览”按钮，可以设置保存工程的路径。新建的工程将会出现在工程管理器的工程列表中。单击工具栏上的“搜索”按钮，可以在项目列表中添加已有的项目。

图 9-1 组态王工程管理器

如果没有安装加密狗，双击工程管理器中的某个工程，出现“授权配置...”对话框，自动选中“演示模式”。单击“确定”按钮，出现提示信息“您将进入演示方式，程序将在两小时后关闭”。单击“确定”按钮后，打开工程浏览器（见图 9-2）。在浏览器中单击工具栏左边的“工程”按钮，可以打开工程管理器。

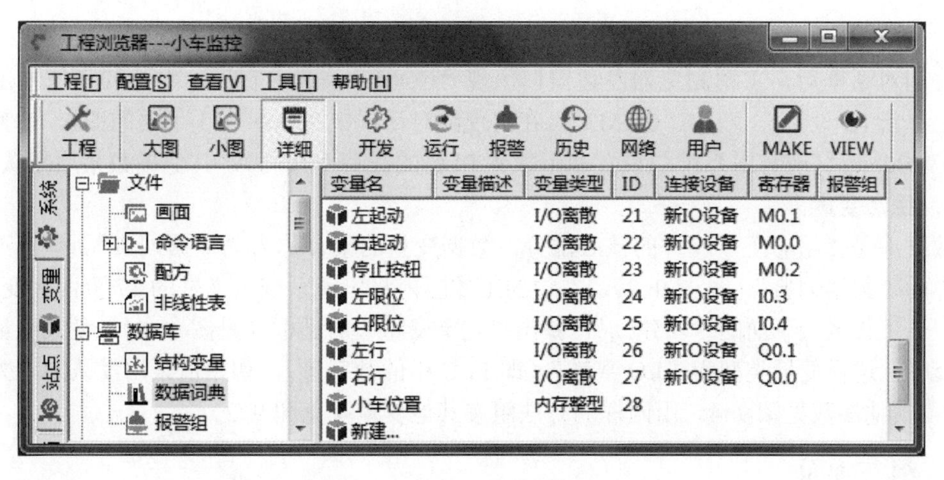

图 9-2 数据词典中的变量列表

2．组态王的通信参数设置

作者使用的是与西门子兼容的 USB/PPI 编程电缆，USB 端口被映射为串行通信接口 COM3。单击选中工程浏览器左边的“COM1”后，双击右侧工作区出现的“新建...”，在出现的“设备配置向导”对话框的“PLC”文件夹中，选中西门子 S7-200 系列的通信协议 PPI（见图 9-3 的左图），各对话框设置好后单击“下一步”按钮。默认的设备逻辑名称为“新 IO 设备”（可以修改），将串口号改为实际使用的 COM3。将设备（即 PLC）的站地址改为 2（应与下载到 CPU 模块中的站地址一致）。其他的通信参数均采用默认值，在最后一页单击“完成”按钮。

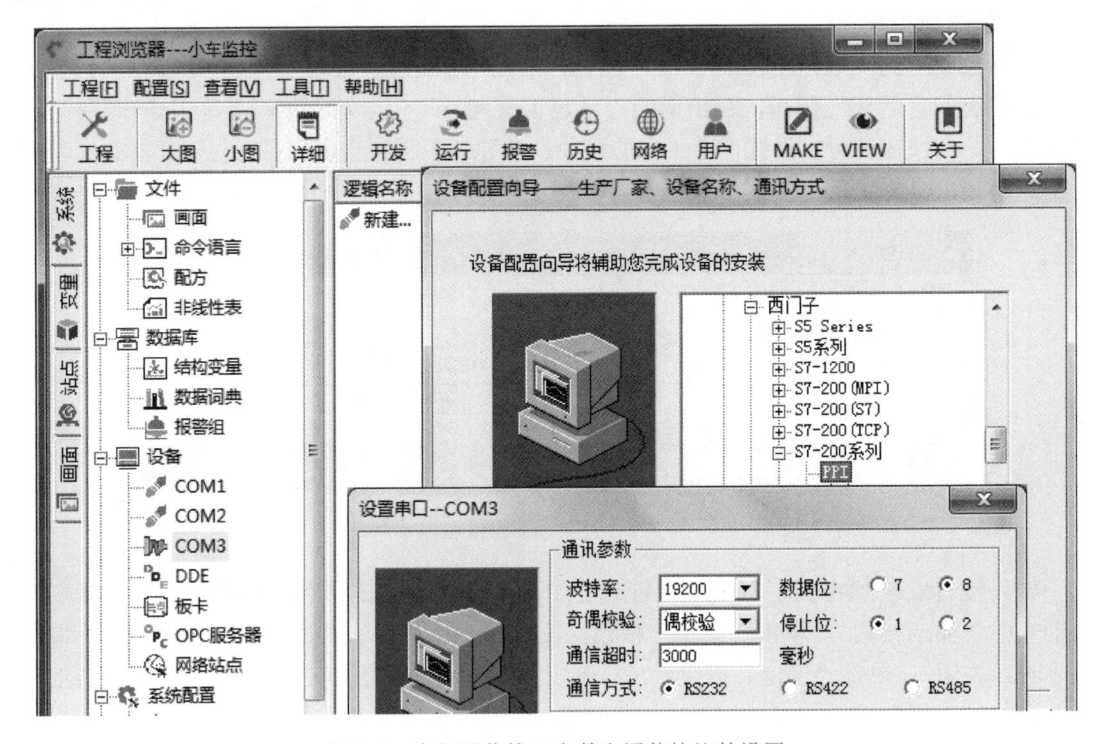

图 9-3　串行通信接口参数和通信协议的设置

关闭对话框后，工程浏览器左边窗口出现“COM3”，选中它后，右边的工作区出现刚生成的“新 IO 设备”。双击“COM3”，在出现的对话框中（见图 9-3 下面的图），设置波特率为 19200bit/s（应与用系统块设置和下载到 PLC 的波特率相同），其他参数采用默认值。

3．组态变量

数据库是“组态王”软件的核心部分，数据变量的集合称为“数据词典”。单击工程浏览器中的“数据词典”（见图 9-2），右边的工作区内将出现系统定义好的 17 个内存变量。

双击工作区最下面的“新建…”，弹出“定义变量”对话框（见图 9-4），设置变量名为“左起动”，选择变量类型为“I/O 离散”（即 PLC 中的数字量），初始值采用默认的“关”（0 状态），其他参数见图 9-4。用同样的方法组态其他变量（见图 9-2）。

9.2.2　组态画面

1．建立新画面

单击工程浏览器左侧的“画面”（见图 9-3），双击右边窗口中的“新建”，弹出“新画面”对话框，输入新画面的名称“小车监控”。可以修改画面的位置和大小。单击“确定”按钮，打开组态王开发系统，同时出现如图 9-5 所示的工具箱。

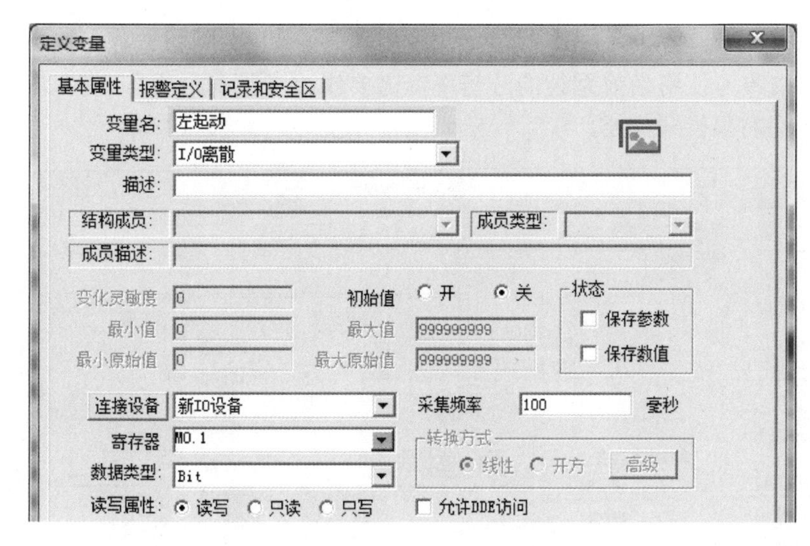

图 9-4　定义变量对话框

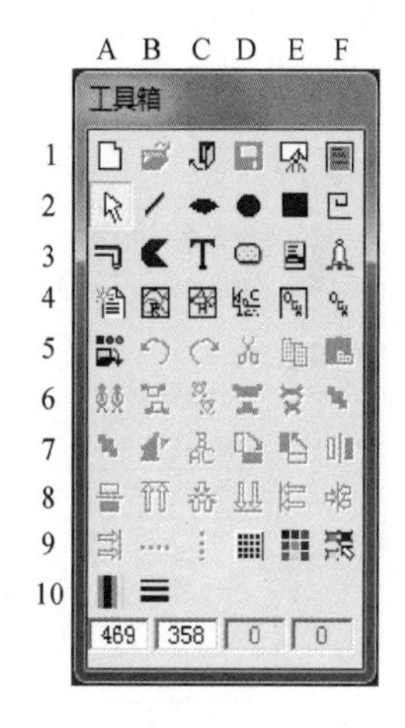

图 9-5　工具箱

2．小车的组态

单击工具箱第 2 行第 E 列的按钮，用鼠标拖放的方法在画面上生成一个矩形。选中该矩形后，单击工具箱上第 9 行第 E 列的（显示调色板）按钮，用出现的“调色板”对话框来修改矩形的颜色。单击工具箱上第 10 行第 A 列的（显示画刷类型）按钮，可以打开或关闭“过渡色类型”对话框，用该对话框来修改矩形的过渡色。用同样的方法画出小车的两个圆形车轮。

用鼠标同时选中组成小车的矩形和圆形（见图 9-6），单击工具箱上第 6 行第 B 列的（合成组合图素）按钮，将它们合成为一个整体。

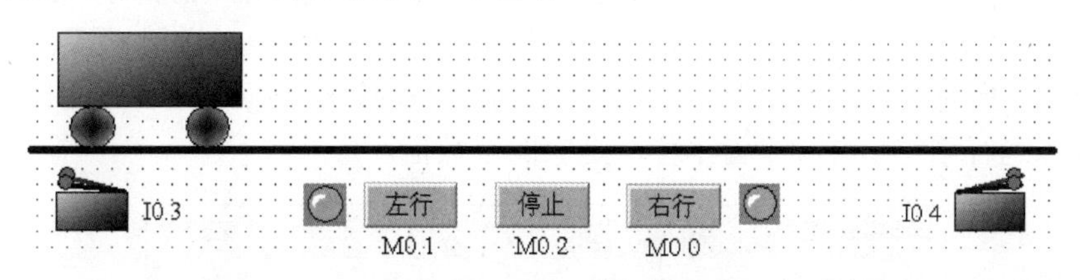

图 9-6　小车监控画面

3．定义小车的动画连接

定义动画连接是指在画面的图形对象与数据库的数据变量之间建立一种关系，当变量的值改变时，在画面上以图形对象的动画效果表示出来；或者由软件使用者通过图形对象改变数据变量的值。一个图形对象可以同时定义多个连接，组合成复杂的效果。

双击图 9-6 中组合好的小车，在出现的“动画连接”对话框中（见图 9-7 中的大图），单击“水平移动”按钮，出现“水平移动连接”对话框（见图 9-7 右上角的小图），单击按钮，在出现的“选择变量名”对话框中（见图 9-7 右下角的小图），选择用内存整型变量“小车位置”来控制小车的运动。单击“确定”按钮，返回水平移动连接对话框。

对话框中的“移动距离”以计算机屏幕的点数为单位，与屏幕分辨率的设置有关。变量“小车位置”的值从 0 变化到 200 时，小车应从最左边（图 9-6 中的位置）移动到右限位开关处。作者使用的屏幕分辨率为 1280×720，读者如果使用其他分辨率，可以选择保持画面原来的分辨率不变。如果改为使用当前系统的分辨率，需要修改“移动距离”，使变量“小车位置”为 200 时小车在右限位开关处。

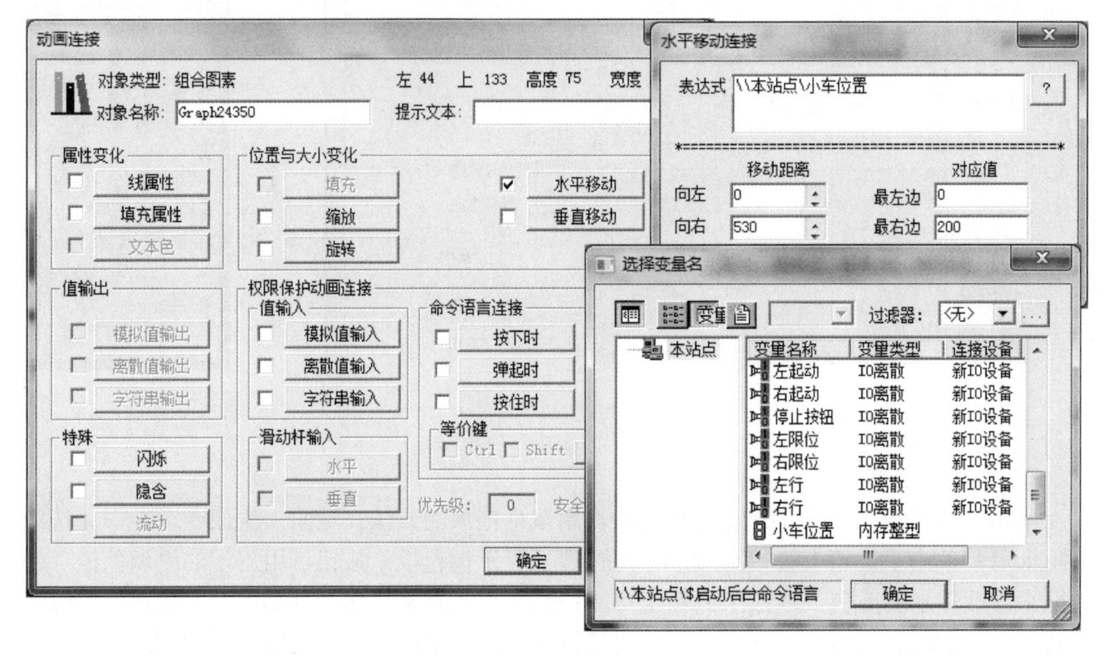

图 9-7　动画连接对话框

4．小车运动的编程与参数设置

双击工程浏览器左边窗口的“系统配置”文件夹中的“设置运行系统”（见图 9-3），在打开的“运行系统设置”对话框的“特殊”选项卡中（见图 9-8），设置“运行系统基准频率”为 100ms。所有与时间有关的操作，例如图形对象的闪烁频率、后台命令语言的执行时间间隔，都以运行系统基准频率为单位，是它的整数倍。

图 9-8　运行系统设置对话框

为了使画面上的小车与实际的小车同步运动，可以检测实际的小车在左、右限位开关之间的运动时间，根据小车对应的位移量，计算出每 100ms 小车位置值的增量。

例如假设小车在两个限位开关之间的运行时间为 20s，左限位开关处的位移值为 0。令每 100ms 小车的位移值加 1 或减 1（见图 9-9），最大位移值为 200，就可以使画面上的小车与实际的小车的运动基本上同步。

双击工程浏览器左边窗口的“\文件\命令语言”文件夹中的“应用程序命令语言”，在打开的“应用程序命令语言”对话框的“运行时”选项卡中（见图 9-9），输入控制小车的程序。

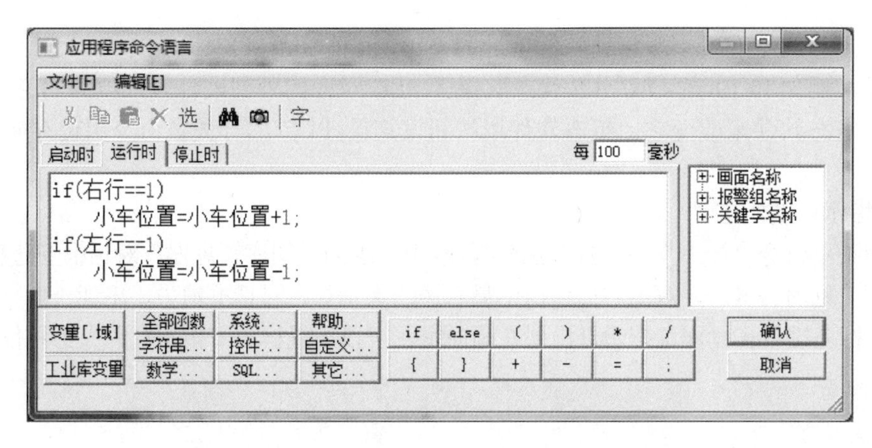

图 9-9　应用程序命令语言对话框

输入程序时单击“变量[..域]”按钮，可以在出现的“选择变量名”对话框中选择需要的变量。在本例程中，变量“\\本站点\小车位置”与变量“小车位置”是等效的。单击按钮“变量[..域]”右边的按钮，可以在出现的函数列表中选择需要的函数，或输入某些运算符。

选中工程浏览器左边窗口的“\命令语言”文件夹中的“事件命令语言”（见图 9-10），双击右边窗口中的“新建...”。在打开的“事件命令语言”对话框的“发生时”选项卡中（见图 9-11），输入“事件描述”为“右限位==1”，该程序只有一条命令“小车位置=200;”。即在右限位开关 I0.4 变为 ON 的上升沿（发生时），将变量“小车位置”赋值为 200，小车被定位在最右边。

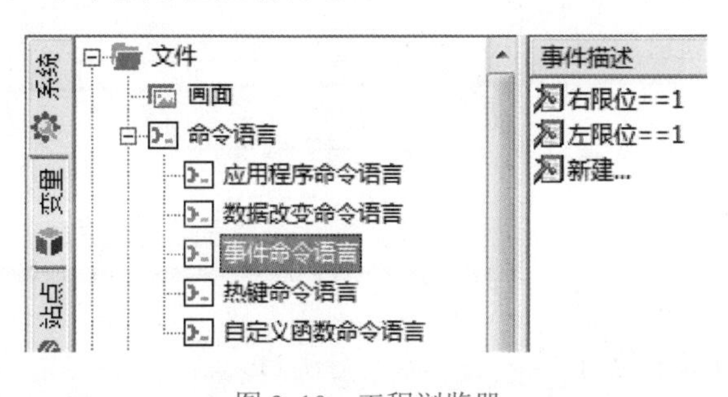

图 9-10　工程浏览器

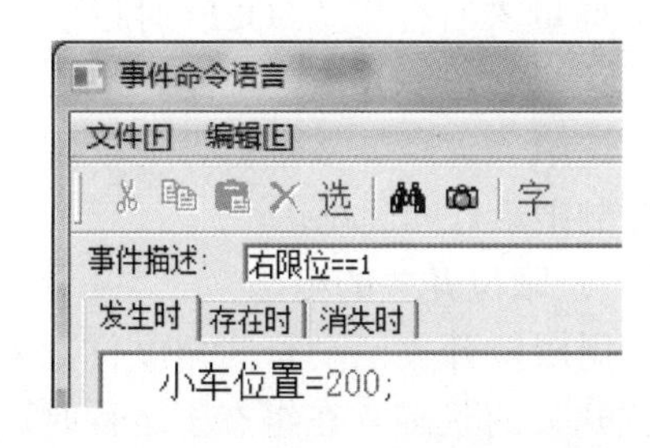

图 9-11　事件命令语言对话框

用同样的方法设计事件命令语言，在左限位开关 I0.3 变为 ON 的上升沿，将变量“小车位置”赋值为 0，小车被定位在最左边。

5. 按钮的组态

单击工具箱（见图 9-5）中第 3 行第 D 列的按钮，用鼠标在画面上生成一个矩形按钮，用鼠标右键单击该按钮，执行出现的快捷菜单中的“字符串替换”命令，将按钮上的文本改为“左行”（见图 9-6）。

双击刚生成的按钮，单击打开的“动画连接”对话框中的“按下时”按钮（见图 9-7），在出现的“命令语言”对话框中，输入命令“左起动=1;”，单击“确认”按钮返回“动画连接”对话框。单击“弹起时”按钮，设置在按钮被松开时执行命令“左起动=0;”这样的按钮相当于点动按钮。按钮按下时变量“左起动”为 ON，放开时为 OFF。

用同样的方法生成“右起动”和“停止”按钮。

值得注意的是变量“左起动”的地址为 M0.1（见图 9-4），而不是 I0.1。过程映像输入寄存器（例如 I0.1）的 ON/OFF 状态取决于 PLC 对应的外部硬件输入电路的通断状态，不可能用组态软件来改变它。组态软件用按钮发送给 PLC 的开关量命令用位存储器 M 来传送。

6. 指示灯的组态

执行菜单命令“图库”→“打开图库”，选中出现的“图库管理器”对话框左边窗口中的“指示灯”（见图 9-12），双击右边窗口中最右边的指示灯，对话框消失，出现一个“Γ”形光标，用鼠标左键单击画面，指示灯出现在画面上。可以用鼠标调节指示灯的大小和位置。

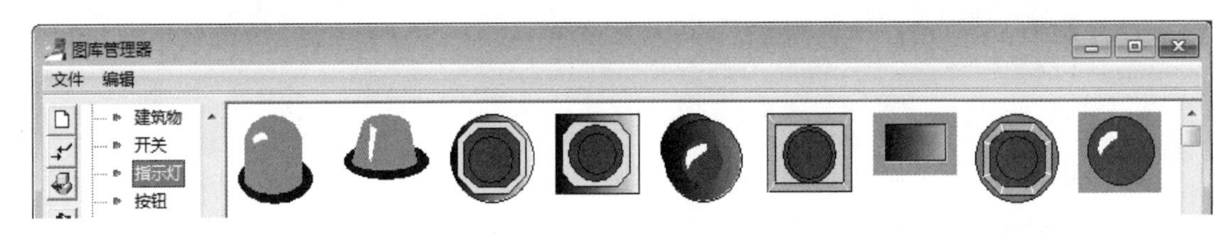

图 9-12 图库管理器

双击画面上的指示灯，在出现的“指示灯向导”对话框中（见图 9-13），单击 ? 按钮，输入控制指示灯显示的变量为“右行”。单击“正常色”小方框，用出现的调色板设置变量“右行”为 ON 时指示灯的颜色为浅绿色，用同样的方法设置变量“右行”为 OFF 时指示灯的颜色为深绿色。

图 9-13 指示灯向导

选中“闪烁”多选框，可以用一个离散变量来控制指示灯的闪烁。

7. 限位开关的组态

用限位开关活动臂的角度位置来形象地表示限位开关的状态。在组态王运行时，如果限位开关对应的变量为 ON 时，活动臂被压下（见图 9-14a）；为 OFF 时，活动臂抬起（见图 9-14b）。单击工具箱第 2 行第 B 列的 ⁄ 按钮，在画面上画一条斜线。单击第 10 行第 B 列的 ≡ 按钮，用出现的“线形”对话框将斜线的宽度加粗。再画一个小圆，将它的颜色设为红色。将斜线和小圆组合起来，用来表示限位开关的活动臂。选中组合后的图形后，单击第 6 行第 A 列的 ꙮ（复制）按钮，复制该图形。选中其中的一个图形，单击第 7 行第 F 列的 ◫（水平翻转）按钮，将它转换为与原图形水平方向对称的图形，供另一端的限位开关使用。

用同样的方法生成不同角度的另一个活动臂和它的水平对称图形。生成一个矩形，调节它的颜色和过渡色。将角度不同的两个活动臂和矩形放置在一起（不是组合为一个整体），组成右限位开关（见图 9-14c）。用同样的方法组合水平对称的左限位开关。

双击右限位开关为 ON 对应的活动臂（见图 9-14a），打开“动画连接”对话框（见图 9-7）。单击“隐含”按钮，打开“隐含连接”对话框（见图 9-15）。

单击 ? 按钮，设置用 IO 离散变量“右限位”来控制活动臂的隐含。用单选框选中

图 9-15 中的“显示”，在变量“右限位”为真（为 ON）时显示该活动臂，在变量“右限位”为 OFF 时隐藏该活动臂。

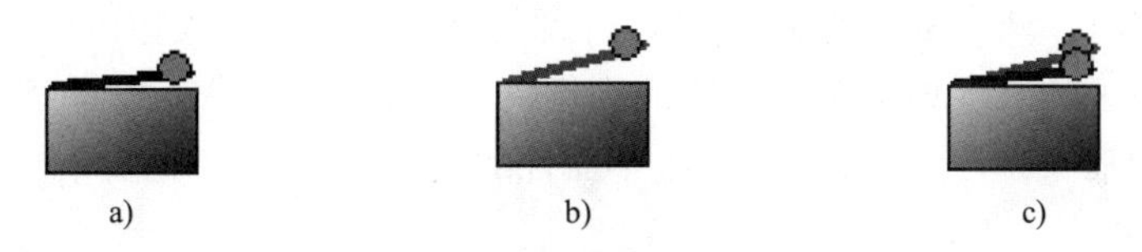

图 9-14 限位开关的两种状态
a) ON 状态 b) OFF 状态 c) 组合后的限位开关

用同样的方法设置在变量“右限位”为 ON 时隐藏图 9-14b 中的活动臂（在图 9-15 的单选框中选择“隐含”）。在变量“右限位”为 OFF 时显示该活动臂。

用同样的方法设置左限位开关的活动臂的隐含/显示功能。

8．小车位置值的显示

单击工具箱第 3 行第 C 列的 T 按钮（见图 9-5）后，用鼠标单击画面上要写入字符的位置，出现竖直线光标，输入字符串“小车位置”（见图 9-17）。

用鼠标单击一下画面确认后，在前一字符串的右边输入另一字符串“***”。用鼠标选中它后，执行菜单命令“工具”→“字体”，将字体设置为 Arial，常规 4 号字。双击字符串“***”，单击出现的“动画连接”对话框中的“模拟值输出”按钮（见图 9-7），在“模拟值输出连接”对话框中（见图 9-16），设置表达式（要显示其值的变量）和输出格式、对齐方式。

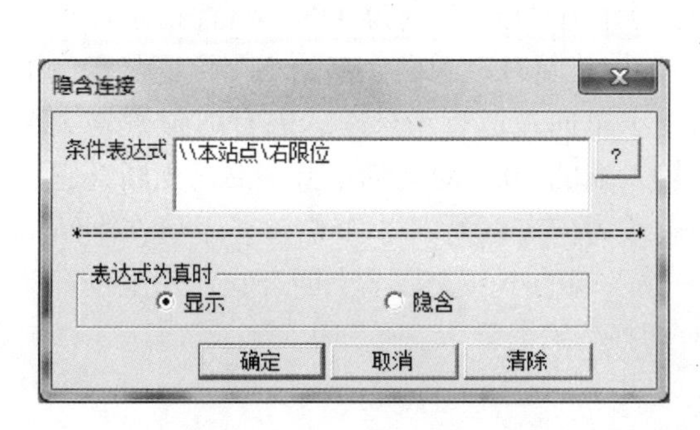

图 9-15 “隐含连接”对话框

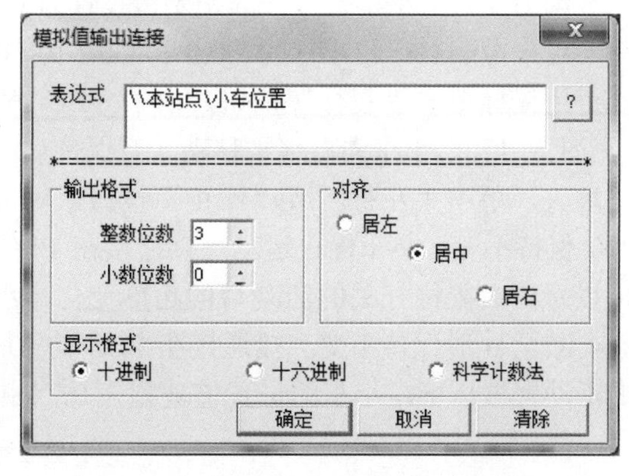

图 9-16 “模拟值输出连接”对话框

9．用字符串显示离散变量的状态

在左限位开关的旁边生成字符串“I0.3”，设置它的字体和大小。双击该字符串，单击出现的“动画连接”对话框中的“文本色”按钮（见图 9-7），在“文本色连接”对话框中设置表达式为变量“左限位”，I0.3 为 ON 时显示红色，为 OFF 时显示黑色。用同样的方法生成和设置右限位开关和按钮旁边的字符的文本色（见图 9-6）。

9.2.3 用组态软件监控 PLC 控制系统

1．PLC 程序的设计与下载

PLC 的控制程序与图 5-9 基本上相同，与图 5-9 的区别如下：

1）删除了热继电器 I0.5 的常闭触点。

2）用 M0.0～M0.2 的触点取代了 I0.0～I0.2（右行、左行起动按钮和停止按钮）的触点。在系统调试时，两个限位开关用 PLC 外部的硬件小开关来模拟。

本例中组态王的工程见配套资源中的文件夹“\组态王例程\小车监控\”，PLC 的用户程序见配套资源中的文件“\组态王例程\小车监控.mwp”。

2．注意事项

读者在用配套资源中的文件来做实验时，应满足以下条件：

1）PLC 与组态王通信时双方使用相同的波特率，PLC 用系统块组态的波特率下载后生效。

2）工程浏览器中组态的 COM 口与实际使用的相同。

STEP 7-Micro/WIN 与组态王的运行系统共用同一个 USB 映射的串行通信端口与 PLC 通信，但是 PLC 同时只能与二者之一通信。因此下载结束后应关闭 STEP 7-Micro/WIN。如果编程软件要与 PLC 通信，应关闭组态王的运行系统。

3．用组态软件监控 PLC 的操作

用编程电缆连接 PLC 与计算机，下载程序后关闭 STEP 7-Micro/WIN。在组态王的开发系统中执行菜单命令“文件”→“全部存”，保存对工程的修改。再执行菜单命令“文件”→“切换到 View”，如果没有安装加密狗，将出现提示信息“您将进入演示方式，程序将在两小时后关闭”。单击“确定”按钮，进入运行系统。执行菜单命令“画面”→“打开”，打开画面“小车监控”。

因为变量“小车位置”的初始值设置为 0，进入运行系统后小车停在最左边。PLC 上电后，用来控制右行和左行的 Q0.0 和 Q0.1 为 OFF，两个指示灯均为深绿色。

用鼠标单击“右行”按钮，由于 PLC 程序的作用，Q0.0 变为 ON，右行指示灯点亮（见图 9-17）。小车向右水平移动（有保持功能），与此同时，画面上部的小车位置显示值不断增大，单击“左行”或“停止”按钮，可以使小车向左运行或停车。右行时位置增大至 200 保持不变，小车停止运动。接通接在 PLC 输入端的 I0.4 对应的小开关后马上断开它，可以看到右限位开关的活动臂的角度变化，小车改为向左运行。小车位置显示值在不断减小，减至 0 时保持不变。接通接在 PLC 的 I0.3 输入端的小开关后马上断开它，左限位开关的活动臂被压下，小车的位置值被置为 0，同时切换为右行。

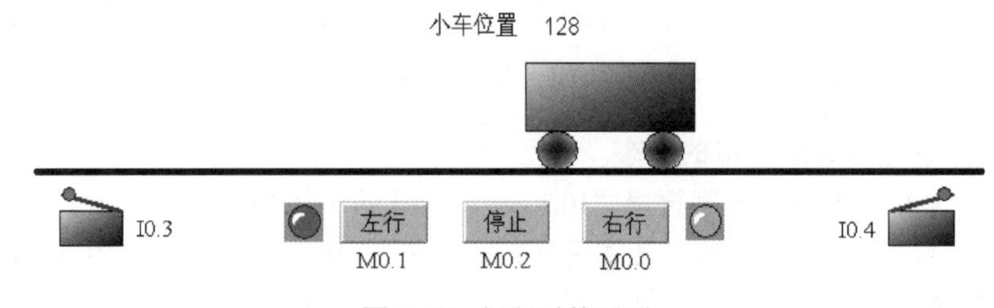

图 9-17 运行时的画面

9.3 组态软件在 PLC 被控对象仿真中的应用

PLC 的用户程序在投入运行之前，一般需要模拟调试。对于简单的控制系统，可以用外接在 PLC 输入端的小开关或按钮来提供指令信号，并用它们来模拟限位开关、接近开关等提供的反馈信号。用 PLC 输出点对应的发光二极管来观察程序运行是否正确。为了保证调试的成功，必须在正确的时间提供正确的反馈信号，实际上是用人的大脑来模拟被控对象的功能。如果模拟时的反馈信号不能真实反映实际系统的情况，这样的程序调试是毫无意义的。

可以用按比例缩小的物理模型来模拟实际系统，例如电梯和生产线，但是它们的价格不菲，物理模型还容易出现故障。为了解决这一问题，有的厂商开发了专门用于模拟被控对象的仿真软件，例如西门子的 SIMIT。它可以与 S7-300/400 配合使用，也可以与 S7-300/400 的仿真软件 PLCSIM 配合使用，对控制系统进行纯软件仿真。

组态软件除了可以用来做控制系统的上位机监控软件之外，还可以用来实现对被控对象的仿真。本节介绍用组态王对 S7-200 的被控对象仿真的方法。

使用组态软件来实现对被控对象的仿真时，需要修改 PLC 的程序，将组态软件中的按钮、限位开关等产生的 PLC 的输入信号的地址由输入位 I 改为位存储器 M。

9.3.1 小车控制系统仿真

1．两个限位开关的小车控制系统仿真

对上述的组态王工程“小车监控”稍加改动，就可以实现对小车控制系统的仿真（见配套资源中的例程“\组态王例程\小车仿真”）。实现仿真的关键是用组态软件实现限位开关的功能。在数据词典（见图 9-18）中将变量“左限位”和“右限位”的地址由 I0.3 和 I0.4 改为 M0.3 和 M0.4（见图 9-19），同时对 PLC 的用户程序“小车监控”作相应的修改（见配套资源中的文件“\组态王例程\小车仿真.mwp”）。

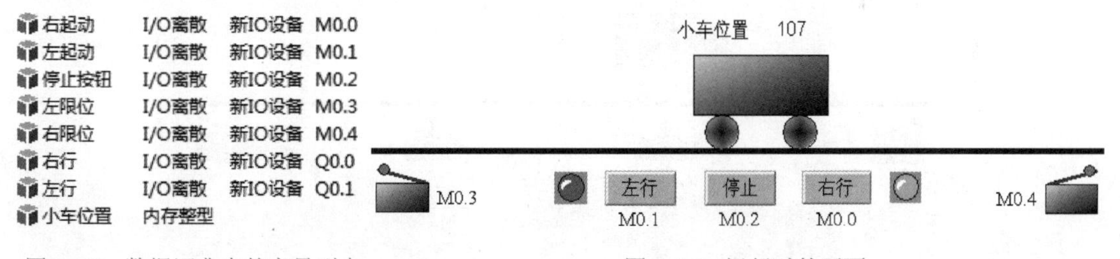

图 9-18 数据词典中的变量列表　　　　图 9-19 运行时的画面

下面是在应用程序命令语言对话框的“运行时”选项卡中编写的程序，根据变量“小车位置”的值（对应于画面上小车的位置）产生左、右限位开关信号。同时删除了工程“小车监控”中的事件命令语言。

```
//小车运动控制
if（右行==1）
    小车位置=小车位置+1;
if（左行==1）
    小车位置=小车位置-1;
//产生限位开关信号
if（小车位置<=0）                    //小车在最左边时
```

```
    左限位=1;                        //令左限位开关为 1 状态
else 左限位=0;                       //反之为 0 状态
if (小车位置>=200)                   //小车在最右边时
    右限位=1;                        //令右限位开关为 1 状态
else 右限位=0;                       //反之为 0 状态
```

在组态王的运行系统中（见图 9-19），用画面上的 3 个按钮控制小车的右行、左行起动和停止。小车运行到最左边时，变量“小车位置”为 0，由于应用程序命令语言的作用，左限位开关（对应于 M0.3）变为 ON，它的活动臂被压下。由于 PLC 程序的作用，控制左行的 Q0.1 变为 OFF，控制右行的 Q0.0 变为 ON，小车由左行变为右行。小车运行到最右边时，变量“小车位置”为 200，右限位开关（对应于 M0.4）变为 ON，小车由右行变为左行。小车将这样在两个限位开关之间不停往返，直到按下停止按钮。

2．有 4 个限位开关的小车控制系统的仿真

有 4 个限位开关的小车控制系统的组态王工程见配套资源中的文件夹“\组态王例程\小车 4 限位开关”)，PLC 的用户程序见随书光盘中的文件“\组态王例程\小车 4 限位开关.mwp”。

数据词典中的变量如图 9-20 所示。运行时的画面见图 9-21，图中有 4 个限位开关，小车的右行和左行分别用 PLC 的 Q0.0 和 Q0.1 来控制。中间的两个限位开关用活动臂的高度来表示其状态，活动臂被压下时为 ON（见图 9-21 中间偏左的限位开关）。中间的限位开关活动臂的隐含/显示的组态方法与两侧的限位开关相同。

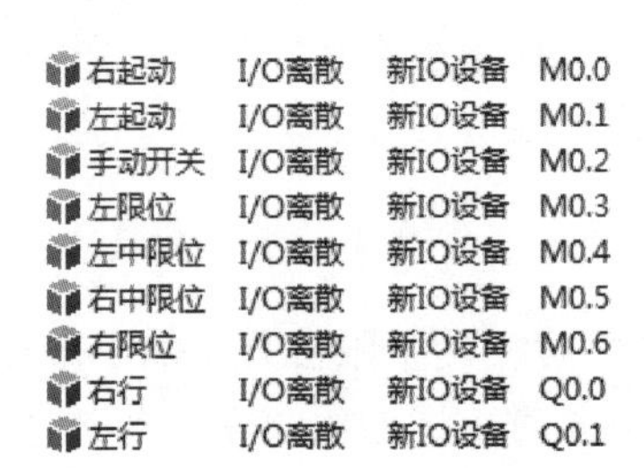

右起动	I/O离散	新IO设备	M0.0
左起动	I/O离散	新IO设备	M0.1
手动开关	I/O离散	新IO设备	M0.2
左限位	I/O离散	新IO设备	M0.3
左中限位	I/O离散	新IO设备	M0.4
右中限位	I/O离散	新IO设备	M0.5
右限位	I/O离散	新IO设备	M0.6
右行	I/O离散	新IO设备	Q0.0
左行	I/O离散	新IO设备	Q0.1

图 9-20　数据词典中的变量列表

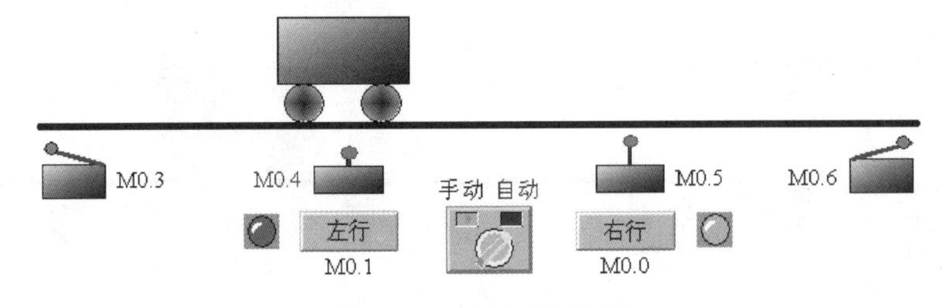

图 9-21　运行时的画面

自动/手动开关来自图库的“开关”文件夹，开关上面的字符是作者添加的。单击开关的旋钮部分，其旋钮将切换到另一位置。与工程“小车仿真”相比，在应用程序命令语言对话框的“运行时”选项卡中，增加了产生中间两个限位开关的程序：

```
if (小车位置<=69 && 小车位置>=64)      //64≤小车位置≤69 时
    左中限位=1;                        //左中限位开关 M0.4 为 1 状态
else 左中限位=0;                       //反之为 0 状态
if (小车位置<=146 && 小车位置>=141)    //141≤小车位置≤146 时
    右中限位=1;                        //右中限位开关 M0.5 为 1 状态
else 右中限位=0;                       //反之为 0 状态
```

自动运行开始之前，要求小车在最左边，左限位开关 M0.3 为 ON。自动运行时按下右行起动按钮 M0.0，小车按图 9-22 中的顺序分 4 段运行，最后返回起始位置（见顺序功能图），图 9-23 是 PLC 的主程序和手动程序。自动程序见配套资源中 S7-200 的例程“\组态王例程\小车 4 限位开关.mwp”。

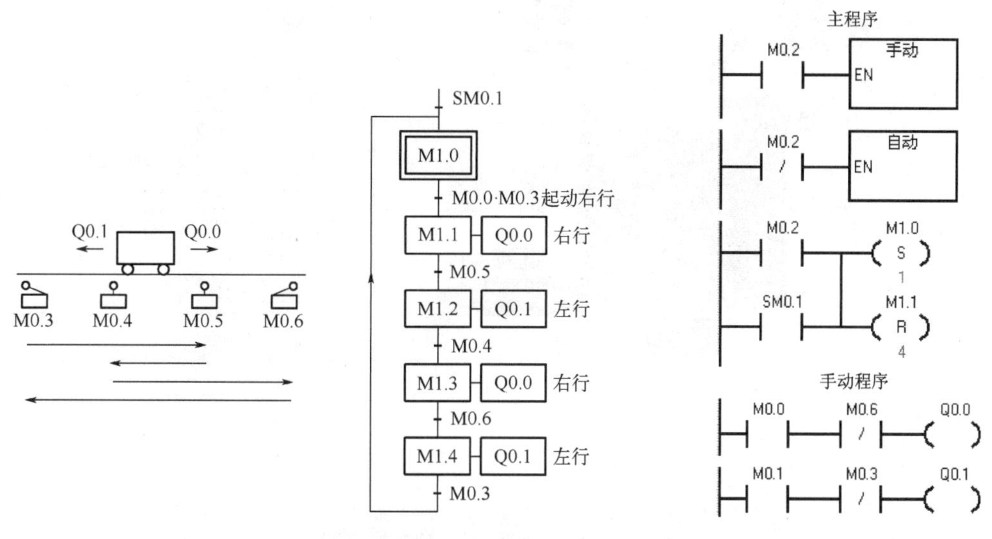

图 9-22　小车运动示意图与顺序功能图

图 9-23　主程序与手动程序

如果不满足自动控制的条件，用自动/手动开关选择手动方式，使小车返回到最左边。在手动方式，左行和右行只有点动功能，左限位开关和右限位开关起限位作用。

从自动方式切换到手动方式后，手动开关 M0.2 将顺序功能图中的初始步 M1.0 置位，非初始步（M1.1～M1.4）复位。如果在手动方式没有将非初始步复位，返回自动方式后，离开自动程序时的活动步将会继续起作用。即使没有按起动按钮，小车也可能会马上开始运动。

只需修改 PLC 的程序，本例程的组态王工程就可以做多种实验，包括使用经验设计法的编程实验和使用顺序控制设计法的编程实验。可以任意设置小车运动的段数和各段的行程，还可以设置小车在某些限位开关处暂停设定的时间后继续运行。

9.3.2　液体混合控制系统仿真

5.3.3 节中的液体混合控制系统的组态画面如图 9-24 所示，组态王的工程见配套资源中的文件夹“\组态王例程\液体混合控制”，画面上的反应器、阀门、管道、电动机和传感器等均是图库中的元件。

与 5.3.3 节中的例子相比，PLC 的输入量 I0.0～I0.4 的地址改为 M0.0～M0.4（见图 9-24 和图 9-25）。修改后的程序见配套资源中的文件“\组态王例程\液体混合控制 2.mwp”。

用画面上阀门上部的圆盘的颜色来表示阀门打开和关闭状态。用管道入口、出口处的箭头来表示液体流动的方向，有液体流入或流出时，箭头才会出现。此外用字符颜色的变化来表示液位传感器和电动机的状态。

双击反应器的中部，单击出现的“动画连接”对话框中的“填充”按钮（见图 9-26），设置控制填充量的变量为“液位”，其变化范围为 0～200。单击“填充方向”域中标有

“A”的按钮，可以改变填充的方向。对于图中选择的填充方向，变量“液位”的值增大时，液位升高。

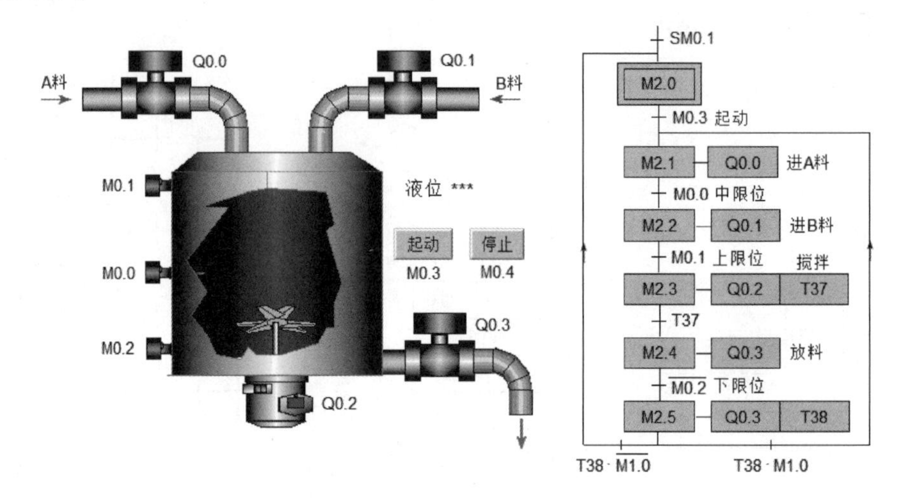

图 9-24 液体混合控制系统组态画面

中液位开关	I/O离散	21	新IO设备	M0.0
上液位开关	I/O离散	22	新IO设备	M0.1
下液位开关	I/O离散	23	新IO设备	M0.2
起动按钮	I/O离散	24	新IO设备	M0.3
停止按钮	I/O离散	25	新IO设备	M0.4
进液体A	I/O离散	26	新IO设备	Q0.0
进液体B	I/O离散	27	新IO设备	Q0.1
搅拌电机	I/O离散	28	新IO设备	Q0.2
放成品阀	I/O离散	29	新IO设备	Q0.3
初始步	I/O离散	30	新IO设备	M2.0
放料步	I/O离散	31	新IO设备	M2.4
放余料步	I/O离散	32	新IO设备	M2.5
连续标志	I/O离散	33	新IO设备	M1.0
液位	内存实型	34		
搅拌器	内存离散	35		

图 9-25 数据词典中的变量列表

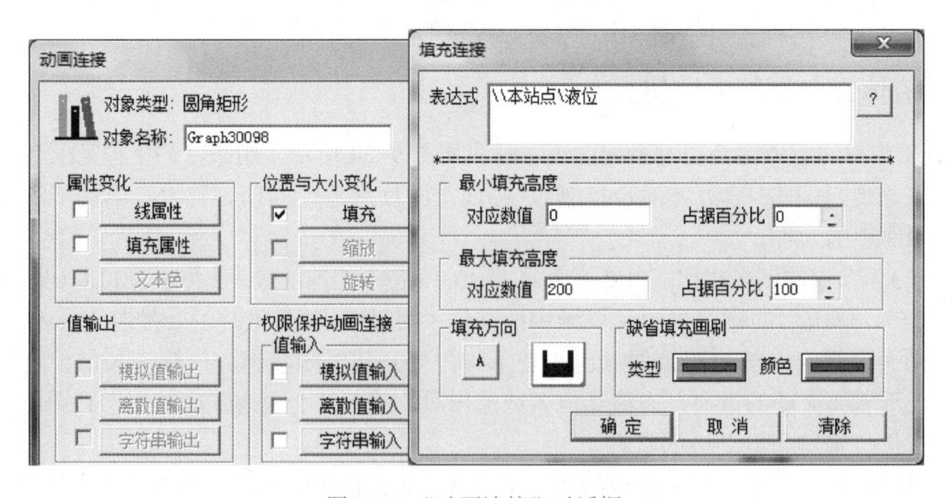

图 9-26 “动画连接”对话框

画面上的顺序功能图（见图 9-24）用来形象地显示顺序控制系统的工作过程。用浅绿色表示步的活动状态和活动步对应的动作，反之用灰色表示。为了减少 IO 离散变量的个数，用 Q0.0～Q0.2 来控制步 M2.1～M2.3 的状态显示。用 M2.0、M2.4 和 M2.5 来控制其余 3 步的状态显示。此外，用字符颜色的变化来表示顺序功能图中各转换条件的状态。

数据词典中的内存离散变量“搅拌器”用来实现搅拌器的动画效果。用“图库”菜单中的命令打开图库，选中出现的“图库管理器”对话框左边窗口中的“搅拌器”，双击右边窗口中最右边的搅拌器，用鼠标左键单击画面，将搅拌器放置在画面上。

只有将图库中的图形分解与合成后，才能将合成的图形翻转。选中搅拌器后执行菜单命令“图库”→“转换成普通图素”，搅拌器被分解为若干图素。单击工具箱中第 6 行第 B 列的（合成组合图素）按钮，将它重新合成。选中合成的搅拌器后，单击工具箱中第 8 行第 A 列的（垂直翻转）按钮，将搅拌器垂直翻转。用同样的方法将图库中相邻的另一个搅拌器放到画面上，分解与合成后垂直翻转它。

双击其中一个搅拌器，单击出现的“动画连接”对话框中的“隐含”按钮，设置在变量“搅拌器”为 ON 时显示它。用同样的方法设置在变量“搅拌器”为 ON 时隐含另一个搅拌器。将两个搅拌器的转轴叠放在一起，放在反应器内。

选中工程浏览器左边窗口的“\文件\命令语言”文件夹中的“事件命令语言”（见图 9-10），双击右边窗口中的“新建...”。

在打开的“事件命令语言”对话框的“存在时”选项卡中，输入事件描述“搅拌电机==1”，该程序只有一条命令“搅拌器=!搅拌器;”，即在搅拌电动机为 ON 时，每 100ms 将变量“搅拌器”的状态取反，在搅拌期间用该变量轮流显示两个搅拌器，以模拟搅拌器叶片旋转的动画效果。下面是每 100ms 执行一次的应用程序命令语言对话框的“运行时”选项卡中的程序。

```
//液位控制
if（进液体 A==1 || 进液体 B==1）          //如果进 A 料或进 B 料
    液位=液位+1;                          //每 100ms 液位值加 1
if（放成品阀==1）                         //如果放成品阀打开
    液位=液位-1;                          //每 100ms 液位值减 1
//产生液位开关信号
if（液位>=200）
    上液位开关=1;
else 上液位开关=0;
if（液位>100）
    中液位开关=1;
else 中液位开关=0;
if（液位>10）
    下液位开关=1;
else 下液位开关=0;
```

将修改后的程序下载到 CPU 模块，用编程电缆连接 CPU 模块和计算机。关闭 STEP 7-Micro/WIN 后，从组态王的开发系统切换到运行系统。

PLC 进入 RUN 模式后，初始步为活动步（画面上用浅绿色表示）。按下起动按钮，M0.3 变为 ON，画面上的 M0.3 变为红色，转换到步 M2.1。顺序功能图中步 M2.1 和 Q0.0 对应的方框变为浅绿色，初始步变为灰色。A 料进料口出现红色的箭头，A 料进料阀上面的圆盘变为绿色，同时液位上升。松开起动按钮，字符“M0.3”变为黑色，变量 M0.3 变为 OFF。

液位升至中限位开关 M0.0 处时，M0.0 变为 ON，画面上的 M0.0 变为红色，系统转换到步 M2.2。A 料进料口的箭头消失，B 料进料口出现蓝色的箭头。A 料进料阀上面的圆盘变为灰色，B 料进料阀上面的圆盘变为绿色。升至上限位开关 M0.1 处时，M0.1 变为 ON，系统转换到搅拌步。B 料进料口的箭头消失，B 料进料阀上面的圆盘变为灰色。搅拌电动机变为绿色，搅拌器叶片开始动作。以后系统将这样一步一步的工作下去，完成最后一步（步 M2.5）的工作后，成品被放完，将返回步 M2.1，开始下一工作周期的工作。

按下起动按钮时，“连续标志”M1.0 变为 ON（转换条件中的 M1.0 变为红色）。按下停止按钮，M1.0 变为 OFF（转换条件中的 M1.0 变为黑色），完成最后一步的工作后，将返回并停留在初始步。

9.3.3 机械手控制系统仿真

配套资源中的例程“\组态王例程\机械手控制”是 5.5 节中的机械手控制系统的组态王仿真工程，PLC 的用户程序见配套资源中的文件“\组态王例程\机械手控制 2.mwp”。

图 9-27 是组态王的数据词典中的变量，图 9-28 是仿真画面，画面的右边是自动程序的顺序功能图，下面是手动按钮和起动、停止按钮。与 5.5 节中的例程相比，PLC 的程序基本上相同，只是用位存储器 M10.1～M12.7 取代了输入点 I0.1～I2.7。变量 M20～M27 用于顺序功能图中的非初始步 M2.0～M2.7。

变量名	变量类型	寄存器	变量名	变量类型	寄存器	变量名	变量类型	寄存器
下降阀	I/O离散	Q0.0	M24	I/O离散	M2.4	夹紧按钮	I/O离散	M11.2
夹紧阀	I/O离散	Q0.1	M25	I/O离散	M2.5	手动方式	I/O离散	M12.0
上升阀	I/O离散	Q0.2	M26	I/O离散	M2.6	回原点方式	I/O离散	M12.1
右行阀	I/O离散	Q0.3	M27	I/O离散	M2.7	单步方式	I/O离散	M12.2
左行阀	I/O离散	Q0.4	下限位	I/O离散	M10.1	单周期方式	I/O离散	M12.3
初始步	I/O离散	M0.0	上限位	I/O离散	M10.2	连续方式	I/O离散	M12.4
原点条件	I/O离散	M0.5	右限位	I/O离散	M10.3	起动按钮	I/O离散	M12.6
转换允许	I/O离散	M0.6	左限位	I/O离散	M10.4	停止按钮	I/O离散	M12.7
连续标志	I/O离散	M0.7	上升按钮	I/O离散	M10.5	水平位置	内存整型	
M20	I/O离散	M2.0	左行按钮	I/O离散	M10.6	垂直位置	内存整型	
M21	I/O离散	M2.1	松开按钮	I/O离散	M10.7	工件水平位置	内存整型	
M22	I/O离散	M2.2	下行按钮	I/O离散	M11.0	工件垂直位置	内存整型	
M23	I/O离散	M2.3	右行按钮	I/O离散	M11.1	新建...		

图 9-27　数据词典中的变量列表

图 9-29 是组成机械手的运动部件，夹紧头的两种状态用两个图形的显示和隐含来表示。圆柱形工件（侧视图为正方形）仅在被夹紧时（夹紧阀为 ON）才能作水平运动和垂直运动。

下面是每 100ms 执行一次的应用程序命令语言对话框的“运行时”选项卡中的程序。

```
//机械手运动控制
if（上升阀==1）
    垂直位置=垂直位置-1;                    //变量“垂直位置”减小时部件上升
```

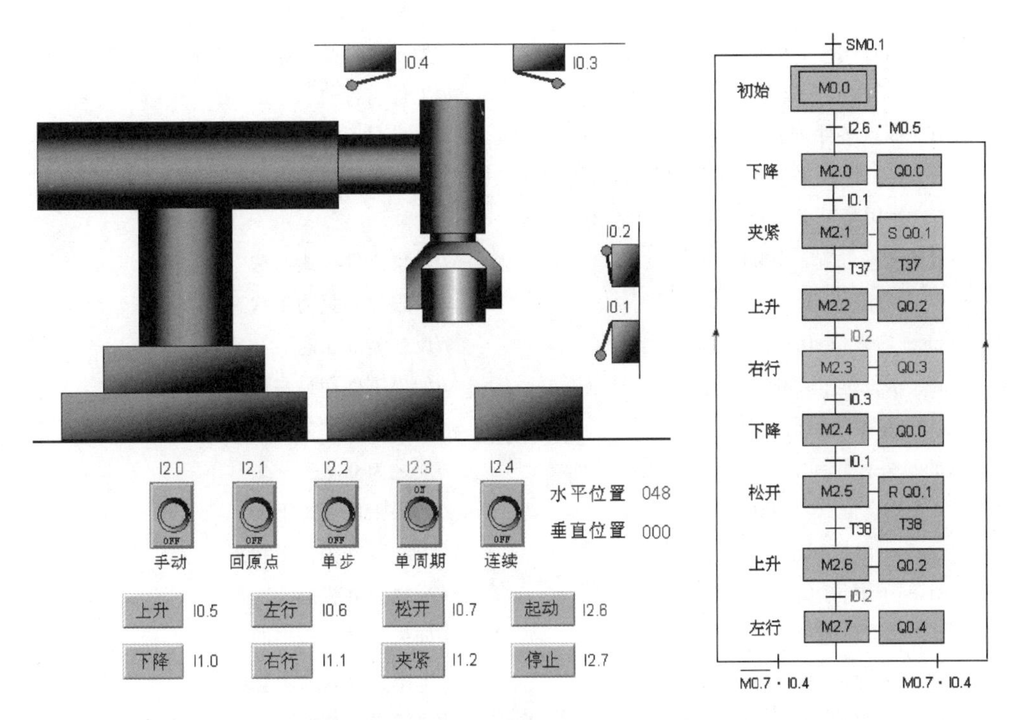

图 9-28 运行时的机械手控制系统画面

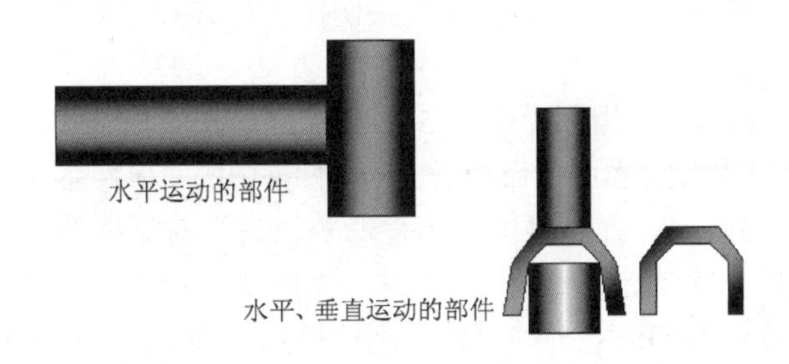

图 9-29 机械手的运动部件

```
if（下降阀==1）
    垂直位置=垂直位置+1;                //变量“垂直位置”增大时部件下降
if（左行阀==1）
    水平位置=水平位置-1;                //变量“水平位置”减小时部件左行
if（右行阀==1）
    水平位置=水平位置+1;                //变量“水平位置”增大时部件右行
//工件运动控制
if（上升阀==1 && 夹紧阀==1）            //如果工件被夹紧且上升阀动作
    工件垂直位置=工件垂直位置-1;        //工件上升
if（下降阀==1 && 夹紧阀==1）            //如果工件被夹紧且下降阀动作
    工件垂直位置=工件垂直位置+1;        //工件下降
if（左行阀==1 && 夹紧阀==1）            //如果工件被夹紧且左行阀动作
    工件水平位置=工件水平位置-1;        //工件左行
```

```
if（右行阀==1 && 夹紧阀==1）                //如果工件被夹紧且右行阀动作
    工件水平位置=工件水平位置+1;              //工件右行
if（原点条件==1）                           //在满足原点条件时
    {工件水平位置=0; 工件垂直位置=100;}       //将工件放置在左边的台上
//产生限位开关信号
if（水平位置>=100）                         //如果工件在最右边
    右限位=1;                               //右限位开关为 1 状态
else 右限位=0;                              //反之为 0 状态
if（水平位置<=0）                           //如果工件在最左边
    左限位=1;                               //左限位开关为 1 状态
else 左限位=0;                              //反之为 0 状态
if（垂直位置>=100）                         //如果工件在最下面
    下限位=1;                               //下限位开关为 1 状态
else 下限位=0;                              //反之为 0 状态
if（垂直位置<=0）                           //如果工件在最上面
    上限位=1;                               //上限位开关为 1 状态
else 上限位=0;                              //反之为 0 状态
```

实际的硬件控制系统用单刀多掷转换开关来切换工作方式（见图 5-35），同时只能选择机械手 5 种工作方式中的一种。

在图 9-28 的仿真画面上，用图库中的 5 个开关来切换工作方式。为了保证同时只能选择一种工作方式，选中工程浏览器的“命令语言”文件夹中的“事件命令语言”（见图 9-30），双击右边窗口中的“新建...”，在打开的“事件命令语言”对话框的“发生时”选项卡中输入事件描述。例如事件“手动方式==1”发生时（见图 9-31），用程序区中的命令将其他 4 种工作方式对应的变量置为 OFF。5 种事件（刚切换到某种工作方式）的事件命令语言使 5 个开关具有类似于电风扇的琴键开关一样的功能。例如单击“手动”开关，变量“手动方式”变为 ON（开关上的指示灯变为绿色），事件命令语言使其他工作方式对应的变量均变为 OFF。

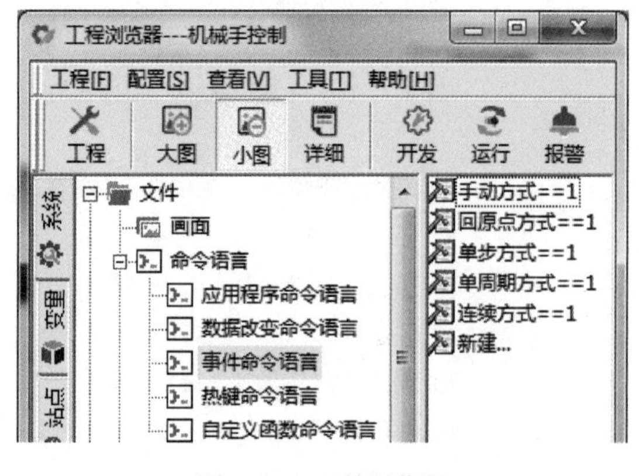

图 9-30 工程浏览器

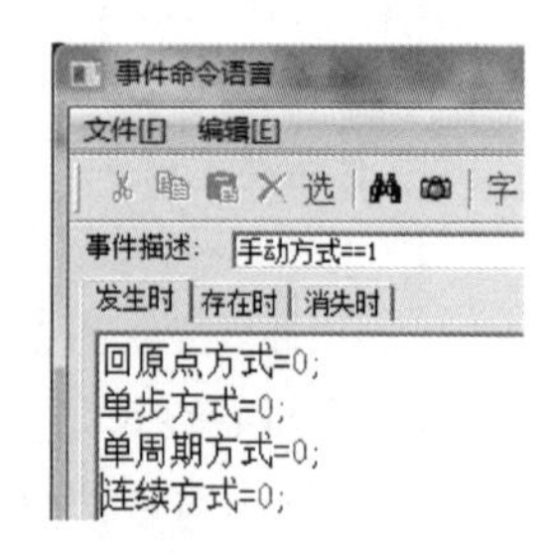

图 9-31 事件命令语言

视频“组态王仿真”可通过扫描二维码 9-1 播放。

二维码 9-1

9.4 思考题

1．组态软件有什么功能和特点？
2．怎样实现组态软件与计算机的通信？
3．怎样生成变量和设置变量的参数？
4．怎样实现画面对象的水平运动？
5．怎样生成按钮和组态按钮的功能？为什么不能用输入 I 来传送按钮信号？
6．怎样生成指示灯和组态指示灯的功能？
7．怎样显示变量的数值？
8．怎样启动组态软件的运行系统？

附　　录

附录 A　实验指导书

A.1　编程软件使用练习

1．实验目的

通过实验了解 S7-200 的外部接线方法，了解和熟悉 STEP 7-Micro/WIN 编程软件的使用方法，了解输入和编辑用户程序的方法，以及下载和调试用户程序的方法。

2．实验装置

1）1 块 CPU 模块。

2）1 台安装了 STEP 7-Micro/WIN 的计算机。

3）1 根 USB/PPI 编程电缆。

4）1 块数字量输入开关板，上面的小开关用来产生数字量输入信号，使用 CPU 的 DC 24V 传感器电源作为 PLC 输入回路的电源。PLC 的输出点的状态用对应的 LED（发光二极管）来观察，调试程序时一般可以不接实际的外部负载。

如果未加说明，后面其他实验的实验装置与本实验相同。

3．实验内容

（1）准备工作

1）在断电的情况下将数字量输入开关板接到 PLC 的输入端。用编程电缆连接 PLC 的 RS-485 端口和计算机的 USB 端口，接通 PLC 的电源。

2）打开 STEP 7-Micro/WIN，自动生成一个新的项目。

3）执行菜单命令“PLC”→“类型”，设置 PLC 的型号。

4）设置通信参数，建立起计算机与 PLC 的通信连接。

（2）程序编辑器使用练习

1）在主程序 OB1 中分两个网络输入图 2-4 所示的梯形图程序后编译程序，用 3 种编程语言显示程序。用计算机的〈Insert〉键在“插入”（INS）和“覆盖”（OVR）两种模式之间切换（见状态栏上的符号），观察这两种模式对程序输入（例如添加一个触点）的影响。

2）输入图 2-1 中的程序注释和网络 1 的注释。反复单击工具栏上的“切换 POU 注释”按钮和“切换网络注释”按钮，观察这两个按钮的作用。

3）分别单击指令树中的某个文件夹或文件夹中的对象、指令树中的指令列表或程序编辑器中的某条指令，或按住工具栏上的某个按钮，或打开某个窗口，然后按〈F1〉键，查看有关的在线帮助。使用在线帮助中的目录和索引功能，熟悉帮助功能的使用方法。

4）执行“工具”菜单中的“选项”命令，打开“选项”对话框（见图 2-6），设置梯形图编辑器中网格的宽度、字符的类型、字形、字号等属性，观察参数修改的效果。选中左边窗口的“常规”，设置默认的文件位置。

5）单击工具栏上的“编译”按钮或“全部编译”按钮，编译输入的程序。故意制造一些语法错误，例如删除某个线圈、在一个网络中放置两块独立电路，观察编译后在输出窗口显示的错误信息。双击某一条错误，程序编辑器中的矩形光标将移到该错误所在的网络。改正程序中所有的错误，直到编译成功。

6）单击工具栏上的“保存”按钮，在出现的“另存为”对话框中输入项目的名称“电机起动”，设置保存项目的文件夹。单击“保存”按钮，将所有项目数据保存在扩展名为mwp的文件中。

（3）下载和调试用户程序

1）断开数字量输入板上的全部输入开关，CPU模块上输入侧的LED全部熄灭。

2）计算机与PLC建立起通信连接后，将CPU模块上的模式开关扳到RUN位置。单击工具栏中的“下载”按钮，单击下载对话框中的“选项”按钮，在“选项”区选择要下载的块。单击“下载”按钮，开始下载。

3）下载后如果CPU处于STOP模式，单击工具栏上的“运行”按钮，开始运行用户程序，CPU模块上的“RUN”LED亮。

4）用接在端子I0.0上的小开关来模拟起动按钮信号，将开关接通后马上断开。通过CPU模块上的LED观察Q0.0是否变为ON，延时5s后Q0.1是否变为ON。

用接在端子I0.1或I0.2上的小开关来模拟停止按钮信号或过载信号，观察Q0.0和Q0.1是否变为OFF。

（4）上载用户程序

生成一个新的项目，上载CPU中的用户程序。

A.2 符号表应用实验

1．实验目的

通过实验了解生成符号地址和在程序中使用符号地址的方法。

2．实验内容

（1）生成符号和查看符号表

打开上一个实验生成的项目后，打开符号表，输入图2-11中的符号。用各种方式对符号表中的符号排序。查看图2-12中的POU符号表中的符号。

（2）在程序编辑器中查看地址

用“查看”菜单中的“符号寻址”命令交替显示绝对地址和符号地址，执行“工具”菜单中的“选项”命令，用“选项”对话框（见图2-6）中的“符号寻址”选择框切换“仅显示符号”和“显示符号和地址”。观察这两种显示方式的区别。

单击工具栏上的按钮，打开和关闭符号信息表。在显示绝对地址时单击工具栏上的“应用项目中的所带符号”按钮，将符号表中所有的符号名称应用到项目。

（3）在程序编辑器中定义、编辑和选择符号

用鼠标右键单击程序编辑器中未定义符号的绝对地址（例如T37），执行出现的快捷菜单中的“定义符号”命令，为该地址定义符号。观察程序编辑器和符号表中是否出现

该符号。

用鼠标右键单击程序编辑器中的某个符号地址，执行快捷菜单中的“编辑符号”命令，修改该符号的地址和注释。用鼠标右键单击程序编辑器中的某个绝对地址，执行快捷菜单中的“选择符号”命令，为该地址选用符号表中的符号。

A.3 用编程软件调试程序的实验

1．实验目的

通过实验熟悉用程序状态和状态表调试程序的方法。

2．实验内容

（1）用程序状态调试程序

将配套资源中的“入门例程”下载到 CPU 后运行程序，单击工具栏上的“程序状态监控”按钮，启用程序状态监控。用外接的小开关改变程序中各输入点的状态，观察梯形图中有关的触点、线圈和定时器状态的变化（见图 2-17）。

关闭程序状态监控后，切换到语句表显示方式，在 RUN 模式启用程序状态监控，用小开关提供输入信号，观察各变量的状态变化。启用程序状态监控时如果出现时间戳不匹配对话框（见图 2-16），单击“比较”按钮，显示出“已通过”后，单击“继续”按钮，开始监控。

（2）用状态表监控变量

打开状态表，输入图 2-21 中的地址。单击工具栏上的“状态表监控”按钮，启动监控功能。用接在 I0.0 和 I0.1 端子上的小开关来产生启动按钮和停止按钮信号，观察状态表中各变量的状态变化。

在 Q0.0 和 Q0.1 的“新值”列分别写入 1 和 0，用工具栏上的“全部写入”按钮将新值写入 CPU。观察写入的值与程序执行的关系。在 T37 的使能输入为 ON 时改写 T37 的当前值。

多次单击工具栏上的“趋势图”按钮，在状态表和趋势图之间切换。观察趋势图中 T38 的当前值和 M10.0 的波形图是否如图 2-22 所示。右键单击趋势图，修改趋势图的时间基准。

显示趋势图时多次单击工具栏上的“暂停趋势图”按钮，“冻结”和重新显示趋势图。

（3）用状态表强制变量

在状态表中用十六进制格式监视 VW0、VB0 和 VW1（见图 2-23）。在 VW0 的“新值”单元键入一个 4 位十六进制数。单击工具栏上的“强制”按钮，观察出现的显式强制、隐式强制和部分隐式强制图标。尝试是否能直接解除隐式强制和部分隐式强制。

将 PLC 断电，等到 CPU 上的 LED 熄灭后再上电。启动监控，观察强制符号是否消失。

用工具栏上的“取消强制”按钮，解除对 VW0 的强制，观察解除的效果。

（4）在程序状态监控时写入和强制变量

启用程序状态监控，在 I0.0 和 I0.1 为 OFF 时，用鼠标右键单击程序状态中的 Q0.0，执行出现的菜单中的“写入”命令，分别写入 ON 和 OFF，观察写入的效果。T37 的常开触点断开时，是否能用“写入”命令将 Q0.1 置为 ON？为什么？

用鼠标右键菜单命令将 I0.0 强制为 ON，观察是否能用外接的小开关改变梯形图中 I0.0

的状态。分别对 I0.0 和 I0.1 作“强制”为 ON、OFF 和“取消强制”的操作，以此代替外接的小开关来调试程序。

A.4 位逻辑指令的功能与应用实验

1．实验目的

通过实验了解位逻辑指令的功能和使用的方法。

2．实验内容

（1）梯形图和语句表之间的相互转换

打开配套资源中的例程“位逻辑指令”，将程序下载到 CPU。用“查看”菜单中的“STL”和“梯形图”命令在梯形图和语句表之间转换，观察该程序网络 1～9（对应于图 3-13～图 3-21）中的梯形图和语句表程序之间的关系。书中的程序一般没有标出网络号。

写出图 3-34～图 3-36（习题 17～19）中的梯形图对应的语句表。生成一个新的项目，将上述梯形图输入到 OB1，转换为语句表后，检查写出的语句表是否正确。

画出图 3-39（习题 22～24）中的语句表对应的 3 个梯形图。将图 3-39 中的语句表输入到 OB1（注意需要正确地划分网络），转换为梯形图后，检查手工画出的梯形图是否正确。

（2）置位、复位指令

将例程“位逻辑指令”下载到 CPU，将 CPU 切换到 RUN 模式，用状态表监视 M0.3，用 I0.1 和 I0.2 产生的脉冲分别将 M0.3 置位和复位（见图 3-22 和网络 10、11），观察置位和复位的效果，是否有保持功能。

（3）RS、SR 双稳态触发器指令

扳动 I0.2～I0.5 对应的小开关，检查图 3-23（见网络 12、13）中的 SR 和 RS 双稳态触发器指令的基本功能，特别注意置位输入和复位输入同时为 ON 时触发器的输出位的状态。

（4）正向负向转换触点指令

用状态表监控 M1.0（见图 A-1 和网络 14、15），扳动 I0.6 和 I1.1 对应的小开关，接通和断开它们的常开触点组成的串联电路，观察在正向转换触点能流输入的上升沿和负向转换触点能流输入的下降沿，是否能分别将 M1.0 复位和置位。

在状态表中监视 VW10，扳动图 A-2 中 I0.6 对应的小开关（见网络 17），观察 VW10 的值是否在 I0.6 的上升沿时加 5。删除（短接）图中的正向转换触点，下载程序后重复上述的操作，解释观察到的现象。

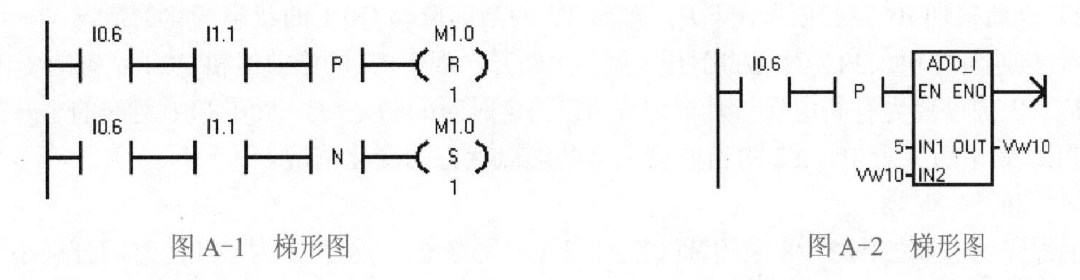

图 A-1 梯形图　　　图 A-2 梯形图

（5）取反触点指令

扳动图 3-24 中 I0.7 和 I1.0 对应的小开关（见网络 16），接通和断开它们的触点组成的串联电路，观察取反触点左边和右边能流的状态是否相反。

（6）间接寻址

生成一个新的项目，将例 3-1 中的查表程序键入 OB1。

在状态表中监控 VW100～VW118、VD20 和 VW24，各地址的格式均为“有符号”。首先键入 VW100，选中它后多次按回车键，将会自动生成下一个字，用这样的方法快速地生成地址 VW100～VW118。

将程序下载到 PLC 后运行该程序，单击工具栏上的“状态表监控”按钮，启动监控功能。在 VW100～VW118 的“新值”列键入任意的值，单击工具栏上的“全部写入”按钮，各行的“新值”被写入 PLC，并在该行的“当前值”列显示出来。

在 VD20 的“新值”列输入表格的偏移量（0～9），单击按钮，将它写入 PLC，接通 I0.0 对应的小开关，观察 VW24 中读取到的 VD20 中的偏移量指定的 VW 的值是否正确。改变 VD20 的值，重复上述的操作。

A.5 定时器应用实验

1．实验目的

通过实验了解定时器的编程与监控的方法。

2．实验内容

下载配套资源中的例程“定时器应用”后，运行用户程序，启动程序状态监控功能。该例程已用系统块设置定时器 T0～T31 有断电保持功能。

（1）接通延时定时器

启动程序状态监控功能，按下面的顺序操作，观察图 3-26 中的定时器 T37 的当前值和 Q0.0 的状态变化。

1）接通 I0.0 对应的小开关，未到预设值时断开它。

2）接通 I0.0 对应的小开关，到达预设值后断开它。

3）将 T37 的预设值 PT 由常数改为 VW0，用状态表将 150 写入 VW0。下载后运行程序，重复上述的操作。

（2）有记忆接通延时定时器

图 3-27 中的 T2 是 10ms 有记忆接通延时定时器（见网络 3～5），按下面的顺序操作：

1）令复位输入 I0.2 为 OFF，I0.1 为 ON，观察 T2 当前值的变化情况。未到定时时间时，断开 I0.1 对应的小开关，观察 T2 的当前值是否保持不变。

2）重新接通 I0.1 对应的小开关，观察 T2 的当前值和 Q0.1 的状态变化的情况。

3）接通复位输入 I0.2 对应的小开关后马上断开，观察 T2 的当前值和 Q0.1 状态的变化。

4）T2 被设置为有断电保持功能。在 T2 的定时时间到之后，断开 I0.1 对应的小开关，观察 PLC 断电后又上电，T2 的当前值和常开触点状态的变化情况。

（3）脉冲定时器

用程序状态监控图 3-28 中的脉冲定时器（见网络 6），令 I0.3 为 ON 的时间分别小于和大于 T38 的预设值（即 3s），观察 Q0.2 输出的脉冲宽度是否等于其预设值。

（4）断开延时定时器

监控图 3-29 中的 10ms 断开延时定时器 T33（见网络 7 和 8），按下面的顺序操作：

1）接通 I0.4 对应的小开关，监视 T33 的当前值和 Q0.3 状态的变化。

2）断开 I0.4 对应的小开关，观察 T33 的当前值和 Q0.3 状态的变化。

A.6 计数器应用实验

1．实验目的

通过实验了解计数器的编程与监控的方法。

2．实验内容

下载配套资源中的例程“计数器应用”后，运行用户程序，启动程序状态监控功能。

（1）加计数器

对图 3-31 中的加计数器 C0，按下面的顺序操作：

1）断开复位输入 I0.1 对应的小开关，用 I0.0 对应的小开关发出计数脉冲，观察 C0 的当前值和 Q0.0 变化的情况。C0 的当前值等于预设值后再发计数脉冲，C0 的当前值是否变化？

2）接通 I0.1 对应的小开关，观察 C0 的当前值是否变为 0，Q0.0 是否变为 OFF。此时用 I0.0 对应的开关发出计数脉冲，观察 C0 的当前值是否变化。

3）已用系统块设置计数器 C0～C31 有断电保持功能。在 C0 的常开触点闭合时，观察 PLC 断电后又上电，C0 的当前值和常开触点状态的变化情况。将计数器改为 C40，下载后检查它是否有断电保持功能。

（2）减计数器

对图 3-32 中的减计数器 C1，按下面的顺序操作：

1）接通装载输入 I0.3 对应的小开关后再断开它，观察 C1 的当前值是否变为预设值 3，Q0.1 是否为 OFF。

2）用 I0.2 对应的小开关发出计数脉冲，观察 C1 的当前值减至 0 时，Q0.1 是否变为 ON。当前值为 0 后再发计数脉冲，观察 C1 的当前值是否变化。

（3）加减计数器

对图 3-33 中的加减计数器 C2，按下面的顺序操作：

1）断开复位输入 I0.6 对应的小开关，用 I0.4 或 I0.5 对应的小开关发出加计数脉冲或减计数脉冲，观察 C2 的当前值和 Q0.2 状态之间的关系。

2）接通 I0.6 对应的小开关，观察 C2 当前值和 Q0.2 的变化。此时用 I0.4 或 I0.5 对应的开关发出计数脉冲，观察 C2 的当前值是否变化。

A.7 比较指令与传送指令应用实验

1．实验目的

通过实验了解比较指令和传送指令的编程和调试的方法。

2．实验内容

（1）使能输入与使能输出

将配套资源中的例程“比较指令与传送指令”下载到 CPU 后，运行用户程序，启动程序状态监控功能。接通 I0.4 对应的小开关，执行网络 1 中的整数除法指令 DIV_I（见图 4-1），分别令除数 VW2 为 0 和非零，观察指令 DIV_I 的使能输出 ENO 的状态，以及除法指令框的变化。关闭程序状态监控和状态表监控功能，将程序切换为语句表，观察方框指令的 ENO 对应的 AENO 指令。删除前两条 AENO 指令，转换回梯形图后，观察梯形图的变化。

（2）比较指令

启动程序状态监控功能，用鼠标右键单击网络 2 的触点比较指令中的某个地址（见图 4-4），用快捷菜单中的“写入”命令改写该地址的值，观察满足比较条件和不满足比较条件时比较触点的状态。

用状态表监视图 4-5 中 T33 的当前值和 Q0.0 的状态，“格式”分别为“有符号”和“位”。单击工具栏上的“状态表监控”和“趋势图”按钮，启动趋势图监控功能。用外接的小开关令 I0.1 为 ON，观察 T33 的当前值是否按锯齿波变化，比较指令是否能使 Q0.0 输出方波。

修改 T33 的预设值和比较指令中的常数，下载和运行程序，观察是否能按要求改变 Q0.0 的输出波形的周期和脉冲宽度。

（3）传送指令与字节交换指令

用状态表写入 VW16、VB20～VB22 和 VW26 的值，VW26 的显示格式为十六进制，其余地址的显示格式为“有符号”。观察在 I0.2 的上升沿（见图 4-6 和网络 6），字传送指令 MOV_W 和字节块传送指令 BLKMOV_B 的功能是否正常，字节交换指令 SWAP 是否能交换 VW26 高、低字节的值。短接正向转换触点，下载后重复上述的操作，观察 SWAP 指令的执行情况并解释原因。

（4）填充指令

用状态表监视 VW30～VW36 的值，格式为“有符号”。观察在 I0.3 的上升沿（见图 4-16 和网络 7），常数 5678 是否被写入 VW30～VW36。改变写入的常数和要填充的字数，下载后重复上述的操作。

A.8 移位指令与循环移位指令应用实验

1．实验目的

通过实验了解移位指令和循环移位指令的使用方法。

2．实验内容

（1）指令的基本功能

将配套资源中的例程“移位指令与彩灯控制程序”下载到 CPU，运行用户程序。

用状态表设置图 4-7 中的 VB20 和 VB0 的二进制格式的值，观察在 I0.2 的上升沿，左移指令 SHL_B（见网络 1）是否能将 VB20 的值左移 4 位，循环右移指令 ROR_B 是否能将 VB0 的值循环右移 2 位。分别将移位位数改为 6 位、8 位、10 位后，移位前的数据相同，下载程序，重复上述的实验。

（2）8 位彩灯控制程序

图 A-3 是 8 位彩灯控制程序，首次扫描时用 MOV_B 指令给 Q0.0～Q0.7 置初值（最低 3 位彩灯亮）。通过观察 CPU 模块上 Q0.0～Q0.7 对应的

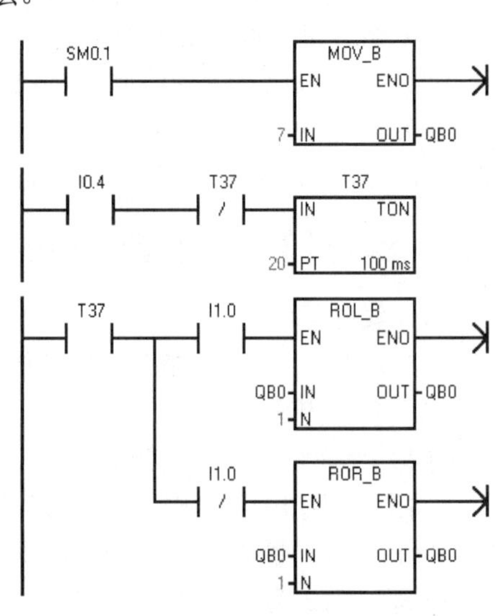

图 A-3 彩灯控制程序

LED，检查彩灯的运行效果。

1）观察 I0.4 为 ON 时，彩灯的循环移位是否正常，初值是否与设置的值相符。

2）改变 I1.0 的状态，观察是否能改变移位的方向。

3）修改 MOV_B 指令中 QB0 的初值，下载后运行程序，观察彩灯的初始状态是否变化。

4）修改 T37 的预设值，下载后观察彩灯移位速度的变化。

5）要求在 I1.1 的上升沿，用接在 I0.0～I0.7 的小开关来改变彩灯的初值，修改程序，下载后检查是否满足要求。

（3）10 位彩灯循环移位控制程序

要求用 Q0.0～Q1.1 来控制 10 位彩灯的循环左移，即从 Q1.1 移出的位要移入 Q0.0。为了不影响 Q1.2～Q1.7 的值，用 MW0 来移位，然后将 M0.0～M1.1 的值传送到 Q0.0～Q1.1。

值得注意的是在 MW0 中，MB0 在高字节，MB1 在低字节（见图 A-4）。10 位循环移位的关键是将 M1.1 移到 M1.2 的数传送到 M0.0 中。程序见配套资源中的例程“10 位彩灯左移程序”，语句表中有注释。阅读程序后下载和运行程序，观察是否能实现 10 位彩灯移位。

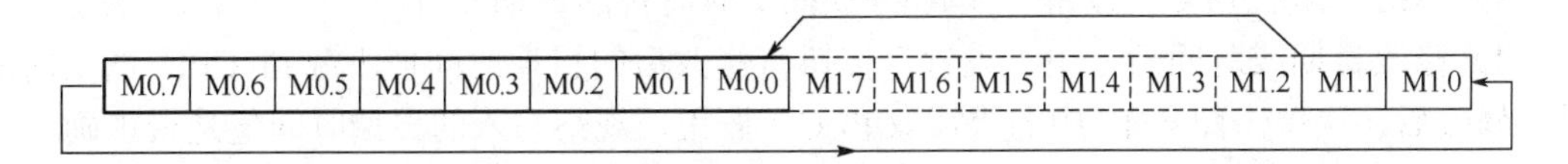

图 A-4　10 位循环左移位

（4）10 位彩灯循环右移程序

设计 10 位彩灯循环右移程序，即 Q0.0～Q1.1 的各位循环右移，Q1.0 中的数传送到 Q0.7，Q0.0 移到 M1.7 的数传送到 Q1.1。将程序下载到 PLC 后调试程序。

A.9　数据转换指令应用实验

1．实验目的

通过实验了解数据转换指令的使用方法。

2．实验内容

（1）BCD 码与整数的相互转换指令

将配套资源中的例程“数据转换指令”下载到 CPU，运行用户程序。启动程序状态监控功能。令 I0.0 为 ON，用鼠标右键单击图 4-9 的 BCD_I 指令中 VW0 的值，执行快捷菜单中的“写入”命令，写入一个十六进制格式的 BCD 码值，观察转换结果是否正确。写入一个非 BCD 码（十六进制数中包含 A～F），观察程序执行的情况。

用同样的方法，将一个十进制数写入 I_BCD 指令中的 VW4，观察转换后得到的 BCD 码是否正确。写入一个大于 9999 的数，将出现什么现象？

（2）段码指令

将数字 0～9 中的某个数写入 VB40，观察 SEG 指令输出的二进制值是否正确。

（3）长度单位转换程序

令 I0.1 为 ON，观察网络 2 中的长度单位转换程序（见图 4-10）的中间运算结果和最终运算结果是否正确。

（4）解码指令与编码指令

令 I0.2 为 ON，将 0～15 中的某个数写入 DECO 指令（见图 4-11）的输入参数 VB14，观察 VW16 的对应位是否被置 1。将一个十六进制数写入编码指令 ENCO 的输入参数 VW18，观察 VB15 的值是否是 VW18 为 1 的最低有效位的位数。

A.10 实时时钟指令应用实验

1．实验目的

熟悉用 STEP 7-Micro/WIN 读取和设置实时时钟的方法，和时钟指令的使用方法。

2．实验内容

（1）用 STEP 7-Micro/WIN 读写实时时钟

1）计算机与 PLC 建立通信连接后，执行“PLC”菜单中的“实时时钟”命令，打开“CPU 时钟操作”对话框（见图 4-17）。

2）如果显示“实时时钟未设置”，单击“读取 PC”按钮，显示出计算机的实时时钟的时间，用“设置”按钮将它下载到 CPU。

3）单击“读取 PLC”按钮，读取 CPU 的实时时钟的日期和时间。

4）修改日期或时间后，用“设置”按钮将修改后的日期时间值下载到 CPU 的实时时钟。修改后再次单击图 4-17 中的“读取 PLC”按钮，观察写入的日期时间值是否正确。

（2）读写实时时钟指令

将配套资源中的例程“实时时钟指令”下载到 CPU，运行用户程序。在状态表中用十六进制格式监视 VD0 和 VD4 中的 BCD 码日期时间值，用外接的小开关产生 I0.0 的上升沿（见图 4-18），观察 VD0 和 VD4 中读取的 CPU 实时时钟的日期时间值。

在状态表中将十六进制格式的 BCD 码日期时间值写入 VD10 和 VD14，用外接的小开关产生 I0.1 的上升沿（见图 4-19），执行设置实时时钟指令 SET_RTC。打开“CPU 时钟操作”对话框，观察设置的日期时间值是否写入 CPU 的实时时钟。

（3）用实时时钟控制设备

将例 4-2 的程序写入 OB1，下载到 PLC 后运行程序。实验步骤如下：

1）在状态表中监控 VW23、VW30 和 VW32，格式均为“十六进制”。VW23 中的 BCD 码为读取到的小时和分钟的值。VW30 和 VW32 是设置的设备的启动和停止的时、分值。

2）启动状态表监控功能，观察 VW23 中是否是当前的时、分值。

3）在状态表的 VW30 和 VW32 的“新值”列键入“16#”格式的启动和停止的时、分值，将它们写入 CPU。为了减少等待的时间，设置的起动时间比当前时间稍晚一点。

假设当前时间为 10 点 13 分，可以设置 VW30 和 VW32 的启动、停止时间值分别为 16#1015 和 16#1017，Q0.1 应在 10 点 15 分到 10 点 17 分为 ON。观察是否能按程序中设置的时间段控制 Q0.1。

A.11　数学运算指令应用实验

1．实验目的

通过实验了解数学运算指令的使用和编程方法。

2．实验内容

（1）整数运算指令的应用

将配套资源中的例程“数学运算指令”下载到CPU后，运行用户程序。

用状态表监视SMB28、用来保存T37预设值的VW10、T37的当前值和T37的位。用小螺钉旋具反时针旋转电位器0到最小位置，使SMB28的值为0。接通I0.3对应的外接小开关后马上断开，SMB28的值被读取，经过程序的运算后VW10值应为50。

接通I0.4对应的小开关，T37开始定时，观察T37的定时时间是否为5s。

顺时针将电位器0调到最大位置，使SMB28的值为255。接通I0.3对应的外接小开关后马上断开，经过程序运算后VW10的值应为200。接通I0.4对应的小开关，观察T37的定时时间是否为20s。

将电位器0调到中间位置，接通I0.3对应的外接小开关后马上断开，观察SMB28的值，VW10的值是否符合计算公式？

要求在输入信号I0.6的上升沿，用电位器1来设置定时器T38的预设值，设定的时间范围为0～10s，即从电位器读出的数字0～255对应于0～10s。T38在I0.7为ON时开始定时。设计出程序，检查是否能满足要求。

（2）函数运算指令的应用

启动程序状态监控，用外接的小开关令I0.2为ON。用鼠标右键单击VD14的值（见图4-21和网络3），写入浮点数格式的角度值。观察指令SIN输出的正弦值是否正确。可以输入60.0、45.0等特殊的角度值。

根据公式$5^{3/2}$ = EXP((3/2)*LN(5))，编写求5的3/2次方的程序，下载到PLC后运行和调试程序。用计算器检查运算结果是否正确。

A.12　逻辑运算指令应用实验

1．实验目的

通过实验了解逻辑运算指令的使用和编程的方法。

2．实验内容

（1）逻辑运算指令

将配套资源中的例程“逻辑运算指令”下载到CPU，运行用户程序，启动程序状态监控。在状态表中监控VB22～VB32，显示格式均为“二进制”（见图4-23）。

在“新值”列键入图4-22中的取反和逻辑运算指令各输入参数的值，将它们写入CPU。可以写入十六进制格式的数，然后改用二进制格式显示。接通I0.0对应的小开关，观察状态表的当前值列的各逻辑运算指令输出参数的值是否正确。

（2）求整数的绝对值

例4-5中的程序用于求整数的绝对值（见网络2）。在程序状态或状态表中分别将正数和负数写入VW0，扳动外接的小开关，观察在I0.1的上升沿是否能求出VW0的绝对值，结果仍存放在 VW0 中。

（3）将字节中的某些位置为 1

用状态表将二进制格式的数写入 QB0（见图 4-24），观察在 I0.3 的上升沿，QB0 的第 2～4 位是否均被 WOR_B 指令置为 1，其余各位的状态保持不变。

（4）将字中的某些位清零

用状态表将图 4-24 中 WAND_W 指令的输入参数 IW2 强制为任意的二进制数。观察在 I0.3 的上升沿，VW2 中的运算结果的高 4 位是否为 0，低 12 位的值是否与 IW2 的相同。

（5）用异或运算检测位变量的变化

在状态表中监控 M0.0，用 I1.0 外接的小开关将 M0.0 复位（见例程中的网络 5）。用外接的小开关改变 IB0 中任意 1 位的状态，观察异或运算是否使 VB5 为非 0（见图 4-25），比较触点接通，将 M0.0 置位。

A.13 跳转指令应用实验

1．实验目的

通过实验了解跳转指令的特点和编程方法。

2．实验内容

（1）跳转指令的基本功能

将配套资源中的例程“跳转指令”下载到 PLC 后运行程序，启动程序状态监控。

分别令图 4-26 中的 I0.4 为 ON 和 OFF，检查两种情况 I0.3 是否能控制 Q0.0，以及跳转对程序状态显示的影响。

（2）跳转指令对定时器的影响

1）在状态表中监视图 4-27 中的 T32、T33、T37 的当前值和 Q0.1、Q0.2 的状态。

2）令 I0.0 为 OFF（跳转条件不满足），用 I0.1～I0.3 启动各定时器开始定时。

3）定时时间未到时，令 I0.0 为 ON，跳转条件满足。观察因为跳转，哪个定时器停止定时，当前值保持不变；哪些定时器继续定时，当前值继续增大；继续定时的定时器的定时时间到时，它们在跳转区之外的常开触点是否能闭合。

4）在跳转时断开 I0.0 对应的小开关，观察跳转期间停止定时的定时器是否在保持的当前值的基础上继续定时。

（3）跳转对功能指令的影响

分别观察在跳转和没有跳转时，是否执行图 4-27 中的 INC_B 指令。

（4）跳转指令的应用

将例 4-6 中的程序写入 OB1，下载到 PLC 后执行程序。在状态表中监视 VW4，用小开关改变 I0.5 的状态，观察写入 VW4 的数值是否满足图 4-28 的要求。是否可以不用跳转指令实现例 4-6 的要求？

（5）用跳转指令实现多分支程序

图 A-5 中的流程图用 I0.6 和 I0.7 来控制程序的流程，参考例 4-6 中的程序，编写满足要求的程序。将程

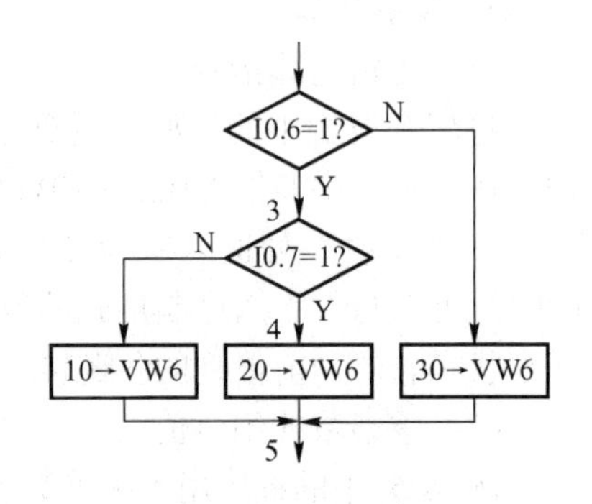

图 A-5　流程图

序写入 OB1，下载后执行程序。用状态表监控 VW6，用外接的小开关改变 I0.6 和 I0.7 的状态，观察写入 VW6 的数值是否满足图 A-5 的要求。

A.14 循环指令与看门狗复位指令实验

1．实验目的

通过实验了解循环指令的编程方法和扫描超时的现象。

2．实验内容

（1）用循环指令求多字节的异或值

将配套资源中的例程“程序控制指令”下载到 PLC 后运行程序。图 4-29 是求多字节的异或值的程序。在状态表中监视 VB10～VB14，显示格式均为“二进制”（见图 4-31）。将任意的二进制数写入 VB10～VB13，接通 I0.5 对应的小开关，观察 VB14 中的运算结果是否正确。

（2）双重循环

在状态表中监视图 4-30 中的 VW6。分别接通和断开 I0.2 对应的小开关，观察在 I0.1 的上升沿，反映内层循环次数的 VW6 的值是否被加 80。删除（短接）FOR 指令左边的上升沿检测触点，下载后观察对循环程序执行结果的影响，并解释原因。

（3）看门狗超时的实验

图 4-32 中的电路用来演示 CPU 对扫描时间过长的反应。设置 T32 的预设值小于 500ms，观察在 I0.3 的上升沿，是否会因为看门狗超时自动切换到 STOP 模式。此外观察因为立即赋值，Q0.3 对应的 LED 是否比 Q0.5 对应的 LED 延迟点亮约 0.5s，并解释原因。

设置 T32 的预设值大于 500ms（例如 520ms），观察在 I0.3 的上升沿，CPU 是否会自动切换到 STOP 模式。切换到 STOP 模式后，查看“PLC 信息”对话框中的事件记录。

（4）用循环指令求多字节的累加和

按照习题 4.19 的要求，求 5 个整数的累加和。编写、下载和调试程序，检查结果是否正确。

A.15 子程序的编程实验

1．实验目的

了解局部变量和子程序的基本概念，熟悉子程序的创建、调用和调试的方法。

2．实验内容

（1）调用模拟量计算子程序

将配套资源中的例程“子程序调用”下载到 PLC 后运行程序。打开主程序，启动程序状态监控，接通 I0.4 对应的小开关，输入 AIW2 的强制值，将“系数 1”的值写入 VW20，观察子程序“模拟量计算”（见图 4-34）用 VD40 输出的计算结果与计算器计算的结果是否相同。

（2）使用间接寻址的子程序

在状态表中监视 VB10～VB13 和 VB14，显示格式均为“二进制”（见图 4-38）。将任意的二进制数写入 VB10～VB13，接通 I0.5 对应的小开关（见图 4-37），调用子程序“异或运算”，观察 VB14 中的异或运算结果是否正确。

（3）子程序中的定时器特性

实验步骤如下：

1）在状态表中监视 T37、T33 和 T32 的当前值和 Q0.0、Q0.1（见图 4-39）。

2）令 I0.0 为 OFF（调用子程序“定时器控制”的条件不满足），检查是否能用 I0.1～I0.3 启动各定时器开始定时。

3）令 I0.0 为 ON（调用条件满足），用 I0.1～I0.3 启动各定时器开始定时（见图 4-39b）。

4）定时时间未到时，令 I0.0 为 OFF。观察因为停止调用“定时器控制”子程序，哪个定时器停止定时，当前值保持不变；哪些定时器继续定时，当前值继续增大；观察继续定时的定时器的定时时间到时，主程序中 T33 和 T32 的触点是否能分别控制 Q0.0 和 Q0.1。

5）令 I0.0 为 ON，观察被停止定时的定时器是否能在保存的当前值的基础上继续定时。

A.16　中断程序的编程实验

1．实验目的

通过实验了解中断的基本概念，熟悉 I/O 中断和定时中断的中断程序的设计方法。

2．实验内容

（1）I/O 中断实验

将配套资源中的例程“IO 中断程序”下载到 PLC 后，运行程序。观察是否能在 I0.0 的上升沿，通过中断使 Q0.0 立即置位，在 I0.0 的下降沿，通过中断使 Q0.0 立即复位。用状态表监控 VB10～VB17 和 VB20～VB27，观察中断程序读取的日期时间值是否正确。

修改程序，用 I0.2 的上升沿中断和 I0.3 的下降沿中断分别使 Q0.2 置位和复位，运行和调试程序。

（2）定时中断实验

将配套资源中的例程“定时中断程序”下载到 PLC 后，运行程序。通过 CPU 输出点的 LED，观察是否能通过定时中断 0，使 QB0 的值每 2s 加 1。

修改程序，通过定时中断 1，使 QB0 的值每 3.5s 加 1。

（3）使用定时中断的彩灯控制程序实验

设计程序，首次扫描时设置彩灯的初始值。通过定时中断 0，每 2s 将 QB0 循环移动 1 位。用 I0.1 控制移位的方向。下载和调试程序，直到满足要求。

（4）使用 T32 中断的彩灯控制程序实验

将配套资源中的例程“T32 中断程序”（见例 4-11）下载到 PLC 后，运行程序。观察 QB0 是否能每 2.5s 循环左移一位。修改程序，用 T96 的中断每 3.45s 将 QB0 循环右移 1 位。下载和调试程序，直到满足要求。

A.17　高速计数器与高速输出应用实验

1．实验目的

通过实验了解高速计数器向导和高速输出向导的应用和编程的方法。

2．实验内容

如果使用直流电源型（DC/DC/DC）的 CPU，可以用它本身的 Q0.0 输出的 PWM 信号作高速计数器（HSC）的计数脉冲信号。PLC 的输入回路和输出回路都采用 CPU 提供的 DC 24V 电源，接线见图 A-6，有脉冲输出时 Q0.0 与 I0.0 对应的 LED 同时亮。

如果 CPU 模块是继电器输出型的，可以用外接的脉冲信号发生器提供脉冲信号，应注意脉冲发生器的输出电压和输出电路的类型是否与 PLC 的输入电路匹配。

将配套资源中的例程“高速输入高速输出”下载到 PLC 后，运行程序。用 I0.1 的上升沿将 HSC0 初始化，启动高速计数。I0.1 为 ON 时 Q0.0 给高速计数器提供高速计数脉冲（见图 A-7）。用图 4-45 中的趋势图观察 HSC0 的当前值和 Q0.1、Q0.2 的状态变化是否满足图 4-44 的要求。

按图 A-8 的要求，用高速计数器向导生成工作在模式 0 的 HSC0 的初始化程序和中断程序。在这些程序中添加对 Q0.1 和 Q0.2 置位和复位的指令。双击指令树的“向导”文件夹中的“PTO/PWM”，组态 PWM0 的时间基准为微秒。在 OB1 中调用自动生成的子程序 PWM0_RUN（见图 A-7），脉冲周期和宽度分别为 1ms 和 0.5ms。将程序下载到 PLC 后调试程序，直到满足要求。

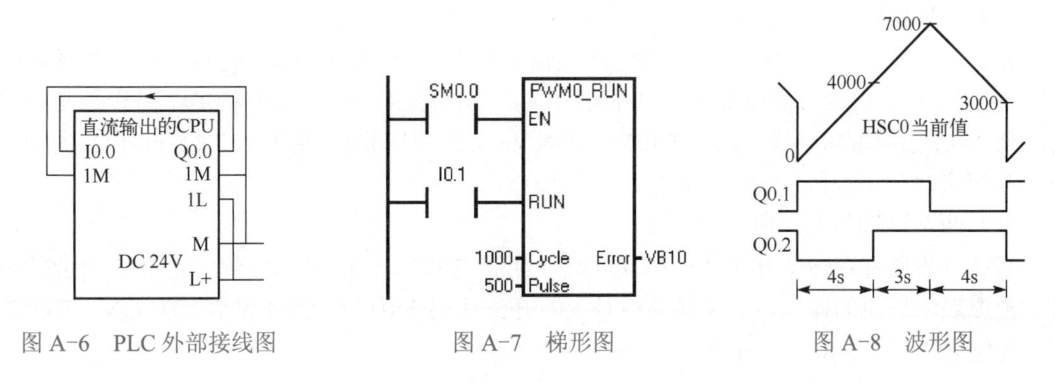

图 A-6　PLC 外部接线图　　图 A-7　梯形图　　图 A-8　波形图

A.18　数据块与字符串指令应用实验

1．实验目的

通过实验了解数据块与字符串指令的使用方法。

2．实验内容

（1）数据块的实验

生成一个项目，用数据块给单个和连续的若干个字节、字和实数指定地址，给 1 个、2 个、4 个字符常量指定地址，定义一个字符串。下载到 PLC 后切换到 RUN 模式，用状态表检查数据块对 V 存储器赋值的情况。

（2）字符、字符串与数据的转换指令

将配套资源中的例程“字符串指令”下载到 CPU，运行用户程序。打开状态表，启动监控功能。接通 I0.0 对应的小开关（见图 4-51），用状态表检查 ATH 和 HTA 指令的执行是否正确。VB0 开始的字符和 VW10 中的十六进制数是用图 4-52 中的数据块定义的。

数据块设置了 VW20 的整数值（见图 4-52），接通 I0.1 对应的小开关（见图 4-54），执行 ITA 指令。监控 ASCII 格式的 VD22 和 VD26 中转换得到的字符是否正确（见图 4-55）。修改 FMT 中低 3 位的值，下载后观察修改的效果。

用同样的方法检查 RTA、I_S 和 S_R 指令（见图 4-54 和图 4-56）的执行情况。

（3）字符串指令

接通 I0.3 对应的小开关（见例 4-14），用状态表观察执行 SCPY 和 SCAT 指令后，VB70 开始的字符串是否正确。

接通 I0.4 对应的小开关（见图 4-58），用状态表观察执行 SSTR_CPY 指令后，VB83 开始的字符串是否正确。观察执行 STR_FIND 指令后，VB89 中字符串搜索的结果是否正确。

接通 I0.5 对应的小开关（见图 4-60），用状态表观察执行 CHR_FIND 指令和 S_R 指令后，VD200 中的实数转换结果是否正确。

A.19 定时器与计数器应用的编程实验

1．实验目的

通过实验进一步了解定时器和计数器指令的使用方法。

2．实验内容

（1）闪烁电路

打开配套资源中的例程“定时器与计数器应用”，下载到 CPU 后运行程序。闪烁电路见图 5-2 和网络 1、2，接通 I0.3 对应的小开关，用程序状态观察 T41 和 T42 是否能交替定时，使 Q0.7 控制的指示灯闪烁。Q0.7 为 ON 和 OFF 时间应分别等于 T42 和 T41 的预设值。改变这两个预设值，下载后重复上述的操作。

（2）两条运输带的控制程序

用状态表监视图 5-4 中的 M0.0、Q0.4、Q0.5、T39 和 T40 的当前值，用 I0.5 对应的小开关模拟启动按钮的操作，开关接通后马上断开。观察 M0.0 和 Q0.4 是否变为 ON，T39 是否开始定时。8s 后 Q0.5 是否变为 ON。

用 I0.6 对应的小开关模拟停止按钮的操作，观察 M0.0 和 Q0.5 是否变为 OFF，T40 是否开始定时。8s 后 Q0.4 是否变为 OFF。

（3）长延时电路

令图 5-5 中的 I0.1 为 ON（见网络 7、8），观察 C3 的当前值是否每分钟加 1，I0.1 为 OFF 时 C3 是否被复位。

为了减少等待的时间，减小图 5-6 中 T37 和 C4 的预设值，用 I0.2 启动 T37 定时。观察总的定时时间是否等于 C4 和 T37 预设值的乘积的十分之一（单位为 s）。

A.20 自动往返的小车控制系统的编程实验

1．实验目的

了解用经验设计法编写简单的梯形图程序的方法，以及程序调试的方法。

2．实验内容

（1）自动往返的小车控制程序实验

打开配套资源中的例程“小车自动往返控制”（见图 5-9），下载后运行程序。用小开关模拟各输入信号，通过观察 Q0.0 和 Q0.1 对应的 LED，检查程序的运行情况。按以下步骤检查程序是否正确：

1）用接在 I0.0 输入端的小开关模拟右行启动按钮信号，将开关接通后马上断开，观察

Q0.0 是否变为 ON。

2）用接在 I0.4 输入端的小开关模拟右限位开关信号，将开关接通后马上断开，观察 Q0.0 是否变为 OFF，Q0.1 是否变为 ON。

3）用接在 I0.3 输入端的小开关模拟左限位开关信号，将开关接通后马上断开，观察 Q0.1 是否变为 OFF，Q0.0 是否变为 ON。

4）重复第 2 步和第 3 步。

5）用接在 I0.2 输入端的小开关模拟停车按钮被按下，或者用接在 I0.5 输入端的小开关模拟过载信号，观察当前为 ON 的输出点是否变为 OFF。

若发现 PLC 的输入/输出关系不符合要求，应检查程序，改正错误。

（2）较复杂的自动往返小车控制程序实验

在图 5-9 的基础上，增加下述功能：小车碰到右限位开关 I0.4 后停止右行，延时 5s 后自动左行。小车碰到左限位开关 I0.3 后停止左行，延时 6s 后自动右行。

输入、下载和调试程序，直至满足要求。注意调试时限位开关接通的时间应大于定时器延时的时间。小车离开某一限位开关后，应将该限位开关对应的小开关断开。

A.21 使用置位复位指令的顺序控制程序的编程实验

1．实验目的

熟悉使用置位复位指令的顺序控制程序的设计和调试方法。

2．实验内容

（1）简单的顺序控制程序的调试

将配套资源中的例程“鼓风机引风机控制”下载到 PLC 后，切换到 RUN 模式。顺序功能图如图 5-21 所示。进入 RUN 模式后初始步对应的 M0.0 为 ON，其余各步对应的位存储器为 OFF。应根据顺序功能图来调试程序。用状态表监控二进制格式的 MB0 和 QB0（见图 5-23）和两个定时器的当前值。

振动 I0.0 对应的小开关，模拟按下和放开启动按钮，步 M0.0 下面的转换条件满足，观察 M0.0 是否变为 OFF，M0.1 变为 ON，转换到了步 M0.1。Q0.0 应变为 ON，T37 开始定时。观察定时时间到时是否自动转换到步 M0.2。扳动 I0.1 对应的小开关，模拟按下和放开停止按钮，观察是否从步 M0.2 转换到步 M0.3，延时后是否自动返回初始步 M0.0。

（2）复杂的顺序控制程序的调试

将配套资源中的例程“使用置位复位指令的复杂的顺控程序”下载到 PLC 后运行程序。顺序功能图如图 5-24 所示。

首先调试经过步 M0.1、最后返回初始步的流程，然后调试跳过步 M0.1、最后返回初始步的流程。调试时用状态表监控 MB0、QB0 和 IB0。应注意并行序列中各子序列的第 1 步（步 M0.3 和步 M0.5）是否同时变为活动步，各子序列的最后一步（步 M0.4 和步 M0.6）是否同时变为不活动步。

（3）使用置位复位指令的顺序控制程序的编程实验

按图 5-54 的要求编写梯形图程序，输入、下载和调试程序，直到满足要求。

A.22 液体混合控制与剪扳机控制系统的编程实验

1. 实验目的

熟悉使用置位复位指令的顺序控制程序的设计和调试的方法。

2. 实验内容

（1）液体混合控制系统的调试

将配套资源中的例程“液体混合控制”下载到 PLC 后运行程序。

在状态表中用二进制格式监控 MB2、QB0 和 IB0，以及 M1.0、T37 和 T38。根据图 5-25 中的顺序功能图调试程序。调试时注意在按了起动按钮 I0.3 后，M2.1 和连续标志 M1.0 是否变为 ON。完成了顺序功能图中的一个工作循环后，是否能返回第 2 步 M2.1。按下停止按钮 I0.4 以后，M1.0 是否变为 OFF，完成了最后一步 M2.5 的工作后，是否能返回初始步。调试时应注意在各步 3 个液位开关的状态。例如在搅拌步 M2.3，3 个液位开关均为 ON。

（2）剪板机控制系统的调试

将配套资源中的例程“剪板机控制”下载到 PLC 后运行程序。根据图 5-26 中的顺序功能图调试程序。在状态表中用二进制格式监视 MB0、QB0 和 IB0，以及 C0 的当前值。

令 I0.0、I0.1 和 I1.0 同时为 ON，观察是否能转换到第 2 步 M0.1。

在步 M0.3 为活动步时令 I0.2 为 ON，观察步 M0.4 和步 M0.6 是否能同时变为活动步；压钳和剪刀均已上升到位，两个等待步均为活动步时，是否能返回步 M0.1，C0 的当前值是否加 1；循环 3 次后（C0 的当前值为 3），压钳和剪刀上升到位时是否能返回初始步。

（3）3 种液体的混合控制程序的编程实验

在例程“液体混合控制”的基础上，增加一个液位检测开关和一个进料电磁阀，控制 3 种液体的比例和搅拌的时间。编写梯形图程序，输入、下载和调试程序，直到满足要求。

A.23 使用 SCR 指令的顺序控制程序的编程实验

1. 实验目的

熟悉使用顺序控制继电器指令的顺序控制程序的设计和调试方法。

2. 实验内容

（1）简单的顺序控制程序的调试

将配套资源中的例程“小车 SCR 控制”下载到 PLC 后运行程序。顺序功能图如图 5-27 所示。用状态表监控二进制格式的 SB0 和 QB0，以及 T37 的当前值。启动程序状态监控功能。

按顺序功能图的要求，用外接的小开关提供启动按钮、停止按钮和限位开关信号，观察 SB0 中步的活动状态的变化，以及控制小车的 Q0.0 和 Q0.1 的状态变化，看它们是否符合顺序功能图的要求。注意观察是否只有活动步对应的 SCR 段内的 SM0.0 的常开触点闭合，SCRE 线圈通电；其他 SCR 段内的触点、线圈、方框指令和 SCRE 指令是否均为灰色。

（2）具有选择序列和并行序列的顺序控制程序的调试

将配套资源中的例程“使用 SCR 指令的复杂的顺控程序”下载到 PLC 后运行程序。顺序功能图如图 5-28 所示。用状态表监视二进制格式的 SB0、QB0 和 IB0。在初始步时分别令 I0.0 和 I0.2 为 ON，观察是否能分别转换到步 S0.1 和步 S0.2。

在步 S0.3 为活动步时令 I0.4 为 ON，观察步 S0.4 和步 S0.6 是否能同时变为活动步。步 S0.5 和步 S0.7 均为活动步时，观察是否能返回到步 S0.0。

（3）使用 SCR 指令的顺序控制程序的编程实验

按图 5-53 的要求编写梯形图程序，输入、下载和调试程序，直到满足要求。

A.24 内胎硫化机与专用钻床控制系统的编程实验

1．实验目的

熟悉使用顺序控制继电器指令的顺序控制程序的设计和调试方法。

2．实验内容

（1）内胎硫化机控制程序的调试

将配套资源中的例程“硫化机 SCR 控制”下载到 PLC 后运行程序。用状态表监视二进制格式的 SB0、QB0、IB0，以及 T37～T41 的当前值。根据图 5-30 中的顺序功能图调试程序。

注意顺序功能图中有 6 条可能的路径：步 S0.0～S0.5 组成的闭环；从步 S0.0、S0.1 和 S0.2 分别进入步 S0.5 之后返回初始步；从步 S0.1 进入步 S0.6，或者从步 S0.5 进入步 S0.6 之后返回初始步。在调试时应从初始步开始，分别经过上述 6 条路径，检查转换过程是否正确，最后是否能返回初始步。

（2）专用钻床顺控程序的编程与调试

将配套资源中的例程“专用钻床 SCR 控制”下载到 PLC 后运行程序。用状态表监视二进制格式的 SB0、QB0、S1.0 和 IB0。根据图 5-32 中的顺序功能图调试程序。

调试时应特别注意是否能从步 S0.1 转换到步 S0.2 和步 S0.5，步 S0.4 和步 S0.7 均为活动步时，是否能转换到步 S1.0。

（3）钻 3 对孔的专用钻床的编程与调试

按题 5-12 的要求画出顺序功能图，编写出梯形图程序，输入、下载和调试程序，直到满足要求。

A.25 具有多种工作方式的系统的控制程序调试实验

1．实验目的

通过调试程序，熟悉具有多种工作方式的系统的顺序控制程序的设计和调试的方法。

2．实验内容

打开和下载配套资源中的项目文件“机械手控制”，调试步骤如下：

1）检查公用程序（见图 5-38）的运行是否正常，分别在刚进入 RUN 模式、手动方式或回原点方式，检查满足原点条件时初始步 M0.0 是否被置位，不满足时是否被复位。

2）令 I2.0 为 ON，在手动工作方式检查各手动按钮是否能控制相应的输出量（见图 5-39），各限位开关是否起作用。

3）在 M0.0 为 ON 时，从手动方式切换到单周期工作方式，按图 5-40 中的顺序功能图的要求，依次提供相应的转换条件，观察步与步之间的转换是否符合顺序功能图的规定，工作完一个周期后是否能返回并停留在初始步。

调试较复杂的顺序控制程序时，应仔细分析系统的运行过程，在每一步各输入信号应该是什么状态，应提供什么转换条件，并列出相应的表格（见表 A-1）。

表格中的 I0.1～I0.4 分别是下限位、上限位、右限位和左限位开关。I0.1 置位是指调试时用外接的小开关使 I0.1 为 ON 并保持 ON 状态不变，直到它被复位为 OFF。在下降步对 I0.2 的复位，是因为下降后上限位开关 I0.2 会自动断开。

表 A-1　调试机械手顺序控制程序的表格

步	M0.0 初始	M2.0 下降	M2.1 夹紧	M2.2 上升	M2.3 右行	M2.4 下降	M2.5 松开	M2.6 上升	M2.7 左行
复位操作		复位 I0.2		复位 I0.1	复位 I0.4	复位 I0.2		复位 I0.1	复位 I0.3
转换条件	M0.5·I2.6	I0.1 置位	T37	I0.2 置位	I0.3 置位	I0.1 置位	T38	I0.2 置位	I0.4 置位
其他输入的状态	I0.2=1 I0.4=1	— I0.4=1	I0.1=1 I0.4=1	— I0.4=1	I0.2=1 —	— I0.3=1	I0.1=1 I0.3=1	— I0.3=1	I0.2=1 —

4）在连续工作方式，按顺序功能图的要求提供相应的转换条件，观察步与步之间的转换是否正常，是否能多周期连续运行。按下停止按钮，是否在完成最后一个周期全部的工作后才能停止工作，返回初始步。在运行时的某一步，将运行方式从连续改为手动，检查除初始步外，其余各步对应的位存储器和连续标志 M0.7 是否被复位。

5）在单步工作方式，检查是否能从初始步开始，在转换条件满足且按了启动按钮 I2.6 时才能转换到下一步，按顺序功能图的要求工作一个循环后，是否能返回初始步。

6）根据回原点的顺序功能图（见图 5-42），在手动方式设置各种起始状态，然后切换到回原点工作方式。按下启动按钮 I2.6 后，观察是否能按图 5-42 运行，最后使初始步对应的 M0.0 变为 ON。

A.26　使用网络读写指令的通信实验

1．实验目的

通过实验熟悉使用网络读写指令向导的通信程序的生成和调试方法。

2．实验内容

（1）主站读写从站的 V 区

生成一个项目，按 6.4 节的例 6-1 的要求，设置其 PPI 站地址和波特率，用网络读写指令向导组态网络读写操作，在主程序中调用向导生成的子程序 NET_EXE。

生成另一个项目，用系统块设置其通信端口的 PPI 站地址为 3，通信的波特率与主站的相同。将两个项目分别下载到两块 CPU，也可以直接下载配套资源中的例程“网络读写指令通信主站”和“网络读写指令通信从站”。按 6.4 节的要求检查通信是否能实现。

（2）用网络读写指令读写 I、Q 区

用网络读写指令向导实现下述网络读写功能：要求将主站（2 号站）的 IB0 写入 3 号站的 QB0；读取 3 号站的 IB0，用主站的 QB0 保存。将程序下载到主站和从站后，用电缆连接两块 CPU 的 RS-485 端口。通电后将两块 CPU 切换到 RUN 模式，检查是否能用本站的 IB0 控制对方的 QB0。

A.27 使用接收完成中断的通信实验

1. 实验目的

通过实验熟悉自由端口模式下使用接收完成中断的通信程序的设计和调试方法。

2. 实验内容

本实验使用将 USB 映射为 COM 口的国产 USB/PPI 电缆。双击指令树的“通信”文件夹中的“设置 PG/PC 接口”，打开“设置 PG/PC 接口”对话框，设置通信参数（见图 2-8）。

用 USB/PPI 电缆连接计算机的 USB 端口和 CPU 的 RS-485 端口，下载配套资源中的例程“接收完成中断通信”，用模式选择开关将 PLC 切换到 RUN 模式后关闭 STEP 7-Micro/WIN。

打开配套资源中的串口通信调试软件，按 6.5.3 节中的要求设置通信参数。将要发送的若干个用空格隔开的十六进制字节输入“发送帧”文本框（见图 6-20）。生成异或校验码，将它附在数据字节之后。在数据前面添加起始字符 16#FF。

单击“发送”按钮，在“通信记录”文本框中出现发送的消息。观察是否接收到 PLC 返回的内容相同的消息。发送包含错误的校验字节的信息，观察校验错误标志 Q1.0 是否变为 ON，以及串口通信调试软件的反应。

关闭串口通信调试软件，将 CPU 切换到 STOP 模式。打开 STEP 7-Micro/WIN，用状态表监视从 VB100 开始的接收缓冲区中接收到数据是否正确。

修改例 6-2 中的主程序，用字符间定时器结束消息接收。字符间定时器的值必须大于传输一个字符（10bit）所需的时间。下载程序后重复上述的操作。

修改例 6-2 中的主程序，用最大字符数结束消息接收。最大字符数应等于发送的字节数（包括起始字符和异或校验字节）。下载程序后重复上述的操作。

SMB30 设置的波特率如果与系统块设置的不同，检查是否还能实现自由端口通信？

A.28 条码扫描枪通信实验

1. 实验目的

通过实验熟悉自由端口模式下使用接收完成中断的通信程序的设计和调试方法。

2. 实验内容

将配套资源中的例程“条码扫描枪通信”（见例 6-3）下载到 PLC 后，关闭 STEP 7-Micro/WIN，将 PLC 切换到 RUN 模式。打开串口通信调试软件，发送少于 50 个字节的用空格分隔的十六进制字节串给 PLC。关闭该软件，将 PLC 切换到 STOP 模式。打开 STEP 7-Micro/WIN，打开项目“条码扫描枪通信”，启动状态表监控。观察从 VB100 开始的接收缓冲区，以及 VB300 开始的数据区的数据。

A.29 使用 Modbus RTU 协议的通信实验

1. 实验目的

通过实验熟悉使用 Modbus 主站协议和从站协议的 PLC 之间的通信程序的设计方法。

2. 实验内容

用两台 CPU 集成的 RS-485 端口（端口 0）分别作 Modbus RTU 的主站和从站。

1）将配套资源中的例程“Modbus 从站协议通信”下载到作为从站的 S7-200。主站和从站的全部 V 区均被设置为默认的断电保持功能。执行“文件”菜单中的“库存储区”命令，检查为 Modbus 指令分配的 V 存储区的起始地址。

2）将配套资源中的例程“Modbus 主站协议通信”下载到作为主站的 S7-200。

3）用状态表将要发送的数据写入主站的 VW100～VW106 和从站的 VW208～VW214。

4）连接两台 PLC 的 RS-485 端口。将两台 PLC 切换到 RUN 模式。

5）用主站的 I0.0 外接的小开关产生一个脉冲，读取从站 PLC 从 VW208 开始的 4 个字，保存到主站从 VW108 开始的地址区（见图 6-27）；将 VW100 开始的 4 个字写入从站从 VW200 开始的数据区。

断开两台 PLC 的电源，断开连接它们的通信线。先后用 USB/PPI 电缆连接它们，在 STOP 模式用状态表读取主站和从站的通信数据区，检查通信是否成功。

6）在例程“Modbus 主站协议通信”的基础上修改指令 MBUS_MSG 的参数 Addr、Count 和 DataPtr，主站用 IW0 的值改写从站的 QW0，读取从站的 IW0，并用 QW0 保存（见配套资源中的例程“Modbus 主站协议通信 2”）。按上述的操作检查双方是否能用本站的 IW0 控制对方的 QW0。

A.30 PLC 与变频器的 USS 协议通信实验

1．实验目的

通过实验熟悉使用 USS 协议的 PLC 与 V20 变频器的通信程序的设计和调试的方法。

2．实验内容

连接好变频器的 3 相电源线和与电动机的主接线。用基本操作面板设置变频器的参数（见 6.7.1 节）。打开配套资源中的例程“USS 通信”，设置 VD10 中的频率设定值为 20.0%，将程序下载到 PLC。连接好变频器与 PLC 的 RS-485 端口，做实验时可以不接终端电阻。将 PLC 切换到 RUN 模式。实验内容和步骤见 6.7.3 节。

A.31 PID 控制器参数手动整定实验

1．实验目的

通过实验熟悉 PID 指令向导、PID 调节控制面板的使用方法和 PID 参数的整定方法。

2．实验内容

本实验用 7.2.3 节介绍的程序来模拟被控对象，实现 PID 闭环控制。

（1）PID 指令向导的应用

根据 7.1.3 节的要求，用 PID 指令向导生成 PID 程序。

（2）手动整定 PID 的参数

下载配套资源中的例程“PID 闭环控制”，将 PLC 切换到 RUN 模式。T37 和 T38 产生周期为 1min、幅值为 20.0%和 70.0%的方波设定值。

令 I0.0 为 ON（见图 7-15），启动 PID 控制。打开 PID 调节控制面板，应能看到 3 条动态变化的曲线（见图 7-17）。用单选框选中“手动调节”，在“调节参数”区键入新的 PID 参数。单击“更新 PLC”按钮，将键入的参数值传送给 CPU，“当前值”区显示的是 CPU

中的参数。

根据过程变量 PV 的响应曲线的形状判断 PID 控制器存在的问题，根据 7.2.2 节的规则修改 PID 控制器参数。下载后观察参数整定的效果，直到获得比较好的 PV 响应曲线，即超调量小，调节时间短。调试时可以参考图 7-18～图 7-25 中的 PID 参数。

修改中断程序 INT_0 中被控对象的参数（见图 7-16），下载后调节 PID 控制器的参数，直到获得较好的响应曲线。

A.32 PID 控制器参数自整定实验

1．实验目的

通过实验熟悉 PID 调节控制面板的使用方法和 PID 参数的自整定方法。

2．实验内容

（1）第一次 PID 参数自整定实验

本节的实验用程序来模拟被控对象，实现 PID 闭环控制。下载配套资源中的例程“PID 参数自整定”，将 PLC 切换到 RUN 模式。打开“PID 调节控制面板”，用单选框选中“自动调节”。令 I0.0 为 ON，启动 PID 控制。

首先使用 PID 指令向导中预设的 PID 参数，增益为 2.0、采样周期为 0.2s、积分时间为 0.025min、微分时间为 0.005min。令 I0.3 为 ON，产生一个从 0 到 70.0%的给定值的上升沿。观察响应曲线是否与图 7-27 一样。用单选框选中“自动调节”，在过程变量 PV 曲线几乎与设定值 SP 曲线重合时，单击“开始自动调节”按钮，启动自动调节过程，面板的右下部出现“调节算法正常完成……”时，自整定结束。“调节参数”区给出了 PID 参数的建议值。

单击“更新 PLC”按钮，将自整定得到的建议的 PID 参数写入 CPU。令 I0.3 为 OFF，设定值变为 0。待 PV 下降为 0 后，用 I0.3 产生一个 0 到 70.0%的给定值的上升沿，观察使用自整定的参数后的响应曲线。手动调节积分时间，进一步减小超调量。

（2）第二次 PID 参数自整定实验

用单选框选中“手动调节”，用手动方式设置增益为 0.5，积分时间为 0.5min，微分时间为 0.1min。用“更新 PLC”按钮写入 CPU 后，观察响应曲线是否与图 7-29 中的一样。

在 PV 曲线趋近于 SP 水平线时，用单选框选中“自动调节”，单击“开始自动调节”按钮。观察使用自整定的参数后的响应曲线。

（3）第三次 PID 参数自整定实验

修改中断程序 INT_0 中被控对象的参数和 PID 控制器的参数后，下载到 PLC，启动参数自整定过程，观察参数自整定的效果。

A.33 触摸屏的组态与通信实验

1．实验目的

熟悉触摸屏的组态方法，以及触摸屏与 PLC 通过 RS-485 端口通信的方法。

2．实验内容

1）输入图 8-3 中的梯形图，在符号表中定义符号，将程序下载到 S7-200。

2）生成一个 WinCC flexible SMART 的项目，HMI 的型号为 Smart 700 IE V3 或 Smart 700 IE。按 8.2.2 的要求组态连接。按 8.2.3 和 8.2.4 节的要求，组态 HMI 的画面。

3）按 8.2.5 节的要求，用 Smart 700 IE 的控制面板设置触摸屏的参数。

4）按 8.2.6 节的要求设置通信的参数，将组态的项目（或配套资源中的例程“\HMI 例程”）的项目文件下载到触摸屏。

5）连接 S7-200 和 HMI 的 RS-485 端口，接通它们的电源，令 PLC 运行在 RUN 模式。HMI 显示出画面后，观察是否能用画面上的按钮控制 PLC 的 Q0.0，使画面上的指示灯的状态变化。观察画面上 T37 的当前值是否正常变化，是否能用画面上的 IO 域修改 T37 的预设值。

A.34　组态软件在控制系统监控和被控对象仿真中的应用

1．实验目的

熟悉使用组态软件监控控制系统和对被控对象仿真的方法。

2．实验内容

（1）用组态软件监控 PLC

用 USB/PPI 电缆连接 PLC 与计算机，将配套资源中的例程“\组态王例程\小车监控”下载到 CPU 后运行程序，关闭 STEP 7-Micro/WIN。打开组态王后，打开配套资源中的例程“\组态王例程\小车监控\”。在组态王的开发系统中执行菜单命令“文件”→“切换到 View”，进入运行系统，打开画面“小车监控”（见图 9-17）。

单击画面上的“右行”或“左行”按钮，观察小车是否按规定的方向运行，对应的指示灯是否点亮。画面上的小车接近限位开关时，用 PLC 外接的小开关使限位开关 I0.4 或 I0.3 为 ON，观察对应的限位开关是否动作，小车是否反向运行。单击“停止”按钮，观察小车是否停车。

（2）用组态软件对小车运动仿真

将配套资源中的例程“\组态王例程\小车仿真”下载到 CPU 后运行程序，关闭 STEP 7-Micro/WIN。打开配套资源中的组态王例程“\组态王例程\小车仿真\”。启动组态王的运行系统，打开画面“小车仿真”（见图 9-19）。

用画面上的按钮起动小车右行或左行。观察小车是否能在两个限位开关之间往返运行，直到按下停止按钮。

A.35　用组态软件对 4 限位开关的小车控制系统仿真

1．实验目的

熟悉用组态软件调试顺序控制程序的方法。

2．实验内容

用 USB/PPI 电缆连接 PLC 与计算机，将配套资源中的 S7-200 例程“\组态王例程\小车 4 限位开关”下载到 PLC 后运行程序，关闭 STEP 7-Micro/WIN。打开配套资源中的组态王例程“\组态王例程\小车 4 限位开关\”。启动组态王的运行系统，打开画面“小车仿真”（见图 9-21）。

单击“自动/手动”开关，切换到“手动”位置。用“右行”或“左行”按钮控制小车的移动。小车返回到最左边时，将“自动/手动”开关切换到“自动”位置。单击“右行”按钮，观察小车是否能按图 9-22 的要求运动，最后停在最左边。

修改 PLC 的程序，改变小车运动的段数和运行的顺序，可以设置小车在某些限位开关处暂停设定的时间后继续运行。用顺序控制设计法设计程序后，下载和调试程序，直到满足顺序功能图的要求。

A.36 用组态软件对机械手控制系统仿真

1．实验目的

熟悉用组态软件调试顺序控制程序的方法。

2．实验内容

将配套资源中的 S7-200 例程“\组态王例程\机械手控制 2”下载到 CPU 后运行程序，关闭 STEP 7-Micro/WIN。打开配套资源中的组态王例程“\组态王例程\机械手控制”。启动组态王的运行系统，打开画面“机械手”（见图 9-28）。

按 A.25 节（具有多种工作方式的系统的控制程序调试实验）的要求，分别检查公用程序、手动程序的运行是否正常。检查单周期、连续、单步、自动回原点的运行是否符合顺序功能图和工作方式的要求。

附录 B　常用特殊存储器位

表 B-1 是常用的特殊存储器位。编程软件的帮助窗口的“目录”选项卡的“SM 特殊存储区赋值和功能”中，列出了全部特殊存储器的帮助信息。

表 B-1　常用的特殊存储器位

SM 位	描　述
SM0.0	始终为 ON
SM0.1	仅在首次扫描时为 ON，可以用于初始化
SM0.2	断电保存的数据丢失时，该位将 ON 一个扫描周期
SM0.3	上电进入 RUN 模式时，该位将 ON 一个扫描周期
SM0.4	提供 ON/OFF 各 30s，周期为 1min 的时钟脉冲
SM0.5	提供 ON/OFF 各 0.5s，周期为 1s 的时钟脉冲
SM0.6	扫描周期时钟，本次扫描为 ON，下次扫描为 OFF，可以用作扫描计数器的输入
SM0.7	模式开关在 RUN 位置时为 ON，在 TERM 位置时为 OFF
SM1.0	零标志，当执行某些指令的结果为 0 时，该位为 ON
SM1.1	错误标志，当执行某些指令的结果溢出或数值非法时，该位为 ON
SM1.2	负数标志，数学运算的结果为负时，该位为 ON
SM1.3	试图除以 0 时，该位为 ON
SM1.4	执行填表指令 ATT 超出表的范围时，该位为 ON
SM1.5	LIFO 或 FIFO 指令试图从空表读取数据时，该位为 ON

（续）

SM 位	描　述
SM1.6	试图将非 BCD 数值转换为二进制数值时，该位为 ON
SM1.7	ASCII 码不能被转换为有效的十六进制数值时，该位为 ON

附录 C　S7-200 指令表索引

表 C-1　指令表索引

指令种类	表格编号	页　数	指令种类	表格编号	页数
标准触点指令	表 3-4	57	数学运算指令	表 4-7	82
与堆栈有关的指令	表 3-5	58	递增递减指令	表 4-8	83
立即触点指令	表 3-6	61	浮点数函数运算指令	表 4-9	83
输出类指令	表 3-7	61	逻辑运算指令	表 4-10	84
其他位逻辑指令	表 3-8	62	程序控制指令	表 4-11	87
定时器指令与计数器指令	表 3-10	64	中断指令	表 4-13	97
比较指令	表 4-1	73	高速计数器指令与高速输出指令	表 4-17	103
传送指令	表 4-2	74	字符、字符串与数据转换指令	表 4-19	110
移位指令与循环移位指令	表 4-3	75	字符串指令	表 4-20	113
数据转换指令	表 4-4	76	顺序控制继电器指令	表 5-2	134
表格指令	表 4-5	78	通信指令	表 6-3	159
时钟指令	表 4-6	81	读写变频器参数的指令	表 6-11	179

附录 D　配套资源说明

读者可以扫描本书封底的二维码，输入本书书号中的 5 位数字，获取下载链接，下载下面的软件、用户手册、50 多个例程和 30 多个视频教程。后缀为 pdf 的用户手册用 Adobe reader 或兼容的阅读器阅读，可以在互联网下载阅读器。

1．软件

\STEP 7-Micro_WIN V40+ SP9：S7-200 的 V4.0 版编程软件（包括升级包 SP9）

\STEP 7-Micro WIN V32 指令库：S7-200 的指令库

\WinCC flexible SMART V3：Smart 700 IE V3 和 SMART 1000 IE V3 的组态软件

\WinCC flexible SMART V3 Upd3：WinCC flexible SMART V3 的更新包

\串口通信调试软件：作者编写的用于调试 PLC 与计算机通信的程序的软件

2．手册与样本

S7-200 系统手册.pdf

S7-200CN 产品样本.pdf

Micro'n Power V1.9.chm

以太网模块 CP-243-1 操作说明.pdf

定位模板 EM253 快速入门.pdf

S7-200 的称重模块装置手册.pdf

Smart 700 IE V3、Smart 1000 IE V3 操作说明.pdf

SINAMICS V20 变频器操作说明.pdf

SINAMICS V20 变频器样本.pdf

TD 400C 用户手册.pdf

S7-200 SMART 系统手册.pdf

S7-200SMART 产品样本.pdf

3．视频教程

安装编程软件，编程软件使用入门，帮助功能的使用，生成用户程序，程序编辑器的操作，组态通信与下载程序，符号表的操作，符号地址的使用，用程序状态监控程序，用状态表监控程序，用编程软件写入数据，用编程软件强制数据，设置输入输出参数，定时器应用，计数器应用，比较指令与传送指令，移位与循环移位指令，数据转换指令应用，数学运算指令应用，逻辑运算指令应用，跳转指令应用，循环程序的编写与调试，子程序的编写与调用，中断程序的编写与调试，高速输入与高速输出，小车控制的编程与调试，顺序控制与顺序功能图，使用 SR 指令的顺控程序，复杂的顺控程序的调试，液体混合程序的调试，使用 SCR 指令的顺控程序，机械手工作方式的演示，自由端口模式通信，PID 参数手动整定实验，PID 参数自整定实验，组态王仿真。

4．教材中的例程

文件夹“Project”中共有 50 多个 S7-200 的例程、一个 S7-300 的例程、1 个 WinCC flexible SMART 的例程和 5 个组态王例程，例程清单见配套资源中的文件“《PLC 编程及应用 第 5 版》配套资源列表”。

参 考 文 献

[1] 西门子（中国）有限公司. SIEMENS AG. S7-200CN 可编程序控制器产品样本[Z]. 2013.

[2] 西门子（中国）有限公司. SIEMENS AG. S7-200 可编程序控制器系统手册[Z]. 2008.

[3] 西门子（中国）有限公司. Micro'n Power S7-200 LOGO! SITOP 参考 V1.9[Z]. 2017.

[4] 西门子（中国）有限公司. SIEMENS AG. Smart 700 IE、Smart 1000 IE V3 操作说明[Z]. 2017.

[5] 西门子（中国）有限公司. SIEMENS AG. Smart 700 IE、Smart 1000 IE V3 样本[Z]. 2017.

[6] 西门子（中国）有限公司. SIEMENS AG. SINAMICS V20 变频器操作说明[Z]. 2013.

[7] 廖常初. S7-200 PLC 编程及应用 [M]. 3 版. 北京：机械工业出版社，2019.

[8] 廖常初. S7-200 PLC 基础教程[M]. 4 版. 北京：机械工业出版社，2019.

[9] 廖常初. S7-200 SMART PLC 编程及应用 [M] . 3 版. 北京：机械工业出版社，2019.

[10] 廖常初. S7-200 SMART PLC 应用教程[M]. 2 版. 北京：机械工业出版社，2019.

[11] 廖常初. S7-300/400 PLC 应用技术[M]. 4 版. 北京：机械工业出版社，2016.

[12] 廖常初. 跟我动手学 S7-300/400 PLC[M] .2 版. 北京：机械工业出版社，2016.

[13] 廖常初. S7-1200/1500 PLC 应用技术[M]. 北京：机械工业出版社，2018.

[14] 廖常初. S7-1200 PLC 编程及应用[M]. 3 版. 北京：机械工业出版社，2017.

[15] 廖常初. S7-1200 PLC 应用教程[M]. 北京：机械工业出版社，2017.

[16] 廖常初，陈晓东. 西门子人机界面（触摸屏）组态与应用技术[M]. 3 版. 北京：机械工业出版社，2018.

[17] 廖常初，祖正容. 西门子工业网络的组态编程与故障诊断[M]. 北京：机械工业出版社，2009.

[18] 廖常初. PLC 基础及应用[M]. 4 版. 北京：机械工业出版社，2019.

[19] 廖常初. 跟我动手学 FX 系列 PLC[M]. 北京：机械工业出版社，2012.

[20] 廖常初. FX 系列 PLC 编程及应用[M]. 3 版. 北京：机械工业出版社，2020.

[21] 廖常初. PLC 应用技术问答 [M]. 北京：机械工业出版社，2006.